普通高等教育电子信息类系列教材

信 号 与 系 统

隋晓红　石　磊　陈丽娟　罗小强　编
潘晓明　主审

机 械 工 业 出 版 社

本书为普通高等教育电子信息类系列教材。

本书深入浅出而又全面系统地介绍了连续与离散信号及系统分析的基本理论和方法，并加强了离散系统和数字信号处理的基础知识和应用的介绍。全书共9章，其内容包括：信号与系统的基本概念，连续时间信号和离散时间信号的时域分析，连续时间系统的时域分析，离散时间系统的时域分析，连续时间信号与系统的频域分析，连续时间系统的复频域分析，离散傅里叶变换与离散系统的频域分析，Z变换、离散时间系统的Z域分析，系统的状态变量分析。除第1章外，其他各章都配备了一些MATLAB示例程序，通过形象、直观的计算机模拟与仿真实现，加深学生对信号与系统基本原理、方法及应用的理解。同时，在每章末都配有习题，培养学生主动获取知识和应用理论独立解决实际问题的能力。

本书构思新颖、实用性强、内容简明扼要、叙述深入浅出，并尽量体现工程背景，克服冗长的数学推导。

本书可作为电子信息工程、通信工程、物联网工程、自动化和计算机等专业的本科生教材，也可作为相关领域工程技术人员的参考书。

图书在版编目（CIP）数据

信号与系统/隋晓红等编. —北京：机械工业出版社，2022.6（2023.12重印）

普通高等教育电子信息类系列教材

ISBN 978-7-111-70681-6

Ⅰ.①信⋯　Ⅱ.①隋⋯　Ⅲ.①信号系统-高等学校-教材　Ⅳ.①TN911.6

中国版本图书馆CIP数据核字（2022）第076244号

机械工业出版社（北京市百万庄大街22号　邮政编码100037）

策划编辑：路乙达　　　　　责任编辑：路乙达　韩　静
责任校对：肖　琳　刘雅娜　封面设计：张　静
责任印制：郜　敏
北京富资园科技发展有限公司印刷
2023年12月第1版第2次印刷
184mm×260mm・22.75印张・560千字
标准书号：ISBN 978-7-111-70681-6
定价：69.80元

电话服务　　　　　　　　　　网络服务
客服电话：010-88361066　　机 工 官 网：www.cmpbook.com
　　　　　010-88379833　　机 工 官 博：weibo.com/cmp1952
　　　　　010-68326294　　金 书 网：www.golden-book.com
封底无防伪标均为盗版　机工教育服务网：www.cmpedu.com

前　言

随着信息科学技术的迅速发展，信号与系统的概念和分析方法已渗透并应用于许多领域和学科中。信号与系统已是高等院校现代信息学科以及相关学科的基础主干课程。

本书力争体现"淡化理论推导和数学运算、加强实例和功能应用"的理念，以高等教育的培养目标为依据，注重教材的科学性、实用性、通用性，尽量满足同类专业院校的需求。教材注意处理好传统内容与先进科技内容的关系，大力补充新知识、新技术、新成果和新应用。

本书精讲理论，重讲实现，突出应用举例，加强仿真，做到定义、公式、性质、例子、仿真结果相统一。在基本内容上，削枝强干、突出重点；基础理论着重基本概念；同时以工程应用为目的，理论联系实际，增强实用性和应用性，其基本落脚点在应用型本科。本书为了帮助读者掌握基本理论和分析方法，每章都列举了一定数量的例题，并附有大量的习题和自测题。同时，本书配套授课视频，读者可使用移动设备 APP 中的"扫一扫"功能扫描封面上的二维码，用兑换码进行兑换后，即可在线查看相关资源。

信号与系统的核心内容是用系统理论的基本概念和方法，研究信号的描述、获取、产生、分解、变换、运算、传输、再现、辨识的基本原理，需要扎实的高等数学、工程数学和电路分析知识，理论性和实践性都很强。本着面向未来、把握定位和学时尺度，结合国内外教材和教学改革的实践成果，适应应用型本科人才培养的教学基本要求，在教材体系上力求体现如下创新：

（1）体系更新。建立信号与系统、数字信号处理的基本核心体系。在现有教材内容的基础上重构和重组，而非重建。本书的内容组成的顺序、比例要更加优化，并注意避免与《自动控制原理》教材的内容不必要的重复。章节安排总体上按先时域后变换域、先连续后离散、先信号分析后系统分析的方式进行讲解。由时域分析法和三大变换分析法构建了信号与系统、数字信号处理的基本核心体系，把状态空间分析、随机信号与系统分析、滤波器理论等部分内容分散到其他相关课程中，以突出重点，而不过于追求内容体系的完整和全面。

（2）内容详略得当。一是突出系统处理信号的时域变换和运算功能，系统的时域变换涉及数乘、倒相、平移、反转和尺度展缩五种简单处理，系统的时域运算涉及微分、积分运算，两个以上信号的加法、乘法和卷积运算等五种高级处理，并介绍了时域变换和运算的系统框图模型，使得傅里叶变换、拉普拉斯变换、Z 变换三大变换性质的讨论，和相关数学定理的介绍、推论不再枯燥、乏味。二是强调两个重点，即系统的单位冲激响应和卷积运算。

（3）增加应用性和实用性内容。信号与系统学科理论性很强，较为抽象。为此本书在教学内容上加强了与计算机辅助教学手段相结合。MATLAB 是国际流行的计算机仿真软件，也是信号与系统的优秀教学辅助工具。除第 1 章外，其他各章都安排了利用

MATLAB 进行相关内容的分析与求解，给出了很多信号与系统分析的实际应用例子，并安排了 MATLAB 习题，使学生能完成数值计算、信号分析的可视化仿真调试；通过可视化测试，学生能实际动手设计、调试、分析，提高教学效果和学习效率，培养学生主动获取知识和应用理论独立解决实际问题的能力。

　　参加本书编写工作的有广西科技师范学院的隋晓红、罗小强和黑龙江科技大学的石磊、陈丽娟。本书第 2 章、第 4 章、第 5 章和第 8 章以及附录由隋晓红编写，第 3 章由石磊编写，第 6 章、第 7 章由陈丽娟编写，第 1 章、第 9 章由罗小强编写。全书由隋晓红负责制订编写大纲和统稿等工作。

　　广西科技师范学院机械与电气工程学院教学院长潘晓明在百忙之中对全书进行了认真的审阅，并提出了许多宝贵意见，在此表示衷心的感谢。

　　本书得到广西本科高校"物联网工程"特色专业建设项目经费资助，亦得到 2020 年度广西高等教育本科教学改革工程项目"OBE 教育理念下的'产教结合、校企一体'模式的研究与实践"（项目编号 2020JGB405）经费的资助。

　　限于编者水平，书中错误和不足之处在所难免，恳请读者批评指正。

编　者

目　　录

第1章 信号与系统的基本概念

本章概述：本章介绍了信号与系统的基本概念及信号与系统的分类与特性，重点讨论了线性系统与时不变系统的特性，并以此为基础介绍了信号与系统分析的基本内容和方法。

知识点：①了解信号与系统的基本概念。熟练掌握信号与系统的定义、分类以及特性。②了解信号与系统分析的基本内容与方法。重点是系统的线性时不变因果特性。

1.1 信号的描述及分类

1.1.1 信号的定义与描述

信号（signal）的概念广泛地出现在各个领域中，它以各种各样的形式表现且携带着特定的信息。古代，战场上曾以击鼓鸣金传达前进或撤退的命令，更以烽火作为信号传递敌人进犯的紧急情况。近代，信号的利用更是涉及力、热、声、光、电等诸多方面。就其基本含义而言，信号是用来传递某种消息或信息的物理形式。在通信技术中，通常把语言、文字、图像或数据等统称为消息（message），信号是消息的表现形式或运载工具，而消息则是信号的具体内容，消息蕴涵于信号之中。与信号密切相关的更广义的概念是信息（information）。一般而言，信息是指从客观世界获得的新知识或者对客观事物发出的新要求，它是变化的，是不可预知的。在消息中含有一定数量的信息。但是，信息的传递、变换、储存和提取必须借助于一定形式的信号来完成。信号的具体形式是某种物理量，如光信号、电信号、声信号等。所谓电信号通常是指随时间变化的电压和电流，也可以是电荷、磁通以及电磁波等。在可以作为信号的诸多物理量中，电信号是应用最广的物理量。电易于产生与控制，传送速率快，也容易实现与非电量的相互转换。

信号一般可表示为一个或多个变量的函数。例如，锅炉的温度可表示为温度随时间变化的函数；语音信号可表示为声压随时间变化的函数；一张黑白图片可表示为灰度随二维空间变量变化的函数。

本书主要讨论电信号。电信号通常是随时间变化的电压或电流（电荷或磁通），由于信号是随时间而变化的，在数学上常用时间 t 的函数 $f(t)$ 来表示，因此，"信号"与"函数"这两个名词常交替使用。

1.1.2 信号的分类和特性

信号的分类方法很多，可以从不同的角度对信号进行分类。在信号与系统分析中，根据信号和自变量的特性，信号可以分为连续时间信号与离散时间信号、确定信号与随机信号、周期信号与非周期信号、能量信号与功率信号等。

1. 连续时间信号与离散时间信号

按照函数时间取值的连续性划分，信号可分为连续时间信号和离散时间信号两类。

对连续时间定义域内的任意值（除若干不连续点之外），都可以给出确定的函数值，该信号称为连续时间信号，简称连续信号（continuous signal），通常用 $f(t)$ 或 $x(t)$ 表示。幅值是连续的连续信号，又称为模拟信号（analog signal），连续信号的幅值也可以是离散的。例如，图 1.1a 与 b 分别表示一个模拟信号和一个具有离散幅值的连续时间信号。离散时间信号的时间定义域是离散的，简称为离散信号（discrete signal），它只在某些不连续的指定时刻具有函数值，而在其他时刻没

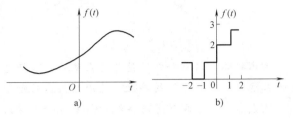

图 1.1　连续时间信号

有定义的信号。一般情况下，离散信号取均匀时间间隔，其定义域为一个整数集。数字信号（digital signal）属于离散信号，但其幅值则被限定为某些离散值。离散信号用 $f(nt)$ 或 $x(nt)$［简写为 $f(n)$ 或 $x(n)$］的形式表示，有的用 $f(k)$ 或 $x(k)$ 来表示，式中 n、k 为整数，表示序号，因此离散信号也称为序列。图 1.2 描绘的都是离散时间信号，其中图 1.2b 为数字信号。

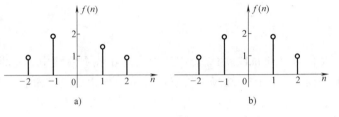

图 1.2　离散时间信号

显然，模拟信号是连续信号，而连续信号不一定是模拟信号。同理，数字信号是离散信号，而离散信号不一定是数字信号。

2. 确定信号与随机信号

按照时间函数的确定性划分，信号可分为确定信号和随机信号两类。

可用明确的数学关系式描述的信号称为确定信号（determinate signal），对于指定的某一时刻，信号有确定的值。确定信号又可分为周期信号和非周期信号。例如，正弦信号、指数信号、阶跃信号以及准周期信号和瞬变非周期信号等。图 1.3a 所示的正弦信号就是确定信号的一个例子。不能用明确的数学关系式描述的信号，也就是不可预知的信号称为随机信号（random signal）。随机信号在其定义域内的任意时刻没有确定的函数值。图 1.3b 所示的混有噪声的正弦信号就是随机信号的一个例子，它无法以确定的时间函数来描述，也无法根据过去的记录准确地预测未来的情况，而只能用概率统计的方法进行描述。

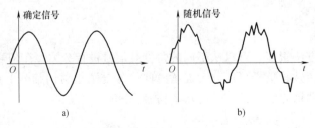

图 1.3　确定信号与随机信号波形

实际传输的信号几乎都具有不可预知的不确定性，因而都是随机信号。例如，通信系统中传输的信号带有不确定性，接收者在收到所传送的消息之前，对信号源所发出的消息是不知道的，否则，接收者就不可能由它得知任何新的信息，也就失去了通信的意义。另外，信号在传输过程中难免要受到各种干扰和噪声的影响，使信号失真，所以，一般的通信信号都是随机信号。但是，在一定条件下，随机信号也表现出某些确定性。通常把在较长时间内比较确定的随机信号，近似地看成确定信号，使分析简化，便于工程上的应用。本书只讨论确定信号的分析，它也是研究随机信号特性的重要基础，而对随机信号的分析是后续课程的任务。

3. 周期信号与非周期信号

按信号（函数）的周期性划分，确定信号可分为周期信号和非周期信号。

每隔一定时间 T，周而复始且无始无终的信号称为周期信号（periodic signal）。设周期（period）为 T，$f(t)$ 表示某一周期函数，则周期信号可表示为

$$f(t)=f(t+mT), m=0,\pm1,\pm2,\cdots \tag{1-1}$$

把能使式（1-1）成立的最小正值 T 称为 $f(t)$ 的基波周期 T_0。

同样，离散周期信号也可表示为

$$f(n)=f(n+mN), m=0,\pm1,\pm2,\cdots \tag{1-2}$$

其中正整数 N 称为周期。把能使上式成立的最小正整数 N 称为 $f(n)$ 的基波周期 N_0。

周期信号定义域虽然在 $(-\infty, \infty)$ 区间，但一个周期的波形就可以完整、准确地展示出其随时间变化的信息特性参数：振幅、频率、初相角、数字角频率、数字周期等，如图 1.4 所示。

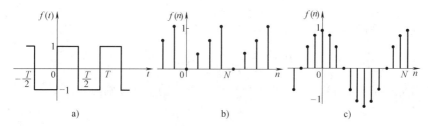

图 1.4　周期信号

不满足式（1-1）或者式（1-2）的信号称为非周期信号（aperiodic signal）。由于非周期信号的幅值在时间上不具有周而复始变化的特性，故它不具有周期。不难看出，也可把非周期信号看作为一个周期 T 趋于无穷大时的周期信号。

对于离散的周期余弦序列（或正弦序列）

$$\begin{aligned}
f(n) &= \cos\Omega_0 n = \cos(\Omega_0 n+2m\pi)\\
&= \cos[\Omega_0(n+m2\pi/\Omega_0)]\\
&= \cos[\Omega_0(n+mN)], m=0,\pm1,\pm2,\cdots
\end{aligned}$$

式中，Ω_0 为余弦序列的数字角频率。

由上式可见，仅当 $2\pi/\Omega_0$ 为整数时，余弦序列才具有周期 $N=2\pi/\Omega_0$。图 1.4c 画出了数字角频率 $\Omega_0=\pi/6$，数字周期 $N=12$ 的情形，它经过 12 个序号数循环一次。应当注意的是，当 $2\pi/\Omega_0$ 为无理数时，该序列不具有周期性。

由电路理论的谐波分析可以知道，谐波信号的和（谐波合成）仍然是一个周期信号。这是因为谐波的频率为基波频率的整倍数，谐波的定义本身就隐含着它们周期的公倍数，谐波合成信号的周期是它们周期的最小公倍数。可见，如果几个周期信号的周期不存在公倍数，则它们的和将是非周期信号。例如，周期信号 $\cos 2t$ 的周期 $T_1 = \pi$ s，$\sin \pi t$ 的周期 $T_2 = 2$ s，这里 T_1 是无理数，T_1 与 T_2 间不存在公倍数，所以，$f(t) = \cos 2t + \sin \pi t$ 是非周期信号。

【例 1-1】　　判断离散余弦信号 $f(n) = \cos(\Omega_0 n)$ 是否为周期信号。

解：由周期信号的定义，如果 $\cos \Omega_0(n+N) = \cos(\Omega_0 n)$，则 $f(n)$ 是周期信号。因为

$$\cos \Omega_0(n+N) = \cos(\Omega_0 n + \Omega_0 N)$$

若为周期信号，应满足

$$\Omega_0 N = m2\pi, \quad m = 正整数$$

或

$$\frac{\Omega_0}{2\pi} = \frac{m}{N} = 有理数$$

因此，只有在 $\Omega_0/2\pi$ 为有理数时，$f(n) = \cos(\Omega_0 n)$ 才是一个周期信号。

4. 能量信号与功率信号

按时间函数的可积性划分，信号还可以分为能量信号、功率信号和非功能信号。

可以从能量的观点来研究信号。信号可看作是随时间变化的电压或电流，如把信号 $f(t)$ 看作为加在 1Ω 电阻上的电流，则其瞬时功率为 $|f(t)|^2$，在时间间隔 $-T/2 \leqslant t \leqslant T/2$ 内所消耗的能量为

$$E = \lim_{T \to \infty} \int_{-T/2}^{T/2} |f(t)|^2 \mathrm{d}t \tag{1-3}$$

而在上述时间间隔 $-T/2 \leqslant t \leqslant T/2$ 内的平均功率为

$$P = \lim_{T \to \infty} \frac{1}{T} \int_{-T/2}^{T/2} |f(t)|^2 \mathrm{d}t \tag{1-4}$$

对于离散时间信号 $f(n)$，其能量 E 与平均功率 P 的定义分别为

$$E = \lim_{N \to \infty} \sum_{n=-N}^{N} |f(n)|^2 \tag{1-5}$$

$$P = \lim_{N \to \infty} \frac{1}{2N+1} \sum_{n=-N}^{N} |f(n)|^2 \tag{1-6}$$

上述式子中，被积函数都是 $f(t)$ 或 $f(n)$ 的绝对值二次方，所以信号能量 E 和信号功率 P 都是非负实数。

若信号函数二次方可积，则 E 为有限值，根据式（1-4），能量信号的平均功率为零，即 $0 < E < \infty$，$P = 0$，则该信号称为能量有限信号，简称能量信号（energy signal）。客观存在的信号大多是持续时间有限的能量信号。

另一种情况，若信号 $f(t)$ 的 E 趋于无穷（相当于 1Ω 电阻消耗的能量），而 P（相当于平均功率）为不等于零的有限值，即 $E \to \infty$，$0 < P < \infty$，则该信号称为功率有限信号，简称功率信号（power signal）。一个幅度有限的周期信号或随机信号能量无限，但功率有限，则为功率信号。所以，直流信号与周期信号都是功率信号。

一个信号可以既不是能量信号，也不是功率信号，如单位斜坡信号就是一个例子。但一

个信号不可能同时既是能量信号又是功率信号。一般来说，非周期信号可能会是能量信号，也可能会是功率信号，或者是既非能量信号又非功率信号。属于能量信号的非周期信号称为脉冲信号，它在有限时间范围内有一定的数值；而当 $t \to \infty$ 时，数值为 0，如图 1.5 所示。属于功率信号的非周期信号是 $|t| \to \infty$ 时仍然为有限值的一类信号，如图 1.6 所示。

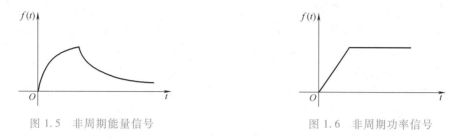

图 1.5　非周期能量信号　　　　　图 1.6　非周期功率信号

【例 1-2】　如图 1.7 所示信号，判断其是否为能量信号或功率信号。

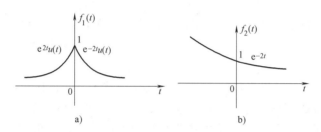

图 1.7　例 1-2 题图

解： 图 1.7a 所示信号 $f_1(t) = e^{-2|t|}$

$$E = \lim_{T \to \infty} \int_{-T}^{T} (e^{-2|t|})^2 dt = \int_{-\infty}^{0} e^{4t} dt + \int_{0}^{+\infty} e^{-4t} dt = 2\int_{0}^{+\infty} e^{-4t} dt = \frac{1}{2}$$

$$P = 0$$

所以，该信号为能量信号。

对于图 1.7b 所示信号 $f_2(t) = e^{-2t}$，则有

$$E = \lim_{T \to \infty} \int_{-T}^{T} (e^{-2t})^2 dt = \lim_{T \to \infty} \left[-\frac{1}{4} (e^{-4T} - e^{4T}) \right] = \infty$$

$$P = \lim_{T \to \infty} \frac{1}{2T} E$$

利用洛必达法则可求得

$$P = \lim_{T \to \infty} \frac{e^{4T} - e^{-4T}}{8T} = \lim_{T \to \infty} \frac{e^{4T}}{8T} = \lim_{T \to \infty} \frac{4e^{4T}}{8} = \infty$$

故 $f_2(t)$ 既非能量信号又非功率信号。

1.2　系统的描述及分类

概括而言，系统（system）是由某些相互作用、相互关联的元器件或子系统组合而成的某种物理结构，其基本功能是对输入信号进行处理，并产生相应的输出信号。如通信系统、计算机系统、机器人、自动控制系统、软件等都可称之为系统。在各种系统中，电系统具有特殊的重要作用。这是因为大多数的非电系统都可以用电系统来模拟或仿真。

1.2.1 系统的数学模型

要分析一个系统，首先要建立描述该系统基本特性的数学模型，然后在数学模型的基础上，再根据系统的初始状态和输入激励，运用数学方法进行求解，并对所得结果做出物理解释、赋予物理意义。所谓系统的模型是指系统物理特性的抽象，以数学表达式或具有理想特性的符号图形来表征系统特性。由电阻、电感串联构成的回路系统，可抽象表示成如图 1.8 所示的模型。若激励信号是电压源，则系统响应为回路电流。根据元件的伏安特性与基尔霍夫电压定律（KVL）可建立如下的微分方程：

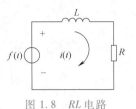

图 1.8 RL 电路

$$L\frac{\mathrm{d}i(t)}{\mathrm{d}t}+Ri(t)=f(t) \qquad (1-7)$$

这就是该系统的数学模型。对于较复杂的系统，其数学模型可能是一个高阶微分方程。

系统模型的建立是有一定条件的，对于同一物理系统，在不同条件下可以得到不同形式的数学模型。

在描述系统时，通常可以采用输入/输出描述法或状态空间描述法。输入/输出描述法着眼于系统输入与输出之间的关系，适用于单输入、单输出的系统。状态空间描述法除了可以描述输入与输出之间的关系外，还可以描述系统内部的状态，既可用于单输入单输出的系统，又可用于多输入多输出的系统。

除了利用数学表达式描述系统模型外，也可以借助框图表示系统模型。每个框图反映了某种数学运算，描述了其输入与输出信号的关系。若干个框图组成一个完整的系统。图 1.9 是连续系统基本单元框图，图 1.10 是离散系统基本单元框图。利用这些基本单元框图即可组成一个完整的系统。

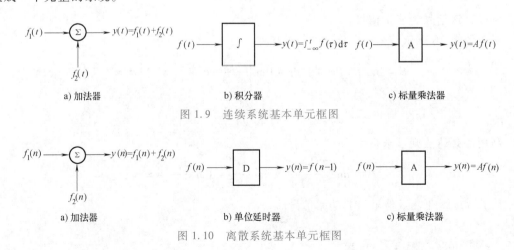

图 1.9 连续系统基本单元框图

图 1.10 离散系统基本单元框图

从上述用框图表示一个系统模型的方法来看，连续系统基本单元框图一般有三种基本运算器：加法器、积分器和标量乘法器；离散系统基本单元框图通常有加法器、单位延时器和标量乘法器三种基本运算器。二者的加法器和标量乘法器的符号和功能相同，而积分器与单位延时器相对应。延时器实际上是一个存储器，它把信号存储一个取样时间 T。

1.2.2 系统的分类

在信号与系统分析中，常以系统的数学模型和基本特性的差异来划分为不同的类型。系统可分为连续时间系统与离散时间系统、线性系统与非线性系统、时变系统与时不变系统、因果系统与非因果系统、记忆系统与非记忆系统等。

1. 连续时间系统和离散时间系统

如果一个系统要求其输入激励与输出响应都必须为连续时间信号，则该系统称为连续时间系统。同样，如果一个系统要求其输入激励与输出响应都必须为离散时间信号，则该系统称为离散时间系统。如图 1.8 所示的 RL 电路就是连续时间系统，而数字计算机则是离散时间系统。一般情况下，连续时间系统只能处理连续时间信号，离散时间系统只能处理离散时间信号。但在引入某些信号变换的部件后，就可以使连续时间系统处理离散时间信号，使离散时间系统处理连续时间信号。例如连续时间信号经过 A/D 转换器后就可以由离散时间系统处理。连续时间系统的数学模型是微分方程，而离散时间系统的数学模型则用差分方程来描述。

连续时间系统与离散时间系统常采用图 1.11 所示符号表示。连续时间激励信号 $f(t)$ 通过系统产生的响应 $y(t)$ 记为

$$y(t) = T\{f(t)\} \tag{1-8}$$

离散时间激励信号 $f(n)$ 通过系统产生的响应 $y(n)$ 记为

$$y(n) = T\{f(n)\} \tag{1-9}$$

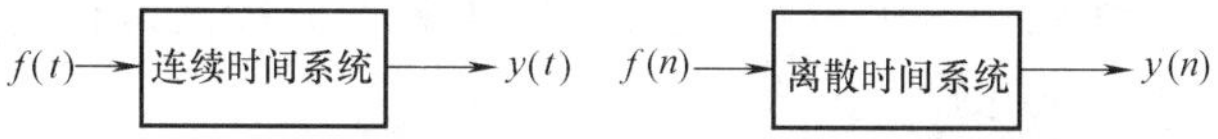

图 1.11 连续时间系统与离散时间系统的符号表示

2. 线性系统和非线性系统

线性系统是指具有线性特性的系统。线性特性是指同时具有均匀特性与叠加特性。均匀特性也称比例性或齐次性。当系统的输入增加 K 倍时，其输出响应也随之增加 K 倍，则为齐次性，即

若

$$y(t) = T\{f(t)\}$$

则

$$Ky(t) = T\{Kf(t)\} \tag{1-10}$$

当若干个输入信号同时作用于系统时，其输出响应等于每个输入信号单独作用于系统产生的输出响应的叠加，则为叠加性或称为可加性，即

若

$$y_1(t) = T\{f_1(t)\}, y_2(t) = T\{f_2(t)\}$$

则

$$T\{f_1(t) + f_2(t)\} = y_1(t) + y_2(t) \tag{1-11}$$

同时具有均匀特性与叠加特性，即为线性特性，可表示为

若

$$y_1(t) = T\{f_1(t)\}, y_2(t) = T\{f_2(t)\}$$

则

$$T\{\alpha f_1(t) + \beta f_2(t)\} = \alpha y_1(t) + \beta y_2(t) \qquad (1-12)$$

式中，α、β 为任意常数。系统的线性特性如图 1.12 所示。

同样，对于具有线性特性的离散时间线性系统，若

$$y_1(n) = T\{f_1(n)\}, y_2(n) = T\{f_2(n)\}$$

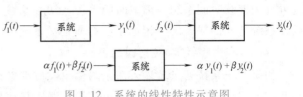

图 1.12 系统的线性特性示意图

则

$$T\{\alpha f_1(n) + \beta f_2(n)\} = \alpha y_1(n) + \beta y_2(n) \qquad (1-13)$$

式中，α、β 为任意常数。

线性系统的数学模型是线性微分方程或线性差分方程。不具有线性特性的系统称为非线性系统。

【例 1-3】 判断图 1.13 所示系统是否为线性系统。

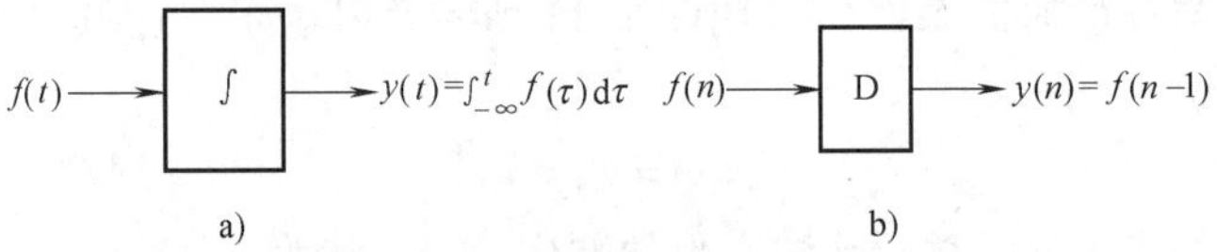

$$f(t) \rightarrow \boxed{\int} \rightarrow y(t) = \int_{-\infty}^{t} f(\tau)\mathrm{d}\tau \qquad f(n) \rightarrow \boxed{D} \rightarrow y(n) = f(n-1)$$

a)   b)

图 1.13 例 1-3 图

解：（1）图 1.13a 为连续时间系统，可由式（1-12）判断其是否为线性。

设 $f(t) = \alpha f_1(t) + \beta f_2(t)$，则

$$y(t) = T\{f(t)\} = \int_{-\infty}^{t} [\alpha f_1(\tau) + \beta f_2(\tau)]\mathrm{d}\tau$$

$$= \alpha \int_{-\infty}^{t} f_1(\tau)\mathrm{d}\tau + \beta \int_{-\infty}^{t} f_2(\tau)\mathrm{d}\tau = \alpha y_1(t) + \beta y_2(t)$$

因此系统为线性系统。

（2）图 1.13b 为离散时间系统，可由式（1-13）判断其是否为线性。

设 $f(n) = \alpha f_1(n) + \beta f_2(n)$，则

$$y(n) = T\{\alpha f_1(n) + \beta f_2(n)\} = \alpha f_1(n-1) + \beta f_2(n-1) = \alpha y_1(n) + \beta y_2(n)$$

因此系统为线性系统。

实际上，许多连续时间系统和离散时间系统都含有初始状态。当连续时间系统具有初始状态 $x(0)$ 时，线性系统定义为

若

$$y_1(t) = T\left\{\begin{bmatrix} f_1(t) \\ x_1(0) \end{bmatrix}\right\}, \quad y_2(t) = T\left\{\begin{bmatrix} f_2(t) \\ x_2(0) \end{bmatrix}\right\}$$

则

$$T\left\{\alpha \begin{bmatrix} f_1(t) \\ x_1(0) \end{bmatrix} + \beta \begin{bmatrix} f_2(t) \\ x_2(0) \end{bmatrix}\right\} = \alpha y_1(t) + \beta y_2(t) \qquad (1-14)$$

式中，α、β 为任意（复）常数。具有初始状态矢量 $x(0)$ 的离散时间系统也有同样的定义，即

若

$$y_1(n) = T\left\{\begin{bmatrix} f_1(n) \\ x_1(0) \end{bmatrix}\right\}, \quad y_2(n) = T\left\{\begin{bmatrix} f_2(n) \\ x_2(0) \end{bmatrix}\right\}$$

则

$$T\left\{\alpha\begin{bmatrix} f_1(n) \\ x_1(0) \end{bmatrix} + \beta\begin{bmatrix} f_2(n) \\ x_2(0) \end{bmatrix}\right\} = \alpha y_1(n) + \beta y_2(n) \tag{1-15}$$

式中，α、β 为任意（复）常数。

【例 1-4】 判断系统 $y(t) = 2f(t) + 3y(0)$ 是否为线性，其中 $y(0)$ 为系统的初始状态。

解：因为

$$T\left\{\begin{matrix}\alpha[f_1(t) \\ y_1(0)] + \beta[f_2(t) \\ y_2(0)]\end{matrix}\right\} = T\left\{\begin{matrix}[\alpha f_1(t) + \beta f_2(t) \\ \alpha y_1(0) + \beta y_2(0)]\end{matrix}\right\}$$

$$= 2[\alpha f_1(t) + \beta f_2(t)] + 3[\alpha y_1(0) + \beta y_2(0)]$$

$$= \alpha[2f_1(t) + 3y_1(0)] + \beta[2f_2(t) + 3y_2(0)]$$

$$= \alpha y_1(t) + \beta y_2(t)$$

满足式（1-14），所以系统是线性系统。

对于具有初始状态的线性系统，输出响应等于零输入响应与零状态响应之和。以连续时间线性系统为例，若系统输入信号为零，仅在初始状态 $x(0)$ 作用下产生的响应为零输入响应 $y_x(t) = T\left\{\begin{bmatrix} 0 \\ x(0) \end{bmatrix}\right\}$。系统初始状态 $x(0)$ 为零，仅在输入信号作用下产生的响应为零状态响应 $y_f(t) = T\left\{\begin{bmatrix} f(t) \\ 0 \end{bmatrix}\right\}$。系统在输入信号和初始状态 $x(0)$ 的共同作用下产生的响应为完全响应 $y(t) = y_x(t) + y_f(t)$。

证明：根据线性系统的叠加性，有

$$y(t) = T\left\{\begin{bmatrix} f(t) \\ x(0) \end{bmatrix}\right\} = T\left\{\begin{bmatrix} 0 \\ x(0) \end{bmatrix} + \begin{bmatrix} f(t) \\ 0 \end{bmatrix}\right\}$$

$$= T\left\{\begin{bmatrix} 0 \\ x(0) \end{bmatrix}\right\} + T\left\{\begin{bmatrix} f(t) \\ 0 \end{bmatrix}\right\} = y_x(t) + y_f(t)$$

因此，在判断具有初始状态的系统是否线性时，应从三个方面来判断：其一是可分解性，即系统的输出响应可分解为零输入响应与零状态响应之和；其二是零输入线性，当系统有多个初始状态时，系统的零输入响应必须对每个初始状态呈现线性特性；其三是零状态线性，系统的零状态响应必须对所有的输入信号呈现线性特性。只有这三个条件都具备时，该系统才是线性系统。

【例 1-5】 已知系统的输入/输出关系如下，其中 $f(t)$、$y(t)$ 分别为连续时间系统的输入和输出，$y(0)$ 为初始状态；$f(n)$、$y(n)$ 分别为离散时间系统的输入和输出，$y(0)$ 为初始状态。判断这些系统是否为线性系统。

（1）$y(t) = 4y(0) + 2\dfrac{\mathrm{d}f(t)}{\mathrm{d}t}$；

（2）$y(n) = 4y(0)f(n) + 3f(n)$；

（3）$y(n) = 2y(0) + 6f^2(n)$。

解：（1）具有可分解性，零输入响应 $y_x(t) = 4y(0)$ 具有线性特性。

对零状态响应 $y_f(t) = 2\dfrac{\mathrm{d}f(t)}{\mathrm{d}t}$，设输入 $f(t) = \alpha f_1(t) + \beta f_2(t)$，则

$$
\begin{aligned}
y_f(t) &= T\{\alpha f_1(t) + \beta f_2(t)\} \\
&= 2\frac{\mathrm{d}\left[\alpha f_1(t) + \beta f_2(t)\right]}{\mathrm{d}t} \\
&= 2\alpha\frac{\mathrm{d}f_1(t)}{\mathrm{d}t} + 2\beta\frac{\mathrm{d}f_2(t)}{\mathrm{d}t} \\
&= \alpha T\{f_1(t)\} + \beta T\{f_2(t)\}
\end{aligned}
$$

也具有线性特性，故系统为线性系统。

（2）不具有可分解性，即 $y(n) \neq y_x(n) + y_f(n)$，故系统为非线性系统。

（3）具有可分解性，系统响应可分解为零输入响应 $y_x(n) = 2y(0)$ 和零状态响应 $y_f(n) = 6f^2(n)$ 之和。显然零输入响应 $y_x(n)$ 具有线性特性。

对于零状态响应 $y_f(n)$，设输入 $f(n) = f_1(n) + f_2(n)$

$$
\begin{aligned}
y_f(n) &= T\{f_1(n) + f_2(n)\} = 6\left[f_1(n) + f_2(n)\right]^2 \\
&= 6f_1^2(n) + 6f_2^2(n) + 12f_1(n)f_2(n) \\
&\neq T\{f_1(n)\} + T\{f_2(n)\} = 6f_1^2(n) + 6f_2^2(n)
\end{aligned}
$$

不具有叠加特性，因此，系统为非线性系统。

【例 1-6】 已知某线性连续时间系统，当其初始状态 $y(0) = 2$ 时，系统的零输入响应 $y_x(t) = 6\mathrm{e}^{-4t}$，$t>0$。而在初始状态 $y(0) = 8$ 及输入激励 $f(t)$ 共同作用下产生的系统完全响应 $y(t) = 3\mathrm{e}^{-4t} + 5\mathrm{e}^{-t}$，$t>0$。试求：

（1）系统的零状态响应 $y_f(t)$；

（2）系统在初始状态 $y(0) = 1$ 以及输入激励为 $3f(t)$ 的共同作用下产生的系统完全响应。

解：（1）由于已知系统在初始状态 $y(0) = 2$ 时，系统的零输入响应 $y_x(t) = 6\mathrm{e}^{-4t}$，$t>0$。根据线性系统的特性，则系统在初始状态 $y(0) = 8$ 时，系统的零输入响应应为 $4y_x(t)$，即为 $24\mathrm{e}^{-4t}$，$t>0$。而且已知系统在初始状态 $y(0) = 8$ 以及输入激励 $f(t)$ 的共同作用下产生的系统完全响应为 $y(t) = 3\mathrm{e}^{-4t} + 5\mathrm{e}^{-t}$，$t>0$。故系统仅在输入激励 $f(t)$ 作用下产生的零状态响应为 $y_f(t) = 3\mathrm{e}^{-4t} + 5\mathrm{e}^{-t} - 24\mathrm{e}^{-4t} = 5\mathrm{e}^{-t} - 21\mathrm{e}^{-4t}$，$t>0$。

（2）同理，根据线性系统的特性，可以求得系统在初始状态 $y(0) = 1$ 及输入激励为 $3f(t)$ 共同作用下产生的系统完全响应为

$$
\frac{1}{2}y_x(t) + 3y_f(t) = 3\mathrm{e}^{-4t} + 3(5\mathrm{e}^{-t} - 21\mathrm{e}^{-4t}) = 15\mathrm{e}^{-t} - 60\mathrm{e}^{-4t}, \quad t>0
$$

3. 时不变系统和时变系统

一个连续时间系统，如果在零状态条件下，其输出响应与输入激励的关系不随输入激励作用于系统的时间起点而改变时，就称为时不变系统（time invariant system）。否则，系统就称为时变系统（time varying system）。时不变特性可表示为

若

$$y_f(t) = T\{f(t)\}$$

则

$$T\{f(t-t_0)\} = y_f(t-t_0) \tag{1-16}$$

式中，t_0 为任意值，如图 1.14 所示。

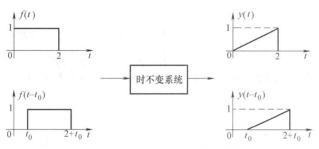

图 1.14　系统时不变特性示意图

同样，对于时不变的离散时间系统，可以表示为

若

$$y_f(n) = T\{f(n)\}$$

则

$$T\{f(n-n_0)\} = y_f(n-n_0) \tag{1-17}$$

式中，n_0 为任意整数。

【例 1-7】　试判断例 1-3 的系统是否为时不变系统。

解：判断一个系统是否为时不变系统，只需判断当输入激励延时后，其输出响应是否也存在相同的延时。由于系统的时不变特性只考虑系统的零状态响应，因此，在判断系统的时不变特性时，都不涉及系统的初始状态。设 $y_1(t)$ 是由平移的输入信号 $f_1(t) = f(t-t_0)$ 产生的响应，则由系统的输入与输出关系可得

$$y_1(t) = T\{f(t-t_0)\} = \int_{-\infty}^{t} f(\tau - t_0)\,\mathrm{d}\tau$$

$$= \int_{-\infty}^{t-t_0} f(\lambda)\,\mathrm{d}\lambda = y(t-t_0)$$

可见，系统为时不变系统。

设 $y_1(n)$ 是系统对输入信号 $f_1(n) = f(n-n_0)$ 的响应，则

$$y_1(n) = T\{f_1(n)\} = f_1(n-1) = f(n-1-n_0)$$

且

$$y(n-n_0) = f(n-n_0-1) = f(n-1-n_0) = y_1(n)$$

故系统为时不变系统。

【例 1-8】　试判断下列系统是否为时不变系统。

（1）$y(t) = \sin[f(t)]$；　　　　（2）$y(t) = \sin t \cdot f(t)$；

（3）$y(n) = f(2n)$；　　　　　（4）$y(n) = nf(n)$。

解：（1）因为 $y_1(t) = T\{f(t-t_0)\} = \sin[f(t-t_0)] = y(t-t_0)$，所以该系统为时不变系统。

（2）因为 $y_1(t) = T\{f(t-t_0)\} = f(t-t_0)\sin t$，$y(t-t_0) = f(t-t_0)\sin(t-t_0) \neq y_1(t)$，所以该系统为时变系统。

（3）因为 $y_1(n) = T\{f(n-n_0)\} = f(2n-n_0)$，$y(n-n_0) = f[2(n-n_0)] \neq y_1(n)$，所以该系统为时变系统。

（4）因为 $y_1(n) = T\{f(n-n_0)\} = nf(n-n_0)$，$y(n-n_0) = (n-n_0)f(n-n_0) \neq y_1(n)$，所以该系统为时变系统。

4. 因果系统和非因果系统

因果系统（causal system）是指当且仅当输入信号激励时才产生输出响应的系统，也即它在任何时刻的响应只取决于信号激励的现在与过去值，而不取决于激励的将来值。激励是产生响应的原因，响应是激励引起的结果。不具有因果特性的系统称为非因果系统。

如某系统的零状态响应 $y_f(t) = 3f(t)$，$t>0$，因该系统的输出不超前于输入［输出 $y_f(t)$ 与输入 $f(t)$ 同时］，故为因果系统。再如某系统的零状态响应 $y_f(t) = 2f(t-1)$，$t>0$，因该系统的输出也不超前于输入［输出 $y_f(t)$ 滞后输入 $f(t)$］，故也为因果系统。而若某系统的零状态响应 $y_f(t) = 4f(t+2)$，$t>0$，因该系统的输出 $y_f(t)$ 超前于输入 $f(t)$，故为非因果系统。

此外，系统还可分为记忆系统与非记忆系统（也称动态系统与即时系统）、集中参数系统与分布参数系统、稳定系统与非稳定系统等。

本书将重点讨论线性时不变的连续时间系统与线性时不变的离散时间系统，它们也是系统理论的核心与基础。在本书中，凡不做特别说明的系统，都是指线性时不变系统。

1.2.3 系统联结

很多实际系统往往可以看成是由几个子系统相互联结而构成的，因此，在进行系统分析时，就可以通过分析各子系统特性，以及它们之间的联结关系来分析整个系统的特性。在进行系统综合时，也可以先综合出简单的基本系统单元，再进行有效联结，以得到复杂的系统。

虽然系统联结的方式多种多样，但其基本形式可以概括为级联、并联和反馈三种方式。两个系统的级联如图 1.15a 所示，输入信号经系统 1 处理后再经由系统 2 处理。级联系统的联结规律是系统 1 的输出为系统 2 的输入，可以按照这种规律进行更多个系统的级联。两个系统的并联如图 1.15b 所示，输入信号同时经系统 1 和系统 2 处理。并联系统的联结规律是

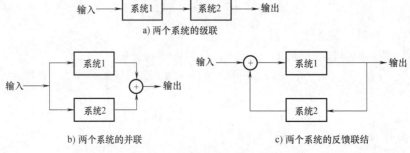

图 1.15　系统联结的基本形式

系统 1 和系统 2 具有相同的输入，可以按照这种规律进行更多个系统的并联。两个系统的反馈联结如图 1.15c 所示，系统 1 的输出为系统 2 的输入，而系统 2 的输出又反馈回来与外加输入信号共同构成系统 1 的输入。

可以将级联、并联和反馈联结组合起来实现更复杂的系统。

1.3　信号与系统分析的基本内容与方法

信号与系统分析主要包括信号分析和系统分析两部分内容。信号分析的核心是信号分解，即将复杂信号分解为一些基本信号的线性组合，通过研究基本信号的特性和信号的线性组合关系来研究复杂信号的特性。系统分析的主要任务就是在已知系统结构与输入激励的前提下，求解系统相应的输出响应。在种类繁多的系统中，线性时不变系统的分析具有重要的意义。因为实际应用中的大部分系统属于或可近似地看作是线性时不变系统，而且线性时不变系统的分析方法已有较完善的理论，因此本书主要分析线性时不变系统。对于非线性系统与时变系统，近年来也有较大理论进展和应用领域，将在其他的课程中进行专门的研究。

信号包括确定信号与随机信号。对于确定信号通过线性时不变系统的分析，主要采用数学模型的解析方法，即先建立系统的动态方程式，然后根据输入激励求解出系统输出响应的解析表达式。而对于随机信号通过线性时不变系统的分析，主要采用概率模型的统计方法，即根据输入随机信号的统计特性求解出输出随机信号的统计特性。本书主要对确定信号进行分析。对于确定信号通过线性时不变系统的分析，主要任务就是建立与求解系统的数学模型。其中，建立系统数学模型的方法可分为输入/输出描述法与状态空间描述法两种；而求解系统数学模型的方法可分为时间域分析法与变换域分析法。

在建立系统的数学模型时，输入/输出描述法侧重于系统的外部特性，一般不考虑系统的内部变量，直接建立系统的输入与输出之间的函数关系。由此而建立的系统动态方程直观而简单，适合于单输入单输出系统分析。状态变量法侧重于系统的内部特性，建立系统的内部变量之间及内部变量与输出之间的函数关系。由此而建立的系统状态方程提供了综合研究系统的依据，因而适用于多输入多输出系统，特别适合于计算机分析，是近代发展的一种系统规范化方法。

在求解系统的数学模型时，时间域分析法是以时间 t 或 nT 为变量，直接求解系统的动态方程式。这种方法的物理概念比较清楚，但计算较为烦琐。变换域分析法是应用数学的映射理论，将时间变量映射为某个变换域的变量，使系统的动态方程式转化为代数方程式，从而极大地简化了计算。两种方法各有侧重，它们在系统分析中都有广泛的应用。

值得注意的是，信号与系统是相互依存的整体。信号必定是由系统产生、发送、传输与接收的，离开系统没有孤立存在的信号；同样，系统也离不开信号，系统的重要功能就是对信号进行加工、变换与处理，没有信号的系统就没有存在的意义。因此，在实际应用中，信号与系统必须成为相互协调的整体，才能实现信号与系统各自的功能。信号与系统的这种协调一致称之为信号与系统的"匹配"。

随着现代科学技术的迅猛发展，新的信号与系统的分析方法不断涌现，其中计算机辅助分析方法就是近年来较为活跃的方法。这种方法利用计算机进行数值运算，从而免去复杂的人工运算，且计算结果精确可靠，因而得到广泛的应用和发展。本书中，引入了软件工具

MATLAB 对信号与系统进行分析。此外，计算机技术的飞速发展与应用，为信号分析提供了有力支持，但同时对信号分析的深度与广度也提出了更高的要求，特别是对离散时间信号的分析。因此，近年来，离散时间信号的理论研究得到很大发展，离散时间信号与系统的分析已形成一门独立的课程。

综上所述，信号与系统分析这门课程主要研究确定信号与线性时不变系统。该课程应用了较多的高等数学知识与电路分析的内容。在学习过程中，着重掌握信号与系统分析的基本理论与基本方法，将数学概念、物理概念及其工程概念相结合。注意其提出问题、分析问题与解决问题的方法，只有这样才可以真正理解信号与系统分析的实质，为以后的学习与应用奠定坚实基础。

习　　题

一、填空题

1. 描述信号的基本方法有_____、_____。

2. 对于一个自变量无穷但能量有限的信号，其平均功率为_____。

3. 系统的数学描述方法有_____和_____。

4. 满足_____和_____条件的系统称为线性系统。

5. 若某系统是时不变的，则当 $f(t) \xrightarrow{\text{系统}} y_f(t)$，应有 $f(t-t_d) \xrightarrow{\text{系统}}$ _____。

6. 系统对 $f(t)$ 的响应为 $y(t)$，若系统对 $f(t-t_0)$ 的响应为 $y(t-t_0)$，则该系统为_____系统。

7. 连续时间系统的数学模型是_____。

8. 离散时间系统的数学模型是_____。

9. $y(t) = 5y(0) + 4f(t)$ _____（是否）为线性系统。

10. 时不变特性只考虑系统的_____，因此在判断系统的时不变特性时，不涉及系统的_____。

二、单项选择题

1. 下列信号的分类方法不正确的是（　　　）。

A. 数字信号和离散信号　　　　　　　　　　B. 确定信号和随机信号

C. 周期信号和非周期信号　　　　　　　　　D. 因果信号与反因果信号

2. 下列说法正确的是（　　　）。

A. 一个信号可以既是能量信号也是功率信号　B. 一个信号如果不是能量信号一定是功率信号

C. 一个信号如果能量有限，则是能量信号　　D. 一个信号的功率有限，能量一定无限

3. 下列说法不正确的是（　　　）。

A. 一般周期信号为功率信号

B. 时限信号（仅在有限时间区间不为零的非周期信号）为能量信号

C. $\varepsilon(t)$ 是功率信号

D. e^t 为能量信号

4. 线性系统具有（　　　）。

A. 分解特性　　　　B. 零状态线性　　　　C. 零输入线性　　　　D. ABC

5. 功率信号其（　　　）。

A. 能量 $E = 0$　　　B. 功率 $P = 0$　　　C. 能量 $E = \infty$　　　D. 功率 $P = \infty$

6. 信号 $f(k) = \sin \dfrac{\pi}{6} k$，$k = 0, \pm 1, \pm 2, \pm 3, \cdots$，其周期是（　　　）。

A. 2π　　　　　　　　　B. 12　　　　　　　　　C. 6　　　　　　　　　D. 不存在

7. 下列信号分类法中错误的是（　　　）。

A. 确定信号与随机信号　　　　　　　　　　B. 周期信号与非周期信号

C. 能量信号与功率信号　　　　　　　　　　D. 一维信号与二维信号

8. 已知一连续系统在输入 $f(t)$ 的作用下的零状态响应为 $y_{zs}(t)=f(4t)$，则该系统为（　　　）。

A. 线性时不变系统　　　　　　　　　　　　B. 线性时变系统

C. 非线性时不变系统　　　　　　　　　　　D. 非线性时变系统

9. 下列叙述正确的是（　　　）。

A. 各种数字信号都是离散信号　　　　　　　B. 各种离散信号都是数字信号

C. 数字信号的幅度只能取 1 或 0　　　　　　D. 将模拟信号抽样直接可得数字信号

10. 信号 $f(t)=3\cos(4t+\pi/3)$ 的周期是（　　　）。

A. 2π　　　　　　　　　B. π　　　　　　　　　C. $\pi/2$　　　　　　　　D. $\pi/4$

三、判断题

1. 若一个连续线性时不变系统是因果系统，它一定是一个稳定系统。（　　　）

2. 零状态响应是指系统没有激励时的响应。（　　　）

3. 只要输入有界，则输出一定有界的系统称为稳定系统。（　　　）

4. 信号 $3e^{-2t}u(t)$ 为能量信号。（　　　）

5. 信号 $e^{-t}\cos10t$ 为功率信号。（　　　）

6. 两个周期信号之和一定是周期信号。（　　　）

7. 所有非周期信号都是能量信号。（　　　）

8. 两个线性时不变系统的级联构成的系统是线性时不变的。（　　　）

9. 两个非线性系统的级联构成的系统也是非线性的。（　　　）

10. $\dfrac{\mathrm{d}}{\mathrm{d}t}\left[u(t^2\sin t)\right]$ 是周期信号。（　　　）

四、综合题

1. 求下列信号的周期。

（1）$x(t)=e^{j(\pi t-1)}$

（2）$x(t)=\varepsilon v\{(\cos2\pi t)u(t)\}$

（3）$x(t)=\varepsilon v\left\{\cos\left(2\pi t+\dfrac{\pi}{4}\right)u(t)\right\}$

2. 判断下列系统是否为线性的、时不变的、因果的。

（1）$r(t)=\dfrac{\mathrm{d}e(t)}{\mathrm{d}t}$

（2）$r(t)=\sin[e(t)]u(t)$

（3）$r(t)=e(2t)$

（4）$r(t)=\displaystyle\int_{-\infty}^{t}e(\tau)\mathrm{d}\tau$

3. 判断下列系统是否为可逆系统。

（1）$r(t)=e(t-5)$

（2）$r(t)=\displaystyle\int_{-\infty}^{t}e(\tau)\mathrm{d}\tau$

4. 判定系统特性（线性、时变、因果、稳定性）。

（1）$r(t)=T[e(t)]=te(t)$

（2）$r(t)=T[e(t)]=e(3t)$

（3） $r(t) = T[e(t)] = \begin{cases} e(t), & t \geq 1 \\ 0, & t = 0 \\ e(t), & t \leq -1 \end{cases}$

（4） $r(t) = T[e(t)] = \varepsilon v\{e(t)\}$

5. 某一线性时不变系统有下面的输入/输出关系：如果 $e(t) = u(t)$，那么 $r(t) = (1 - e^{-2t})u(t)$；如果 $e(t) = \cos(2t)$，那么 $r(t) = 0.707\cos(2t - \pi/4)$。对下列输入，求出 $r(t)$。

（1） $e(t) = 2u(t) - 2u(t-1)$

（2） $e(t) = 5u(t) - 10\cos(2t)$

自 测 题

1-1 如图 1.16 所示，试指出下列各信号类型。

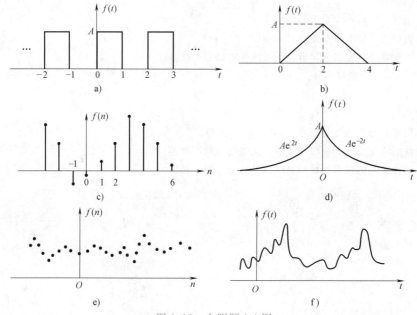

图 1.16 自测题 1-1 图

1-2 给定一个连续时间信号为

$$f(t) = \begin{cases} 1 - |t| & -1 \leq t \leq 1 \\ 0 & \text{其他} \end{cases}$$

分别画出以 0.25s 和 0.5s 的取样间隔对 $f(t)$ 均匀取样所得离散时间序列的波形。

1-3 设 $f_1(t)$ 和 $f_2(t)$ 是基本周期分别为 T_1 和 T_2 的周期信号。证明 $f(t) = f_1(t) + f_2(t)$ 是周期为 T 的周期信号的条件为

$$mT_1 = nT_2 = T \quad (m、n \text{ 为正整数})$$

1-4 设 $f_1(n)$ 和 $f_2(n)$ 是基本周期分别为 N_1 和 N_2 的周期序列。证明 $f(n) = f_1(n) + f_2(n)$ 是周期为 N 的周期序列的条件为

$$mN_1 = nN_2 = N \quad (m、n \text{ 为正整数})$$

1-5 试判断下列信号是否为周期信号。若是，确定其周期。

（1）$f(t) = 3\sin 2t + 6\sin xt$ （2）$f(t) = (a\sin t)^2$

（3）$f(t) = \cos\left(2t + \dfrac{\pi}{4}\right)$　　　　　　　　　（4）$f(t) = \cos 2\pi t,\ t \geqslant 0$

（5）$f(n) = \mathrm{e}^{\left(\frac{n}{4} - \pi\right)}$　　　　　　　　　　　　　（6）$f(n) = \cos\left(\dfrac{\pi n}{8}\right)^2$

（7）$f(n) = \cos\left(\dfrac{n}{2}\right)\cos\left(\dfrac{\pi n}{4}\right)$　　　　　　　（8）$f(n) = \cos\left(\dfrac{\pi n}{4}\right) + \sin\left(\dfrac{\pi n}{8}\right) - 2\cos\left(\dfrac{\pi n}{2}\right)$

1-6　已知复指数信号

$$f(t) = \mathrm{e}^{\mathrm{j}\omega_0 t}$$

其角频率为 ω_0，基本周期为 $T = 2\pi/\omega_0$。如果对 $f(t)$ 以取样间隔 T_s 进行均匀取样得离散时间序列

$$f(n) = f(nT_\mathrm{s}) = \mathrm{e}^{\mathrm{j}\omega_0 n T_\mathrm{s}}$$

试求出使 $f(n)$ 为周期信号的取样间隔 T_s。

1-7　已知正弦信号

$$f(t) = \sin 20t$$

（1）对 $f(t)$ 等间隔取样，求出使 $f(n) = f(nT_\mathrm{s})$ 为周期序列的取样间隔 T_s。

（2）如果 $T_\mathrm{s} = 0.15\pi$，求出 $f(n) = f(nT_\mathrm{s})$ 的基本周期。

1-8　试判断下列信号中哪些为能量信号，哪些为功率信号，或者都不是。

（1）$f(t) = 5\sin(2t - \theta)$　　　　　　　（2）$f(t) = 5\mathrm{e}^{-2t}$

（3）$f(t) = 10t,\ t \geqslant 0$　　　　　　　　　（4）$f(n) = (-0.5)^n,\ n \geqslant 0$

（5）$f(n) = 1,\ n \geqslant 0$　　　　　　　　　（6）$f(n) = \mathrm{e}^{\mathrm{j}2n},\ n \geqslant 0$

1-9　判断下列系统是否为线性系统，其中 $f(t)$、$f(n)$ 为系统的完全响应，$x(0)$ 为系统初始状态，$y(t)$、$y(n)$ 为系统输入激励。

（1）$y(t) = x(0) + f(t)\dfrac{\mathrm{d}f(t)}{\mathrm{d}t}$　　　　　　（2）$y(t) = x(0)\lg f(t)$

（3）$y(t) = \lg x(0) + \displaystyle\int_0^t f(\tau)\mathrm{d}\tau$　　　　　（4）$y(t) = x(0) + 3t^2 f(t)$

（5）$y(t) = x(0)\sin 5t + f(t)$　　　　　　（6）$y(n) = x(0) + f(n)f(n-1)$

（7）$y(n) = (n-1)x(0) + (n-1)f(n)$　　　（8）$y(n) = x(0) + \displaystyle\sum_{i=0}^{n+2} n^2 f(i),\ (n = 0,1,2,\cdots)$

1-10　判断下列系统是否为线性时不变系统，为什么？其中 $f(t)$、$f(n)$ 为输入信号，$y(t)$、$y(n)$ 为零状态响应。

（1）$y(t) = g(t)f(t)$　　　　　　　　　　　（2）$y(t) = Kf(t) + f^2(t)$

（3）$y(t) = tf(t)\cos t$　　　　　　　　　　（4）$y(t)f(t) = 1$

（5）$y(t) = f(t-1)$　　　　　　　　　　　（6）$y(t) = \displaystyle\int_{-\infty}^t f(\tau)\cos(t - \tau)\mathrm{d}\tau$

（7）$y(n) = \displaystyle\sum_{i=0}^{n+2} n^2 f(i),\ (n = 0,1,2,\cdots)$　　　　（8）$y(n) = \alpha f(n) + \beta f(n-1) + \alpha f(n-2)$

1-11　某线性时不变系统有两个初始状态 $y_1(0)$ 与 $y_2(0)$，其零输入响应为 $y_1(0) = 1$，$y_2(0) = 0$ 时，$y_{x1}(t) = 2\mathrm{e}^{-t} + 3\mathrm{e}^{-3t}$，$t \geqslant 0$；而当 $y_1(0) = 0$，$y_2(0) = 1$ 时，$y_{x2}(t) = 4\mathrm{e}^{-t} - 2\mathrm{e}^{-3t}$，$t \geqslant 0$。试求当 $y_1(0) = 5$，$y_2(0) = 3$ 时，$y_x(t)$ 的值。

1-12　对于题 1-11，若系统输入激励为 $f(t)$ 时的零状态响应为 $y_f(t) = 2 + \mathrm{e}^{-t} + 2\mathrm{e}^{-3t}$，$t \geqslant 0$。试求当 $y_1(0) = 2$，$y_2(0) = 5$，且激励为 $3f(t)$ 时，系统完全响应 $y(t)$ 的值。

1-13　一连续时间系统输入/输出关系为

$$y(t) = T|f(t)| = \frac{1}{T}\int_{t-T/2}^{t+T/2} f(\tau)\mathrm{d}\tau$$

试确定该系统是否为线性、时不变、因果系统。

　　1-14　一离散时间系统有如下输入/输出关系为

$$y(n) = T\{f(n)\} = f^2(n)$$

试确定该系统是否为线性、时不变、因果系统。

　　1-15　下列方程描述的离散时间系统哪些具有 a 线性、b 时不变性、c 因果性。

（1）$y(n) = 2^n f(n)$

（2）$y(n+3) - ny^2(n) = f(n)$

（3）$y(n) = f(n) + 3f(n-1) + 4f(n-2)$

　　1-16　试写出图 1.17a 和 b 所示系统的输入/输出关系。

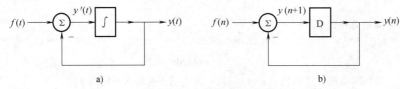

图 1.17　自测题 1-16 图

第2章　连续时间信号和离散时间信号的时域分析

本章概述：本章主要介绍信号与系统的基础知识。首先介绍了信号与系统分析中常用的连续时间基本信号和离散时间基本信号的特性，阐述了冲激信号、单位脉冲信号及其特征。在此基础上，介绍了连续时间信号与离散时间信号的算术运算及时域分解。最后介绍了利用MATLAB表示基本信号并实现信号的基本运算。

知识点：①熟练掌握常用基本信号的特征及描述方法和信号的基本运算方法。②掌握确定信号各种分解的方法，掌握运用MATLAB仿真软件，实现基本信号的表示和运算方法。重点是奇异信号及其性质、波形变换、信号的分解。

2.1　连续时间信号的时域描述

连续时间确定信号在其定义的连续区间上的任意时刻都具有确定的数值，并且常可以由一个确定的时间函数表示。信号的时域描述就是描述信号随时间变化的特性。

在连续时间信号的分析中，常见的绝大部分信号都可以用基本信号及它们的变化形式来表示。正因如此，对基本信号的分析是信号与系统分析的基础。这些基本信号包括直流信号、正弦信号、指数信号、阶跃信号等。基本信号分为两类：一类称为普通信号；另一类称为奇异信号。

2.1.1　普通信号

1. 指数信号

指数信号的数学表达式为

$$f(t) = Ae^{at}, \ t \in \mathbf{R} \tag{2-1}$$

式中，A 和 a 是实数，$\mathbf{R}$ 表示实数集。系数 A 是 $t = 0$ 时指数信号的初始值，在 A 为正数时，若 $a > 0$，则指数信号幅度随时间增长而增长；若 $a < 0$，则指数信号幅度随时间增长而衰减。在 $a = 0$ 的特殊情况下，信号不随时间变化，成为直流信号。指数信号的波形如图2.1所示。

指数信号为单调增或单调减信号，为了表示指数信号随时间单调变化的快慢程度，将 $|a|$ 的倒数称为指数信号的时间常数，以 τ 表示，即 $\tau = 1/|a|$。

当 $a < 0$，且 $t = \tau = 1/|a|$ 时，式（2-1）为

$$f(\tau) = Ae^{-1} = 0.368A$$

这表明当 $t = \tau$ 时，指数信号衰减为初始值 A 的 36.8%。显然 $|a|$ 越大，τ 就越小，信号衰减得越快；反之，$|a|$ 越小，τ 就越大，信号衰减得越慢。

同样，当 $a > 0$ 时，指数信号随时间增长而增长，其增长快慢也取决于 $|a|$ 或 τ 的大小。

在实际中较多遇到的是单边指数衰减信号，其数学表达式为

$$f(t) = \begin{cases} Ae^{-at}, \ t \geq 0, a > 0 \\ 0, \ t < 0 \end{cases} \tag{2-2}$$

波形如图 2.2 所示。

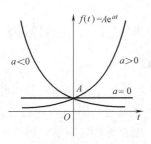

图 2.1 指数信号波形

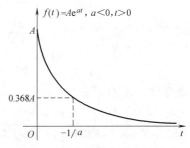

图 2.2 单边指数衰减信号波形

指数信号的一个重要性质是其对时间的微分和积分仍是指数形式。

2. 虚指数信号和正弦信号

虚指数信号的数学表达式为

$$f(t) = e^{j\omega_0 t}, \ t \in \mathbf{R} \tag{2-3}$$

该信号的一个重要特性是它具有周期性。这一特性可以通过式（1-1）周期信号的定义加以证明。如果存在一个 T_0 使下式成立

$$f(t) = f(t+T_0) = e^{j\omega_0 t} = e^{j\omega_0(t+T_0)} \tag{2-4}$$

则 $e^{j\omega_0 t}$ 就是以 T_0 为周期的周期信号。因为 $e^{j\omega_0(t+T_0)} = e^{j\omega_0 t} e^{j\omega_0 T_0}$，要使其为周期信号，必须有 $e^{j\omega_0 T_0} = 1$，即 $\omega_0 T_0 = 2\pi m$，由此可得

$$T_0 = m \frac{2\pi}{\omega_0}, \quad m = \pm 1, \pm 2, \cdots \tag{2-5}$$

因此，虚指数信号 $e^{j\omega_0 t}$ 是周期为 $2\pi/|\omega_0|$ 的周期信号。

正弦信号和余弦信号二者仅在相位上相差 $\pi/2$，通常统称为正弦信号，表达式为

$$f(t) = A\sin(\omega_0 t + \varphi), \quad t \in \mathbf{R} \tag{2-6}$$

式中，A 为振幅；ω_0 为角频率（rad/s）；φ 为初始相位。其波形如图 2.3 所示。与虚指数信号一样，正弦信号也是周期为 $2\pi/|\omega_0|$ 的周期信号。

利用欧拉（Euler）公式，虚指数信号可以用与其相同周期的正弦信号表示，即

$$e^{j\omega_0 t} = \cos(\omega_0 t) + j\sin(\omega_0 t) \tag{2-7}$$

而正弦信号和余弦信号也可用相同周期的虚指数信号来表示，即

$$\cos(\omega_0 t) = \frac{1}{2}(e^{j\omega_0 t} + e^{-j\omega_0 t}) \tag{2-8}$$

$$\sin(\omega_0 t) = \frac{1}{2j}(e^{j\omega_0 t} - e^{-j\omega_0 t}) \tag{2-9}$$

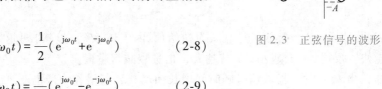

图 2.3 正弦信号的波形

虚指数信号和正弦信号的另一个特性是对其时间微分和积分后，仍然是同周期的虚指数信号和正弦信号。

3. 复指数信号

$$f(t) = A\mathrm{e}^{st}, \quad t \in \mathbf{R} \tag{2-10}$$

式中，$s = \sigma + \mathrm{j}\omega_0$，$A$ 一般为实数，也可为复数。利用欧拉公式将式（2-10）展开，可得

$$A\mathrm{e}^{st} = A\mathrm{e}^{(\sigma+\mathrm{j}\omega_0)t} = A\mathrm{e}^{\sigma t}\cos(\omega_0 t) + \mathrm{j}A\mathrm{e}^{\sigma t}\sin(\omega_0 t) \tag{2-11}$$

式（2-11）表明，一个复指数信号可以分解为实部、虚部两部分。实部、虚部分别为幅度按指数规律变化的正弦信号。

若 $\sigma < 0$，复指数信号的实部、虚部为减幅正弦信号，波形如图 2.4a、b 所示。若 $\sigma > 0$，其实部、虚部为增幅正弦信号，波形如图 2.4c、d 所示。若 $\sigma = 0$，式（2-10）可写成纯虚数指数信号

$$f(t) = \mathrm{e}^{\mathrm{j}\omega_0 t} \tag{2-12}$$

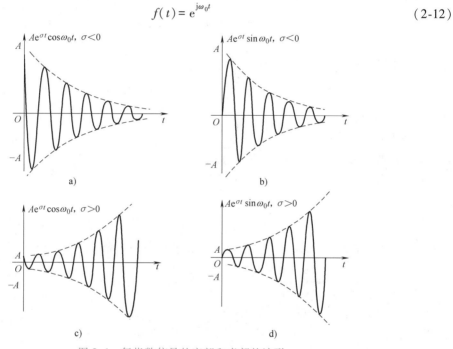

图 2.4　复指数信号的实部和虚部的波形

若 $\omega_0 = 0$，则复指数信号成为一般的实指数信号。若 $\sigma = 0$、$\omega_0 = 0$，复指数信号的实部和虚部均与时间无关，成为直流信号。

复指数信号在物理上是不可实现的，但是它概括了多种情况。利用复指数信号可以表示常见的普通信号，如直流信号、指数信号及正弦信号等。复指数信号的微分和积分仍然是复指数信号，利用复指数信号可以使许多运算和分析简化。因此，复指数信号是信号分析中非常重要的基本信号。

4. 抽样函数

抽样函数是指 $\sin t$ 与 t 之比构成的函数，其定义为

$$\mathrm{Sa}(t) = \frac{\sin t}{t} \tag{2-13}$$

抽样函数的波形如图 2.5 所示。

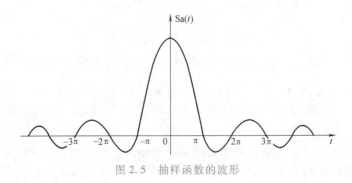

图 2.5 抽样函数的波形

抽样函数具有以下性质：

$$\mathrm{Sa}(0)=1, \ \mathrm{Sa}(k\pi)=0, \ k=\pm1,\pm2,\cdots \quad \int_{-\infty}^{+\infty}\mathrm{Sa}(t)\,\mathrm{d}t=\pi$$

2.1.2　奇异信号

奇异信号是另一类基本信号，这类信号的数学表达式属于奇异函数，即函数本身或其导数或高阶导数出现奇异值（趋于无穷）。

1. 单位阶跃信号

单位阶跃信号以符号 $u(t)$ 表示，其定义为

$$u(t)=\begin{cases}1, & t>0 \\ 0, & t<0\end{cases} \tag{2-14}$$

其波形如图 2.6a 所示。阶跃信号 $u(t)$ 在 $t=0$ 处存在断点，在此点 $u(t)$ 没有定义。阶跃信号也可以延时任意时刻 t_0，以符号 $u(t-t_0)$ 表示，其波形如图 2.6b 所示，对应的表达式为

$$u(t-t_0)=\begin{cases}1, & t>t_0 \\ 0, & t<t_0\end{cases} \tag{2-15}$$

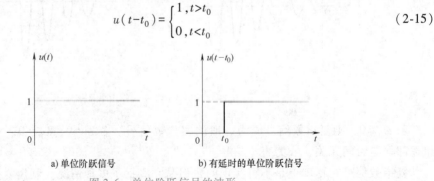

a) 单位阶跃信号　　　　b) 有延时的单位阶跃信号

图 2.6　单位阶跃信号的波形

应用阶跃信号与延时阶跃信号，可以表示任意的矩形波脉冲信号。例如，图 2.7a 所示的矩形波信号可由图 2.7b 表示，即 $f(t)=u(t-T)-u(t-3T)$。

阶跃信号具有单边性，任意信号与阶跃信号乘积即可截断该信号。若连续时间信号 $f(t)$ 在 $-\infty<t<+\infty$ 范围内取值，该信号与阶跃信号相乘后即成为单边信号 $f(t)u(t)$，其在 $-\infty<t<0$ 范围内取值为零。

2. 单位冲激信号

（1）单位冲激信号（Delta 函数）的定义

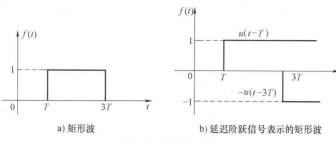

a) 矩形波　　　　　　　　　b) 延迟阶跃信号表示的矩形波

图 2.7　矩形波信号

冲激信号可由不同的方式来定义，其中一种定义是采用狄拉克（Dirac）定义，即

$$\begin{cases} \int_{-\infty}^{\infty} \delta(t)\,\mathrm{d}t = 1 \\ \delta(t) = 0, t \neq 0 \end{cases} \tag{2-16}$$

冲激信号用箭头表示，如图 2.8a 所示。冲激信号具有强度，其强度就是冲激信号对时间的定积分值。在图中以括号注明，以与信号的幅值相区分。

冲激信号可以延时至任意时刻 t_0，以符号 $\delta(t-t_0)$ 表示，定义为

$$\begin{cases} \int_{-\infty}^{\infty} \delta(t - t_0)\,\mathrm{d}t = 1 \\ \delta(t - t_0) = 0, t \neq t_0 \end{cases} \tag{2-17}$$

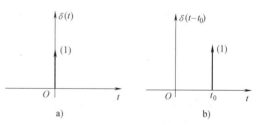

图 2.8　冲激信号和延时的冲激信号的图形表示

其图形表示如图 2.8b 所示。

冲激信号 $\delta(t)$ 是作用时间极短，但取值极大的一类信号的数学模型。例如，单位阶跃信号加在不含初始储能电容两端，从 $t = 0^- \sim 0^+$ 极短时刻，电容两端的电压将从 0V 跳变到 1V，而流过电容的电流 $i(t) = C\mathrm{d}u(t)/\mathrm{d}t$ 为无穷大，可以用冲激信号 $\delta(t)$ 描述。

为了较直观地理解冲激信号，可以将其看成是某些普通信号的极限。首先分析图 2.9a 所示宽为 Δ、高为 $1/\Delta$ 的矩形脉冲，当保持矩形脉冲的面积 $\Delta(1/\Delta) = 1$ 不变，而使脉宽 Δ 趋于零时，脉高 $1/\Delta$ 必为无穷大，此极限情况即为冲激信号，定义为

$$\delta(t) = \lim_{\Delta \to 0} \frac{1}{\Delta} \left[u\left(t+\frac{\Delta}{2}\right) - u\left(t-\frac{\Delta}{2}\right) \right] \tag{2-18}$$

图 2.9b 所示信号，当保持其面积等于 1，取 $\Delta \to 0$ 时其结果也可形成冲激信号 $\delta(t)$，即

$$\delta(t) = \lim_{\Delta \to 0} f_\Delta(t) = \lim_{\Delta \to 0} g_\Delta(t) \tag{2-19}$$

此外，还可以利用指数信号、抽样信号等信号极限模型来定义冲激信号。

冲激信号的严格定义应按广义函数理论定义。依据广义函数理论，冲激信号 $\delta(t)$ 定义为

$$\int_{-\infty}^{\infty} \varphi(t)\delta(t)\,\mathrm{d}t = \varphi(0) \tag{2-20}$$

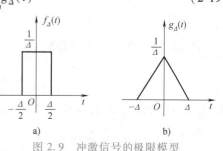

a)　　　　　　b)

图 2.9　冲激信号的极限模型

式中，$\varphi(t)$ 是测试函数。式（2-20）表明，零时刻的冲激信号 $\delta(t)$ 与测试函数 $\varphi(t)$ 的积分等于测试函数在零时刻的值 $\varphi(0)$。

（2）冲激信号的性质

1）筛选特性。如果信号 $f(t)$ 是一个在 $t=t_0$ 处连续的普通函数，则有

$$f(t)\delta(t-t_0)=f(t_0)\delta(t-t_0) \tag{2-21}$$

式（2-21）表明，连续时间信号 $f(t)$ 与冲激信号 $\delta(t-t_0)$ 相乘，筛选出信号 $f(t)$ 在 $t=t_0$ 时的函数值 $f(t_0)$。

由于冲激信号 $\delta(t-t_0)$ 在 $t\neq t_0$ 处的值都为零，故 $f(t)$ 与冲激信号 $\delta(t-t_0)$ 相乘，$f(t)$ 只有在 $t=t_0$ 时的函数值 $f(t_0)$ 对冲激信号 $\delta(t-t_0)$ 有影响，如图 2.10 所示。

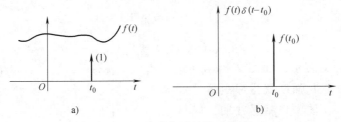

图 2.10　冲激信号的筛选特性

2）取样特性。如果信号 $f(t)$ 是一个在 $t=t_0$ 处连续的普通函数，则有

$$\int_{-\infty}^{\infty} f(t)\delta(t-t_0)\,\mathrm{d}t = f(t_0) \tag{2-22}$$

冲激信号的取样特性表明，一个连续时间信号 $f(t)$ 与冲激信号 $\delta(t-t_0)$ 相乘，并在 $(-\infty,+\infty)$ 时间域上积分，其结果为信号 $f(t)$ 在 $t=t_0$ 时的函数值 $f(t_0)$。

证明： 利用筛选特性，有

$$\int_{-\infty}^{\infty} f(t)\delta(t-t_0)\,\mathrm{d}t = \int_{-\infty}^{\infty} f(t_0)\delta(t-t_0)\,\mathrm{d}t = f(t_0)\int_{-\infty}^{\infty} \delta(t-t_0)\,\mathrm{d}t$$

由于

$$\int_{-\infty}^{\infty} \delta(t-t_0)\,\mathrm{d}t = 1$$

故有

$$\int_{-\infty}^{\infty} f(t)\delta(t-t_0)\,\mathrm{d}t = f(t_0)$$

3）展缩特性。冲激信号的展缩特性可表示为

$$\delta(at)=\frac{1}{|a|}\delta(t) \tag{2-23}$$

式（2-23）证明可从冲激信号的广义函数定义来证明，即只需证明

$$\int_{-\infty}^{+\infty} \varphi(t)\delta(at)\,\mathrm{d}t = \int_{-\infty}^{+\infty} \varphi(t)\frac{1}{|a|}\delta(t)\,\mathrm{d}t$$

式中，$\varphi(t)$ 为任意的连续时间信号。证明过程如下：

$$左式 = \int_{-\infty}^{+\infty} \varphi(t)\delta(at)\,\mathrm{d}t \xlongequal{at=x} \int_{-\infty}^{+\infty} \varphi(x/a)\delta(x)\frac{\mathrm{d}x}{|a|} = \frac{\varphi(0)}{|a|}$$

$$右式 = \int_{-\infty}^{+\infty} \varphi(t) \frac{\delta(t)}{|a|} dt = \frac{\varphi(0)}{|a|}$$

故式（2-23）成立。

由展缩特性可得出如下推论。

推论 1：冲激信号是偶函数。取 $a = -1$ 即可得

$$\delta(t) = \delta(-t) \tag{2-24}$$

推论 2：

$$\delta(at+b) = \frac{1}{|a|} \delta\left(t + \frac{b}{a}\right), \quad (a \neq 0) \tag{2-25}$$

4）卷积特性。卷积积分定义为

$$f(t) * g(t) = \int_{-\infty}^{\infty} f(\tau) g(t - \tau) d\tau \tag{2-26}$$

如果信号 $f(t)$ 是一个任意连续时间函数，则有

$$f(t) * \delta(t - t_0) = f(t - t_0) \tag{2-27}$$

式（2-27）表明，任意连续时间信号 $f(t)$ 与冲激信号 $\delta(t - t_0)$ 相卷积，其结果为信号 $f(t)$ 的延时 $f(t - t_0)$。式（2-27）证明如下。

根据卷积的定义，有

$$f(t) * \delta(t - t_0) = \int_{-\infty}^{\infty} f(\tau) \delta(t - \tau - t_0) d\tau$$

利用 $\delta(t)$ 的偶函数特性和取样特性，可得

$$f(t) * \delta(t - t_0) = \int_{-\infty}^{\infty} f(\tau) \delta(\tau - (t - t_0)) d\tau = f(t - t_0)$$

5）冲激信号与阶跃信号的关系。由冲激信号与阶跃信号的定义，可以推出冲激信号与阶跃信号的关系如下：

$$\int_{-\infty}^{t} \delta(\tau) d\tau = \begin{cases} 1, & t > 0 \\ 0, & t < 0 \end{cases} = u(t) \tag{2-28}$$

$$\frac{du(t)}{dt} = \delta(t) \tag{2-29}$$

这表明冲激信号是阶跃信号的一阶导数，阶跃信号是冲激信号的时间积分。从其波形可见，阶跃信号 $u(t)$ 在 $t = 0$ 处有间断点，对其求导后，即产生冲激信号 $\delta(t)$。以后对信号求导时，信号在不连续点处的导数为冲激信号或延时冲激信号，冲激信号的强度就是不连续点的跳跃值。

冲激信号的上述特性在信号与系统的分析中有着重要作用，下面举例说明。

【例 2-1】　计算下列各式的值。

（1）$\int_{-\infty}^{+\infty} \sin(t) \delta\left(t - \frac{\pi}{4}\right) dt$　　　　（2）$\int_{-4}^{+6} e^{-2t} \delta(t + 8) dt$

（3）$\int_{-1}^{+2} e^{-t} \delta(2 - 2t) dt$　　　　（4）$(t^3 + 2t^2 + 3) \delta(t - 2)$

（5）$e^{-4t} \delta(2 + 2t)$

解：（1）$\int_{-\infty}^{+\infty} \sin(t) \delta\left(t - \frac{\pi}{4}\right) dt = \sin\left(\frac{\pi}{4}\right) = \sqrt{2}/2$

（2）$\displaystyle\int_{-4}^{+6} e^{-2t}\delta(t+8)\mathrm{d}t = 0$

（3）$\displaystyle\int_{-1}^{+2} e^{-t}\delta(2-2t)\mathrm{d}t = \int_{-1}^{+2} e^{-t}\frac{1}{2}\delta(t-1)\mathrm{d}t = \frac{1}{2e}$

（4）$(t^3+2t^2+3)\delta(t-2) = (2^3+2\times2^2+3)\delta(t-2) = 19\delta(t-2)$

（5）$e^{-4t}\delta(2+2t) = e^{-4t}\frac{1}{2}\delta(t+1) = \frac{1}{2}e^{-4(-1)}\delta(t+1) = \frac{1}{2}e^4\delta(t+1)$

从以上例题可以看出，在冲激信号的取样特性中，其积分区间不一定都是（$-\infty$，$+\infty$），但只要积分区间不包括冲激信号 $\delta(t-t_0)$ 的 $t=t_0$ 时刻，则积分结果必为零。此外，对于 $\delta(at+b)$ 形式的冲激信号，要先利用冲激信号的展缩特性将其变化为 $\dfrac{1}{|a|}\delta\left(t+\dfrac{b}{a}\right)$ 形式后，才可利用冲激信号的取样特性与筛选特性。

3. 斜坡信号

斜坡信号以符号 $r(t)$ 表示，其定义为

$$r(t) = \begin{cases} t, & t \geq 0 \\ 0, & t < 0 \end{cases} \tag{2-30}$$

其波形如图 2.11 所示。

从阶跃信号与斜坡信号的定义，可以导出阶跃信号与斜坡信号之间的关系，即

$$r(t) = \int_{-\infty}^{t} u(\tau)\mathrm{d}\tau \tag{2-31}$$

$$\frac{\mathrm{d}r(t)}{\mathrm{d}t} = u(t) \tag{2-32}$$

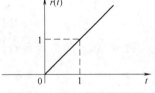

图 2.11　斜坡信号的波形

应用斜坡信号与阶跃信号，可以表示任意的三角脉冲信号。

4. 冲激偶信号及特性

（1）冲激偶信号的定义

冲激信号 $\delta(t)$ 的时间导数即为冲激偶信号，其定义为

$$\delta'(t) = \frac{\mathrm{d}\delta(t)}{\mathrm{d}t} \tag{2-33}$$

冲激偶信号也有强度，其波形如图 2.12 所示。

冲激偶信号也可以利用规则函数取极限的概念引出。例如图 2.13a 所示底宽为 2ε，高度是 $1/\varepsilon$ 的三角形脉冲，当 $\varepsilon\to0$ 时，三角形脉冲成为冲激信号 $\delta(t)$。对三角形脉冲求导可得正、负极性的两个矩形脉冲，称为脉冲偶对，如图 2.13b 所示。其宽度为 ε，高度为 $\pm 1/\varepsilon^2$，面积都是 $1/\varepsilon$。当 $\varepsilon\to0$ 时，脉冲偶对成为正、负极性的两个冲激信号，其强度均为无穷大，这就是冲激偶信号 $\delta'(t)$。

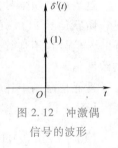

图 2.12　冲激偶
信号的波形

（2）冲激偶信号的性质

1）取样特性

$$\int_{-\infty}^{\infty} f(t)\delta'(t-t_0)\mathrm{d}t = -f'(t_0) \tag{2-34}$$

式中，$f'(t_0)$ 为 $f(t)$ 在 t_0 点的导数值。

2）筛选特性

$$f(t)\delta'(t-t_0) = -f'(t_0)\delta(t-t_0) + f(t_0)\delta'(t-t_0)$$

$$(2-35)$$

3）展缩特性

$$\delta'(at) = \frac{1}{a\,|a|}\delta'(t), \ (a \neq 0) \quad (2-36)$$

由展缩特性可推出，当 $a = -1$ 时，有

$$\delta'(-t) = -\delta'(t) \quad (2-37)$$

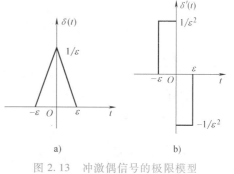

a)　　　　　　　　b)

图 2.13　冲激偶信号的极限模型

这说明 $\delta'(t)$ 是奇函数，故有

$$\int_{-\infty}^{\infty} \delta'(t)\,\mathrm{d}t = 0 \quad (2-38)$$

4）卷积特性

$$f(t) * \delta'(t) = f'(t) \quad (2-39)$$

5）冲激偶信号与冲激信号的关系

$$\delta'(t) = \frac{\mathrm{d}\delta(t)}{\mathrm{d}t} \quad (2-40)$$

$$\int_{-\infty}^{t} \delta'(\tau)\,\mathrm{d}\tau = \delta(t) \quad (2-41)$$

【例 2-2】　计算 $\int_{-4}^{5} 4t^2\delta'(-4t + 1)\,\mathrm{d}t$ 的值。

解： 利用

$$\delta'(at) = \frac{1}{a\,|a|}\delta'(t)$$

$$\int_{-\infty}^{\infty} f(t)\delta'(t - t_0)\,\mathrm{d}t = -f'(t_0)$$

可得

$$\int_{-4}^{5} 4t^2\delta'(-4t + 1)\,\mathrm{d}t = \int_{-4}^{5} \frac{t^2}{(-4)}\delta'\left(t - \frac{1}{4}\right)\,\mathrm{d}t = \frac{1}{8}$$

综上所述，基本信号可分为普通信号与奇异信号。普通信号以复指数信号加以概括，复指数信号的几种特例可派生出直流信号、指数信号、正弦信号等，这些信号的共同特性是对它们求导或积分后形式不变；而奇异信号以冲激信号为基础，取其积分或二重积分而派生出阶跃信号、斜坡信号，取其导数而派生出冲激偶信号。因此，在基本信号中，复指数信号与冲激信号是两个核心信号，它们在信号与系统分析中起着十分重要的作用。

2.2　离散时间信号的时域描述

2.2.1　离散时间信号的表示

离散时间信号也称为离散序列，可以用函数解析式表示，也可以用图形表示，还可以用列表表示。图 2.14 为离散序列图形表示示例，该序列的列表表示为

$$f(n) = \{0, 2, \overset{\downarrow}{0}, 1, 3, 1, 0\}$$

序列中的 ↓ 表示 $n = 0$ 对应的位置。

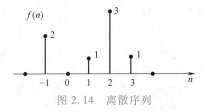

图 2.14　离散序列

2.2.2　基本离散序列

1. 实指数序列

实指数序列可表示为

$$f(n) = Ar^n, \quad n \in \mathbf{Z} \tag{2-42}$$

式中，A 和 r 均为实数；$\mathbf{Z}$ 表示整数集。图 2.15 为 r 取不同值时实指数序列的变化趋势。

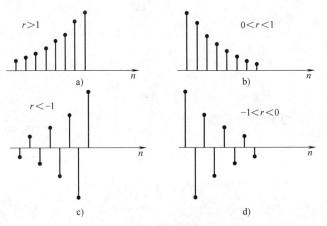

图 2.15　实指数序列

2. 虚指数序列和正弦序列

虚指数序列和正弦序列分别定义为

$$f(n) = e^{j\Omega_0 n}, \quad n \in \mathbf{Z} \tag{2-43}$$

$$f(n) = A\cos(\Omega_0 n + \phi), \quad n \in \mathbf{Z} \tag{2-44}$$

利用欧拉公式可以将正弦序列和虚指数序列联系起来，即

$$e^{j\Omega_0 n} - \cos(\Omega_0 n) + j\sin(\Omega_0 n) \tag{2-45}$$

而

$$\cos(\Omega_0 n) = \frac{1}{2}(e^{j\Omega_0 n} + e^{-j\Omega_0 n}) \tag{2-46}$$

$$\sin(\Omega_0 n) = \frac{1}{2j}(e^{j\Omega_0 n} - e^{-j\Omega_0 n}) \tag{2-47}$$

值得注意的是，虽然连续时间虚指数信号 $e^{j\omega_0 t}$ 和离散时间虚指数信号 $e^{j\Omega_0 n}$ 看起来相似，但两者却存在很大的差异。

1）离散时间虚指数信号 $e^{j\Omega_0 n}$ 的振荡频率不随角频率 Ω_0 的增加而增加，角频率为 Ω_0 的虚指数信号与角频率为 $\Omega_0 \pm k2\pi$ 的虚指数信号相同，即

$$e^{j(\Omega_0 \pm k2\pi)n} = e^{j\Omega_0 n} e^{j2\pi k n} = e^{j\Omega_0 n} \tag{2-48}$$

因此，研究离散时间虚指数信号时，信号角频率 Ω_0 只需在某一个 2π 间隔内取值即可。

2）离散时间虚指数信号 $e^{j\Omega_0 n}$ 的周期性。要使信号 $e^{j\Omega_0 n}$ 为周期信号，必须有

$$e^{j\Omega_0(n+N)} = e^{j\Omega_0 n} e^{j\Omega_0 N} = e^{j\Omega_0 n} \tag{2-49}$$

这就要求

$$e^{j\Omega_0 N} = 1$$

即 $\Omega_0 N = 2\pi m$，m 为整数。

或

$$\frac{\Omega_0}{2\pi} = \frac{m}{N}，为有理数 \tag{2-50}$$

亦即，如果 $\Omega_0/2\pi = m/N$，且 N、m 是不可约的整数，则信号是以 N 为周期的周期信号。

上述两点对离散正弦序列也同样成立。下面举例说明。

【例 2-3】　判断下列正弦序列是否为周期信号。若是，求出周期 N。

（1）$f_1(n) = \sin(\pi n/6)$

（2）$f_2(n) = \sin(n/6)$

（3）对 $f_3(t) = \sin(6\pi t)$ 以 $f_s = 8\text{Hz}$ 进行抽样所得序列

解：（1）对 $f_1(n)$，$\Omega_0 = \pi/6$，有

$$\Omega_0/2\pi = 1/12$$

由于 1/12 是不可约的有理数，故 $f_1(n)$ 的周期 $N = 12$。信号波形如图 2.16a 所示。

（2）对 $f_2(n)$，$\Omega_0 = 1/6$，有

$$\frac{\Omega_0}{2\pi} = \frac{1}{12\pi}$$

由于 $1/12\pi$ 不是有理数，故 $f_2(n)$ 是非周期的。信号波形如图 2.16b 所示。

（3）对 $f_3(t)$ 以 $f_s = 8\text{Hz}$ 进行抽样，即以 $T = 1/f_s = 1/8\text{s}$ 为时间间隔对信号抽样，可得

$$f_3(n) = f_3(t) \big|_{t=\frac{1}{8}n} = \sin\left(\frac{6\pi}{8}n\right)$$

对 $f_3(n)$，$\Omega_0 = 6\pi/8$，有

$$\frac{\Omega_0}{2\pi} = \frac{3}{8}$$

由于 3/8 是不可约的有理数，故 $f_3(n)$ 的周期为 $N = 8$。

从时间上来看，$f_3(n)$ 信号波形重复出现的时间间隔为 $T_d = NT = 1\text{s}$。而模拟信号 $f_3(t)$ 的频率 $f_0 = \dfrac{\omega_0}{2\pi} = \dfrac{6\pi}{2\pi} = \dfrac{1}{T_0} = 3\text{Hz}$，即信号的周期为 $T_0 = \dfrac{1}{3}\text{s}$。由此可见，模拟信号和进行抽样所得离散序列的周期不一定相同。信号 $f_3(t)$ 和 $f_3(n)$ 波形如图 2.16c 所示。

3. 复指数序列

复指数序列定义为

$$f(n) = Ae^{(\alpha+j\Omega_0)n} = Ae^{\alpha n} e^{j\Omega_0 n} = Ar^n e^{j\Omega_0 n}，n \in \mathbf{Z} \tag{2-51}$$

式中，$r = e^{\alpha}$，A 一般为实数，也可为复数。利用欧拉公式将式（2-51）展开，可得

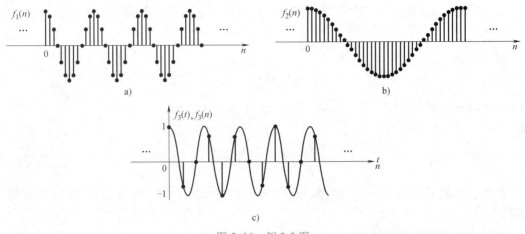

图 2.16 例 2-3 图

$$Ar^n \mathrm{e}^{\mathrm{j}\Omega_0 n} = Ar^n \cos(\Omega_0 n) + \mathrm{j}Ar^n \sin(\Omega_0 n) \tag{2-52}$$

式（2-52）表明，一个复指数信号分解为实部、虚部两部分。实部、虚部分别为幅度按指数规律变化的正弦信号。若 $|r|<1$，为减幅正弦信号，波形如图 2.17a 所示。若 $|r|>1$，为增幅正弦信号，波形如图 2.17b 所示。若 $r=1$，为等幅正弦信号。若 $\Omega_0=0$，则复指数信号成为一般的实指数信号。若 $r=1$、$\Omega_0=0$，复指数信号的实部、虚部均与时间无关，成为直流信号。

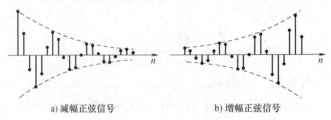

a) 减幅正弦信号   b) 增幅正弦信号

图 2.17 复指数信号

4. 单位脉冲序列

单位脉冲序列又称单位序列，用符号 $\delta(n)$ 表示，定义为

$$\delta(n) = \begin{cases} 1, & n=0 \\ 0, & n \neq 0 \end{cases} \tag{2-53}$$

$\delta(n)$ 在 $n=0$ 时有确定值 1，这与 $\delta(t)$ 在 $t=0$ 的情况不同。单位脉冲序列和有位移的单位脉冲序列分别如图 2.18a、b 所示。

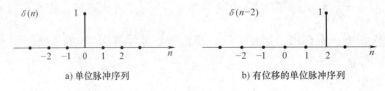

a) 单位脉冲序列   b) 有位移的单位脉冲序列

图 2.18 单位脉冲序列和有位移的单位脉冲序列

任意序列可以利用单位脉冲序列及位移单位脉冲序列的线性加权和表示，如图 2.19 所

示离散序列可以表示为

$$f(n) = 3\delta(n+1) + \delta(n) + 2\delta(n-1) + 2\delta(n-2) \quad (2-54)$$

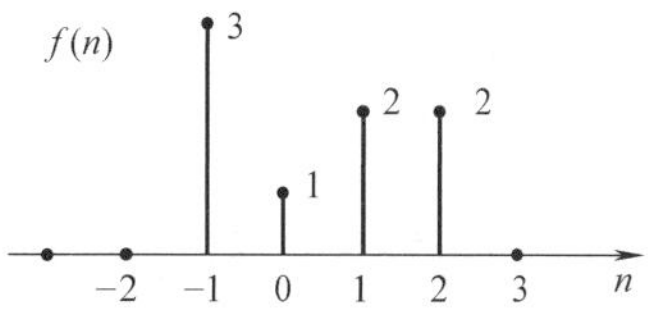

5. 单位阶跃序列

图 2.19　离散序列

单位阶跃序列用 $u(n)$ 表示，定义为

$$u(n) = \begin{cases} 1, & n \geqslant 0 \\ 0, & n < 0 \end{cases} \quad (2-55)$$

单位阶跃序列如图 2.20 所示。

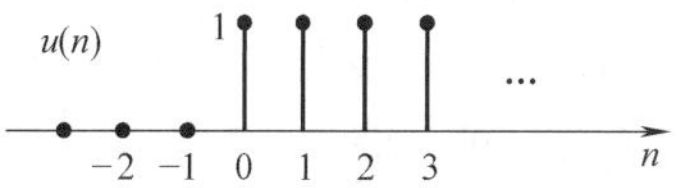

单位脉冲序列与单位阶跃序列的关系如下：

$$u(n) = \sum_{m=-\infty}^{n} \delta(m) \quad (2-56)$$

$$\delta(n) = u(n) - u(n-1) \quad (2-57)$$

图 2.20　单位阶跃序列

【例 2-4】　分别用脉冲序列和阶跃序列表示图 2.21a、b 所示矩形序列 $R_N(n)$ 和斜坡序列 $r(n)$。

解：

$$R_N(n) = u(n) - u(n-N) = \sum_{k=0}^{N-1} \delta(n-k) \quad (2-58)$$

$$r(n) = nu(n) = \sum_{k=0}^{\infty} k\delta(n-k) \quad (2-59)$$

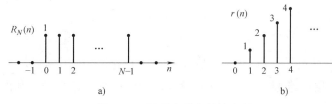

a)　　　　　　　　　　b)

图 2.21　矩形序列和斜坡序列

2.3　连续信号的基本运算

1. 尺度变换

信号的尺度变换是指将信号 $f(t)$ 变化到 $f(at)(a>0)$ 的运算。若 $0<a<1$，则 $f(at)$ 是 $f(t)$ 的扩展。若 $a>1$，则 $f(at)$ 是 $f(t)$ 的压缩。

【例 2-5】　已知 $f(t) = \begin{cases} (t-2)/2, & 2 \leqslant t \leqslant 4 \\ 0, & 其他 \end{cases}$，分别画出 $f(2t)$ 和 $f(t/2)$ 的波形。

解：运用函数的基本定义，得

$$f(2t) = \begin{cases} (2t-2)/2, & 2 \leqslant 2t \leqslant 4 \\ 0, & 其他 \end{cases} = \begin{cases} t-1, & 1 \leqslant t \leqslant 2 \\ 0, & 其他 \end{cases}$$

$$f(t/2) = \begin{cases} (t/2-2)/2, & 2 \leqslant t/2 \leqslant 4 \\ 0, & 其他 \end{cases} = \begin{cases} (t-4)/4, & 4 \leqslant t \leqslant 8 \\ 0, & 其他 \end{cases}$$

$f(t)$、$f(2t)$ 和 $f(t/2)$ 的波形分别如图 2.22a、b、c 所示。

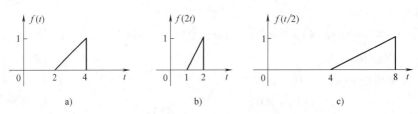

图 2.22　连续时间信号的尺度变换

2. 翻转

信号的翻转是指将信号 $f(t)$ 变化为 $f(-t)$ 的运算，即将 $f(t)$ 以纵轴为中心翻转 180°，如图 2.23 所示。

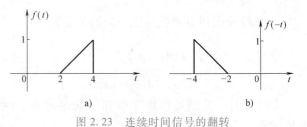

【例 2-6】　对例 2-5 中的信号 $f(t)$，画出 $f(-t)$ 的波形。

图 2.23　连续时间信号的翻转

解： 运用函数的基本定义，有

$$f(-t) = \begin{cases} (-t-2)/2, & 2 \leqslant -t \leqslant 4 \\ 0, & \text{其他} \end{cases}$$

即

$$f(-t) = \begin{cases} (-t-2)/2, & -4 \leqslant t \leqslant -2 \\ 0, & \text{其他} \end{cases}$$

$f(t)$ 和 $f(-t)$ 的波形分别如图 2.23a、b 所示。

3. 时移（平移）

信号的平移是指将信号 $f(t)$ 变化为信号 $f(t \pm t_0)$（$t_0 > 0$）的运算。若为 $f(t-t_0)$，则表示信号 $f(t)$ 右移 t_0 单位；若为 $f(t+t_0)$，则表示信号 $f(t)$ 左移 t_0 单位，如图 2.24 所示。

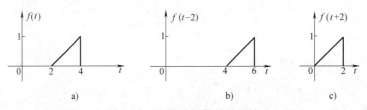

图 2.24　连续时间信号的平移

【例 2-7】　对例 2-5 中的信号 $f(t)$，分别画出 $f(t-2)$ 和 $f(t+2)$ 的波形。

解： 运用函数的基本定义，可得

$$f(t-2) = \begin{cases} (t-2-2)/2, & 2 \leqslant t-2 \leqslant 4 \\ 0, & \text{其他} \end{cases} = \begin{cases} (t-4)/2, & 4 \leqslant t \leqslant 6 \\ 0, & \text{其他} \end{cases}$$

$$f(t+2) = \begin{cases} (t+2-2)/2, & 2 \leqslant t+2 \leqslant 4 \\ 0, & \text{其他} \end{cases} = \begin{cases} t/2, & 0 \leqslant t \leqslant 2 \\ 0, & \text{其他} \end{cases}$$

$f(t)$、$f(t-2)$ 和 $f(t+2)$ 的波形分别如图 2.24a、b、c 所示。

上面对信号的展缩、平移与翻转分别进行了描述。实际上，信号的变化常常是上述三种方式的综合，即 $f(t)$ 变化为 $f(at+b)$（$a \neq 0$）。现举例说明其变化过程。

【**例 2-8**】　对例 2-5 中的信号 $f(t)$，画出 $f(-2t+2)$ 的波形。

解：$f(-2t+2)$ 包含翻转、展缩和平移三种运算，按下述顺序进行处理。

$$f(t)\xrightarrow{\text{翻转 } t\rightarrow-t}f(-t)\xrightarrow{\text{压缩 } t\rightarrow2t}f(-2t)\xrightarrow{\text{右移 } t\rightarrow t-1}f[-2(t-1)]$$

$f(-t)$、$f(-2t)$ 和 $f(-2t+2)$ 的波形如图 2.25 所示。改变上述运算顺序，也会得到相同结果。

从上面分析可以看出，信号的翻转、展缩和平移运算只是函数自变量的简单变换，而变换前后信号端点的函数值不变。因此，可以通过端点函数值不变这一关系来确定信号变换前后其图形中各端点的位置。

设变换前的信号为 $f(t)$，变换后为 $f(at+b)$，t_1 与 t_2 对应变换前信号 $f(t)$ 的左、右端点坐标，t_{11} 与 t_{22} 对应变换后信号 $f(at+b)$ 的左、右端点坐标。由于信号变化前后的端点函数值不变，故有

$$f(t_1)=f(at_{11}+b)$$
$$f(t_2)=f(at_{22}+b) \tag{2-60}$$

根据上述关系可以求解出变换后的信号的左右端点坐标 t_{11} 与 t_{22}，即

$$t_1=at_{11}+b\Rightarrow t_{11}=\frac{1}{a}(t_1-b)$$

$$t_2=at_{22}+b\Rightarrow t_{22}=\frac{1}{a}(t_2-b) \tag{2-61}$$

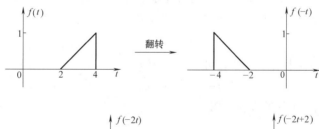

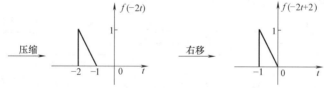

图 2.25　连续时间信号的翻转、展缩和平移

如例 2-8 中 $f(t)\rightarrow f(-2t+2)$，则有 $t_1=2$，$t_2=4$，$a=-2$，$b=2$。利用上述关系式计算得 $t_{11}=0$，$t_{22}=-1$，即信号 $f(t)$ 中的端点坐标 $t_1=2$ 对应变换后的信号 $f(-2t+2)$ 中的端点坐标 $t_{11}=0$，端点坐标 $t_2=4$ 对应端点坐标 $t_{22}=-1$。

上述方法过程简单，特别适合信号从 $f(mt+n)$ 变换到 $f(at+b)$ 的过程。因为此时若按原先的方法，需将信号 $f(mt+n)$ 经过先平移、后展缩、再翻转的逆过程得到信号 $f(t)$，再将信号 $f(t)$ 经过先翻转、后展缩、再平移的过程得到信号 $f(at+b)$。若根据信号变换前后的端点函数值不变的原理，则可以很简单地计算出变换后信号的端点坐标，从而得到变换后的信号 $f(at+b)$。其计算公式为

$$f(mt_1+n)=f(at_{11}+b)$$

$$f(mt_2+n)=f(at_{22}+b) \tag{2-62}$$

根据上述关系可以求解出变换后信号的左、右端点坐标 t_{11} 与 t_{22}，即

$$mt_1+n=at_{11}+b \Rightarrow t_{11}=\frac{1}{a}(mt_1+n-b)$$

$$mt_2+n=at_{22}+b \Rightarrow t_{22}=\frac{1}{a}(mt_2+n-b) \tag{2-63}$$

【例 2-9】 已知信号 $f(2t+2)$ 的波形如图 2.26a 所示，试画出信号 $f(4-2t)$ 的波形。

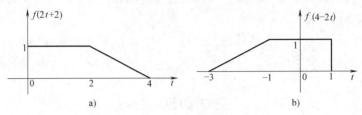

图 2.26　信号综合变换

解：$f(2t+2) \rightarrow f(4-2t)$，则对应有 $t_1=0$，$t_2=4$；$m=n=2$；$a=-2$，$b=4$。

利用上述关系式计算得 $t_{11}=1$，$t_{22}=-3$，即信号 $f(2t+2)$ 中的端点坐标 $t_1=0$ 对应变换后的信号 $f(4-2t)$ 中的端点坐标 $t_{11}=1$，端点坐标 $t_2=4$ 对应端点坐标 $t_{22}=-3$。信号 $f(4-2t)$ 的波形如图 2.26b 所示。

许多较复杂的信号可以由基本信号通过相加、相乘、微分及积分等运算来表达，这样就可以把较复杂的信号分析转变为对基本信号的分析。

4. 相加与相乘

信号的相加是指若干信号之和，可以表示为

$$y(t)=f_1(t)+f_2(t)+\cdots+f_k(t) \tag{2-64}$$

图 2.27 所示是信号相加的一个例子。

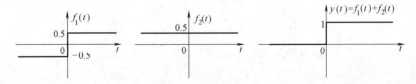

图 2.27　信号的相加

信号的相乘是指若干信号的乘积，可表示为

$$y(t)=f_1(t) \cdot f_2(t) \cdot \cdots \cdot f_k(t) \tag{2-65}$$

图 2.28 所示是信号相乘的一个例子。

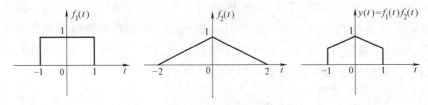

图 2.28　信号的相乘

5. 信号的微分

信号的微分是指信号对时间的导数，可表示为

$$g(t) = \frac{\mathrm{d}f(t)}{\mathrm{d}t} = f'(t) \tag{2-66}$$

【例 2-10】　已知 $f(t) = \mathrm{e}^{-t}u(t)$，求 $f'(t)$、$f''(t)$。

解：

$$f'(t) = \frac{\mathrm{d}f(t)}{\mathrm{d}t} = -\mathrm{e}^{-t}u(t) + \mathrm{e}^{-t}\delta(t) = -\mathrm{e}^{-t}u(t) + \delta(t)$$

$$f''(t) = \frac{\mathrm{d}f'(t)}{\mathrm{d}t} = \mathrm{e}^{-t}u(t) - \delta(t) + \delta'(t)$$

【例 2-11】　已知 $f(t)$ 如图 2.29a 所示，求 $f'(t)$。

解：$f(t)$ 在 $t = 0$ 和 $t = 1$ 时有跃变，跃变值分别为 1 和 -2，故对 $f(t)$ 求导时，在 $t = 0$ 点会出现冲激强度为 1 的冲激，在 $t = 1$ 点会出现冲激强度为 -2 的冲激，对 $f(t)$ 求导后的波形如图 2.29b 所示。

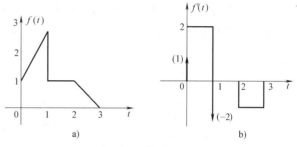

图 2.29　信号的微分

由基本信号的特性可知 $\delta(t)$、$u(t)$、$r(t)$ 的微分分别为

$$\frac{\mathrm{d}\delta(t)}{\mathrm{d}t} = \delta'(t) \tag{2-67}$$

$$\frac{\mathrm{d}u(t)}{\mathrm{d}t} = \delta(t) \tag{2-68}$$

$$\frac{\mathrm{d}r(t)}{\mathrm{d}t} = u(t) \tag{2-69}$$

6. 信号的积分

信号的积分是指信号在区间 $(-\infty, t)$ 上的积分，可表示为

$$f^{-1}(t) = \int_{-\infty}^{t} f(\tau)\,\mathrm{d}\tau \tag{2-70}$$

图 2.30 所示是信号的积分例子。

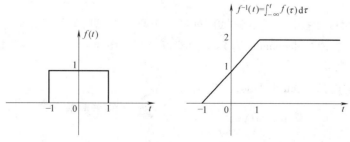

图 2.30　信号的积分

由基本信号的特性可知 $\delta'(t)$、$\delta(t)$、$u(t)$ 的积分分别为

$$\int_{-\infty}^{t} \delta'(\tau)\,\mathrm{d}\tau = \delta(t) \qquad\qquad (2\text{-}71)$$

$$\int_{-\infty}^{t} \delta(\tau)\,\mathrm{d}\tau = u(t) \qquad\qquad (2\text{-}72)$$

$$\int_{-\infty}^{t} u(\tau)\,\mathrm{d}\tau = r(t) \qquad\qquad (2\text{-}73)$$

2.4　离散时间信号的基本运算

1. 翻转

离散信号的翻转是指将信号 $f(n)$ 变化为 $f(-n)$ 的运算，即将 $f(n)$ 以纵轴为中心做 180°翻转，如图 2.31 所示。

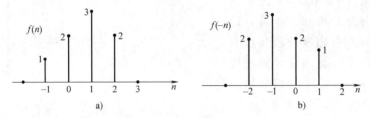

图 2.31　离散信号的翻转

2. 位移

离散信号的位移是指将信号 $f(n)$ 变化为信号 $f(n\pm k)(k>0)$ 的运算。若为 $f(n-k)$，则表示信号 $f(n)$ 右移 k 单位；若为 $f(n+k)$，则表示信号 $f(n)$ 左移 k 单位，如图 2.32 所示。

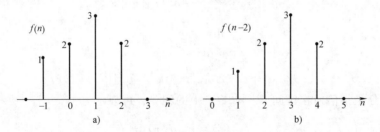

图 2.32　离散信号的位移

3. 尺度变换

离散信号的尺度变换是指将原离散序列样本个数减少或增加的运算，分别称为抽取和内插。序列 $f(n)$ 的抽取（decimation）定义为 $f(Mn)$，其中 M 为正数，表示每隔 $M-1$ 点抽取一点，如图 2.33 所示。

序列 $f(n)$ 的内插（interpolation）定义为

$$f(n/M) = \begin{cases} f(n/M), & n \text{ 是 } M \text{ 的整数倍} \\ 0, & \text{其他} \end{cases} \qquad (2\text{-}74)$$

表示在每两点之间插入 $M-1$ 个零点，如图 2.34 所示。

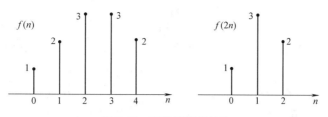

图 2.33 离散序列的抽取

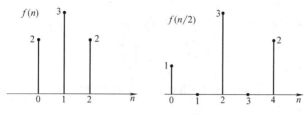

图 2.34 离散序列的内插

4. 相加与相乘

离散信号的相加是指若干离散序列之和，可表示为

$$y(n)=f_1(n)+f_2(n)+\cdots+f_n(n) \tag{2-75}$$

图 2.35 所示是信号相加的一个例子。

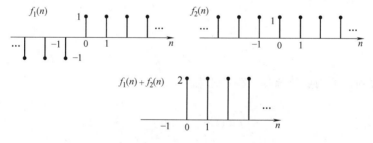

图 2.35 离散信号的相加

离散信号的相乘是指若干离散序列的乘积，可表示为

$$y(n)=f_1(n)\cdot f_2(n)\cdot\cdots\cdot f_k(n) \tag{2-76}$$

图 2.36 所示是信号相乘的一个例子。

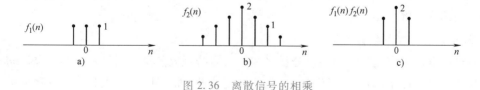

图 2.36 离散信号的相乘

5. 差分

离散信号的差分与连续信号的微分相对应，可表示为

$$\nabla f(n)=f(n)-f(n-1) \tag{2-77}$$

或

$$\Delta f(n) = f(n+1) - f(n) \tag{2-78}$$

式（2-77）称为一阶后向差分，式（2-78）称为一阶前向差分。依此类推，二阶和 n 阶差分可分别表示为

$$\nabla^2 f(n) = \nabla \{ \nabla f(n) \} = f(n) - 2f(n-1) + f(n-2) \tag{2-79}$$

$$\Delta^2 f(n) = \Delta \{ \Delta f(n) \} = f(n+2) - 2f(n+1) + f(n) \tag{2-80}$$

$$\nabla^m f(n) = \nabla \{ \nabla^{m-1} f(n) \} \tag{2-81}$$

$$\Delta^m f(n) = \Delta \{ \Delta^{m-1} f(n) \} \tag{2-82}$$

单位脉冲序列可用单位阶跃序列的差分表示，即

$$\delta(n) = u(n) - u(n-1) \tag{2-83}$$

6. 求和

离散信号的求和与连续信号的积分相对应，是将离散序列在 $(-\infty, n)$ 区间上求和，可表示为

$$y(n) = \sum_{k=-\infty}^{n} f(k) \tag{2-84}$$

图 2.37 所示是信号求和的一个例子。

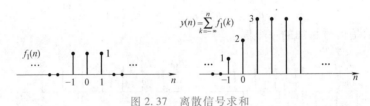

图 2.37 离散信号求和

单位阶跃序列也可用单位脉冲序列的求和表示为

$$u(n) = \sum_{k=-\infty}^{n} \delta(k) \tag{2-85}$$

2.5 确定信号的时域分解

在信号分析中，常将信号分解为基本信号的线性组合。这样，对任意信号的分析就变为对基本信号的分析，从而将复杂问题简单化，且可以使信号分析的物理过程更加清晰。信号可以从不同角度分解。

1. 信号分解为直流分量与交流分量之和

信号可以分解为直流分量与交流分量之和。信号的直流分量是指信号在其定义区间上的信号平均值，其对应于信号中不随时间变化的稳定分量。信号除去直流分量后的部分称为交流分量。若用 $f_{DC}(t)$ 表示连续时间信号的直流分量，$f_{AC}(t)$ 表示连续时间信号的交流分量，对于任意连续时间信号则有

$$f(t) = f_{DC}(t) + f_{AC}(t) \tag{2-86}$$

式中

$$f_{DC}(t) = \frac{1}{b-a} \int_a^b f(t)\,dt \tag{2-87}$$

其中 (a, b) 为信号的定义区间。图 2.38 给出了信号分解的实例。

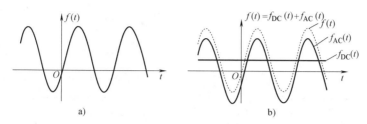

图 2.38　信号分解为直流分量和交流分量之和

对于离散时间信号也有同样的结论，即

$$f(n) = f_{DC}(n) + f_{AC}(n) \tag{2-88}$$

式中，$f_{DC}(n)$ 表示离散时间信号的直流分量；$f_{AC}(n)$ 表示离散时间信号的交流分量，且有

$$f_{DC}(n) = \frac{1}{N_2 - N_1 + 1} \sum_{n=N_1}^{N_2} f(n) \tag{2-89}$$

式中，(N_1, N_2) 为离散时间信号的定义区间。

2. 信号分解为奇分量与偶分量之和

连续信号可以分解为奇分量与偶分量之和，即

$$f(t) = f_e(t) + f_o(t) \tag{2-90}$$

偶分量 $f_e(t)$ 定义为

$$f_e(t) = \frac{1}{2}[f(t) + f(-t)] \tag{2-91}$$

奇分量 $f_o(t)$ 定义为

$$f_o(t) = \frac{1}{2}[f(t) - f(-t)] \tag{2-92}$$

且有

$$f_e(t) = f_e(-t) \quad f_o(t) = -f_o(-t)$$

证明：

$$f(t) = \frac{1}{2}[f(t) + f(-t) - f(-t) + f(t)]$$

$$= \frac{1}{2}[f(t) + f(-t)] + \frac{1}{2}[f(t) - f(-t)] = f_e(t) + f_o(t)$$

【例 2-12】　画出图 2.39a 所示信号 $f(t)$ 的奇、偶两个分量。

解： 将 $f(t)$ 翻转得 $f(-t)$，如图 2.39b 所示。由式（2-91）和式（2-92）可得 $f(t)$ 的奇、偶两个分量，分别如图 2.39c、d 所示。

离散序列同样可以分解为奇分量与偶分量之和，即

$$f(n) = f_e(n) + f_o(n) \tag{2-93}$$

偶分量定义为

$$f_{\mathrm{e}}(n) = \frac{1}{2}\{f(n) + f(-n)\} \tag{2-94}$$

奇分量定义为

$$f_{\mathrm{o}}(n) = \frac{1}{2}\{f(n) - f(-n)\} \tag{2-95}$$

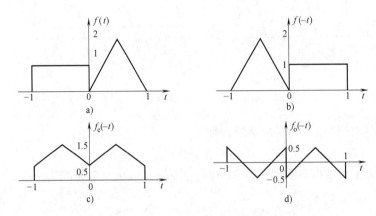

图 2.39　信号分解为奇分量与偶分量之和

3. 信号分解为实部分量与虚部分量之和

任意复信号都可以分解为实部分量与虚部分量之和。对于连续时间复信号可分解为

$$f(t) = f_{\mathrm{r}}(t) + \mathrm{j}f_{\mathrm{i}}(t) \tag{2-96}$$

式中，$f_{\mathrm{r}}(t)$、$f_{\mathrm{i}}(t)$ 都是实信号，分别表示实部分量和虚部分量。若信号 $f(t)$ 对应的共轭信号以 $f^*(t)$ 表示，即

$$f^*(t) = f_{\mathrm{r}}(t) - \mathrm{j}f_{\mathrm{i}}(t) \tag{2-97}$$

则 $f_{\mathrm{r}}(t)$ 与 $f_{\mathrm{i}}(t)$ 可分别表示为

$$f_{\mathrm{r}}(t) = \frac{1}{2}[f(t) + f^*(t)] \tag{2-98}$$

$$f_{\mathrm{i}}(t) = \frac{1}{2\mathrm{j}}[f(t) - f^*(t)] \tag{2-99}$$

离散时间复序列也可分解为实部分量与虚部分量，只需将式（2-99）中连续时间变量 t 换成离散时间变量 n 即可。

虽然实际产生的信号都是实信号，但在信号分析理论中，常借助复信号来研究某些实信号的问题，它可以建立某些有益的概念或简化运算。例如，复指数信号常用于表示正弦、余弦信号等。

4. 连续信号分解为冲激信号的线性组合

任意信号 $f(t)$ 都可以分解为冲激信号的线性组合。下面以图 2.40 来加以说明。

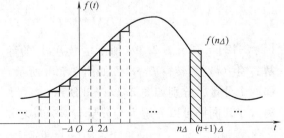

图 2.40　任意信号分解为冲激信号的线性组合

从图 2.40 可见，将任意信号 $f(t)$ 分解为许多小矩形，间隔为 Δ，各矩形的高度就是信号 $f(t)$ 在该点的函数值。根据函数积分原理，当 Δ 很小时，可以以这些小矩形来近似表达信号 $f(t)$；而当 $\Delta \to 0$ 时，可以以这些小矩形来完全表达信号 $f(t)$。即

$$f(t) \approx \cdots + f(0)\big[u(t)-u(t-\Delta)\big] + f(\Delta)\big[u(t-\Delta)-u(t-2\Delta)\big] + \cdots + f(n\Delta)\big[u(t-n\Delta)-u(t-n\Delta-\Delta)\big] + \cdots$$

$$= +f(0)\frac{\big[u(t)-u(t-\Delta)\big]}{\Delta}\Delta + f(\Delta)\frac{\big[u(t-\Delta)-u(t-2\Delta)\big]}{\Delta}\Delta + \cdots + f(n\Delta)\frac{\big[u(t-n\Delta)-u(t-n\Delta-\Delta)\big]}{\Delta}\Delta + \cdots$$

$$= \sum_{n=-\infty}^{\infty} f(n\Delta) \frac{\big[u(t-n\Delta)-u(t-n\Delta-\Delta)\big]}{\Delta}\Delta \tag{2-100}$$

式（2-100）只是近似表示信号 $f(t)$，且 Δ 越小，其误差越小。当 $\Delta \to 0$ 时，可以用式（2-100）完全表示信号 $f(t)$。由于当 $\Delta \to 0$ 时，$n\Delta \to \tau$、$\Delta \to \mathrm{d}\tau$，且

$$\frac{\big[u(t-n\Delta)-u(t-n\Delta-\Delta)\big]}{\Delta} \to \delta(t-\tau)$$

故 $f(t)$ 可准确表示为

$$f(t) = \lim_{\Delta \to 0} \sum_{n=-\infty}^{\infty} f(n\Delta)\delta(t-n\Delta)\Delta = \int_{-\infty}^{\infty} f(\tau)\delta(t-\tau)\mathrm{d}\tau \tag{2-101}$$

式（2-101）实际上就是前面讨论过的冲激信号卷积特性，但这里不是说明冲激信号的卷积特性，而是说明任意信号可以分解为冲激信号的线性组合，这是非常重要的结论。因为它表明不同的信号 $f(t)$ 都可以分解为冲激信号的加权和，不同的只是它们的强度不同。这样，当求解信号 $f(t)$ 通过系统产生的响应时，只需求解冲激信号 $\delta(t)$ 通过该系统产生的响应，然后利用线性时不变系统的特性，进行叠加和延时即可求得信号 $f(t)$ 产生的响应。因此，任意信号 $f(t)$ 分解为冲激信号的线性组合是连续时间系统时域分析的基础。

5. 离散序列分解为脉冲序列的线性组合

对于任意离散序列 $f(n)$，只需要用脉冲序列和有位移的脉冲序列表示 $f(n)$，就可得到序列分解的表达式，下面以图 2.41 来加以说明。

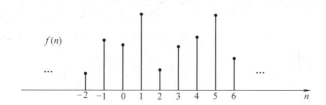

图 2.41　离散序列分解为脉冲序列的线性组合

$$f(n) = \cdots + f(-1)\delta(n+1) + f(0)\delta(n) + f(1)\delta(n-1) + \cdots + f(n)\delta(n-k) + \cdots$$

$$= \sum_{k=-\infty}^{\infty} f(k)\delta(n-k) \tag{2-102}$$

式（2-102）表明，任意离散时间信号可以分解为脉冲序列的线性组合，这也是非常重要的结论。当求解信号 $f(n)$ 通过系统产生的响应时，只需求解脉冲序列 $\delta(n)$ 通过该系统产生的响应，然后利用线性时不变系统的特性，进行叠加和延时即可求得信号 $f(n)$ 产生的

响应。因此，任意信号 $f(n)$ 分解为脉冲序列是离散时间系统时域分析的基础。

2.6　MATLAB 语言及其信号处理

　　MATLAB 是 Matrix Laboratory 的缩写，译为矩阵实验室。MATLAB 软件原来是作为一个"矩阵实验室"加以发展的，它的名称即是 MAT 与 LAB 组合而成，它的基本元素是矩阵。MATLAB 指令表达方式与人们以数字语言描述工程问题的形式很相似，并且程序编写比其他高级语言（例如 Fortran 或 C 语言）更为方便快捷，具有强大的科学计算功能，简单易用，具备先进的可视化工具，具有众多面向领域应用的工具箱和模块集等优点，该软件的发展已经远远超过了最初的设想，成为通用的科学与技术计算的一种交互系统和编程语言。

　　信号与系统的仿真运算任务要求有一个具有交互数学计算和易于使用的集成图形并且编程简单、功能连贯的环境，所以，MATLAB 成为它的最优选择。

2.6.1　MATLAB 信号工具箱使用简介

1. MATLAB 的启动

MATLAB 的启动有如下两种方式：

方式一：双击操作系统桌面上的 MATLAB 快捷方式，即可启动并打开 MATLAB。

方式二：单击"开始"菜单，依次选择"程序"→"MATLAB"→"MATLAB2016a"，即可启动并打开 MATLAB。

2. MATLAB 界面功能介绍

找到安装完成的 MATLAB 并启动 MATLAB，其主界面如图 2.42 所示。其中主要包括工具栏、当前路径、命令行窗口和工作区。

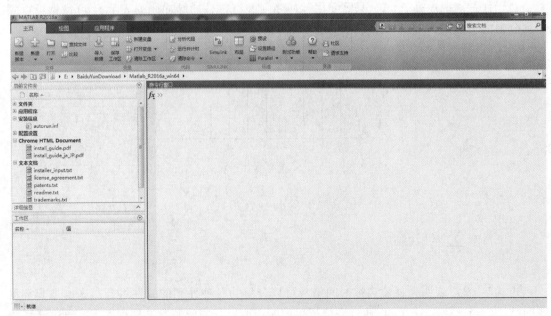

图 2.42　MATLAB 主界面

命令行窗口：MATLAB 主要工作界面，用户可通过其来输入各种 MATLAB 指令，操作和运算的结果也会显示在该窗口。在 MATLAB 运行时，命令行窗口会出现命令提示符"＞＞"。如果命令后带有分号，则 MATLAB 执行命令，但是不显示结果。如果单击命令行窗口右上角的 ⊙ 按钮，将会出现如图 2.43 所示的命令行窗口操作菜单。

工作区：MATLAB 用来存储各种变量和结果的空间，其处于 MATLAB 操作界面的左下方。用户能在工作区观察、编辑和提取这些变量。单击工作区右上侧的 ⊙ 按钮，可打开如图 2.44 所示的工作区操作菜单。

图 2.43　命令行窗口操作菜单　　　　　图 2.44　工作区操作菜单

当前路径：MATLAB 借用了 Windows 资源管理器管理磁盘的思路，设计了当前路径的窗口。利用该窗口，用户可以在这里新建或者删除一个文件，也可以通过双击打开文件。

文本编辑：MATLAB 在编写和修改 .m 这一类文件时要用到文本编辑器。单击新建脚本选项，可以打开文本编辑器的空白页，如图 2.45 所示。

使用 MATLAB 进行信号处理的步骤非常简单：在 Command Window 中输入要执行的指令，然后按＜Enter＞键，MATLAB 会立即执行该指令并在 Command Window 中输出计算结果或图。

有些时候只希望 MATLAB 显示最终计算结果，而不希望显示中间计算结果，因为显示中间计算结果会使操作界面变得混乱，而且会浪费时间。解决这一问题的办法是在指令的后面加上一个分号（;），则该指令的中间计算结果就不会显示。

3. M 文件的创建与执行

利用 M 文件编辑器创建新 M 文件有如下两种方法：

方法一：启动 MATLAB，选中命令窗口菜单栏的"File"→"New"→"M-File"命令，打开 MATLAB 的 M 文件编辑器。

方法二：单击 MATLAB 命令行窗口工具栏的"NewM-File"图标按钮，也可打开 M 文件编辑器。

在 M 文件编辑器中，用户可以用创建一般文本文件的方法对 M 文件进行输入和编辑。

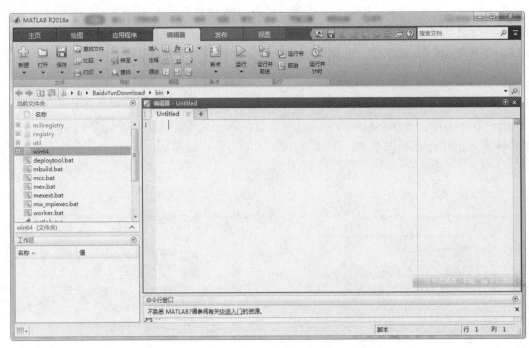

图 2.45　文本编辑器

然后保存 M 文件。

M 文件的执行：

方法一：当用户在命令行窗口中输入已编辑并保存的 M 文件的文件名并按下回车键后，系统将搜索该文件，若该文件存在，系统则将按 M 文件中的语句所规定的计算任务以解释方式逐一执行语句，从而实现用户要求的特定功能。

方法二：编辑并保存所编辑的 M 文件，在 MATLAB 的 M 文件编辑器窗口中选择"Debug"菜单的"RUN"命令，运行 M 文件。

MATLAB 包含了进行信号与系统处理的许多工具箱函数，有关这些工具箱函数的使用可通过 Help 命令得到。为使用方便，将给出这些函数的使用说明。为方便用户查询，本书的附录 B 简要地分组列出各种工具箱函数。

2.6.2　连续信号的 MATLAB 表示

MATLAB 提供了大量的生成基本信号的函数。最常用的指数信号和正弦信号是 MATLAB 的内部函数，即不安装任何工具箱就可调用的函数。

1. 指数信号 Ae^{at}

指数信号 Ae^{at} 在 MATLAB 中可用 exp 函数表示，其调用形式为

```
y=A* exp(a* t)
```

图 2.2 所示单边衰减指数信号的 MATLAB 表示如下，取 $A=1$，$a=-0.4$。

```
% program2_1 decaying exponential
A=1;a=-0.4;
t=0:001:10;
```

```
ft=A* exp(a* t);
plot(t,ft)
```

2. 正弦信号

正弦信号 $A\cos(\omega_0 t+\phi)$ 和 $A\sin(\omega_0 t+\phi)$ 分别用 MATLAB 的内部函数 cos 和 sin 表示，其调用形式为

```
A* cos(w0* t+phi)
A* sin(w0* t+phi)
```

图 2.3 所示正弦信号的 MATLAB 表示如下，取 $A=1$，$\omega_0=2\pi$，$\phi=\pi/6$。

```
% program2_2sinusoidal singnal
A=1;
w0=2* pi;
phi=pi/6;
t=0:0.001:8;
ft=A* sin(w0* t+phi);
plot(t,ft)
```

除了内部函数外，在信号处理工具箱（signal processing toolbox）里还提供了诸如矩形波、周期性矩形波和三角波等信号处理中常用的信号。

3. 抽样函数 Sa(t)

抽样函数 Sa(t) 在 MATLAB 中用 sinc 函数表示，定义为

```
sinc(t)=sin(πt)/(πt)
```

其调用形式为

```
y=sinc(t)
```

图 2.5 所示抽样函数的 MATLAB 表示如下。

```
% program2_3 Sample function
t=-3* pi:pi/100:3* pi;
ft=sinc(t/pi);
plot(t,ft)
```

4. 矩形波脉冲信号

矩形波脉冲信号在 MATLAB 中用 rectpuls 函数表示，其调用形式为

```
y=rectpuls(t,width)
```

用以产生一个幅度为 1、宽度为 width、以 $t=0$ 为对称中心的矩形波。width 的默认值为 1。图 2.7a 所示以 $t=2T$ 为对称中心的矩形波脉冲信号的 MATLAB 表示如下，取 $T=1$。

```
% program2_4
t=0:0.001:4;
T=1;
ft=rectpuls(t-2* T,2* T);
plot(t,ft)
```

5. 三角波脉冲信号

三角波脉冲信号在 MATLAB 中用 tripuls 函数表示，其调用形式为

```
y=tripuls(t,width,skew)
```
用以产生一个最大幅度为1、宽度为 width 的三角
波。函数值的非零范围为（-width/2，width/2）。
图 2.46 所示三角波可由下述 MATLAB 语句实现。

```
% program2_5
t=-3:0.001:3;
ft=tripuls(t,4,0.5);
plot(t,ft)
```

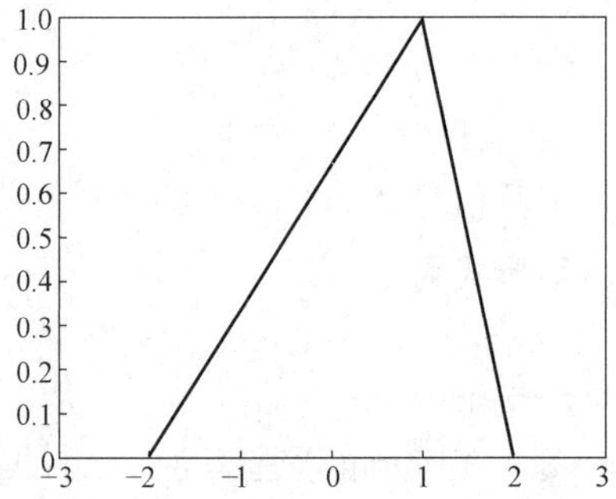

图 2.46　三角波

2.6.3　离散信号的 MATLAB 表示

对任意离散序列 $f(n)$，需用两个向量来表示。一个表示 n 的取值范围，另一个表示序列的值。例如序列 $f(n)=\{2, 1, \overset{\downarrow}{1}, -1, 3, 0, 2\}$ 可用 MATLAB 表示为

$$n=-2\sim4;f=[2,1,1,-1,3,0,2]$$

若序列是从 $n=0$ 开始，则只用一个向量 f 就可表示序列。由于计算机内存的限制，MATLAB 无法表示一个任意的无穷序列。

1. 指数序列

离散指数序列的一般形式为 a^n，可以用 MATLAB 中的数组幂运算 a.^n 实现。

例如图 2.15d 所示的衰减指数信号可用 MATLAB 程序表示如下，取 $A=1$，$a=-0.6$。

```
% program2_6 exponential sequence
n=0:10;A=1;a=-0.6;
fn=A* a.^n;
stem(n,fn)
```

程序中 stem(n, f n) 用于绘制离散序列的波形。改变程序中的 a 可分别得到图 2.15a、b、c 所示波形。

2. 正弦序列

离散正弦序列的 MATLAB 表示与连续信号相同，只是用 stem(n, f) 画出序列的波形。例如图 2.16a 所示正弦序列 $\sin(\pi/6)n$ 的 MATLAB 实现如下：

```
% program2_7 discrete-time sinusoidal signal
n=0:39;
fn=sin(pi/6* n);
stem(n,fn)
```

3. 单位脉冲序列

单位脉冲序列定义为

$$\delta(n)=\begin{cases}1,n=0\\0,n\neq0\end{cases}=\{\cdots,0,0,\overset{\downarrow}{1},0,0,\cdots\} \tag{2-103}$$

一种简单的方法是借助 MATLAB 中的零矩阵函数 zeros 表示。零矩阵 zeros(1, M) 产生一个由 M 个零组成的列向量，对于有限区间的 $\delta[n]$ 可以表示为

```
n=-50:50;
```

```
delta=[zeros(1,50),1,zeros(1,50)];
stem(n,delta)
```

另外一种更有效的方法是将单位脉冲序列写成 MATLAB 函数，利用关系运算"等于"来实现它。单位脉冲序列 $\delta[n, -n_0]$ 在 $n_1 \leqslant n \leqslant n_2$ 范围内，MATLAB 函数可写为

```
function[f,n]=impseq(n0,n1,n2)
% 产生 f(n)=delta(n-n0); n1<=n<=n2
n=[n1:n2];f=[(n-n0)==0];
```

程序中关系运算 $(n-n_0)=0$ 的结果是一个 0-1 矩阵，即 $n=n_0$ 时返回"真"值 1，$n \neq n_0$ 时返回"非真"值 0。

4. 单位阶跃序列

单位阶跃序列定义为

$$u(n)=\begin{cases} 1, & n \geqslant 0 \\ 0, & n < 0 \end{cases} = \{\cdots,0,0,\overset{\downarrow}{1},1,1,\cdots\} \tag{2-104}$$

一种简单的方法是借助 MATLAB 中的单位矩阵函数 ones 表示。单位矩阵 ones(1, M) 产生一个由 M 个 1 组成的列向量，对于有限区间的 $u(n)$ 可以表示为

```
n=-50:50;
un=[zeros(1,50),ones(1,51)];
stem(n,un)
```

与单位脉冲序列的 MATLAB 表示相似，也可以将单位阶跃序列写成 MATLAB 函数，并利用关系运算"大于等于"来实现它。单位阶跃序列 $u(n-n_0)$ 在 $n_1 \leqslant n \leqslant n_2$ 范围内，MAT-LAB 函数可写为

```
Function(f,n)=stepseq(n0,n1,n2)
% 产生 f(n)=u(n-n0); n1<=n<=n2
n=[n1:n2];f=[(n-n0)>=0];
```

程序中关系运算 (n-n0) >=0 的结果也是一个 0-1 矩阵，即 $n \geqslant n_0$ 时返回"真"值 1，$n < n_0$ 时返回"非真"值 0。

2.6.4　信号基本运算的 MATLAB 实现

1. 信号的尺度变换、翻转、平移（时移）

信号的尺度变换、翻转、平移运算，实际上是函数自变量的运算。在信号的尺度变换 $f(at)$ 和 $f(Mn)$ 中，函数的自变量乘以一个常数，在 MATLAB 中可用算术运算符"*"来实现。在信号翻转 $f(-t)$ 和 $f(-n)$ 运算中，函数的自变量乘以一个负号，在 MATLAB 中可以直接写出。翻转运算在 MATLAB 中还可以利用 fliplr(f) 函数实现，而翻转后信号的坐标则可以由 -fliplr(n) 得到。在信号时移 $f(t \pm t_0)$ 和 $f(n \pm n_0)$ 运算中，函数自变量加、减一个常数，在 MATLAB 中可用算术运算符"-"或"+"来实现。下面通过例题来说明。

【例 2-13】　对图 2.43 所示的三角波 $f(t)$，试利用 MATLAB 画出 $f(2t)$ 和 $f(2-2t)$ 的波形。

解：实现 $f(2t)$ 和 $f(2-2t)$ 的 MATLAB 程序如下：

```
% program2_8
t = -3:0.001:3;
ft1 = tripuls(2* t,4,0.5);
subplot(2,1,1)
plot(t,ft1)
title('f(2t)')
ft2 = tripuls((2-2* t),4,0.5);
subplot(2,1,2)
plot(t,ft2)
title('f(2-2t)')
```

程序运行结果如图 2.47 所示。

2. 离散序列的差分与求和

离散序列的差分 $\nabla f(n) = f(n) - f(n-1)$，在 MATLAB 中用 diff 函数实现，其调用格式为

```
y = diff(f)
```

离散序列的求和 $\sum_{n=n_1}^{n_2} f(n)$ 与信号相加运算不同，求和运算是把 n_1 和 n_2 之间的所有样本 $f(n)$ 加起来，在 MATLAB 中用 sum 函数实现，其调用格式为

```
y = sum(f(n1:n2))
```

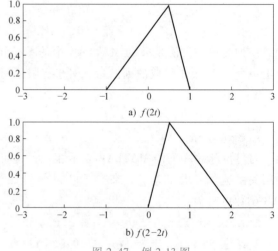

图 2.47　例 2-13 图

【例 2-14】 用 MATLAB 计算指数信号 $(-0.6)^n u(n)$ 的能量。

解：离散信号的能量定义为

$$E = \lim_{N \to \infty} \sum_{n=-N}^{N} |f(n)|^2$$

其 MATLAB 实现如下：

```
% program2_9 the energy of exponential sequence
n = 0:10;A = 1;a = -0.6;
fn = A* a.^n;
W = sum(abs(fn).^2)
```

程序运行结果为

```
W = 1.5625
```

3. 连续信号的微分与积分

连续信号的微分也可以用 diff 近似计算。例如 $y = \sin(x^2)' = 2x\cos(x^2)$ 可由以下 MATLAB

语句近似实现：

```
h=0.001;x=0:h:pi;
y=diff(sin(x.^2))/h;
```

连续信号的定积分可由 MATLAB 中 quad 函数或 quad8 函数实现。其调用格式为

```
quad('function_name',a,b)
```

其中，function_name 为被积函数名；a 和 b 为指定的积分区间。

【例 2-15】　对图 2.47 所示的三角波 $f(t)$，试利用 MATLAB 画出 $\dfrac{\mathrm{d}f(t)}{\mathrm{d}t}$ 和 $\displaystyle\int_{-\infty}^{t} f(\tau)\,\mathrm{d}\tau$ 的波形。

解：为了便于利用 quad 函数计算信号的积分，将图 2.43 所示的三角波 $f(t)$ 写成 MATLAB 函数，函数名为 f2_2，程序如下：

```
function yt=f2_2 (t)
yt=tripuls(t,4,0.5);
```

利用 diff 和 quad 函数，并调用 f2_2 可实现信号三角波 $f(t)$ 的微、积分，程序如下：

```
% program2_10 differentiation
h=0.001; t=-3:h:3;
y1=diff(f2_2(t))* 1/h;
plot(t(1:length(t)-1),y1)
title('df(t)/dt')
% program2_11 integration
t=-3:0.1:3;
for x=1:length(t)
    y2(x)=quad('f2_2',-3,t(x));
end
plot(t,y2)
title('integral of f(t)')
```

程序运行结果如图 2.48 所示。

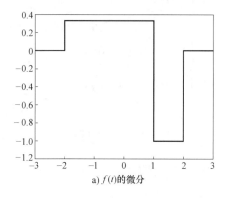

a) $f(t)$ 的微分

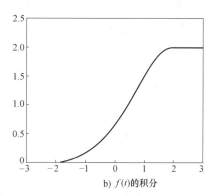

b) $f(t)$ 的积分

图 2.48　例 2-15 图

习 题

一、填空题

1. $f(t-t_1) * \delta(t-t_2) = $ _____。

2. $e^{-2t}\varepsilon(t) * \delta(t-3) = $ _____。

3. $\int_0^\infty \mathrm{Sa}(t)\,\mathrm{d}t = $ _____。

4. 阶跃信号 $u(t)$ 与符号函数 $\mathrm{sgn}(t)$ 的关系是_____。

5. $\int_{-\infty}^{+\infty} (3t^2 + 2t + 1)\delta(1 - t)\,\mathrm{d}t = $ _____。

6. $\int_{-5}^{5} (t^2 - 3t + 2)\delta(1 - t)\,\mathrm{d}t = $ _____。

7. $\int_{-\infty}^{+\infty} \delta(t - t_0)u(t - 2t_0)\,\mathrm{d}t = $ _____。（已知 $t_0 > 0$）

8. $\int_{0_-}^{t} \delta\left(\dfrac{\tau}{3}\right)(\tau - 2)\,\mathrm{d}\tau = $ _____。

9. $\int_{0_-}^{+\infty} \sin\left(\dfrac{\pi}{2}t\right)[\delta(t - 1) + \delta(t + 1)]\,\mathrm{d}t = $ _____。

10. $\int_{0_-}^{+\infty} \sin\left(\dfrac{\pi}{2}t\right)\delta(t - 1)\,\mathrm{d}t = $ _____。

二、单项选择题

1. $\int_{-4}^{4} (t^2 + 3t + 2)[\delta(t) + 2\delta(t - 2)]\,\mathrm{d}t = ($ _____ $)$。

  A. 14   B. 24   C. 26   D. 28

2. $\dfrac{\mathrm{d}}{\mathrm{d}t}[e^{-t}u(t)] = ($ _____ $)$。

  A. $-e^{-t}u(t)$ B. $\delta(t)$ C. $-e^{-t}u(t)+\delta(t)$ D. $-e^{t}u(t)-\delta(t)$

3. 下列关于冲激函数性质的表达式不正确的是（ _____ ）。

  A. $f(t)\delta(t) = f(0)\delta(t)$ B. $\delta(at) = \dfrac{1}{a}\delta(t)$

  C. $\int_{-\infty}^{t} \delta(\tau)\,\mathrm{d}\tau = \varepsilon(t)$ D. $\delta(-t) = \delta(t)$

4. 下列关于冲激函数性质的表达式不正确的是（ _____ ）。

  A. $\int_{-\infty}^{\infty} \delta'(t)\,\mathrm{d}t = 0$ B. $\int_{-\infty}^{+\infty} f(t)\delta(t)\,\mathrm{d}t = f(0)$

  C. $\int_{-\infty}^{t} \delta(\tau)\,\mathrm{d}\tau = \varepsilon(t)$ D. $\int_{-\infty}^{\infty} \delta'(t)\,\mathrm{d}t = \delta(t)$

5. 下列关于冲激函数性质的表达式不正确的是（ _____ ）。

  A. $f(t+1)\delta(t) = f(1)\delta(t)$ B. $\int_{-\infty}^{\infty} f(t)\delta'(t)\,\mathrm{d}t = f'(0)$

  C. $\int_{-\infty}^{t} \delta(\tau)\,\mathrm{d}\tau = \varepsilon(t)$ D. $\int_{-\infty}^{+\infty} f(t)\delta(t)\,\mathrm{d}t = f(0)$

6. 已知信号 $f_1(t)$ 如图 2.49 所示，其表达式是（ _____ ）。

  A. $u(t)+2u(t-2)-u(t-3)$ B. $u(t-1)+u(t-2)-2u(t-3)$

  C. $u(t-1)+3u(t-2)-u(t-3)$ D. $u(t-1)+u(t-2)-u(t-3)$

7. 线性时不变系统零状态响应曲线如图 2.50 所示，则系统的输入应当是（　　　）。

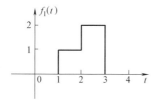

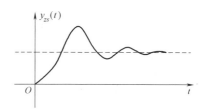

图 2.49　题 6 图　　　　　　　　　　　　　图 2.50　题 7 图

A. 阶跃信号　　　　　　　B. 正弦信号　　　　　　C. 冲激信号　　　　　　D. 斜升信号

8. $\int_{-\infty}^{+\infty} \dfrac{\sin(\pi t)}{t} \delta(t) \mathrm{d}t = （　　　）$。

A. π　　　　　　　　　B. 1　　　　　　　　　C. $\delta(t)$　　　　　　　D. $\sin t$

9. $f(6-3t)$ 是下面哪一种运算的结果（　　　）。

A. $f(-3t)$ 左移 6　　　B. $f(-3t)$ 右移 6　　　C. $f(-3t)$ 左移 2　　　D. $f(-3t)$ 右移 2

10. 已知 $f(t)$ 是已录制的声音磁带信号，则下列叙述错误的是（　　　）。

A. $f(-t)$ 表示将磁带倒转播放产生的信号　　　B. $f(2t)$ 表示磁带以二倍的速度加快播放

C. $f(2t)$ 表示磁带放音速度降低一半播放　　　D. $2f(t)$ 表示将磁带音量放大一倍播放

三、判断题

1. 信号可以分为连续时间信号和离散时间信号。（　　　）

2. 离散时间信号就是数字信号。（　　　）

3. 单位冲激信号在 $t=0$ 时的强度为 1。（　　　）

4. 单位阶跃信号具有单边性。（　　　）

5. 任意的信号都可以分解为冲激信号的线性组合。（　　　）

6. 信号可以分解为奇分量和偶分量之和。（　　　）

7. 单位阶跃序列可以用单位脉冲序列的求和表示。（　　　）

8. 离散序列可以分解为脉冲序列的线性组合。（　　　）

9. 单位阶跃信号和单位冲激信号存在微积分关系。（　　　）

10. $\int_{-\infty}^{t} \mathrm{e}^{-2\tau} \delta(\tau) \mathrm{d}\tau = u(t)$ 。（　　　）

四、综合题

1. 绘制下列信号波形。

(1) $x(t) = (3\mathrm{e}^{-t} + 6\mathrm{e}^{-2t}) u(t)$　　　　　　(2) $x(t) = \mathrm{e}^{-t}\cos(10\pi t)\left[u(t-1) - u(t-2)\right]$

(3) $x(t) = (t+1)u(t-1) - tu(t) - u(t-2)$　(4) $x(t) = \cos t\left[u\left(t+\dfrac{\pi}{2}\right) - 2u(t-\pi)\right] + (\cos t)u\left(t - \dfrac{3\pi}{2}\right)$

(5) $x(t) = t\mathrm{e}^{-t}u(t)$

2. 绘制下列波形。

(1) $(2 - 3\mathrm{e}^{-t})\displaystyle\sum_{n=0}^{\infty} \delta(t - n)$　　　　(2) $tu(t) - \displaystyle\sum_{n=1}^{\infty} u(t - 2n)$

(3) $\dfrac{\mathrm{d}}{\mathrm{d}t}\left[\mathrm{e}^{-t}\delta(t)\right]$　　　　　　　　(4) $x(t) = \mathrm{sgn}(\cos\pi t)$

3. 已知 $f(t)$ 和 $h(t)$ 的信号波形如图 2.51 所示，绘制下列信号波形。

(1) $f(t)h(-t)$　　　　　　　　　　　(2) $f\left(2 - \dfrac{t}{2}\right)h(t+4)$

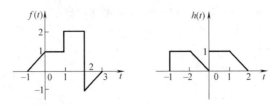

图 2.51　题 3 图

4. 已知 $f(t)$ 的信号波形如图 2.52 所示，绘制下列信号波形。

(1) $f(t+4)$　　　　　　　　(2) $2f(1-2t)$

5. 已知 $f\left(2-\dfrac{t}{3}\right)$ 的波形如图 2.53 所示，绘制 $f(t)$ 的波形图。

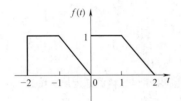

图 2.52　题 4 图

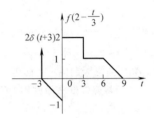

图 2.53　题 5 图

6. 求下列函数积分。

(1) $\displaystyle\int_{-\infty}^{\infty} f(t-t_0)\delta(t)$

(2) $\displaystyle\int_{-\infty}^{\infty} f(t_0-t)\delta(t)$

(3) $\displaystyle\int_{-\infty}^{\infty} (e^{-t}+t)\delta(t+2)$

(4) $\displaystyle\int_{-\infty}^{\infty} [2t+\sin 2t]\delta'(t)$

7. 求下列函数值。

(1) $\displaystyle\int_{-1}^{1} \delta(t^2-9)\mathrm{d}t$

(2) $\displaystyle\int_{-2}^{2} \delta(t^2-4t+3)\mathrm{d}t$

(3) $\displaystyle\int_{-2}^{\infty} [(e^{-t}+1)\delta(t-1)+t\delta(t+3)]\mathrm{d}t$

(4) $\displaystyle\int_{-2}^{\infty} e^{-t}[\delta(t-1)+\delta'(t-1)]\mathrm{d}t$

8 试求下列函数值。

(1) $\dfrac{\mathrm{d}}{\mathrm{d}t}[e^{-2t}u(t)]$

(2) $e^{-t+2}\delta(t)$

(3) $4u(t-1)\delta(t-1)$

(4) $t^2\delta''(t)$

9. 已知 $f(t)$ 的波形图如图 2.54 所示，绘制 $f(-3t-2)$ 的波形图。

10. 已知 $f(t)$ 的波形图如图 2.55 所示，绘制 $y(t)=\dfrac{\mathrm{d}f(t)}{\mathrm{d}t}$ 的波形图。

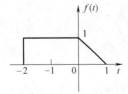

图 2.54　题 9 图

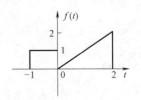

图 2.55　题 10 图

11. 求广义导数。

（1）$x(t) = (t+1)u(t-1) - tu(t) - u(t-2)$

（2）$x(t) = e^{-t}u(t) + e^{-t}\left[e^{(2t-4)} - 1\right]u(t-2) - e^{(t-4)}u(t-4)$

12. 将图 2.56 所示的矩形波用正弦函数的有限项级数来近似 $f(t) \approx c_1\sin t + c_2\sin(2t) + \cdots + c_n\sin(nt)$，分别求 $n = 1$，2，3，4 四种情况下的方均误差 $\overline{\varepsilon^2}$。

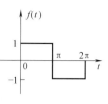

图 2.56　题 12 图

自　测　题

2-1　定性绘出下列信号的波形，其中 $-\infty < t < +\infty$。

（1）$f(t) = u(t) - 2u(t-1)$

（2）$f(t) = u(t+1) - 2u(t) + u(t-1)$

（3）$f(t) = \lim\limits_{a \to 0} \dfrac{1}{a}\left[u(t) - u(t-a)\right]$

（4）$f(t) = \delta(t-1) - 2\delta(t-2) + \delta(t-3)$

（5）$f(t) = r(t+1) - r(t-1) - u(t-1)$

（6）$f(t) = r(t+2) - r(t+1) - r(t-1) + r(t-2)$

2-2　定性绘出下列信号的波形，其中 $-\infty < t < +\infty$。

（1）$f(t) = u(t)u(3-t)$ 　　　　　　　　（2）$f(t) = e^{-2t}\left[u(t) - u(t-4)\right]$

（3）$f(t) = e^{-2t}\sin(2t)u(t)$ 　　　　　　（4）$f(t) = \left(4e^{-2t} - e^{-4t}\right)\delta(t-1)$

（5）$f(t) = (t-2)u(t)$ 　　　　　　　　　（6）$f(t) = 3e^{-2(t-1)}u(t-2)$

2-3　试画出下列信号波形，其中 $-\infty < t < +\infty$，从中可得出何结论？

（1）$f(t) = \sin\left(\dfrac{\pi}{2}t\right)u(t)$ 　　　　　　（2）$f(t) = \sin\left(\dfrac{\pi}{2}t\right)u(t-1)$

（3）$f(t) = \sin\left[\dfrac{\pi}{2}(t-1)\right]u(t)$ 　　　　（4）$f(t) = \sin\left[\dfrac{\pi}{2}(t-1)\right]u(t-1)$

2-4　用单位阶跃信号表示图 2.57 中各信号。

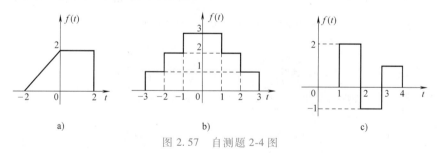

a)　　　　　　　　　　b)　　　　　　　　　　c)

图 2.57　自测题 2-4 图

2-5　试写出图 2.58 所示各信号的时域描述式。

2-6　计算下列信号的函数值。

（1）$\delta(2t)$ 　　　　　　　　　　　　（2）$\delta(t)$

（3）$f(t) = \sin t\,\delta\left(t - \dfrac{\pi}{2}\right)$ 　　　　　（4）$e^{-2t}\delta(t)$

（5）$e^{-2t}\delta(-2t)$ 　　　　　　　　　（6）$e^{-2t}\delta(2t)$

2-7　计算下列积分的值。

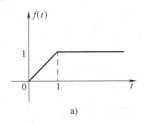

a)

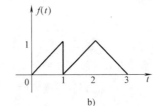

b)

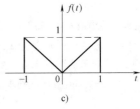

c)

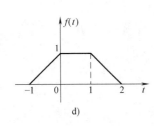

d)

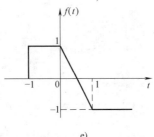

e)

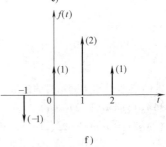

f)

图 2.58　自测题 2-5 图

(1) $\int_{-\infty}^{\infty} \delta(t-2) \mathrm{e}^{-2t} u(t) \mathrm{d}t$　　　　　(2) $\int_{-4}^{-2} \delta(t+3) \mathrm{e}^{-2t} \mathrm{d}t$

(3) $\int_{1}^{2} \delta(2t-3) \sin(2t) \mathrm{d}t$　　　　　(4) $\int_{1}^{4} \delta(2-4t)(t+2) \mathrm{d}t$

(5) $\int_{-\infty}^{\infty} \delta(t-a) u(t-b) \mathrm{d}t$；$(b>a)$　　　(6) $\int_{-\infty}^{\infty} \delta'(t-2) \mathrm{e}^{-2t} \mathrm{d}t$

(7) $\int_{-2}^{3} \delta'(t-1) \mathrm{e}^{-3t} u(t) \mathrm{d}t$　　　　(8) $\int_{1}^{3} \delta'(t+2) \sin(3t) \mathrm{d}t$

(9) $\int_{-\infty}^{+\infty} \mathrm{e}^{-j\omega_0 t} [\delta(t+T_1) + \delta(t-T_1)] \mathrm{d}t$　(10) $\int_{-\infty}^{+\infty} u(t) u(2-t) \mathrm{d}t$

2-8　计算下列积分。

(1) $\int_{-\infty}^{t} \cos\tau u(\tau) \mathrm{d}\tau$　　　　　(2) $\int_{-\infty}^{t} \delta(\tau) \cos\tau \mathrm{d}\tau$

(3) $\int_{-\infty}^{\infty} \cos t u(t-1) \delta(t) \mathrm{d}\tau$　　　　(4) $\int_{0}^{2\pi} t\delta(\pi-t) \cos t \mathrm{d}\tau$

2-9　已知信号 $f(t)$ 的波形如图 2.59 所示，绘出下列信号的波形。

(1) $f(3t)$　　　　(2) $f(3t+6)$　　　　(3) $f(-3t+6)$

(4) $f\left(\dfrac{t}{3}\right)$　　　(5) $f\left(\dfrac{t}{3}+1\right)$　　　(6) $f\left(-\dfrac{t}{3}+1\right)$

2-10　已知信号 $f(t)$ 的波形如图 2.60 所示，绘出下列信号的波形。

(1) $f(-t)$　　　　(2) $f(t+2)$　　　　(3) $f(5-3t)$

(4) $f(t)-u(t-1)$　　(5) $f(t)u(1-t)$　　　(6) $f(t)\delta(t+0.2)$

(7) $f'(t)$　　　　(8) $\int_{-\infty}^{t} f(\tau)[u(\tau+1)-u(\tau)] \mathrm{d}\tau$

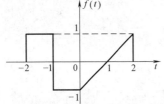

图 2.59　自测题 2-9 图

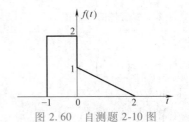

图 2.60　自测题 2-10 图

2-11　已知信号 $f(t) = 2e^{-(t-1)}u(t-1) + t^2\delta(t-2)$。

（1）画出 $f(t)$ 波形；

（2）计算并画出 $g(t) = f'(t)$ 的波形。

2-12　画出下列信号及其一阶导数的波形，其中 T 为常数，$\omega_0 = 2\pi/T$。

（1）$f(t) = u(t) - u(t-T)$　　　　　　　（2）$f(t) = t[u(t) - u(t-T)]$

（3）$f(t) = e^{-2t}[u(t) - u(t-T)]$　　　　（4）$f(t) = [u(t) - u(t-T)]\sin(\omega_0 t)$

2-13　已知 $f(t) = \delta'(t+4) - 2\delta(t+1) + t\delta(t+1) + 2e^{-t}u(t+1)$。绘出 $f(t)$ 波形。计算并绘出 $g(t) = \int_{-\infty}^{t} f(\tau)\mathrm{d}\tau$ 的波形。

2-14　已知序列 $f(n) = \begin{cases} \left(\dfrac{3}{2}\right)^n, & -2 \leqslant n \leqslant 3 \\ 0, & n < -2 \text{ 或 } n > 3 \end{cases}$

（1）用阶跃序列的截取特性表示 $f(n)$；

（2）用加权单位脉冲序列表示 $f(n)$；

（3）试画出 $f(n)$ 波形。

2-15　已知图 2.61 所示的离散时间信号，画出下列信号波形。

（1）$f(n)u(1-n)$

（2）$f(n)\{u(n+2) - u(n-2)\}$

（3）$f(n)\delta(n-1)$

（4）$f(n)\delta(2n)$

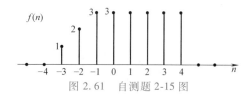

图 2.61　自测题 2-15 图

2-16　用单位阶跃序列表示图 2.62 所示序列。

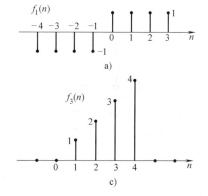

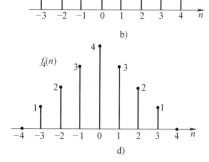

图 2.62　自测题 2-16 图

2-17　已知序列 $f(n) = \begin{cases} \left(\dfrac{1}{2}\right)^n, & n \geqslant 0 \\ 0, & n < 0 \end{cases}$

试画出 $f(-n)$、$f(n-2)$、$f(-n+2)$、$f(-n-2)$ 的图形，并写出它们的函数表达式。

2-18　一个离散时间信号 $f(n)$ 如图 2.63 所示，画出下列信号的图形。

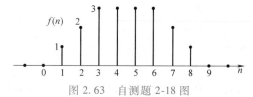

图 2.63　自测题 2-18 图

(1) $f(n-2)$　　　　　　　　　　　　(2) $f(3n)$

(3) $f(n/3)$　　　　　　　　　　　　(4) $f(-n+2)$

(5) $f(-3n+2)$　　　　　　　　　　　(6) $f(-n/3+2)$

2-19　已知序列 $f(n)=\left[\,-1,\ -1,\ \overset{\downarrow}{0},\ 1,\ 1\,\right]$，$x(n)=\left[\dfrac{1}{2},\ \overset{\downarrow}{1},\ \dfrac{3}{2},\ 2\right]$，画出下列信号的图形。

(1) $y_1(n)=f(n)+x(n)$　　　　　　　(2) $y_2(n)=f(n)x(n)$

(3) $y_4(n)=f(2n)+x\left(\dfrac{n}{2}\right)$　　　　　　(4) $y_3(n)=f(n)x(-n)$

2-20　已知序列 $f(n)=\begin{cases} e^{-\frac{n}{2}}, & n\geqslant 0 \\ 0, & n<0 \end{cases}$，试求 $y(n)=2f\left(\dfrac{5}{3}n\right)$。

2-21　计算信号的奇分量和偶分量。

(1) $f(t)=u(t)$　　　　　　　　　　(2) $f(t)=\sin\left(\omega_0 t+\dfrac{\pi}{4}\right)$

(3) $f(t)=e^{j\omega_0 t}$　　　　　　　　　　(4) $f(n)=e^{j(\Omega_0 n+\pi/2)}$

(5) $f(n)=\delta(n)$

2-22　分别画出图 2.64 所示信号的奇、偶分量。

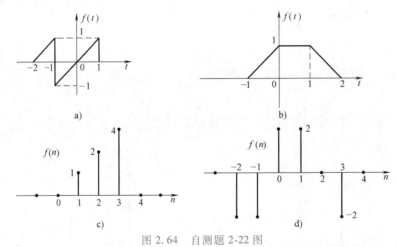

图 2.64　自测题 2-22 图

MATLAB 练习

M2-1　利用 MATLAB 实现下列连续时间信号。

(1) $f(t)=u(t)$，取 $t=0\sim 10$

(2) $f(t)=tu(t)$，取 $t=0\sim 10$

(3) $f(t)=10e^{-t}-5e^{-2t}$，取 $t=0\sim 5$

(4) $f(t)=\cos(100t)+\cos(3000t)$，取 $t=0\sim 0.2$

(5) $f(t)=10\,|\sin(100\pi t)|$，取 $t=0\sim 0.2$

(6) $f(t)=\mathrm{Sa}(\pi t)\cos(20t)$，取 $t=0\sim 5$

(7) $f(t)=4e^{-0.5t}\cos(\pi t)$，取 $t=0\sim 10$

M2-2　已知信号 $f_1(t)$ 和 $f_2(t)$ 如图 2.65 所示，分别用 MATLAB 表示信号 $f_1(t)$、$f_2(t)$、$f_2(t)\cos(50t)$

和 $f(t) = f_1(t) + f_2(t)\cos(50t)$，并画出波形，取 $t = 0 : 005 : 2.5$。

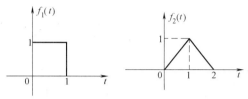

图 2.65　题 M2-2 图

M2-3　用 tripuls 函数画出图 2.66 所示的信号波形。

M2-4　（1）编写表示图 2.67 所示信号波形 $f(t)$ 的 MATLAB 函数。

（2）试画出 $f(t)$、$f(0.5t)$ 和 $f(2-0.5t)$ 的波形。

M2-5　画出图 2.68 所示信号的奇分量和偶分量。

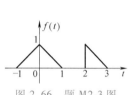

图 2.66　题 M2-3 图

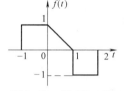

图 2.67　题 M2-4 图

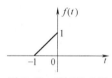

图 2.68　题 M2-5 图

M2-6　利用 MATLAB 实现下列离散时间信号。

（1）$f(n) = \delta(n)$

（2）$f(n) = 2\delta(n-1)$

（3）$f(n) = u(n)$

（4）$f(n) = u(n+2) - u(n-5)$

（5）$f(n) = nu(n)$

（6）$f(n) = 5(0.8)^n\cos(0.9\pi n)$

M2-7　画出离散正弦序列 $\sin(\Omega_0 n)$ 的波形，取 $\Omega_0 = 0.1\pi$，0.5π，0.9π，1.1π，1.5π，1.9π。观察信号波形随 Ω_0 取之不同而变化的规律，从中得出什么结论？

M2-8　（1）用 stem 函数画出图 2.69 所示的离散序列 $f(n)$；

（2）画出序列 $f(3n)$ 和序列 $f(n/3)$ 的波形；

（3）画出序列 $f(n+2)$ 和序列 $f(n-4)$ 的波形；

（4）利用 fliplr 函数实现序列 $f(-n)$，并画出序列的波形。

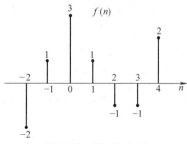

图 2.69　题 M2-8 图

第 3 章　连续时间系统的时域分析

本章概述：主要介绍用微分方程建立起连续时间系统的数学模型，然后在讨论其线性时不变性的基础上利用经典的高等数学方法来求解该微分方程，进而逐步引入工程的分析方法——零输入响应和零状态响应，以及由系统的冲激响应和阶跃响应确定的系统的卷积性质等。

知识点：①了解连续时间系统的数学模型，微分方程的线性时不变性。深刻理解线性系统全响应的可分解性。②熟练掌握零输入响应、零状态响应和单位冲激响应的时域求解方法以及卷积积分的性质及其应用。

3.1　线性时不变系统的描述及特点

既具有线性特性又具有时不变特性的系统称为线性时不变系统，简称 LTI 系统。

线性时不变系统是信号与系统课程中至关重要的一个环节，对它的理解是分析和处理各类方程的基础。学会处理和分析线性时不变系统对将来在工作和其他的学习过程中处理非线性时不变系统有极其重要的帮助。

3.1.1　连续时间系统的数学描述

在讨论连续时间系统的数学描述之前，先来看以下的例子：

【例 3-1】　在如图 3.1 所示的电路中，激励为 $U(t)$，系统的电阻为 R，电容 C 没有储能，试求电容 C 两端的电压 $V_C(t)$ 与激励 $U(t)$ 所构成的微分方程。

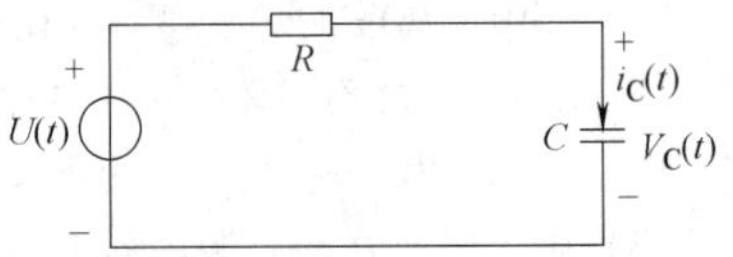

解：流过电容 C 的电流为

$$i_C(t) = C \frac{\mathrm{d}V_C(t)}{\mathrm{d}t} \tag{3-1}$$

由 KVL 可得

$$Ri_C(t) + V_C(t) = U(t) \tag{3-2}$$

将式 (3-1) 代入式 (3-2) 可得

$$RC \frac{\mathrm{d}V_C(t)}{\mathrm{d}t} + V_C(t) = U(t) \tag{3-3}$$

图 3.1　RC 串联电路

【例 3-2】　在如图 3.2 所示的电路中，激励为 $i_s(t)$，系统的电阻为 R，电感 L 和电容 C 没有储能，试求电容 C 两端的电压 $v(t)$ 与激励 $U(t)$ 所构成的微分方程。

解：流过电容 C 的电流为

$$i_C(t) = C \frac{\mathrm{d}v(t)}{\mathrm{d}t} \tag{3-4}$$

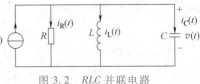

图 3.2　RLC 并联电路

流过电感 L 的电流为

$$i_L(t) = \frac{1}{L}\int_{-\infty}^{t} v(\tau)\,\mathrm{d}\tau \tag{3-5}$$

流过电阻 R 的电流为

$$i_R(t) = \frac{v(t)}{R} \tag{3-6}$$

由 KCL 可得

$$i_C(t) + i_L(t) + i_R(t) = i_s(t) \tag{3-7}$$

将式 (3-4)~式 (3-6) 代入式 (3-7) 可得

$$C\frac{\mathrm{d}^2 v(t)}{\mathrm{d}t^2} + \frac{1}{R}\frac{\mathrm{d}v(t)}{\mathrm{d}t} + \frac{1}{L}v(t) = \frac{\mathrm{d}i_s(t)}{\mathrm{d}t} \tag{3-8}$$

由上面的例子可以看出，如果系统中的各类线性元件无储能，则微分方程是描述连续时间系统的输入与输出之间关系很好的桥梁，因此一般将微分方程作为描述连续时间系统的输入与输出之间关系的主要数学模型。

同时对于描述连续时间系统的微分方程本身，在书写方式上又进行了如下规定：

1) 方程的左边对应连续时间系统的输出 (响应)，方程的右边对应连续时间系统的输入 (激励)。

2) 同样对响应和激励的微分，高阶的微分写在对应边的左边 (靠前)，低阶的微分写在对应边的右边 (靠后)，以降次的方式排列。

3) 保证方程左边的最高次的系数为正实数。

如果将各次微分的系数提出，并假定输入为 $x(t)$，输出为 $y(t)$，并进行扩展，可以得出描述连续时间系统的一般微分方程的表达式：

$$a_N\frac{\mathrm{d}^N y(t)}{\mathrm{d}t^N} + \cdots + a_1\frac{\mathrm{d}^1 y(t)}{\mathrm{d}t^1} + a_0 y(t) = b_M\frac{\mathrm{d}^M x(t)}{\mathrm{d}t^M} + \cdots + b_1\frac{\mathrm{d}^1 x(t)}{\mathrm{d}t^1} + b_0 x(t) \tag{3-9}$$

进一步化简为

$$\sum_{i=0}^{N} a_i\frac{\mathrm{d}^i y(t)}{\mathrm{d}t^i} = \sum_{j=0}^{M} b_j\frac{\mathrm{d}^j x(t)}{\mathrm{d}t^j} \tag{3-10}$$

如果将其按照输入与输出的方式进行简化，对系统可以用以下更一般的方式进行描述，如图 3.3 所示。

讨论了系统的数学模型后，自然需要对微分方程的一些性质进行判断。其中，应用最多的便是系统线性时不变的判断了。

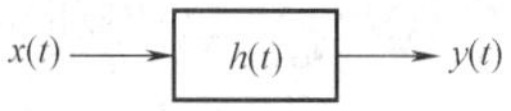

$x(t) \longrightarrow \boxed{h(t)} \longrightarrow y(t)$

图 3.3 连续时间系统的
输入/输出数学模型

3.1.2 线性时不变系统

线性时不变性是讨论和分析系统的基础，判断一个连续时间系统是否为线性时不变系统是有一系列的法则的。具体来说就是先判断系统的线性，然后判断时不变性，最后综合判断其线性时不变性。线性系统和非线性系统、时不变系统和时变系统的概念已在第 1 章 1.2.2 系统的分类一节中做了较详细的介绍，下面做一些相关内容的复习和进一步的描述。

1. 系统线性的判断法则

系统的线性实际上就是通常说的可分解性和叠加性，即按比例叠加的输入信号是否引起输出也按比例叠加的问题。如果满足，就是线性的；否则，就是非线性的。其数学模型如图 3.4 所示。

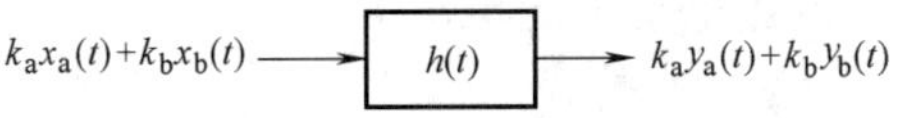

$$k_a x_a(t) + k_b x_b(t) \longrightarrow \boxed{h(t)} \longrightarrow k_a y_a(t) + k_b y_b(t)$$

图 3.4　线性系统的数学模型

【例 3-3】　分别判断 $y(t) = x^2(t)$，$y(t) = tx(t) + 3$ 和 $y(t) = 3\dfrac{\mathrm{d}x(t)}{\mathrm{d}t} + 2x(t)$ 的线性。

解：对于 $y(t) = x^2(t)$，由于 $x(t)$ 没法单独分开，不满足可分解性，系统自然为非线性。

对于 $y(t) = tx(t) + 3$，满足可分解性，假定 $y_1(t) = tx(t)$，$y_2(t) = 3$。下面分别讨论 $y_1(t)$ 和 $y_2(t)$ 的线性。

$y_1(t)$ 的判断方法为假定输入的为 $x_a(t)$，对应输出为 $y_{1a}(t) = tx_a(t)$；假定输入的为 $x_b(t)$，对应输出为 $y_{1b}(t) = tx_b(t)$。那么当输入为 $k_a x_a(t) + k_b x_b(t)$ 时，对应输出为 $y_{1ab}(t) = t[k_a x_a(t) + k_b x_b(t)] = k_a tx_a(t) + k_b tx_b(t)$，显然 $y_1(t)$ 为线性；而 $y_2(t)$ 为常数，显然不满足按比例放大的要求，因此，系统 $y(t) = tx(t) + 3$ 为非线性。

对于 $y(t) = 3\dfrac{\mathrm{d}x(t)}{\mathrm{d}t} + 2x(t)$，虽然满足可分解性，但其实不用单独分解后再判断，完全可以一次判断。$y(t)$ 的判断方法为假定输入为 $x_a(t)$，对应输出为 $y_a(t) = 3\dfrac{\mathrm{d}x_a(t)}{\mathrm{d}t} + 2x_a(t)$；假定输入为 $x_b(t)$，对应输出为 $y_b(t) = 3\dfrac{\mathrm{d}x_b(t)}{\mathrm{d}t} + 2x_b(t)$。那么当输入为 $k_a x_a(t) + k_b x_b(t)$ 时，对应输出为 $y_{ab}(t) = 3\dfrac{\mathrm{d}[k_a x_a(t) + k_b x_b(t)]}{\mathrm{d}t} + 2[k_a x_a(t) + k_b x_b(t)] = k_a y_a(t) + k_b y_b(t)$，系统为线性。

2. 系统时不变性的判断法则

时不变主要是指延时后的信号作用于系统，系统的输出是否也延时了相同的时间。如果满足，就是时不变系统；否则，为时变系统。其数学模型如图 3.5 所示。

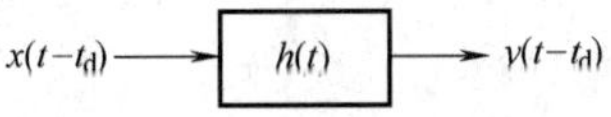

$$x(t - t_d) \longrightarrow \boxed{h(t)} \longrightarrow y(t - t_d)$$

图 3.5　系统时不变性的数学模型

【例 3-4】　分别判断 $y(t) = x^2(t)$，$y(t) = tx(t) + 3$ 和 $y(t) = 3\dfrac{\mathrm{d}x(t)}{\mathrm{d}t} + 2x(t)$ 的时不变性。

解：对于 $y(t) = x^2(t)$，当输入为 $x(t - t_d)$ 时，$x^2(t - t_d) = y(t - t_d)$，系统满足时不变性。

对于 $y(t) = tx(t) + 3$，当输入为 $x(t - t_d)$ 时，$tx(t - t_d) + 3 \neq (t - t_d)x(t - t_d) + 3 = y(t - t_d)$，系统不满足时不变性。应注意，这里仅能改变输入信号整体，与其他的变量无关。即 $x(t)$ 是作为整体用 $x(t - t_d)$ 来替换。而对于等式本身却是变量替换，即用 $t - t_d$ 去替换 t。

对于 $y(t) = 3\dfrac{\mathrm{d}x(t)}{\mathrm{d}t} + 2x(t)$，假定输入为 $x(t - t_d)$ 时，$3\dfrac{\mathrm{d}x(t - t_d)}{\mathrm{d}t} + 2x(t - t_d) = 3\dfrac{\mathrm{d}x(t - t_d)}{\mathrm{d}(t - t_d)} + 2x(t - t_d) = y(t - t_d)$，系统满足时不变性。

3. 系统线性时不变性的判断法则

对系统的线性时不变性进行判断，就是综合应用以上两种方法。其数学模型如图 3.6 所示。

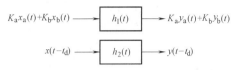

图 3.6　系统线性时不变性的数学模型

利用以上的判别法则，可以对连续时间系统的一般微分方程进行判别：

1）判断线性，当输入为 $k_a x_a(t) + k_b x_b(t)$ 时，有

$$\sum_{j=0}^{M} b_j \frac{\mathrm{d}^j [\, k_a x_a(t) + k_b x_b(t) \,]}{\mathrm{d}t^j} = k_a \sum_{j=0}^{M} b_j \frac{\mathrm{d}^j x_a(t)}{\mathrm{d}t^j} + k_b \sum_{j=0}^{M} b_j \frac{\mathrm{d}^j x_b(t)}{\mathrm{d}t^j}$$

由式（3-10）的关系，可变为

$$k_a \sum_{i=0}^{N} a_i \frac{\mathrm{d}^i y_a(t)}{\mathrm{d}t^i} + k_b \sum_{i=0}^{N} a_i \frac{\mathrm{d}^i y_b(t)}{\mathrm{d}t^i} = \sum_{i=0}^{N} a_i \frac{\mathrm{d}^i [\, k_a y_a(t) + k_b y_b(t) \,]}{\mathrm{d}t^i}$$

满足线性。

2）判断时不变性，当输入为 $x(t - t_d)$ 时，有

$$\sum_{j=0}^{M} b_j \frac{\mathrm{d}^j x(t - t_d)}{\mathrm{d}(t - t_d)^j} = \sum_{j=0}^{M} b_j \frac{\mathrm{d}^j x(t - t_d)}{\mathrm{d}t^j} = \sum_{i=0}^{N} a_i \frac{\mathrm{d}^i y(t - t_d)}{\mathrm{d}t^i}$$

满足时不变性。

由上述推导可知，本书讨论的微分方程都是满足线性时不变性要求的。其实，连续时间系统的微分方程除满足线性时不变性外，还有如下的积分特性和微分特性。

（1）积分特性

由于各线性元件无储能，对各次微分进行积分时不会引入多余的参数，所以可以对式（3-10）不停地积分，共积 N 次，则式（3-10）变为

$$\sum_{i=0}^{N} a_i y^{(i-N)}(t) = \sum_{j=0}^{M} b_j x^{(i-N)}(t) \tag{3-11}$$

也就是说，将微分方程转换成了积分方程。

（2）微分特性

假定式（3-11）的多次微分存在，对式（3-11）进行 N 次微分，式（3-11）又可以转换成式（3-10）的形式。

综上所述，对于一个确定的满足线性时不变的微分方程，它有完全等效的积分方程存在。这为线性时不变的微分方程的等效变换提供了理论基础。

前面建立了连续时间系统的各种模型，微分方程是其中的主要的数学模型。那么，满足线性时不变的微分方程又该怎样求解呢？下面，先介绍经典的求解响应的方法。

3.2　连续时间线性时不变系统的响应

连续时间线性时不变系统的响应有多种，大体上有以下几种分类方法：

1）按是否有输入可分为零输入响应和零状态响应。

2）按稳定的程度可分为稳态响应和暂态响应。

3）按对激励的反应可分为强迫响应和自由响应。

4）按响应是否完整可分为部分响应和完全响应。

5）按对具体信号的响应可分为冲激响应和阶跃响应。

它们之间的关系大家将在后续的各类分析方法中认识。下面先介绍利用求高等数学中微分方程齐次解和特解的方法，导出微分方程完全解的方法。

3.2.1　经典时域分析方法

所谓经典时域分析方法就是指利用高等数学中求解微分方程的方法，借助高等数学中的经典结论，直接对微分方程求解其齐次解和特解的过程。

由高等数学中求解微分方程的方法可知，微分方程的完全解由齐次解和特解两部分构成，齐次解是由齐次方程解出来的，特解与系统的激励有关。对于上面提到的微分方程的一般形式 $\sum_{i=0}^{N} a_i \dfrac{\mathrm{d}^i y(t)}{\mathrm{d}t^i} = \sum_{j=0}^{M} b_j \dfrac{\mathrm{d}^j x(t)}{\mathrm{d}t^j}$，方程的完全解可表示为 $y(t) = y_h(t) + y_p(t)$。其中 $y_h(t)$ 为方程的齐次解，$y_p(t)$ 为方程的特解。

为了使问题简化，先求齐次解，假定仅 $b_0 = 1$，其他的 b_j 均为零，因此有

$$a_N \frac{\mathrm{d}^N y(t)}{\mathrm{d}t^N} + \cdots + a_1 \frac{\mathrm{d}^1 y(t)}{\mathrm{d}t^1} + a_0 y(t) = x(t) \tag{3-12}$$

1. 齐次解的求法

齐次解 $y_h(t)$ 满足齐次方程

$$a_N \frac{\mathrm{d}^N y_k(t)}{\mathrm{d}t^N} + \cdots + a_1 \frac{\mathrm{d}^1 y_k(t)}{\mathrm{d}t^1} + a_0 y_k(t) = 0 \tag{3-13}$$

从方程来看，可理解为系统的自由响应。它的齐次解形式如下：

$$y_h(t) = A_i y_i(t) \tag{3-14}$$

式中，A_i 取决于初始条件决定的常数；$y_i(t)$ 取决于特征根的模式。$y_i(t)$ 的形式是形如 $Ae^{\lambda t}$ 的线性组合。在这里，令 $y_h(t) = Ae^{\lambda t}$，代入式（3-12）可得

$$a_N A \lambda^N e^{\lambda t} + \cdots + a_1 A \lambda e^{\lambda t} + a_0 A e^{\lambda t} = 0 \tag{3-15}$$

由于 $Ae^{\lambda t} \neq 0$，可将式（3-15）化简为

$$a_N \lambda^N + \cdots + a_1 \lambda + a_0 = 0 \tag{3-16}$$

对式（3-16）求解，可获得不同的 λ_k 值。这些不同的 λ_k 值构成式（3-16）的根，也就是说，$y_h(t) = Ae^{\lambda_k t}$ 满足式（3-13），称式（3-16）是微分方程（3-12）的特征方程，对应的 N 个根 λ_1，λ_2，$\cdots$，λ_N 为微分方程的特征根。

1）在特征根无重根的情况下，微分方程齐次解的形式为

$$y_h(t) = A_1 e^{\lambda_1 t} + A_2 e^{\lambda_2 t} + \cdots + A_N e^{\lambda_N t} = \sum_{i=1}^{N} A_i e^{\lambda_i t} \tag{3-17}$$

式中，A_1，A_2，$\cdots$，A_N 是由系统的初始条件决定的。

2）在特征根有重根的情况下，假如 λ_1 有 m 项重根，微分方程齐次解的形式为

$$y_h(t) = (A_1 + A_2 t + \cdots + A_m t^{m-1}) e^{\lambda_1 t} + A_{m+1} e^{\lambda_{m+1} t} + \cdots + A_N e^{\lambda_N t} \tag{3-18}$$

$$= \sum_{i=m+1}^{N} A_i e^{\lambda_i t} + \left(\sum_{i=1}^{m} A_i t^{i-1} \right) e^{\lambda_1 t}$$

【例 3-5】　求微分方程 $\dfrac{\mathrm{d}^2 y(t)}{\mathrm{d}t^2} + 3\dfrac{\mathrm{d}y(t)}{\mathrm{d}t} + 2y(t) = \dfrac{\mathrm{d}x(t)}{\mathrm{d}t} + x(t)$ 的齐次解。

解：由系统的特征方程

$$\lambda^2 + 3\lambda + 2 = (\lambda+1)(\lambda+2) = 0$$

解得特征根 $\lambda_1 = -1$，$\lambda_2 = -2$。

由式（3-17）可得该微分方程齐次解的形式为

$$y_h(t) = A_1 \mathrm{e}^{-t} + A_2 \mathrm{e}^{-2t}$$

【例 3-6】　求微分方程 $\dfrac{\mathrm{d}^3 y(t)}{\mathrm{d}t^3} + 5\dfrac{\mathrm{d}^2 y(t)}{\mathrm{d}t^2} + 7\dfrac{\mathrm{d}y(t)}{\mathrm{d}t} + 3y(t) = x(t)$ 的齐次解。

解：由系统的特征方程

$$\lambda^3 + 5\lambda^2 + 7\lambda + 3 = (\lambda+1)^2(\lambda+3) = 0$$

解得特征根 $\lambda_{1,2} = -1$，$\lambda_3 = -3$。

由式（3-18）可得该微分方程齐次解的形式为

$$y_h(t) = A_1 \mathrm{e}^{-t} + A_2 t\mathrm{e}^{-t} + A_3 \mathrm{e}^{-3t}$$

在这里要说明的是，上述两例中的系数 A_1、A_2、A_3 并没有求出，可由系统的初始条件求出。

其实，微分方程齐次解具体的模式可参考表 3-1 中所列举的情况。下面将介绍微分方程特解的求法。

表 3-1　齐次解中特征根决定的模式

特征根 λ_i	齐次解中的对应项 $y_i(t)$
每一单根 λ_i	对应 1 项 $A\mathrm{e}^{\lambda_i t}$
k 重实根 $\lambda_i = \lambda$	对应 k 项 $A_1 \mathrm{e}^{\lambda t} + A_2 t\mathrm{e}^{\lambda t} + \cdots + A_k t^{k-1}\mathrm{e}^{\lambda t}$
一对复根 $\lambda_{1,2} = a \pm \mathrm{j}b$	对应 2 项 $A_1 \mathrm{e}^{at}\cos bt + A_2 \mathrm{e}^{at}\sin bt$
k 重复根 $\lambda_{1,2} = a \pm \mathrm{j}b$	对应 $2k$ 项 $A_1 \mathrm{e}^{at}\cos bt + B_1 \mathrm{e}^{at}\sin bt + A_2 t\mathrm{e}^{at}\cos bt + B_2 t\mathrm{e}^{at}\sin bt + \cdots + A_k t^{k-1}\mathrm{e}^{at}\cos bt + B_k t^{k-1}\mathrm{e}^{at}\sin bt$

2. 特解的求法

特解 $y_p(t)$ 的函数形式与输入（激励）的函数形式有关。通常通过观察输入项试选特解函数式，代入方程求解特解函数式中的待定系数，就可以求出特解 $y_p(t)$。具体的试选特解函数式可参考表 3-2 中所列举的情况。从特解形式来看，可理解为系统的强迫响应。

【例 3-7】　已知 $x(t) = \mathrm{e}^{-t}$ 时，求微分方程 $\dfrac{\mathrm{d}^3 y(t)}{\mathrm{d}t^3} + 5\dfrac{\mathrm{d}^2 y(t)}{\mathrm{d}t^2} + 7\dfrac{\mathrm{d}y(t)}{\mathrm{d}t} + 3y(t) = x(t)$ 的特解。

解：由于激励 $x(t) = \mathrm{e}^{-t}$，对应于表 3-2 的第 2 大行，又由例 3-5 可知，-1 正好为 2 重特征根的值，$y_p(t) = Bt^2\mathrm{e}^{-t}$。将 $y_p(t) = Bt^2\mathrm{e}^{-t}$ 代入原微分方程

$$\frac{\mathrm{d}^3(Bt^2\mathrm{e}^{-t})}{\mathrm{d}t^3} + 5\frac{\mathrm{d}^2(Bt^2\mathrm{e}^{-t})}{\mathrm{d}t^2} + 7\frac{\mathrm{d}(Bt^2\mathrm{e}^{-t})}{\mathrm{d}t} + 3(Bt^2\mathrm{e}^{-t}) = \mathrm{e}^{-t}$$

化简后可得

$$B[-6\mathrm{e}^{-t} + 6t\mathrm{e}^{-t} - t^2\mathrm{e}^{-t}] + 5B[2\mathrm{e}^{-t} - 4t\mathrm{e}^{-t} + t^2\mathrm{e}^{-t}] + 7B[2t\mathrm{e}^{-t} - t^2\mathrm{e}^{-t}] + 3Bt^2\mathrm{e}^{-t} = \mathrm{e}^{-t}$$

表 3-2 特解的试选函数式

输入（激励）$x(t)$	响应函数 $y(t)$ 的特解 $y_p(t)$
E（常数）	对应 1 项 B
$e^{\beta t}$	当 β 不是特征根中的值时，对应 1 项 $Be^{\beta t}$
	当 β 是特征根中的值时，对应 1 项 $Bte^{\beta t}$
	当 β 是 k 重特征根中的值时，对应 1 项 $Bt^k e^{\beta t}$
t^p	对应 $p+1$ 项 $B_0+B_1 t+\cdots+B_p t^p$
$t^p e^{\beta t}\cos(\omega t)$ 或 $t^p e^{\beta t}\sin(\omega t)$	当 β 不是特征根中的值时，对应 $2(p+1)$ 项 $(B_0+B_1 t+\cdots+B_p t^p)e^{\beta t}\cos\omega t+(D_0+D_1 t+\cdots+D_p t^p)e^{\beta t}\sin\omega t$
$t^p e^{\beta t}\cos(\omega t)$ 或 $t^p e^{\beta t}\sin(\omega t)$	当 β 是特征根中的值时，对应 $2(p+1)$ 项 $(B_0+B_1 t+\cdots+B_p t^p)e^{\beta t}\cos\omega t+(D_0+D_1 t+\cdots+D_p t^p)te^{\beta t}\sin\omega t$
	当 β 是 p 重特征根中的值时，对应 $2(p+1)$ 项 $(B_0+B_1 t+\cdots+B_p t^p)t^k e^{\beta t}\cos\omega t+(D_0+D_1 t+\cdots+D_p t^p)t^k e^{\beta t}\sin\omega t$

即 $4B=1$，所以 $y_p(t)=\dfrac{1}{4}t^2 e^{-t}$。

前面分别求出了微分方程的齐次解和特解，而微分方程的完全解（又称全解）可由这二者相加以及通过求得齐次解表达式中的待定系数来得到。

3. 完全解的求法

完全解即为齐次解和特解之和，但齐次解表达式中的待定系数由给定的附加初始条件来获得。

【例 3-8】 已知 $y(0)=y'(0)=y''(0)=0$，$x(t)=e^{-t}u(t)$ 时，求微分方程 $\dfrac{d^3 y(t)}{dt^3}+5\dfrac{d^2 y(t)}{dt^2}+7\dfrac{dy(t)}{dt}+3y(t)=x(t)$ 的响应。

解：由例 3-6 和例 3-7 可知，$y(t)=A_1 e^{-t}+A_2 te^{-t}+A_3 e^{-3t}+\dfrac{1}{4}t^2 e^{-t}$。

根据初始条件 $y(0)=y'(0)=y''(0)=0$，可得

$$\begin{cases} A_1+A_3=0 \\ -A_1+A_2-3A_3=0 \\ A_1-2A_2+9A_3+\dfrac{1}{2}=0 \end{cases}$$

即 $A_1=\dfrac{1}{8}$，$A_2=-\dfrac{1}{4}$，$A_3=-\dfrac{1}{8}$。

所以 $y(t)=\dfrac{1}{8}e^{-t}-\dfrac{1}{4}te^{-t}-\dfrac{1}{8}e^{-3t}+\dfrac{1}{4}t^2 e^{-t}$。

【例 3-9】 已知 $y(0)=y'(0)=y''(0)=1$，$x(t)=e^{-2t}u(t)$ 时，求微分方程 $\dfrac{d^3 y(t)}{dt^3}+4\dfrac{d^2 y(t)}{dt^2}+5\dfrac{dy(t)}{dt}+2y(t)=x(t)$ 的响应。

解：

（1）首先求出齐次解的表达形式

微分方程的特征方程为

$$\lambda^3+4\lambda^2+5\lambda+2=(\lambda+1)^2(\lambda+2)=0$$

解得其特征根为 $\lambda_1=\lambda_2=-1$，$\lambda_3=-2$。所以该微分方程齐次解的形式为

$$y_h(t)=A_1e^{-t}+A_2te^{-t}+A_3e^{-2t}$$

（2）其次求出特解

由于激励 $x(t)=e^{-2t}u(t)$ 与齐次解中 A_3e^{-2t} 的形式正好吻合，根据表 3-2 所列情况，$y_p(t)=Bte^{-2t}$。将 $y_p(t)=Bte^{-2t}$ 代入原微分方程

$$\frac{d^3(Bte^{-2t})}{dt^3}+4\frac{d^2(Bte^{-2t})}{dt^2}+5\frac{d(Bte^{-2t})}{dt}+2(Bte^{-2t})=e^{-2t}$$

解得 $B=1$，即 $y_p(t)=te^{-2t}$。

（3）综合得到完全解

由（1）、（2）步骤可知，完全解是齐次解和特解之和：

$$y(t)=y_h(t)+y_p(t)=A_1e^{-t}+A_2te^{-t}+A_3e^{-2t}+te^{-2t}$$

根据初始条件 $y(0)=y'(0)=y''(0)=1$，可得

$$\begin{cases}A_1+A_3=1\\-A_1+A_2-2A_3+1=1\\A_1-2A_2+4A_3-4=1\end{cases}$$

即 $A_1=-3$，$A_2=5$，$A_3=4$。

所以

$$y(t)=-3e^{-t}+5te^{-t}+4e^{-2t}+te^{-2t}$$

由前面的讨论与例题可以得出经典法求解微分方程的过程：首先根据微分方程列写出特征方程，求出特征根，按照表 3-1 写出微分方程的齐次解；然后根据系统的激励，对照前面求出的齐次解，按照表 3-2 写出微分方程的特解，并求出特解；最后综合得出完全解的形式，利用给定的初始条件求出完全解中的各项系数。

实际上，微分方程的求解仅仅是一个方面。在工程应用中，人们常常需要对系统的某些特性进行分析，以获得对系统的完全掌控。因此，实际上人们常常关心某个系统本身的响应以及对其他激励的响应。为了分析的方便，在工程上关心的有系统的零输入响应、零状态响应和完全响应，下面分别介绍它们的求法。

3.2.2 系统的零输入响应

由时域经典法求解系统的完全响应实际上是把响应分成自由响应和强迫响应。另一种广泛应用的重要分解是零输入响应和零状态响应。系统在没有输入（激励为零）的情况下，仅由系统初始的储能引起的响应称为零输入响应。系统在不考虑初始的储能（储能为零）的情况下，仅由系统的输入引起的响应称为零状态响应。首先考察一个实例，再讨论它们的求法。

【例 3-10】 如图 3.7 所示的 RC 电路，电容两端有起始电压 $V_C(0_-)$，激励源为 $x(t)$，

求 $t>0$ 时电容两端电压 $V_C(t)$。

解： 由例 3-1 求得系统的微分方程为

图 3.7　RC 串联电路

$$\frac{\mathrm{d}V_C(t)}{\mathrm{d}t}+\frac{1}{RC}V_C(t)=\frac{1}{RC}x(t) \tag{3-19}$$

将式（3-19）两端同时乘以 $\mathrm{e}^{\frac{t}{RC}}$ 后可得

$$\mathrm{e}^{\frac{t}{RC}}\frac{\mathrm{d}V_C(t)}{\mathrm{d}t}+\mathrm{e}^{\frac{t}{RC}}\frac{1}{RC}V_C(t)=\mathrm{e}^{\frac{t}{RC}}\frac{1}{RC}x(t) \tag{3-20}$$

又由于

$$\frac{\mathrm{d}}{\mathrm{d}t}\big[\,\mathrm{e}^{\frac{t}{RC}}V_C(t)\,\big]=\mathrm{e}^{\frac{t}{RC}}\frac{\mathrm{d}V_C(t)}{\mathrm{d}t}+\mathrm{e}^{\frac{t}{RC}}\frac{1}{RC}V_C(t)$$

所以式（3-20）可改写为

$$\frac{\mathrm{d}}{\mathrm{d}t}\big[\,\mathrm{e}^{\frac{t}{RC}}V_C(t)\,\big]=\frac{1}{RC}\mathrm{e}^{\frac{t}{RC}}x(t) \tag{3-21}$$

对式（3-21）两边求积分，得

$$\int_{0^-}^{t}\frac{\mathrm{d}}{\mathrm{d}t}\big[\,\mathrm{e}^{\frac{\tau}{RC}}V_C(\tau)\,\big]\mathrm{d}\tau=\int_{0^-}^{t}\frac{1}{RC}\mathrm{e}^{\frac{\tau}{RC}}x(\tau)\,\mathrm{d}\tau \tag{3-22}$$

$$\mathrm{e}^{\frac{t}{RC}}V_C(t)-V_C(0^-)=\int_{0^-}^{t}\frac{1}{RC}\mathrm{e}^{\frac{\tau}{RC}}x(\tau)\,\mathrm{d}\tau \tag{3-23}$$

对式（3-23）同时乘 $\mathrm{e}^{-\frac{t}{RC}}$ 可得

$$V_C(t)=\mathrm{e}^{-\frac{t}{RC}}V_C(0^-)+\frac{1}{RC}\int_{0^-}^{t}\mathrm{e}^{-\frac{1}{RC}(t-\tau)}x(\tau)\,\mathrm{d}\tau \tag{3-24}$$

式（3-24）表明，完全响应 $V_C(t)$ 中的第一项只和电容两端的起始储能 $V_C(0^-)$ 有关，与输入激励无关，称为零输入响应。第二项与起始储能无关，只与输入激励 $x(t)$ 有关，称为零状态响应。

假定定义 $H[\,\cdot\,]$ 表示系统作用的结果。一般情况下，线性时不变的系统，输出响应可分为由激励信号 $x(t)$ 引起的响应 $H[x(t)]$，和由系统初始状态 $\{x(0^-)\}$ 引起的响应 $H[x(0^-)]$ 两者的叠加。由此可以分别定义零输入响应和零状态响应，如图 3.8 所示。

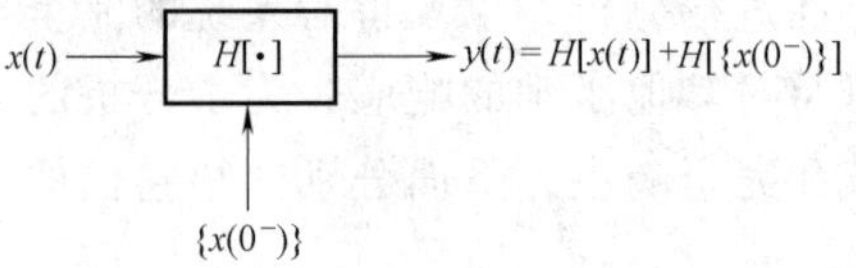

没有外加激励信号的作用，只有起始状态（起始时刻系统储能）所产生的响应，称为零输入响应。如图 3.8 中的 $H[\{x(0^-)\}]$ 项，并记为 $y_{zi}(t)$。它是满足方程 $a_N\dfrac{\mathrm{d}^N y_{zi}(t)}{\mathrm{d}t^N}+a_{N-1}\dfrac{\mathrm{d}^{N-1}y_{zi}(t)}{\mathrm{d}t^{N-1}}+\cdots+a_1\dfrac{\mathrm{d}^1 y_{zi}(t)}{\mathrm{d}t^1}+$

图 3.8　系统线性时不变的响应模型

$a_0 y_{zi}(t)=0$ 及起始状态 $y^{(k)}(0^-)(k=0,1,\cdots,N-1)$ 的解，因此它是齐次解中的一部分 $y_{zi}(t)=\displaystyle\sum_{k=1}^{N}A_{zik}\mathrm{e}^{\lambda_k t}$ 。

由于没有外界激励作用，因而系统的状态没有发生变化，即 $y^{(k)}(0^+)=y^{(k)}(0^-)$，所以 $y_{zi}(t)=\displaystyle\sum_{k=1}^{N}A_{zik}\mathrm{e}^{\lambda_k t}$ 中的常数 A_{zik} 完全由 $y^{(k)}(0^-)$ 确定。

【例 3-11】　利用上述方法，对例 3-10 求零输入响应。

解： 将微分方程 $\dfrac{\mathrm{d}V_\mathrm{C}(t)}{\mathrm{d}t}+\dfrac{1}{RC}V_\mathrm{C}(t)=\dfrac{1}{RC}x(t)$　中的输入部分强制为零，构成

$$\frac{\mathrm{d}V_\mathrm{C}(t)}{\mathrm{d}t}+\frac{1}{RC}V_\mathrm{C}(t)=0 \tag{3-25}$$

对该齐次方程求解，$\lambda_0=-\dfrac{1}{RC}$，所以 $y_{zi}(t)=A_{zi0}\mathrm{e}^{-\frac{1}{RC}t}$。

又由于 $y_{zi}(0^+)=V_\mathrm{C}(0^-)$，可以求得 $A_{zi0}=V_\mathrm{C}(0^-)$，即 $y_{zi}(t)=V_\mathrm{C}(0^-)\mathrm{e}^{-\frac{1}{RC}t}$，与上题求解的结果一致。

上面仅仅考虑了输入为零的情况，实际上，人们更关心系统有激励时的响应。为了简化分析，考虑比较多的是分析系统的零状态响应。

3.2.3　系统的零状态响应

不考虑初始时刻系统储能的作用（初始状态等于零），仅由系统的外加激励信号所产生的响应，称为零状态响应。如图 3.8 中的 $H[x(t)]$ 项，并记为 $y_{zs}(t)$。它是满足方程

$a_N\dfrac{\mathrm{d}^N y_{zs}(t)}{\mathrm{d}t^N}+\cdots+a_1\dfrac{\mathrm{d}y_{zs}(t)}{\mathrm{d}t}+a_0 y_{zs}(t)=b_M\dfrac{\mathrm{d}^M x(t)}{\mathrm{d}t^M}+\cdots+b_1\dfrac{\mathrm{d}x(t)}{\mathrm{d}t}+b_0 x(t)$　及起始状态 $y^{(k)}(0^-)=$

0（$k=0$，1，$\cdots$，$N-1$）的解，其表达形式为 $y_{zs}(t)=\displaystyle\sum_{k=1}^{N}A_{zsk}\mathrm{e}^{\lambda_k t}+y_\mathrm{p}(t)$。

由于有外界激励作用，因而系统的状态发生了变化，即 $y^{(k)}(0^+)\neq y^{(k)}(0^-)$，所以 $y_{zs}(t)=\displaystyle\sum_{k=1}^{N}A_{zsk}\mathrm{e}^{\lambda_k t}+y_\mathrm{p}(t)$ 中的常数 A_{zsk} 不能由 $y^{(k)}(0^-)$ 确定。

【例 3-12】　利用上述方法，对例 3-9 求零状态响应。

解： 由于微分方程 $\dfrac{\mathrm{d}V_\mathrm{C}(t)}{\mathrm{d}t}+\dfrac{1}{RC}V_\mathrm{C}(t)=\dfrac{1}{RC}x(t)$ 并没有改变，求解思路完全可以利用

例 3-9 的方法，只是最后要去掉 $V_\mathrm{C}(0^-)$ 的影响，可得 $y_{zs}(t)=\dfrac{1}{RC}\displaystyle\int_{0^-}^{t}\mathrm{e}^{-\frac{1}{RC}(t-\tau)}x(\tau)\mathrm{d}\tau$。

通过以上的一系列分析，可以看出系统响应的表示形式可以写成：

$$y(t)=\underbrace{\sum_{k=1}^{N}A_k\mathrm{e}^{\lambda_k t}}_{\text{自由响应}}+\underbrace{y_\mathrm{p}(t)}_{\text{强迫响应}}=\underbrace{\sum_{k=1}^{N}A_{zik}\mathrm{e}^{\lambda_k t}}_{\text{零输入响应}}+\underbrace{\sum_{k=1}^{N}A_{zsk}\mathrm{e}^{\lambda_k t}+y_\mathrm{p}(t)}_{\text{零状态响应}}$$

这里体现了一个系统各种响应之间的关系。尽管系统的响应有多种描述方法，但主要要掌握零状态响应、零输入响应、冲激响应和完全响应的概念。前面分析了一个固定的系统对外界的各类反应。那么，系统本身的特性是否可以有方法进行讨论呢？这就涉及下面介绍的方法，对系统的冲激响应和阶跃响应的求解问题。

3.3　连续系统的冲激响应和阶跃响应

连续系统的冲激响应是联系信号与系统的一个桥梁。它将时域与频域有机地结合在一

起，为分析各类系统提供了一个理想的平台。

3.3.1 单位冲激响应和单位阶跃响应

系统在单位冲激信号 $\delta(t)$ 的激励下产生的零状态响应称为冲激响应，用 $h(t)$ 来表示。同样，系统在单位阶跃信号 $u(t)$ 的激励下产生的零状态响应称为阶跃响应，用 $s(t)$ 来表示。由于任意信号 $x(t)$ 可以用冲激信号的组合表示，即

$$x(t) = \int_{-\infty}^{\infty} x(\tau)\delta(t-\tau)\,\mathrm{d}\tau \tag{3-26}$$

将信号 $x(t)$ 作用到冲激响应为 $h(t)$ 的线性时不变系统时，则系统的响应为

$$y(t) = H[x(t)] = H\left[\int_{-\infty}^{\infty} x(\tau)\delta(t-\tau)\,\mathrm{d}\tau\right] \tag{3-27}$$

$$= \int_{-\infty}^{\infty} x(\tau)H[\delta(t-\tau)]\,\mathrm{d}\tau = \int_{-\infty}^{\infty} x(\tau)h(t-\tau)\,\mathrm{d}\tau$$

这实际上是卷积积分。由于 $h(t)$ 是在零状态下定义的，因而式（3-26）表示的响应是系统的零状态响应 $y_{zs}(t)$。

由于冲激信号 $\delta(t)$ 与单位阶跃信号 $u(t)$ 间存在微分与积分关系，因而对 LTI 系统，冲激响应 $h(t)$ 与阶跃响应 $s(t)$ 之间同样存在微、积分关系，即

$$\begin{cases} h(t) = \dfrac{\mathrm{d}s(t)}{\mathrm{d}t} \\[2mm] s(t) = \displaystyle\int_{-\infty}^{t} h(\tau)\,\mathrm{d}\tau \end{cases} \tag{3-28}$$

3.3.2 LTI 系统的冲激响应和阶跃响应

对于用线性常系数微分方程描述的系统，它的冲激响应 $h(t)$ 满足微分方程

$$a_N \frac{\mathrm{d}^N y_{zs}(t)}{\mathrm{d}t^N} + \cdots + a_1 \frac{\mathrm{d}y_{zs}(t)}{\mathrm{d}t} + a_0 y_{zs}(t) = b_M \frac{\mathrm{d}^M x(t)}{\mathrm{d}t^M} + \cdots + b_1 \frac{\mathrm{d}x(t)}{\mathrm{d}t} + b_0 x(t)$$ 及起始状态 $h^{(k)}(0^-) = 0$ $(k=0, 1, \cdots, N-1)$。

对于这种情况下的冲激响应的求解，一般有两种方法，一种为直接求解法，另一种为间接求解法。

1. 直接求解法

由于冲激响应 $h(t)$ 是 $x(t)=\delta(t)$ 时系统的零状态响应，所以微分方程可改写为

$$a_N \frac{\mathrm{d}^N h(t)}{\mathrm{d}t^N} + \cdots + a_1 \frac{\mathrm{d}h(t)}{\mathrm{d}t} + a_0 h(t) = b_M \frac{\mathrm{d}^M \delta(t)}{\mathrm{d}t^M} + \cdots + b_1 \frac{\mathrm{d}\delta(t)}{\mathrm{d}t} + b_0 \delta(t) \tag{3-29}$$

从方程可以看出，等式右边不仅含有冲激函数项，还有其高阶导数项。冲激响应 $h(t)$ 具有以下特点：

1）由于 $t>0$ 时，$\delta(t)$ 及其各阶导数均为零，此时等式右边恒等于零，这时冲激响应 $h(t)$ 与微分方程的齐次解有相同的形式。

2）冲激响应 $h(t)$ 的函数形式与 N、M 的值的相对大小有直接的关系，即 $h(t)$ 包含的奇异函数项必须与等式右边的各奇异项相平衡。

因此，在假定特征方程的特征根 λ_i 均为单根的情况下，则

当 $N>M$ 时，有

$$h(t) = \Big(\sum_{i=1}^{N} A_i e^{\lambda_i t} \Big) u(t) \tag{3-30}$$

当 $N=M$ 时，有

$$h(t) = B\delta(t) + \Big(\sum_{i=1}^{N} A_i e^{\lambda_i t} \Big) u(t) \tag{3-31}$$

当 $N<M$ 时，有

$$h(t) = \sum_{j=0}^{M-N} B_j \delta^j(t) + \Big(\sum_{i=1}^{N} A_i e^{\lambda_i t} \Big) u(t) \tag{3-32}$$

式中，A_i，B，B_j 均为待定的常数。一旦将冲激响应 $h(t)$ 求出后，对其进行积分，利用式（3-28）可求出阶跃响应 $s(t)$。当然，也可以颠倒过来，先求出阶跃响应 $s(t)$，再求出冲激响应 $h(t)$，此时一般要用到电路分析中的三要素法，相关内容可查阅有关书籍。

【例 3-13】　已知某系统的微分方程为 $y''(t)+3y'(t)+2y(t)=3x'(t)+2x(t)$，试求其冲激响应 $h(t)$。

解：将 $x(t)=\delta(t)$ 代入原方程，可得 $h''(t)+3h'(t)+2h(t)=3\delta'(t)+2\delta(t)$

由式（3-18）可知，

$$h(t) = (A_1 e^{-t} + A_2 e^{-2t}) u(t)$$

将 $h(t) = (A_1 e^{-t} + A_2 e^{-2t}) u(t)$ 代入上式，整理后可得

$$\begin{cases} A_1+A_2=3 \\ 2A_1+A_2=2 \end{cases} \Rightarrow \begin{cases} A_1=-1 \\ A_2=4 \end{cases}$$

所以

$$h(t) = (-e^{-t} + 4e^{-2t}) u(t)$$

直接求解法涉及方程两端的等效问题，一旦方程的阶次比较高时，计算量将明显加大，在此可采用间接求解法。

2. 间接求解法

如果将 $a_N \dfrac{\mathrm{d}^N y_{zs}(t)}{\mathrm{d}t^N} + \cdots + a_1 \dfrac{\mathrm{d}y_{zs}(t)}{\mathrm{d}t} + a_0 y_{zs}(t) = b_M \dfrac{\mathrm{d}^M x(t)}{\mathrm{d}t^M} + \cdots + b_1 \dfrac{\mathrm{d}x(t)}{\mathrm{d}t} + b_0 x(t)$ 的右边人为地等于 $x(t)$，则等式变为

$$a_N \dfrac{\mathrm{d}^N y_{zs}(t)}{\mathrm{d}t^N} + \cdots + a_1 \dfrac{\mathrm{d}y_{zs}(t)}{\mathrm{d}t} + a_0 y_{zs}(t) = x(t) \tag{3-33}$$

将 $x(t)=\delta(t)$ 代入式（3-33），并记此方程的冲激响应为 $h_0(t)$，式（3-33）可变为

$$a_N \dfrac{\mathrm{d}^N h_0(t)}{\mathrm{d}t^N} + \cdots + a_1 \dfrac{\mathrm{d}h_0(t)}{\mathrm{d}t} + a_0 h_0(t) = \delta(t) \tag{3-34}$$

为了使式（3-34）等号两端的对应项系数平衡，则等号左边一定含有冲激函数项，且必须出现在 $a_N \dfrac{\mathrm{d}^N h_0(t)}{\mathrm{d}t^N}$ 项中。原因在于，如果出现在其他项，$a_N \dfrac{\mathrm{d}^N h_0(t)}{\mathrm{d}t^N}$ 项一定会出现冲激函数的导数项，这样等式就没法平衡。

现在对式（3-34）两边从 0^- 到 0^+ 求定积分，故式（3-34）变为

$$\int_{0^-}^{0^+} a_N \frac{\mathrm{d}^N h_0(t)}{\mathrm{d}t^N}\mathrm{d}t + \cdots + \int_{0^-}^{0^+} a_1 \frac{\mathrm{d}h_0(t)}{\mathrm{d}t}\mathrm{d}t + \int_{0^-}^{0^+} a_0 h_0(t)\mathrm{d}t = \int_{0^-}^{0^+} \delta(t)\mathrm{d}t \tag{3-35}$$

进一步化简，可得

$$a_N\big[h_0^{(N-1)}(0^+) - h_0^{(N-1)}(0^-)\big] + \cdots + a_1\big[h_0(0^+) - h_0(0^-)\big] + a_0\big[h_0^{(-1)}(0^+) - h_0^{(-1)}(0^-)\big] = 1 \tag{3-36}$$

考虑到实际系统总是因果系统，即冲激作用前不会有响应，因此在 0^- 时刻 $h_0(t)$ 及其各阶导数应都为零，即

$$h_0^{(N-1)}(0^-) = h_0^{(N-2)}(0^-) = \cdots = h_0(0^-) = h_0^{(-1)}(0^-) = 0 \tag{3-37}$$

同时考虑到 $a_N \dfrac{\mathrm{d}^N h_0(t)}{\mathrm{d}t^N}$ 项含有冲激函数项，其积分为阶跃函数 $u(t)$，在 $t=0$ 时刻不连续，其他各项的结果在 $t=0$ 时刻为连续的，且都为 t 的正幂指数项，则有

$$h_0^{(N-2)}(0^+) = \cdots = h_0(0^+) = h_0^{(-1)}(0^+) = 0 \tag{3-38}$$

这样，在式（3-36）中仅剩 $a_N h_0^{(N-1)}(0^+) = 1$。

即

$$h_0^{(N-1)}(0^+) = \frac{1}{a_N} \tag{3-39}$$

由此，$h_0(t)$ 的 N 个初始条件也就获得了，并可以求出 $h_0(t)$。

由于该微分方程满足线性时不变的要求，自然满足以下推理过程：

当

$$激励为 \delta(t) \rightarrow 响应 h_0(t)$$

那么

$$激励为 \delta^j(t) \rightarrow 响应 h_0^{(j)}(t)$$

所以

$$激励为 \sum_{j=0}^{M} b_j \delta^j(t) \rightarrow 响应 \sum_{j=0}^{M} b_j h_0^{(j)}(t)$$

联系式（3-29），当输入 $x(t) = \delta(t)$ 时，系统的冲激响应 $h(t)$ 为

$$h(t) = b_M \frac{\mathrm{d}^M h_0(t)}{\mathrm{d}t^M} + \cdots + b_1 \frac{\mathrm{d}h_0(t)}{\mathrm{d}t} + b_0 h_0(t) \tag{3-40}$$

由于是利用间接求解的方法求出系统的冲激响应 $h(t)$，同时初始条件较为明朗，所以在时域求解冲激响应中得到广泛的应用。

【例 3-14】 已知某系统的微分方程为 $y''(t) + 3y'(t) + 2y(t) = 3x'(t) + 2x(t)$，试求其冲激响应 $h(t)$。

解： 将 $3x'(t) + 2x(t)$ 用 $x(t)$ 代替，并将 $x(t) = \delta(t)$ 代入，原方程变为 $h_0''(t) + 3h_0'(t) + 2h_0(t) = \delta(t)$。

由式（3-30）可知，$h_0(t) = (A_1 \mathrm{e}^{-t} + A_2 \mathrm{e}^{-2t})u(t)$。

将式（3-38）和式（3-39）代入上式，整理后可得

$$\begin{cases} A_1 e^{-0^+} + A_2 e^{-2*0^+} = 0 \\ -A_1 e^{-0^+} - 2A_2 e^{-2*0^+} = \dfrac{1}{1} \end{cases} \Rightarrow \begin{cases} A_1 + A_2 = 0 \\ -A_1 - 2A_2 = 1 \end{cases} \Rightarrow \begin{cases} A_1 = 1 \\ A_2 = -1 \end{cases}$$

即

$$h_0(t) = (e^{-t} - e^{-2t}) u(t)$$

那么

$$h(t) = 3h_0'(t) + 2h_0(t) = 3\left[(-e^{-t} + 2e^{-2t}) u(t) + (e^{-t} - e^{-2t}) \delta(t) \right] + 2(e^{-t} - e^{-2t}) u(t)$$

化简后，得 $h(t) = (-e^{-t} + 4e^{-2t}) u(t)$，与例 3-13 所求结论一致。

从上述分析可知，间接求解法实际上比直接求解法的解题步骤要多。事实上，间接求解法的解题思路清晰，一旦确定 $h_0(t)$ 后，其中系数的求解只与它本身、它的导数和 $\dfrac{1}{a_N}$ 有关，能大量简化运算，而且 LTI 的性质也得到了充分的展示，因此在实际的计算过程中得到了广泛的应用。

上面讨论的系统冲激响应 $h(t)$ 表征的是系统本身的固有特性。不同结构和元件参数的系统，将具有不同的冲激响应。也就是说，不同的系统就会有不同的冲激响应 $h(t)$。而系统的零状态响应又可以通过下面将要介绍的系统的输入激励 $x(t)$ 与系统的单位冲激响应 $h(t)$ 之间的卷积计算来得到。

3.4　卷积积分

连续时间信号卷积积分是计算连续时间 LTI 系统零状态响应的基本工具。因此，卷积积分在时域分析中是非常重要的运算。

式（3-27）实际上表示了卷积积分的物理意义。卷积积分的原理就是将信号分解为冲激信号的线性组合，借助系统的冲激响应 $h(t)$，求解系统对任意激励信号的零状态响应。下面详细介绍卷积积分的计算及其性质。

3.4.1　卷积的计算

对于任意两个信号 $x_1(t)$ 和 $x_2(t)$，两者做卷积运算定义为

$$x(t) = \int_{-\infty}^{\infty} x_1(\tau) x_2(t - \tau) \, d\tau \tag{3-41}$$

将 $t-\tau$ 用 λ 代替，可以证明

$$x(t) = \int_{-\infty}^{\infty} x_2(\lambda) x_1(t - \lambda) \, d\lambda \tag{3-42}$$

且将这一表达式用 $x_1(t) * x_2(t)$ 来代替，即

$$x(t) = \int_{-\infty}^{\infty} x_1(\tau) x_2(t - \tau) \, d\tau = x_1(t) * x_2(t) \tag{3-43}$$

或

$$x_1(t) * x_2(t) = \int_{-\infty}^{\infty} x_1(\tau) x_2(t - \tau) \, d\tau \tag{3-44}$$

由式（3-44）不难看出，展开时是将其中一个函数中的 t 换成了 τ，另一个函数中的 t 换成了（$t-\tau$），并对 τ 在区间（$-\infty$，∞）范围内求积分，对应于每一时刻的 t，均须做以上的运算。实际由于系统的因果性或激励信号存在时间的局限性，其积分区间的上下限往往会有一些变化，这一点借助卷积的图形解释可以看得很清楚。可以说卷积积分中积分限的确定是非常关键的，在运算中一定要加以注意。

用图解方法说明卷积运算可以把一些抽象的关系形象化，便于理解卷积的概念及方便运算。从表达式（3-44）可以看出，对其的求解需要以下的步骤：

1）改换两信号的横坐标，由 t 换成 τ，τ 变成函数的自变量。

2）把其中的一个信号反转。

3）把反转后的信号做平移，平移量是 t，这里 t 是一个参变量。在 τ 坐标系中，$t>0$ 表示信号的图形右移，$t<0$ 表示信号的图形左移（实际上图形的最靠右端的点对应的值就是 t）。

4）两信号重叠部分的值对应相乘，并求此时的积分。

5）改变 t 的值，重复 3）~4）步骤。

【例 3-15】　设系统的激励信号为 $x(t)$，如图 3.9a 所示，冲激响应为 $h(t)$，如图 3.9b 所示，用图解法求系统的零状态响应。

解：系统的零状态响应

$$y(t) = x(t) * h(t) = \int_{-\infty}^{\infty} x(\tau)h(t-\tau)\mathrm{d}\tau \tag{3-45}$$

从式（3-45）可以看出，由于卷积积分变量是 τ，所以 h（$t-\tau$）是在 τ 的坐标系中又反转且位移的过程，如图 3.9c 和 d 所示。然后将两者的重叠部分的值对应相乘做积分。不停地改变 t 的值，并将每次两者的重叠部分的值对应相乘做积分。

根据以上的运算过程，它们的卷积过程大概有图 3.10 中的 5 种情况，分别用 a~e 来表示：

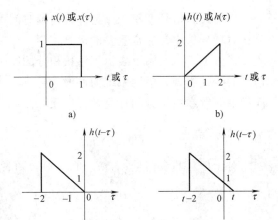

图 3.9　例 3-15 图

（1）$-\infty < t < 0$，如图 3.10a 所示：$x(t) * h(t) = 0$。

（2）$0 \leqslant t \leqslant 1$，如图 3.10b 所示：$x(t) * h(t) = \int_0^t 1 \times (t-\tau)\mathrm{d}\tau = \left(t\tau - \dfrac{\tau^2}{2}\right)\bigg|_0^t = \dfrac{t^2}{2}$。

（3）$1 \leqslant t \leqslant 2$，如图 3.10c 所示：$x(t) * h(t) = \int_0^1 1 \times (t-\tau)\mathrm{d}\tau = \left(t\tau - \dfrac{\tau^2}{2}\right)\bigg|_0^1 = t - \dfrac{1}{2}$。

（4）$2 \leqslant t \leqslant 3$，如图 3.10d 所示：$x(t) * h(t) = \int_{t-2}^1 1 \times (t-\tau)\mathrm{d}\tau = \left(t\tau - \dfrac{\tau^2}{2}\right)\bigg|_{t-2}^1 =$

$-\dfrac{t^2}{2}+t+\dfrac{3}{2}$。

（5）$3\leqslant t<\infty$，如图 3.10e 所示：$x(t)*h(t)=0$。

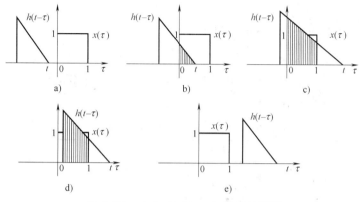

图 3.10 $x(\tau)$ 与 $h(t-\tau)$ 重叠的情况

以上各图中的阴影面积，即为相乘积分的结果。最后，若以 t 为横坐标，将与 t 对比的积分值描成曲线，就是卷积积分 $x(t)*h(t)$ 的函数图形，如图 3.11 所示。

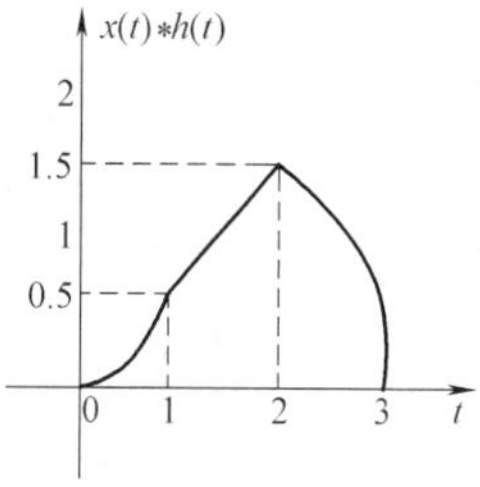

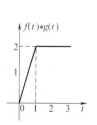

【例 3-16】 求解图 3.12 中 $f(t)$，$g(t)$ 函数卷积 $f(t)*g(t)$ 的波形。

根据以上的运算过程，它们的卷积过程分 3 种情况来讨论：

（1）$-\infty<t<0$，$f(\tau)$ 与 $g(t-\tau)$ 没有交叉部分，所以 $x(t)*h(t)=0$。

图 3.11 $x(t)*h(t)$ 对应的图形

（2）$0\leqslant t\leqslant1$，$f(\tau)$ 与 $g(t-\tau)$ 有交叉部分，交叉部分集中在 $[0,t]$ 区间，所以 $x(t)*h(t)=\displaystyle\int_0^t 1\times2\mathrm{d}\tau=2\tau\,\big|_0^t=2t$。

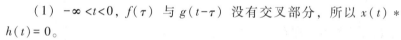

图 3.12 例 3-16 图

（3）$t>1$，$f(\tau)$ 与 $g(t-\tau)$ 有交叉部分，交叉部分集中在 $[0,1]$ 区间，所以 $x(t)*h(t)=\displaystyle\int_0^1 1\times2\mathrm{d}\tau=2\tau\,\big|_0^1=2$。

上面讨论的结果，可用图 3.13 来描述。

其实，有些卷积的过程完全可以用解析式的方式推导出来，没有用图解法这么复杂。例如：例 3-16 完全可以用解析式的方式推导出来。

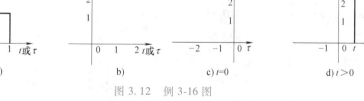

图 3.13 $f(t)*g(t)$ 对应的图形

【例 3-17】 求解图 3.12 中 $f(t)$，$g(t)$ 函数卷积 $f(t)*g(t)$ 的

结果。

解：由于 $f(t)=u(t)-u(t-1)$，$g(t)=2u(t)$，按照式（3-44）可得

$$f(t)*g(t)=\int_{-\infty}^{\infty}[u(\tau)-u(\tau-1)]2u(t-\tau)\mathrm{d}\tau=2\int_0^t[u(\tau)-u(\tau-1)]\mathrm{d}\tau u(t)$$

$$=2\int_0^t u(\tau)\mathrm{d}\tau u(t)-2\int_0^t u(\tau-1)\mathrm{d}\tau u(t)=2tu(t)-2(t-1)u(t-1)$$

可以看出，图 3.13 对应的表达式就是 $f(t)*g(t)=2tu(t)-2(t-1)u(t-1)$。

为避免直接积分过程中的重复与繁杂的计算，对于一些基本信号可以通过查表直接得到，常用信号卷积积分表见表 3-3。

表 3-3　常用信号的卷积积分表

序号	$f_1(t)$	$f_2(t)$	$f_1(t)*f_2(t)$	序号	$f_1(t)$	$f_2(t)$	$f_1(t)*f_2(t)$
1	K（常数）	$f(t)$	$K\cdot[f(t)$波形的净面积值$]$	6	$e^{-\alpha_1 t}u(t)$	$e^{-\alpha_2 t}u(t)$	$(e^{-\alpha_1 t}-e^{-\alpha_2 t})u(t)/$ $(\alpha_2-\alpha_1)$，$(\alpha_1\neq\alpha_2)$
2	$f(t)$	$\delta^{(m)}(t)$	$f^{(m)}(t)$	7	$f(t)$	$\delta_T(t)$ （梳状函数）	$\sum_{m=-\infty}^{\infty}f(t-mT)$
3	$f(t)$	$\delta(t)$	$f(t)$	8	$e^{-\alpha t}u(t)$	$e^{-\alpha t}u(t)$	$te^{-\alpha t}u(t)$
4	$f(t)$	$u(t)$	$f^{(-1)}(t)$	9	$u(t)$	$e^{-\alpha t}u(t)$	$(1-e^{-\alpha t})u(t)/\alpha$
5	$u(t)$	$u(t)$	$tu(t)$	10	$u(t)$	$tu(t)$	$t^2u(t)/2$

在利用解析式进行求解信号卷积时，可以利用卷积的一些特性来简化运算。

3.4.2　卷积的性质

卷积积分作为一种数学运算，具有一些特殊性质，这些性质在信号与系统分析中有重要作用。

1. 交换律

卷积积分满足交换律，即

$$h_1(t)*h_2(t)=h_2(t)*h_1(t) \tag{3-46}$$

式（3-46）说明两信号的卷枳枳分与次序无关。

2. 分配律

卷积积分满足交换律，即

$$x(t)*[h_1(t)+h_2(t)]=x(t)*h_1(t)+x(t)*h_2(t) \tag{3-47}$$

分配律常用于系统分析，相当于并联系统的冲激响应，等于组成并联系统的各子系统冲激响应之和，如图 3.14 所示。

3. 结合律

卷积积分满足结合律，即

$$[x(t)*h_1(t)]*h_2(t)=x(t)*[h_1(t)*h_2(t)] \tag{3-48}$$

结合律常用于系统分析，相当于串联系统的冲激响应，等于组成串联系统的各子系统冲激响应的卷积，如图 3.15 所示。

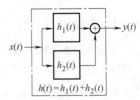

图 3.14　$x(t)*[h_1(t)+h_2(t)]$ 对应的图形

4. 微分特性

两个函数卷积后的导数等于其中一个函数的导数与另一个函数的卷积，即

$$\frac{\mathrm{d}}{\mathrm{d}t}[h_1(t)*h_2(t)] = h_1(t)*\frac{\mathrm{d}h_2(t)}{\mathrm{d}t} = \frac{\mathrm{d}h_1(t)}{\mathrm{d}t}*h_2(t)$$

（3-49）

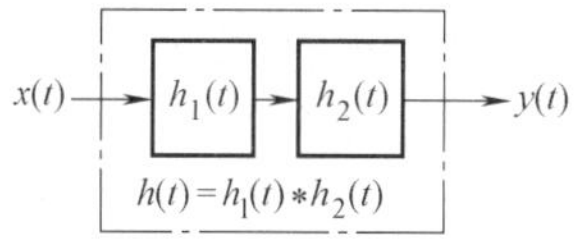

图 3.15　$h_1(t)*h_2(t)$
对应的图形

证明：

$$\frac{\mathrm{d}}{\mathrm{d}t}[h_1(t)*h_2(t)] = \frac{\mathrm{d}}{\mathrm{d}t}\int_{-\infty}^{\infty} h_1(\tau)h_2(t-\tau)\mathrm{d}\tau$$

$$= \int_{-\infty}^{\infty} h_1(\tau)\frac{\mathrm{d}h_2(t-\tau)}{\mathrm{d}t}\mathrm{d}\tau = h_1(t)*\frac{\mathrm{d}h_2(t)}{\mathrm{d}t} = h_1(t)*h_2^{(1)}(t)$$

（3-50）

同理可以证明

$$\frac{\mathrm{d}}{\mathrm{d}t}[h_1(t)*h_2(t)] = \frac{\mathrm{d}h_1(t)}{\mathrm{d}t}*h_2(t) = h_1^{(1)}(t)*h_2(t)$$

（3-51）

5. 积分特性

两个函数卷积后的积分等于其中一个函数的积分与另一个函数的卷积，即

$$\int_{-\infty}^{t} h_1(\tau)*h_2(\tau)\mathrm{d}\tau = \int_{-\infty}^{t} h_1(\tau)\mathrm{d}\tau * h_2(t) = h_1(t)*\int_{-\infty}^{t} h_2(\tau)\mathrm{d}\tau$$

（3-52）

证明：

$$\int_{-\infty}^{t} h_1(\tau)*h_2(\tau)\mathrm{d}\tau = \int_{-\infty}^{t}\left[\int_{-\infty}^{\infty} h_1(\lambda)h_2(\tau-\lambda)\mathrm{d}\lambda\right]\mathrm{d}\tau = \int_{-\infty}^{\infty} h_1(\lambda)\left[\int_{-\infty}^{t} h_2(\tau-\lambda)\mathrm{d}\tau\right]\mathrm{d}\lambda$$

$$= h_1(t)*\int_{-\infty}^{t} h_2(\tau)\mathrm{d}\tau = h_1(t)*h_2^{(-1)}(t)$$

（3-53）

同理可以证明

$$\int_{-\infty}^{t} h_1(\tau)*h_2(\tau)\mathrm{d}\tau = \int_{-\infty}^{t} h_1(\tau)\mathrm{d}\tau * h_2(t) = h_1^{(-1)}(t)*h_2(t)$$

（3-54）

6. 卷积的微积分

借助卷积的微分性质和卷积的积分性质，可以得出以下的结论：

$$[h_1(t)*h_2(t)]^{(i-j)} = h_1^{(i)}(t)*h_2^{(-j)}(t) = h_1^{(-j)}(t)*h_2^{(i)}(t)$$

（3-55）

证明：先对 $h_1(t)*h_2(t)$ 取 i 次微分 $[h_1(t)*h_2(t)]^{(i)} = h_1^{(i)}(t)*h_2(t)$，再对 $[h_1(t)*h_2(t)]^{(i)}$ 取 j 次积分 $[h_1(t)*h_2(t)]^{(i-j)} = h_1^{(i)}(t)*h_2^{(-j)}(t)$，即得出 $[h_1(t)*h_2(t)]^{(i-j)} = h_1^{(i)}(t)*h_2^{(-j)}(t)$。

式（3-55）说明，通过激励信号 $x(t)$ 的导数与冲激响应 $h(t)$ 的积分的差积，或激励信号 $x(t)$ 的积分与冲激响应 $h(t)$ 的导数的卷积，同样可以求得系统的零状态响应。这一关系为计算系统的零状态响应提供了一条新的途径。

3.4.3 与奇异信号的卷积

1. 与冲激函数的卷积

函数 $x(t)$ 与单位冲激函数 $\delta(t)$ 卷积的结果仍然是函数 $x(t)$ 本身，即 $x(t) * \delta(t) = x(t)$。

证明：

$$x(t) * \delta(t) = \int_{-\infty}^{\infty} x(\tau)\delta(t - \tau)\mathrm{d}\tau = \int_{-\infty}^{\infty} x(t)\delta(t - \tau)\mathrm{d}\tau = x(t) \tag{3-56}$$

因为 $\delta(t) = \delta(-t)$，所以 $\delta(t-\tau) = \delta(\tau-t)$。

本章前面曾经用到这个结论，例如式（3-26）。这个性质在信号与系统课程中有着很重要的用途，并且可以进一步扩展。

例如：

$$x(t) * \delta(t - t_0) = \int_{\infty}^{\infty} x(\tau)\delta(t - t_0 - \tau)\mathrm{d}\tau = x(t - t_0)$$

延时特性

$$x(t) * \delta(t \pm t_0) = x(t \pm t_0) \tag{3-57}$$

也可以利用以上的微积分性质，可以得出

冲激函数的卷积

$$x(t) * \delta'(t) = x'(t), \quad x(t) * \delta'(t - t_0) = x'(t - t_0) \tag{3-58}$$

冲激函数的微分

$$x(t) * \delta^{(m)}(t) = x^{(m)}(t), \quad x(t) * \delta^{(m)}(t - t_0) = x^{(m)}(t - t_0) \tag{3-59}$$

微分特性

$$x(t) * \delta^{(m)}(t) = x^{(m)}(t) \tag{3-60}$$

2. 与阶跃函数的卷积

函数 $x(t)$ 与阶跃函数 $u(t)$ 卷积的结果是相当于对函数 $x(t)$ 进行积分，即 $x(t) * u(t) = x^{(-1)}(t)$。

证明：利用卷积的微积分性质有

$$\left[x(t) * \delta(t) \right]^{(-1)} = x(t) * \delta^{(-1)}(t) = x(t) * u(t)$$

还有

$$\left[x(t) * \delta(t) \right]^{(-1)} = x^{(-1)}(t) * \delta(t) = x^{(-1)}(t)$$

所以

$$x(t) * u(t) = x^{(-1)}(t)$$

其实它对应着卷积积分中的积分特性。

积分特性

$$x(t) * u(t) = x^{(-1)}(t) = \int_{-\infty}^{t} x(\tau)\mathrm{d}\tau \tag{3-61}$$

下面通过具体的例题说明卷积的特性在简化卷积运算方面的应用。

3.4.4 卷积的性质在求解卷积运算中的应用

【例 3-18】 求 $e^{-2t}u(t) * u(t)$ 的解。

解：

$$e^{-2t}u(t) * u(t) = \left[e^{-2t}u(t) \right]^{(-1)} * u^{(1)}(t) = \left[e^{-2t}u(t) \right]^{(-1)} = \int_{-\infty}^{t} e^{-2\tau}u(\tau)\,d\tau$$

$$= \int_{0}^{t} e^{-2\tau}\,d\tau\, u(t) = \frac{e^{-2\tau}}{-2}\bigg|_{0}^{t} u(t) = \frac{1 - e^{-2t}}{2}u(t)$$

【例 3-19】　对例 3-15，按照微积分性质进行求解。

解： 因为 $x(t) * h(t) = x^{(1)}(t) * h^{(-1)}(t)$，所以此求解可以看作先对 $x(t)$ 求微分，如图 3.16a 所示，再对 $h(t)$ 求积分，如图 3.16b 所示，最后再卷积的过程。

由于 $x^{(1)}(t) * h^{(-1)}(t) = \left[\delta(t) - \delta(t-1) \right] * h^{(-1)}(t) = h^{(-1)}(t) - h^{(-1)}(t-1)$，卷积的结果可以看作是 $h^{(-1)}(t)$ 与 $h^{(-1)}(t-1)$ 相减的值，如图 3.16c 所示。

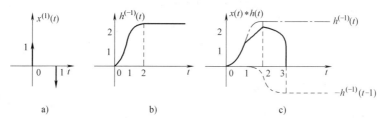

图 3.16　利用卷积积分的微积分性质的求解过程

【例 3-20】　求解图 3.17 中 $f(t)$，$g(t)$ 函数卷积 $f(t) * g(t)$ 的结果。

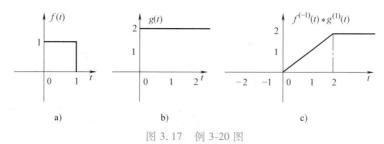

图 3.17　例 3-20 图

解： 由于 $f(t) = u(t) - u(t-1)$，$g(t) = 2u(t)$，按照卷积的微积分性质可得 $f(t) * g(t) = f^{(-1)}(t) * g^{(1)}(t)$。

根据积分和微分的求解步骤，$f^{(-1)}(t) = tu(t) - (t-1)u(t-1)$，$g^{(1)}(t) = 2\delta(t)$。

根据任意信号与冲激信号的卷积性质式（3-56）可得

$$f^{(-1)}(t) * g^{(1)}(t) = \left[tu(t) - (t-1)u(t-1) \right] * 2\delta(t) = 2tu(t) - 2(t-1)u(t-1)$$

具体的图形如图 3.17c 所示。

3.5　冲激响应表示的系统特性

由于冲激响应 $h(t)$ 直接描述了系统的特性，因此对于各类系统及相互组合的系统，完全可以对各个子冲激响应进行研究后，得出总的冲激响应 $h(t)$。

3.5.1 级联系统的冲激响应

在工程中通常有一个信号需要连续通过几个系统，换言之，几个系统是相互级联的，如图 3.18 所示。假定第一级的冲激响应为 $h_1(t)$，第二级的冲激响应为 $h_2(t)$，总的冲激响应为 $h(t)$。

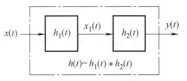

图 3.18　级联系统的冲激响应模型

根据前面的介绍，从图 3.18 可以得到以下的结论：

$$\begin{cases} y(t) = x_1(t) * h_2(t) \\ x_1(t) = x(t) * h_1(t) \end{cases} \Rightarrow y(t) = x(t) * h_1(t) * h_2(t) \Rightarrow y(t) = x(t) * \underbrace{[h_1(t) * h_2(t)]}_{h(t)}$$

由此得出，对于级联系统，系统总的冲激响应为各自冲激响应的卷积积分，即

$$h(t) = \prod_{i=1}^{N} h_i(t) \tag{3-62}$$

式（3-62）中的 $h_i(t)$ 表示各子系统的冲激响应，共有 N 级级联。

3.5.2 并联系统的冲激响应

在工程中通常有一个信号需要同时通过几个系统，换言之，几个系统是相互并联的，如图 3.19 所示。假定第一个的冲激响应为 $h_1(t)$，第二个的冲激响应为 $h_2(t)$，总的冲激响应为 $h(t)$。

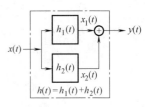

图 3.19　并联系统的冲激响应模型

由图 3.19 可以得到以下的结论：

$$\begin{cases} y(t) = x_1(t) + x_2(t) \\ x_1(t) = x(t) * h_1(t) \\ x_2(t) = x(t) * h_2(t) \end{cases} \Rightarrow y(t) = x(t) * h_1(t) + x(t) * h_2(t) \Rightarrow y(t) = x(t) * \underbrace{[h_1(t) + h_2(t)]}_{h(t)}$$

由此得出，对于并联系统，系统总的冲激响应为各自冲激响应的和，即

$$h(t) = \sum_{i=1}^{N} h_i(t) \tag{3-63}$$

式（3-63）中的 $h_i(t)$ 表示各子系统的冲激响应，共有 N 级并联。

【例 3-21】　求解图 3.20 所示的系统的冲激响应 $h(t)$。

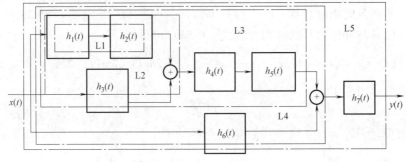

图 3.20　例 3-21 图

解： 从图 3.20 可见，该系统中 $h_1(t)$ 与 $h_2(t)$ 是级联关系，如图 3.20 中点画线框 L1

所示；它们构成的级联系统又与 $h_3(t)$ 构成并联关系，如图 3.20 中点画线框 L2 所示；它们构成的并联系统又与 $h_4(t)$、$h_5(t)$ 构成级联关系，如图 3.20 中点画线框 L3 所示；它们构成的级联系统又与 $h_6(t)$ 构成并联关系，如图 3.20 中点画线框 L4 所示；它们构成的并联系统又与 $h_7(t)$ 构成级联关系，总体来看是级联关系，如图 3.20 中点画线框 L5 所示。该系统的冲激响应 $h(t)$ 可表示为 $h(t) = \{[h_1(t) * h_2(t) + h_3(t)] * h_4(t) * h_5(t) + h_6(t)\} * h_7(t)$。

3.5.3　因果系统

因果系统是指系统在 t_0 时刻的输出只与 t_0 时刻及以前的输入信号有关所描述的系统。假定 $x_1(t)$、$x_2(t)$ 分别是某连续时间系统的激励信号，$y_1(t)$、$y_2(t)$ 分别是该连续时间系统的输出信号。如果系统是因果的，下列关系必定满足：

$$假如\ t<t_0\ 时，x_1(t) = x_2(t)$$
$$那么\ t<t_0\ 时，y_1(t) = y_2(t)$$

这里也可以利用 LTI 系统的零状态响应将输入 $x(t)$ 与冲激响应 $h(t)$ 联系起来，由于它们满足卷积积分的关系，下面来讨论因果性与该 LTI 系统的冲激响应的关系。

已知 LTI 系统的零状态响应 $y(t) = \int_{-\infty}^{\infty} x(\tau)h(t-\tau)d\tau$，系统是因果系统，输出 $y(t)$ 就必须与 t 时刻后，即 $\tau > t$ 时刻的输入 $x(\tau)$ 无关。即保证在 $\tau > t$ 后，$x(\tau)$ 的系数 $h(t-\tau)$ 均为零。

换言之，因果的连续时间 LTI 系统的冲激响应必须满足

$$h(t) = 0,\ t<0 \tag{3-64}$$

所以，因果的连续时间 LTI 系统的卷积积分可以表示为

$$y(t) = \int_{-\infty}^{\infty} x(\tau)h(t-\tau)u(t-\tau)d\tau = \int_{-\infty}^{t} x(\tau)h(t-\tau)d\tau \tag{3-65}$$

或

$$y(t) = \int_{-\infty}^{\infty} x(t-\tau)h(\tau)u(\tau)d\tau = \int_{0}^{\infty} x(\tau)h(t-\tau)d\tau \tag{3-66}$$

【例 3-22】　判断系统 $y(t) = x(t) + x(t-2)$ 是否是因果系统。

解：对于该系统因果性的判断，有两种方法，分别是定义法和充要条件判断法。

（1）直接用因果性定义进行判断

如果系统是因果的，根据定义，输出 $y(t)$ 必定与零时刻后的输入 $x(t+t_0)$ 无关。假定系统在 t_1 时刻的输出 $y(t_1) = x(t_1) + x(t_1-2)$，取决于当前的输入 $x(t_1)$ 和两个单位时间以前的输入 $x(t_1-2)$，显然响应在激励之后发生，所以系统 $y(t) = x(t) + x(t-2)$ 是因果系统。

（2）由因果性的充要条件进行判断

根据冲激响应的定义 $h(t) = \delta(t) + \delta(t-2)$。显然，当 $t<0$ 时，$h(t)$ 必定等于零，所以系统 $y(t) = x(t) + x(t-2)$ 是因果系统。

3.5.4　稳定系统

假如连续时间 LTI 系统对任意的有界输入的信号，其输出也是有界的，则称该系统为稳定系统。假定 $x(t)$ 分别是某连续时间系统的激励信号，$y(t)$ 分别是该连续时间系统的输出信号。如果系统是稳定的，下列关系必定满足：

对于任意的 t，输入满足

$$|x(t)| \leqslant M_x < \infty \qquad (3-67)$$

式中，M_x 表示所有可能的输入幅值最大的那一个，这能保证输入有界。

对于任意的 t，输出满足

$$|y(t)| \leqslant M_y < \infty \qquad (3-68)$$

式中，M_y 表示所有可能的输出中幅值最大的那一个，这能保证输出有界。

这种稳定的系统常称为"输入有界输出有界"的稳定系统，简称为 BIBO（bounded input，bounded output）稳定。具体在判断某连续时间 LTI 系统是否稳定时，利用如下定理。

定理：连续时间 LTI 系统稳定的充分必要条件是

$$\int_{-\infty}^{\infty} |h(\tau)| d\tau = S < \infty \qquad (3-69)$$

式中，S 表示某一个小于无穷大的数。

对于该定理，在这里不作证明，感兴趣的读者可参考文献 [1]。

【例 3-23】 判断系统 $y(t) = x(t) + x(t-2)$ 是否是稳定的系统。

解：根据冲激响应的定义 $h(t) = \delta(t) + \delta(t-2)$。由式（3-69）可得

$$\int_{-\infty}^{\infty} |h(\tau)| d\tau = \int_{-\infty}^{\infty} [\delta(\tau) + \delta(\tau-2)] d\tau = 2 < \infty$$

满足稳定的条件，所以系统 $y(t) = x(t) + x(t-2)$ 是稳定的系统。

【例 3-24】 已知一因果的 LTI 系统的冲激响应为 $h(t) = e^{\alpha t} u(t)$，判断系统是否稳定。

解：由式（3-69）可得

$$\int_{-\infty}^{\infty} |h(\tau)| d\tau = \int_{-\infty}^{\infty} |e^{\alpha \tau} u(\tau)| d\tau = \int_{0}^{\infty} e^{\alpha \tau} d\tau = \frac{1}{\alpha} e^{\alpha \tau} \Big|_{0}^{\infty}$$

当 $\alpha < 0$ 时，$\int_{-\infty}^{\infty} |h(\tau)| d\tau = -\frac{1}{\alpha} < \infty$，满足稳定的条件，此时系统是稳定的。

当 $\alpha > 0$ 时，$\int_{-\infty}^{\infty} |h(\tau)| d\tau \to \infty$，不满足稳定的条件，此时系统是不稳定的。

3.6　利用 MATLAB 进行连续时间系统的时域分析

3.6.1　连续时间系统零状态响应的求解

由于 LTI 连续时间系统常以常系数微分方程来描述，系统的零状态响应可以看作是对初始状态为零的微分方程的解。在 MATLAB 中可以利用函数 LSIM 来求解，其调用形式为 Y = LSIM（SYS，U，T）。

其中，Y 表示响应，U 表示系统输入信号向量，T 表示计算系统响应的抽样点向量，SYS 是 LTI 系统的模型，可用来表示微分方程、差分方程和状态方程，在这里特指微分方程。可通过 MATLAB 中的 TF 函数来获得。

【例 3-25】 假定输入的信号 $x(t) = e^{-2t} u(t)$，利用 MATLAB 对例 3-12 进行求解。

解：假定 $\frac{1}{RC} = 1$，微分方程变为 $\frac{dV_C(t)}{dt} + V_C(t) = x(t)$，按照 MATLAB 软件使用的要求，

编写如下的 MATLAB 程序。为了比较，这里将例 3-12 的结果进行化简后也编入该程序中，看结果是否一致。

例 3-12 的结果化简

$$y_{zs}(t) = \int_{0^-}^{t} e^{-(t-\tau)} e^{-2\tau} d\tau = (e^{-t} - e^{-2t}) u(t)$$

```
% prog3_1 零状态响应的求法
t=0:0.1:4;
sys=tf([1],[1 1]);
u=exp(-2* t);
y1=lsim(sys,u,t);
y2=exp(-t)-exp(-2* t);
plot(t,y1,t,y2,'+');
xlabel('Time(sec)');
ylabel('y(t)');
legend('y1','y2',2);
```

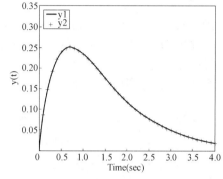

图 3.21　例 3-25 的零状态响应

程序运行的结果如图 3.21 所示。

从图 3.21 可以看出，两种方法求出的结果完全一致。

3.6.2　连续时间系统冲激响应和阶跃响应的求解

在 MATLAB 中，求解冲激响应和阶跃响应的函数分别为 IMPULSE 和 STEP，其调用方式分别为 Y=IMPULSE（SYS，T）和 Y=STEP（SYS，T），其中的 Y、SYS 和 T 与前面的对应函数的意义完全一致。下面同样对例 3-13 利用 MATLAB 进行求解。

【例 3-26】　对例 3-13 中的微分方程 $y''(t) + 3y'(t) + 2y(t) = 3x'(t) + 2x(t)$，试利用 MAT-LAB 求其冲激响应 $h(t)$。

解： 在例 3-13 中已经求解出 $h(t) = (-e^{-t} + 4e^{-2t}) u(t)$，下面利用 MATLAB 编写冲激响应的程序如下。同样为了进行比较，已将求得的结论放入程序其中，看结论是否一致。

```
% prog3_2 冲激响应的求法
t=0:0.1:4;
sys=tf([3 2],[1 3 2]);
y1=impulse(sys,t);
y2=-exp(-t)+4* exp(-2* t);
plot(t,y1,t,y2,'+');
xlabel('Time(sec)');
ylabel('y(t)');
legend('y1','y2',2);
```

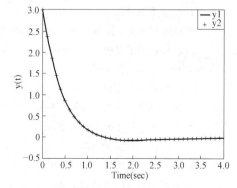

图 3.22　例 3-26 的冲激响应

程序运行的结果如图 3.22 所示。

从图 3.22 可以看出，两种方法求出的结果完全一致。

习　题

一、填空题

1. $f(t-t_1) * \delta(t-t_2) = \underline{\hspace{2cm}}$。

2. 对于一个三阶常系数线性微分方程描述的连续时间系统进行系统的时域模拟时，所需积分器数目最少是 $\underline{\hspace{2cm}}$ 个。

3. 如果一线性时不变系统的单位冲激响应为 $h(t)$，则该系统的阶跃响应 $g(t)$ 为 $\underline{\hspace{2cm}}$。

4. 如果一线性时不变系统的输入为 $f(t)$，零状态响应为 $y_{zs}(t) = 2f(t-t_0)$，则该系统的单位冲激响应 $h(t)$ 为 $\underline{\hspace{2cm}}$。

5. 如果一 LTI 系统的单位冲激响应 $h(t) = \varepsilon(t)$，则当该系统的输入信号 $f(t) = t\varepsilon(t)$ 时，其零状态响应为 $\underline{\hspace{2cm}}$。

6. 已知 $x_1(t) = \delta(t-t_0)$，$x_2(t)$ 的频谱为 $\pi[\delta(\omega+\omega_0) + \delta(\omega-\omega_0)]$，且 $y(t) = x_1(t) * x_2(t)$，那么 $y(t_0) = \underline{\hspace{2cm}}$。

7. 系统的冲激响应是阶跃响应的 $\underline{\hspace{2cm}}$。

8. 系统的初始状态为零，仅由 $\underline{\hspace{2cm}}$ 引起的响应叫作系统的零状态响应。

9. 激励为零，仅由系统的 $\underline{\hspace{2cm}}$ 引起的响应叫作系统的零输入响应。

10. 系统的全响应可分解为零输入响应与零状态响应两部分响应之和，又可分解为 $\underline{\hspace{2cm}}$ 响应及强迫响应两部分响应之和。

二、单项选择题

1. 已知连续系统二阶微分方程的零输入响应 $y_{zi}(t)$ 的形式为 $Ae^{-t} + Be^{-2t}$，则其 2 个特征根为（　　）。

A. -1，-2　　　　　　B. -1，2　　　　　　C. 1，-2　　　　　　D. 1，2

2. 若 $f(t) * h(t) = y(t)$，则 $f(3t) * h(3t) = ($　　$)$。

A. $y(3t)$　　　　　　B. $3y(3t)$　　　　　　C. $\dfrac{1}{3}y(3t)$　　　　　　D. $y\left(\dfrac{t}{3}\right)$

3. $f_1(t+5) * f_2(t-3)$ 等于（　　）。

A. $f_1(t) * f_2(t)$　　　　B. $f_1(t) * f_2(t-8)$　　　C. $f_1(t) * f_2(t+8)$　　　D. $f_1(t+3) * f_2(t-1)$

4. 已知一连续系统在输入 $f(t)$ 的作用下的零状态响应为 $y_{zs}(t) = f(4t)$，则该系统为（　　）。

A. 线性时不变系统　　　　　　　　　　B. 线性时变系统

C. 非线性时不变系统　　　　　　　　　D. 非线性时变系统

5. 一个线性时不变的连续时间系统，其在某激励信号作用下的自由响应为 $(e^{-3t} + e^{-t})\varepsilon(t)$，强迫响应为 $(1-e^{-2t})\varepsilon(t)$，则下面的说法正确的是（　　）。

A. 该系统一定是二阶系统　　　　　　　B. 该系统一定是稳定系统

C. 零输入响应中一定包含 $(e^{-3t} + e^{-t})\varepsilon(t)$　　D. 零状态响应中一定包含 $(1-e^{-2t})\varepsilon(t)$

6. 关于连续时间系统的单位冲激响应，下列说法中错误的是（　　）。

A. 系统在 $\delta(t)$ 作用下的全响应　　　　B. 系统函数 $H(s)$ 的拉普拉斯反变换

C. 系统单位阶跃响应的导数　　　　　　D. 单位阶跃响应与 $\delta'(t)$ 的卷积积分

7. 已知一个 LTI 系统的初始无储能，当输入 $x_1(t) = \varepsilon(t)$ 时，输出为 $y(t) = 2e^{-2t}\varepsilon(t) + \delta(t)$，当输入 $x(t) = 3e^{-t}\varepsilon(t)$ 时，系统的零状态响应 $y(t)$ 是（　　）。

A. $(-9e^{-t} + 12e^{-3t})\varepsilon(t)$　　　　　　B. $(3-9e^{-t} + 12e^{-3t})\varepsilon(t)$

C. $\delta(t) - 6e^{-t}\varepsilon(t) + 8e^{-2t}\varepsilon(t)$　　　　D. $3\delta(t) - 9e^{-t}\varepsilon(t) + 12e^{-2t}\varepsilon(t)$

8. 离散时间单位延迟器 D 的单位序列响应为（　　）。

 A. $\delta(k)$　　　　　　B. $\delta(k+1)$　　　　　C. $\delta(k-1)$　　　　　D. 1

9. $\varepsilon(k) * \varepsilon(k-1) = ($　　　$)$。

 A. $(k+1)\varepsilon(k)$　　　B. $k\varepsilon(k-1)$　　　C. $(k-1)\varepsilon(k)$　　　D. $(k-1)\varepsilon(k-1)$

10. 若系统的起始状态为 0，在 $e(t)$ 的激励下，所得的响应为（　　　）。

 A. 强迫响应　　　　B. 稳态响应　　　　C. 暂态响应　　　　D. 零状态响应

三、判断题

1. 一个系统的零状态响应就等于它的自由响应。（　　　）

2. 若系统起始状态为零，则系统的零状态响应就是系统的强迫响应。（　　　）

3. 若 $y(t) = f(t) * h(t)$，则 $y(-t) = f(-t) * h(-t)$。（　　　）

4. 若 $y(t) = f(t) * h(t)$，则 $y(t-1) = f(t-2) * h(t+1)$。（　　　）

5. 零状态响应是指系统没有激励时的响应。（　　　）

6. 一个系统的自由响应就等于它的零输入响应。（　　　）

7. 在没有激励的情况下，系统的响应称为零输入响应。（　　　）

8. 卷积的方法只适用于线性时不变系统的分析。（　　　）

9. 两个线性时不变系统的级联构成的系统是线性时不变的。（　　　）

10. 两个非线性系统的级联构成的系统也是非线性的。（　　　）

四、综合题

1. 求图 3.23 所示汽车底盘的位移量 $y(t)$ 和路面不平度 $x(t)$ 之间的微分方程。

2. 求微分方程 $\dfrac{\mathrm{d}^3}{\mathrm{d}t^3}r(t) + 7\dfrac{\mathrm{d}^2}{\mathrm{d}t^2}r(t) + 16\dfrac{\mathrm{d}}{\mathrm{d}t}r(t) +$ $12r(t) = e(t)$ 的齐次解形式。

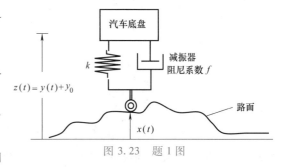

 3. 已知：$\dfrac{\mathrm{d}^2}{\mathrm{d}t^2}i(t) + 7\dfrac{\mathrm{d}}{\mathrm{d}t}i(t) + 10i(t) = \dfrac{\mathrm{d}^2}{\mathrm{d}t^2}e(t) +$ $6\dfrac{\mathrm{d}}{\mathrm{d}t}e(t) + 4e(t)$，$e(t) = 2 + 2u(t)$，$i(0_-) = \dfrac{4}{5}$，$i'(0_-) = 0$，求初始条件 $i(0_+)$、$i'(0_+)$。

图 3.23　题 1 图

 4. 已知图 3.24 所示电路，$t = 0$ 时开关从 1 到 2，求 $i(0_-)$、$i'(0_-)$、$i(0_+)$、$i'(0_+)$。

 5. 已知系统满足微分方程 $\dfrac{\mathrm{d}^2}{\mathrm{d}t^2}r(t) + 3\dfrac{\mathrm{d}}{\mathrm{d}t}r(t) +$ $2r(t) = \dfrac{\mathrm{d}e(t)}{\mathrm{d}t} + e(t)$，$e(t) = e^{-t}u(t)$，$r(0_+) = 1$，$r'(0_+) = 0$，求零输入响应 $r_{zi}(t)$。

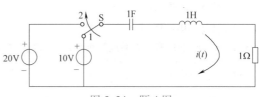

图 3.24　题 4 图

 6. 已知 $\dfrac{\mathrm{d}^2}{\mathrm{d}t^2}r(t) + 3\dfrac{\mathrm{d}}{\mathrm{d}t}r(t) + 2r(t) = \dfrac{\mathrm{d}e(t)}{\mathrm{d}t} + e(t)$，

$e(t) = e^{-t}u(t)$，求零状态响应 $r_{zs}(t)$。

 7. 二阶连续 LTI 系统对 $r(0_-) = 1$、$r'(0_-) = 0$ 起始状态的零输入响应为 $r_{zi1}(t) = (2e^{-t} - e^{-2t})u(t)$；对 $r(0_-) = 0$、$r'(0_-) = 1$ 起始状态的零输入响应为 $r_{zi2}(t) = (e^{-t} - e^{-2t})u(t)$；系统对激励 $e(t) = e^{-3t}u(t)$ 的零状态响应 $r_{zs3}(t) = (0.5e^{-t} - e^{-2t} + 0.5e^{-3t})u(t)$，求系统在 $r(0_-) = 2$、$r'(0_-) = -1$ 起始状态下，对激励 $e(t) = \delta(t) - 3e^{-3t}u(t)$ 的完全响应。

 8. 设一个连续时间系统的输入 $e(t)$ 与输出 $r(t)$ 之间的关系如下：

$$\frac{\mathrm{d}r(t)}{\mathrm{d}t} + ar(t) = e(t)$$

其中，a 为不等于 0 的常数（下面的线性和时不变含义是指第 1 章意义上的线性和时不变含义）。

（1）证明：如果 $r(0)=r_0\neq 0$，则系统是非线性的。

（2）证明：如果 $r(0)=0$，则系统是线性的。

（3）证明：如果 $r(0)=0$，则系统是时不变的。

9. 对 8 题中的系统，其中 $r(0)=0$。

（1）不利用冲激响应 $h(t)$，求该系统的阶跃响应 $g(t)$。

（2）根据 $g(t)$ 求冲激响应 $h(t)$。

10. 设系统为 $r'(t)+2r(t)=e(t)+e'(t)$，求系统的冲激响应 $h(t)$。

11. 图 3.25 所示系统是由几个"子系统"组成，各子系统的冲激响应分别为：$h_1(t)=u(t)$（积分器）；$h_2(t)=\delta(t-1)$（单位延时）；$h_3(t)=-\delta(t)$（倒相器）。试求总系统的冲激响应 $h(t)$。

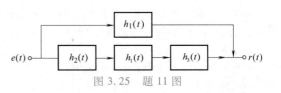

图 3.25　题 11 图

自 测 题

3-1　试分别写出图 3.26a 中 $v_s(t)$ 与 $i(t)$，图 3.26b 中 $v_s(t)$ 与 $v(t)$ 对应的微分方程。

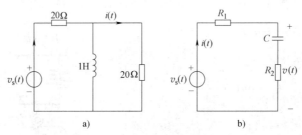

图 3.26　自测题 3-1 图

3-2　试判断下列零状态系统是否为线性系统，是否为时不变系统，是否为因果系统。

（1）$y'(t)+10y(t)=x(t)$，$t>0$　　　　（2）$y'(t)+10y(t)+3=2x(t)$，$t>0$

（3）$y'(t)+ty(t)=x(t)$，$t>0$　　　　　（4）$y'(t)+y^2(t)=x(t)$，$t>0$

（5）$y'(t)+10y(t)=x(t+10)$，$t>0$　　（6）$y'(t)=10tx^2(t)+x(t+5)$，$t>0$

3-3　试判断下列零状态系统是否为线性系统，是否为时不变系统。

（1）$y(t)=x'(t)$　　　　　　　　　　（2）$y(t)=\displaystyle\int_{-\infty}^{t}x(\tau)\mathrm{d}\tau$

（3）$y(t)=\displaystyle\int_{0}^{t}x(\tau)\mathrm{d}\tau$　　　　　　　（4）$y(t)=x(t-t_0)$

（5）$y(t)=|x(t)|$　　　　　　　　　　（6）$y(t)=x^2(t)$

（7）$y(t)=tx^2(t)$　　　　　　　　　（8）$y(t)=e^{x(t)}$

（9）$y(t)=x'(t-t_0)$　　　　　　　　（10）$y(t)=x^2(t)\cos t$

3-4　某系统的冲激响应为 $h(t)=2e^{-2t}u(t)$，系统的激励为 $x(t)=2u(t-2)-u(t-1)-u(t)-2\delta(t)$，试求其零状态响应。

3-5　试求下列连续时间 LTI 系统的零输入响应、零状态响应和完全响应。

（1）$y''(t)+5y'(t)+4y(t)=x'(t)+2x(t)$，$t>0$，$x(t)=u(t)$

　　　　$y(0^-)=2$，$y'(0^-)=4$

（2）$y''(t)+4y'(t)+4y(t)=3x'(t)+2x(t)$，$t>0$，$x(t)=e^{-t}u(t)$

　　　$y(0^-)=-2$，$y'(0^-)=3$

（3）$y''(t)+4y'(t)+8y(t)=15x'(t)+5x(t)$，$t>0$，$x(t)=e^{-t}u(t)$

　　　$y(0^-)=5$，$y'(0^-)=2$

（4）$y'''(t)+3y''(t)+2y'(t)=x'(t)+4x(t)$，$t>0$，$x(t)=e^{-3t}u(t)$

　　　$y(0^-)=1$，$y'(0^-)=0$，$y''(0^-)=1$

3-6　某 LTI 系统，其激励 $x(t)$ 和零状态响应 $y(t)$ 的关系为 $y(t)=\displaystyle\int_{-\infty}^{t}e^{-(t-2\tau)}x(\tau-3)d\tau$，试求该系统的冲激响应 $h(t)$。

3-7　某 LTI 系统，激励为 $x(t)$，其零状态响应为 $y(t)$，波形如图 3.27 所示，试求系统的冲激响应 $h(t)$ 和当激励为 $x(3t)$ 时的零状态响应。

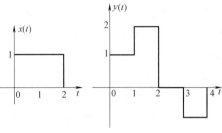

图 3.27　自测题 3-7 图

3-8　试计算下列卷积。

（1）$u(t)*u(t)$

（2）$e^{-t}u(t)*e^{-2t}u(t)$

（3）$e^{-t}*e^{-2t}u(t)$

（4）$e^{-t}u(t)*tu(t)$

（5）$e^{-t}u(t)*\cos tu(t)$

（6）$te^{-t}u(t)*[u(t)-u(t-1)]$

（7）$t^2*\delta(t-3)$

（8）$\sin\pi t[u(t)-u(t-2)]*[\delta(t)+\delta(t-1)]$

（9）$e^{-t}u(t)*\delta(3t+2)$

（10）$e^{-t}u(t)*\delta(t-2)*e^{-2t}u(t)$

3-9　试求图 3.28 所示两信号 $x(t)$ 和 $h(t)$ 的卷积波形。

3-10　试证明 $f(t)\delta''(t)=f(0)\delta''(t)-2f'(0)\delta'(t)+f''(0)\delta(t)$。

3-11　图 3.29 由几个子系统组成，并已知各子系统的冲激响应分别为 $h_1(t)=\delta(t-1)$，$h_2(t)=u(t)-u(t-2)$，试求总的系统的冲激响应 $h(t)$。

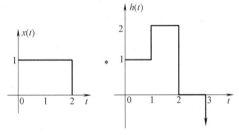

图 3.28　自测题 3-9 图

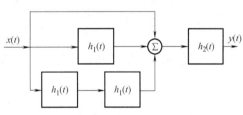

图 3.29　自测题 3-11 图

MATLAB 练习

M3-1　一系统满足的微分方程为 $y''(t)+3y'(t)+2y(t)=u(t)-u(t-2)$。

（1）求出该系统的零状态响应；

（2）用 lsim 求出该系统的零状态响应的数值解，并与①所求的结果进行比较。

M3-2　对一满足微分方程为 $y''(t)+5y'(t)+6y(t)=u(t)-u(t-2)$ 的系统，利用 impulse 函数求系统的冲激响应和利用 step 函数求系统的阶跃响应。

第4章 离散时间系统的时域分析

本章概述：在理解离散时间信号的概念时，不能把离散时间信号狭隘地理解为连续信号的抽样或近似。在掌握离散时间系统的分析方法时，在许多方面要与连续时间系统的分析方法相比较，找出相似处，也要找出它们之间的重要差异。在学习离散时间系统的完全响应时，需弄清楚单位样值响应、零状态响应、零输入响应、自由响应、强迫响应、瞬态响应、稳态响应之间的关系。

知识点：①掌握离散时间系统的数学模型的建立及差分方程的求解方法。②熟练掌握离散时间系统的齐次解和特解、零输入响应和零状态响应、单位样值响应和单位阶跃响应的求解。③掌握系统的特性及因果性和稳定性的判断。④熟练掌握常见基本序列卷积和、卷积和的性质以及求卷积和的常用方法。⑤利用 MATLAB 进行离散系统的时域分析等。

离散时间系统的分析方法在许多方面与连续时间系统的分析方法有着并行的相似性。但在参照连续时间系统的某些方法学习离散时间系统理论的时候，必须注意它们之间存在着一些重要差异，这包括数学模型的建立与求解、系统性能分析以及系统实现原理等。

4.1 LTI 离散时间系统的数学模型及其求解方法

离散时间系统的作用是将输入序列转变为输出序列，系统的功能是完成将输入 $x(n)$ 转变为输出 $y(n)$ 的运算，记为

$$y(n) = T[x(n)] \tag{4-1}$$

离散时间系统的作用示意图如图 4.1 所示。

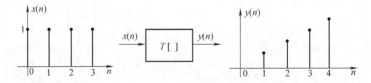

图 4.1　离散时间系统的作用示意图

离散时间系统与连续时间系统有相似的分类，如线性、非线性和时变、非时变等。运算关系 $T[\ ]$ 满足不同条件，对应着不同的系统。本书只讨论"线性时不变离散系统"，即 LTI 离散系统。

4.1.1 LTI 离散系统

与 LTI 连续系统相同，LTI 离散系统应满足可分解、线性（叠加、比例）以及时不变特性。离散系统的线性与时不变特性的示意图分别如图 4.2 和图 4.3 所示。

下面通过具体例题讨论离散系统的线性时不变特性。

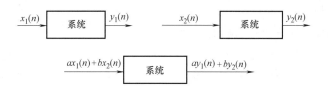

图 4.2　系统的线性示意图

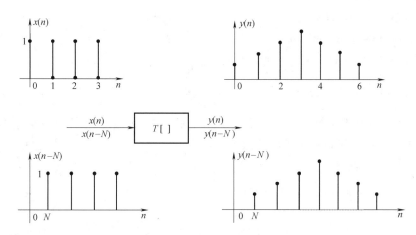

图 4.3　离散时间系统的时不变特性示意图

【**例 4-1**】　判断下列系统是否为线性系统。

（1）$y(n) = T[x(n)] = ax(n) + b$；

（2）$y(n) = T[x(n)] = \sin\left(\omega_0 n + \dfrac{\pi}{4}\right) x(n)$。

解：（1）

$$T[x_1(n)] = ax_1(n) + b = y_1(n)$$

$$T[x_2(n)] = ax_2(n) + b = y_2(n)$$

$$\begin{aligned} T[x_1(n) + x_2(n)] &= a[x_1(n) + x_2(n)] + b \\ &= ax_1(n) + ax_2(n) + b \\ &\neq y_1(n) + y_2(n) \end{aligned}$$

所以是非线性系统。

（2）

$$T[x_1(n)] = \sin\left(\omega_0 n + \frac{\pi}{4}\right) x_1(n) = y_1(n)$$

$$T[x_2(n)] = \sin\left(\omega_0 n + \frac{\pi}{4}\right) x_2(n) = y_2(n)$$

$$\begin{aligned} T[x_1(n) + x_2(n)] &= \sin\left(\omega_0 n + \frac{\pi}{4}\right) [x_1(n) + x_2(n)] \\ &= \sin\left(\omega_0 n + \frac{\pi}{4}\right) x_1(n) + \sin\left(\omega_0 n + \frac{\pi}{4}\right) x_2(n) \\ &= y_1(n) + y_2(n) \end{aligned}$$

所以是线性系统。

【例 4-2】 判断下列系统是否为时不变系统。

（1）$y(n) = T[x(n)] = ax(n) + b$；

（2）$y(n) = T[x(n)] = nx(n)$。

解：（1）$T[x(n-n_0)] = ax(n-n_0) + b = y(n-n_0)$

所以是时不变系统。

（2）$T[x(n-n_0)] = nx(n-n_0)$

$$y(n-n_0) = (n-n_0)y(n-n_0)$$

所以 $T[x(n-n_0)] \neq y(n-n_0)$，是时变系统。

4.1.2　LTI 离散系统的数学模型——差分方程

LTI 离散系统的基本运算有延时（移序）、乘法、加法，基本运算可以由基本运算单元实现，由基本运算单元可以构成 LTI 离散系统。

1. LTI 离散系统基本运算单元的框图及流图表示

1）延时器的框图及流图如图 4.4 所示。

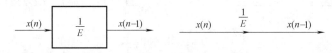

图 4.4　延时器的框图及流图表示

图 4.4 中，$\dfrac{1}{E}$ 是单位延时器，有时亦用 D、T 表示。离散系统延时器的作用与连续系统中的积分器相当。

2）加法器的框图及流图如图 4.5 所示。

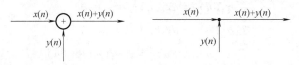

图 4.5　加法器的框图及流图表示

3）乘法器的框图及流图如图 4.6 所示。

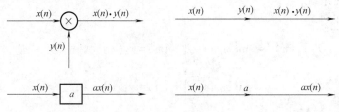

图 4.6　乘法器的框图及流图表示

利用离散系统的基本运算单元，可以构成任意 LTI 离散系统。

2. LTI 离散系统的差分方程

线性时不变连续系统是由常系数微分方程描述的，而线性时不变离散系统是由常系数差分方程描述的。在差分方程中构成方程的各项包含有未知离散变量的 $y(n)$，以及 $y(n+1)$、$y(n+2)$、$\cdots$、$y(n-1)$、$y(n-2)$、$\cdots$。下面举例说明系统差分方程的建立。

【例 4-3】 系统框图如图 4.7 所示，写出其差分方程。

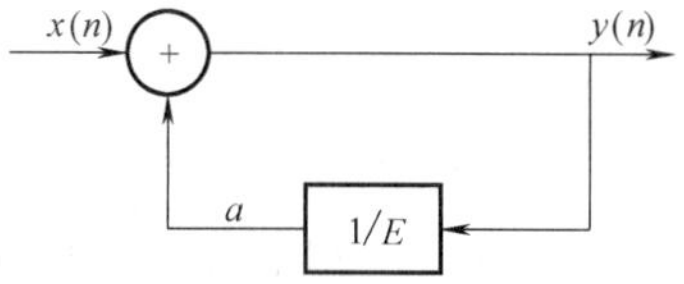

解：

$$y(n)=ay(n-1)+x(n)$$

或

$$y(n)-ay(n-1)=x(n) \qquad (4-2)$$

图 4.7　例 4-3 离散时间系统框图

式（4-2）左边由未知序列 $y(n)$ 及其移位序列 $y(n-1)$ 构成，因为仅差一个移位序列，所以是一阶差分方程。若还包括未知序列的移位项 $y(n-2)$、$\cdots$、$y(n-N)$，则构成 N 阶差分方程。

未知（待求）序列变量序号最高值与最低值之差是差分方程阶数；各未知序列序号以递减方式给出 $y(n)$、$y(n-1)$、$y(n-2)$、$\cdots$、$y(n-N)$，称为后向形式差分方程。一般因果系统用后向形式比较方便。各未知序列、序号以递增方式给出 $y(n)$、$y(n+1)$、$y(n+2)$、$\cdots$、$y(n+N)$，称为前向形式差分方程。在状态变量分析中习惯用前向形式。

【例 4-4】 系统框图如图 4.8 所示，写出其差分方程。

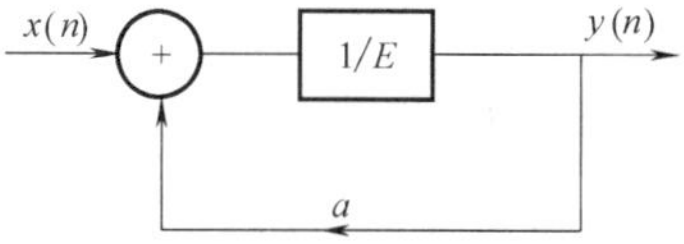

解：

$$y(n+1)=ay(n)+x(n)$$

或

$$y(n)=\frac{1}{a}\big[y(n+1)-x(n)\big] \qquad (4-3)$$

图 4.8　例 4-4 离散时间系统框图

这是一阶前向差分方程，与后向差分方程形式相比较，仅是输出信号的输出端不同。后者是从延时器的输入端取出，前者是从延时器的输出端取出。

3. 数学模型的建立及求解方法

下面由具体例题讨论离散系统数学模型的建立。

【例 4-5】 电路如图 4.9 所示，已知边界条件 $v(0)=E$，$v(N)=0$，求第 n 个节点电压 $v(n)$ 的差分方程。

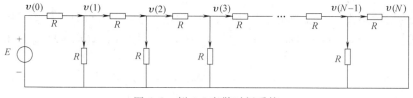

图 4.9　例 4-5 离散时间系统

解： 与任意节点 $v(n-1)$ 关联的电路如图 4.10 所示，由此对任意节点 $v(n-1)$ 可写出节点方程为

$$\frac{v(n-2)-v(n-1)}{R}=\frac{v(n-1)}{R}+\frac{v(n-1)-v(n)}{R}$$

整理得到

$$v(n-2)=3v(n-1)-v(n)$$

$$v(n)-3v(n-1)+v(n-2)=0$$

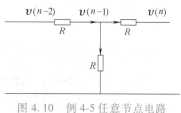

图 4.10　例 4-5 任意节点电路

或

$$v(n+2) - 3v(n+1) + v(n) = 0$$

上式是一个二阶后向差分方程，借助两个边界条件可求解出 $v(n)$。这里 n 代表电路图中节点的顺序。

前面所讨论的差分方程其自变量取的都是时间，此例说明差分方程描述的离散系统不仅限于时间系统。本书将自变量取为时间只是习惯上的方便，实际上差分方程的应用遍及许多领域。

N 阶 LTI 离散系统的数学模型是常系数 N 阶线性差分方程，它的一般形式是

$$a_0 y(n) + a_1 y(n-1) + \cdots + a_N y(n-N) = b_0 x(n) + b_1 x(n-1) + \cdots + b_M x(n-M)$$

或

$$\sum_{k=0}^{N} a_k y(n-k) = \sum_{r=0}^{M} b_r x(n-r) \tag{4-4}$$

4.2　离散时间系统的响应

4.2.1　线性差分方程的求解方法

一般差分方程的求解方法有下列四种：

1）递推（迭代）法。此法直观简便，但往往不易得到一般项的解析式（闭式或封闭解答），它一般为数值解，如例 4-6。

2）时域法。与连续系统的时域法相同，分别求解离散系统的零输入响应与零状态响应，完全响应为二者之和。其中零输入响应是齐次差分方程的解，零状态响应可用卷积的方法求得，这也是本章的重点。

3）时域经典法。与微分方程求解相同，分别求差分方程的通解（齐次解）与特解，二者之和为完全解，再代入边界条件后确定完全解的待定系数。

4）变换域法。与连续系统中用拉普拉斯变换相似，离散系统可利用 Z 变换求解响应，优点是可简化求解过程。这种方法将在第 8 章讨论。

当系统的阶数不高，并且激励不复杂时，用迭代（递推）法可以求解差分方程。

【例 4-6】　已知 $y(n) = ay(n-1) + x(n)$，且 $y(n) = 0$，$n < 0$，$x(n) = \delta(n)$，求 $y(n)$。

解：

$$y(0) = ay(-1) + x(0) = \delta(n) = 1$$
$$y(1) = ay(0) + x(1) = a$$
$$y(2) = ay(1) + x(2) = a^2$$
$$\vdots$$

最后 $y(n) = a^n u(n)$

4.2.2　经典法求解差分方程

与微分方程的时域经典解法类似，差分方程的解由齐次解和特解两部分组成。齐次解用符号 $y_h(n)$ 表示，特解用 $y_p(n)$ 表示，即

$$y(n) = y_h(n) + y_p(n) \qquad (4-5)$$

其中齐次解的形式由齐次方程的特征根确定，特解的形式由方程右边激励信号的形式确定。

后向差分方程式 $\sum_{i=0}^{n} a_i y(k-i) = \sum_{j=0}^{m} b_j f(k-j)$ 的齐次方程为

$$\sum_{i=0}^{n} a_i y(k-i) = 0$$

其特征方程为

$$a_0 + a_1 r^{-1} + \cdots + a_{n-1} r^{(n-1)} + a_n r^{-n} = 0$$

或

$$a_0 r^n + a_1 r^{n-1} + \cdots + a_{n-1} r + a_n = 0$$

特征方程的根称为特征根，N 阶差分方程有 N 个特征根 r_i（$i = 1, 2, \cdots, N$），根据特征根的不同情况，齐次解将具有不同的形式。

当特征根是不等的实根 r_1，r_2，$\cdots$，r_N 时，齐次解的形式为

$$y_h(n) = C_1 r_1^{\ n} + C_2 r_2^{\ n} + \cdots + C_N r_N^{\ n} \qquad (4-6)$$

当特征根是 k 阶重根 r 时，齐次解的形式为

$$y_h(n) = C_1 r^n + C_2 n r^n + \cdots + C_k n^{k-1} r^n \qquad (4-7)$$

当特征根是共轭复根 $r_1 = a + jb = \rho e^{j\Omega_0}$，$r_2 = a - jb = \rho e^{-j\Omega_0}$ 时，齐次解的形式为

$$y_h(n) = C_1 \rho^n \cos(n\Omega_0) + C_2 \rho^n \sin(n\Omega_0) \qquad (4-8)$$

式（4-6）~ 式（4-8）中的待定系数 C_1，C_2，$\cdots$，C_k 在完全解的形式确定后，由给定的 k 个初始条件来确定。

特解的形式与激励信号的形式有关。表 4-1 列出了常用激励信号所对应的特解表示式形式。

表 4-1　常用激励信号所对应的特解表示式形式

$f(n)$	$y_p(n)$
a^n（a 不是差分方程的特征根）	Aa^n
a^n（a 是差分方程的特征根）	Ana^n
n^k	$A_k n^k + A_{k-1} n^{k-1} + \cdots + A_1 n + A_0$
$a^n n^k$	$a^n (A_k n^k + A_{k-1} n^{k-1} + \cdots + A_1 n + A_0)$
$\sin(n\Omega_0)$ 或 $\cos(n\Omega_0)$	$A_1 \cos(n\Omega_0) + A_2 \sin(n\Omega_0)$
$a^n \sin(n\Omega_0)$ 或 $a^n \cos(n\Omega_0)$	$a^n [A_1 \cos(n\Omega_0) + A_2 \sin(n\Omega_0)]$

得到齐次解的表示式和特解后，将两者相加可得全解的表示式。将已知的 k 个初始条件 $y(0)$，$y(1)$，$\cdots$，$y(k-1)$ 代入完全解中，即可求得齐次解表示式中的待定系数，亦即求出了差分方程的全解。下面举例说明差分方程的经典求解法。

【例 4-7】　若描述某离散系统的差分方程为

$$6y(n) - 5y(n-1) + y(n-2) = f(n)$$

已知初始条件 $y(0) = 0$，$y(1) = -1$；激励 $f(n) = u(n)$，试求方程的全解 $y(n)$。

解：求齐次解：上述差分方程的特征方程为

$$6r^2 - 5r + 1 = 0$$

解得特征根为两个不等实根 $r_1 = \dfrac{1}{2}$，$r_2 = \dfrac{1}{3}$。

其齐次解为

$$y_\mathrm{h}(n) = C_1\left(\frac{1}{2}\right)^n + C_2\left(\frac{1}{3}\right)^n$$

求特解：由于输入是阶跃序列 $u(n)$，因此特解的形式为

$$y_p(n) = A, n \geqslant 0$$

将特解代入差分方程，得

$$6A - 5A + A = 1$$

解出待定系数

$$A = \frac{1}{2}$$

特解为

$$y_\mathrm{p}(n) = \frac{1}{2}, n \geqslant 0$$

差分方程的全解为

$$y(n) = y_\mathrm{h}(n) + y_\mathrm{p}(n) = C_1\left(\frac{1}{2}\right)^n + C_2\left(\frac{1}{3}\right)^n + \frac{1}{2}, n \geqslant 0$$

代入初始条件，有

$$y(0) = C_1 + C_2 + \frac{1}{2} = 0$$

$$y(1) = \frac{C_1}{2} + \frac{C_2}{3} + \frac{1}{2} = -1$$

解得　　　　　　　　　　　　　　　$C_1 = -8$，$C_2 = \dfrac{15}{2}$

最后得方程的全解为

$$y(n) = -8\left(\frac{1}{2}\right)^n + \frac{15}{2}\left(\frac{1}{3}\right)^n + \frac{1}{2}, n \geqslant 0$$

从上面例题可以看出，常系数差分方程的全解由齐次解和特解组成。齐次解的形式与系统的特征根有关，仅依赖于系统本身的特性，而和激励信号的形式无关，因此称为系统的固有响应，也称自由响应。而特解的形式取决于激励信号，称为强制响应，也称强迫响应。系统的响应还可分解为暂态响应和稳态响应。暂态响应是指系统完全响应中，随着时间的增加而趋于零的部分，如 $y(n)$ 中的前两项。稳态响应是指系统完全响应中随时间的增加而不趋于零的部分，如 $y(n)$ 中的最后一项。

同 LTI 连续时间系统一样，LTI 离散时间系统的完全响应可以看作是初始状态与输入激励分别单独作用于系统产生的响应叠加。其中，由初始状态单独作用产生的输出响应称为零输入响应，记作 $y_{zi}(n)$；而由输入激励单独作用产生的输出响应称为零状态响应，记作 $y_{zs}(n)$。因此，系统的完全响应 $y(n)$ 为

$$y(n) = y_{zi}(n) + y_{zs}(n) \tag{4-9}$$

4.2.3　LTI 离散时间系统的零输入响应

线性时不变离散系统的数学模型是常系数线性差分方程，系统零输入响应是常系数线性齐次差分方程的解。为简化讨论，先从一阶齐次差分方程求解开始。

1. 一阶线性时不变离散系统的零输入响应

一阶线性时不变离散系统的齐次差分方程的一般形式为

$$\begin{cases} y(n) - ay(n-1) = 0 \\ y(0) = C \end{cases} \tag{4-10}$$

将差分方程改写为

$$y(n) - ay(n-1) = 0$$

用递推（迭代）法，$y(n)$ 仅与前一时刻 $y(n-1)$ 有关，以 $y(0)$ 为起点：

$$y(1) = ay(0)$$
$$y(2) = ay(1) = a^2 y(0)$$
$$y(3) = ay(2) = a^3 y(0)$$
$$\vdots$$

当 $n \geq 0$ 时，齐次方程为

$$y(n) = a^n y(0) = Ca^n \tag{4-11}$$

由式（4-11）可见，$y(n)$ 是一个公比为 a 的几何级数，其中 C 取决于初始条件 $y(0)$，这是式（4-10）一阶系统的零输入响应。

利用递推（迭代）法的结果，可以直接写出一阶差分方程解的一般形式。因为一阶差分方程的特征方程为

$$r - a = 0 \tag{4-12}$$

由特征方程解出其特征根为

$$r = a$$

与齐次微分方程相似，得到特征根 a 后，就得到一阶差分方程齐次解的一般形式为 Ca^n，其中 C 由初始条件 $y(0)$ 决定。

2. N 阶线性时不变离散系统的零输入响应

有了求一阶齐次差分方程解的一般方法，将其推广至 N 阶齐次差分方程，有

$$\begin{cases} y(n+N) - a_{N-1} y(n+N-1) + \cdots + a_1 y(n+1) + a_0 y(n) = 0 \\ y(0), y(1), \cdots, y(N-1) = C \end{cases} \tag{4-13}$$

N 阶齐次差分方程的特征方程为

$$r^N + a_{N-1} r^{N-1} + \cdots + a_1 r + a_0 = 0 \tag{4-14}$$

1）当特征根均为单根时，特征方程可以分解为

$$(r - a_1)(r - a_2) \cdots (r - a_N) = 0 \tag{4-15}$$

利用一阶齐次差分方程的一般形式，可类推得

$$r - a_1 = 0 \rightarrow C_1 a_1^n$$

$$r-a_2=0 \rightarrow C_2 a_2^n$$

$$\vdots$$

$$r-a_N=0 \rightarrow C_N a_N^n$$

N 阶线性齐次差分方程的解是这 N 个线性无关解的线性组合，即

$$y(n)=C_1 a_1^n+C_2 a_2^n+\cdots+C_N a_N^n \qquad (4\text{-}16)$$

式中，$C_1,C_2,\cdots,C_N$ 由 $y(0),y(1),\cdots,y(N-1)$ 共 N 个边界条件确定。

$$y(0)=C_1+C_2+\cdots+C_N$$

$$y(1)=C_1 a_1+C_2 a_2+\cdots+C_N a_N$$

$$\vdots$$

$$y(N-1)=C_1 a_1^{N-1}+C_2 a_2^{N-1}+\cdots+C_N a_N^{N-1} \qquad (4\text{-}17)$$

写为矩阵形式

$$\begin{bmatrix} y(0) \\ y(1) \\ \vdots \\ y(N-1) \end{bmatrix} = \begin{bmatrix} 1 & 1 & \cdots & 1 \\ a_1 & a_2 & \cdots & a_N \\ \vdots & \vdots & \cdots & \vdots \\ a_1^{N-1} & a_2^{N-1} & \cdots & a_N^{N-1} \end{bmatrix} \begin{bmatrix} C_1 \\ C_2 \\ \vdots \\ C_N \end{bmatrix} \qquad (4\text{-}18)$$

即

$$[Y]=[V][C] \qquad (4\text{-}19)$$

其解系数为

$$[C]=[V]^{-1}[Y] \qquad (4\text{-}20)$$

2）当特征方程中 a_1 是 m 重根时，其特征方程为

$$(r-a_1)^m(r-a_{m+1})\cdots(r-a_N)=0 \qquad (4\text{-}21)$$

式中，$(r-a_1)^m$ 对应的解为 $(C_1+C_2 n+\cdots+C_m n^{m-1})a_1^n$，此时零输入解的模式为

$$y(n)=(C_1+C_2 n+\cdots+C_m n^{m-1})a_1^n+C_{m+1}a_{m+1}^n+\cdots+C_N a_N^n \qquad (4\text{-}22)$$

式中，$C_1,C_2,\cdots,C_N$ 由 $y(0),y(1),\cdots,y(N-1)$ 共 N 个边界条件确定。

【例 4-8】 已知某离散系统的差分方程

$$y(n)+6y(n-1)+12y(n-2)+8y(n-3)=0$$

且 $y(0)=0,y(1)=-2,y(2)=2$，求零输入响应 $y(n)$。

解： 这是三阶差分方程，其特征方程为

$$r^3+6r^2+12r+8=0$$

即

$$(r+2)^3=0$$

$r=-2$ 是三重根，$y(n)$ 的模式为

$$y(n)=(C_1+C_2 n+C_3 n^2)(-2)^n$$

代入边界条件得

$$\begin{cases} y(0)=C_1=0 \\ y(1)=(C_1+C_2+C_3)(-2)=-2 \\ y(2)=(C_1+2C_2+4C_3)(-2)^2=2 \end{cases}$$

整理得

$$\begin{cases} C_1 = 0 \\ C_2 + C_3 = 1 \\ C_2 + 2C_3 = \dfrac{1}{4} \end{cases}$$

解出

$$C_1 = 0, \quad C_2 = \frac{7}{4}, \quad C_3 = -\frac{3}{4}$$

最后得到

$$y(n) = \frac{1}{4}(7n - 3n^2)(-2)^n$$

3）特征方程有复根。与连续时间系统类似，对实系数的特征方程，若有复根必为共轭成对出现，形成振荡（增、减、等幅）序列。一般共轭复根既可当单根处理，最后整理成实序列，又可看作整体因子。

因为

$$a + jb = \sqrt{a^2 + b^2}\, \mathrm{e}^{\mathrm{jarctan}\frac{b}{a}} = r\mathrm{e}^{\mathrm{j}\varphi}$$

$$a - jb = \sqrt{a^2 + b^2}\, \mathrm{e}^{-\mathrm{jarctan}\frac{b}{a}} = r\mathrm{e}^{-\mathrm{j}\varphi}$$

$$r\mathrm{e}^{\mathrm{j}\varphi} + r\mathrm{e}^{-\mathrm{j}\varphi} = 2r\cos\varphi$$

所以解的一般形式为

$$r^n(A\cos n\varphi + B\sin n\varphi)$$

代入初始条件可以计算出系数 A、B。

【例 4-9】　已知某系统差分方程

$$y(n) - 2y(n-1) + 2y(n-2) - 2y(n-3) + y(n-4) = 0$$

且 $y(1) = 1$，$y(2) = 0$，$y(3) = 1$，$y(5) = 1$，求 $y(n)$。

解：这是四阶差分方程，其特征方程为

$$r^4 - 2r^3 + 2r^2 - 2r + 1 = 0$$

$$(r-1)^2(r+1)^2 = 0$$

特征根 $r_1 = 1$（二重），$r_3 = \mathrm{j}$，$r_4 = -\mathrm{j}$

方法一：

$$y(n) = (C_1 + C_2 n)(1)^n + C_3\mathrm{j}^n + C_4(-\mathrm{j})^n$$

代入边界条件得

$$y(1) = C_1 + C_2 + \mathrm{j}C_3 - \mathrm{j}C_4 = 1 \tag{A}$$

$$y(2) = C_1 + 2C_2 - C_3 - C_4 = 0 \tag{B}$$

$$y(3) = C_1 + 3C_2 - \mathrm{j}C_3 + \mathrm{j}C_4 = 1 \tag{C}$$

$$y(5) = C_1 + 5C_2 + \mathrm{j}C_3 - \mathrm{j}C_4 = 1 \tag{D}$$

由式（A）-式（D）得 $-4C_2 = 0$，$C_2 = 0$

由式（A）+式（C）得 $2C_1 = 2$，$C_1 = 1$

代入式（C），得 $C_3 = C_4$

由式（B）解出

$$C_3 = C_4 = \frac{1}{2} y(n) = 1 + \frac{1}{2}(j)^n + \frac{1}{2}(-j)^n$$

$$= 1 + \frac{1}{2}(e^{j\frac{n\pi}{2}} + e^{-j\frac{n\pi}{2}})$$

$$= 1 + \cos\frac{n\pi}{2}, n \geqslant 1$$

方法二：

$$j = e^{j\frac{\pi}{2}} = e^{j\varphi}, -j = e^{-j\frac{\pi}{2}} = e^{-j\varphi}$$

$$y(n) = C_1 + C_2 n + A\cos\frac{n\pi}{2} + B\sin\frac{n\pi}{2}$$

$$y(1) = C_1 + C_2 + B = 1 \tag{A'}$$
$$y(2) = C_1 + 2C_2 - A = 0 \tag{B'}$$
$$y(3) = C_1 + 3C_2 - B = 1 \tag{C'}$$
$$y(5) = C_1 + 5C_2 + B = 1 \tag{D'}$$

由式（D'）-式（A'）得 $4C_2 = 0$，$C_2 = 0$

由式（D'）-式（C'）得 $2B = 0$，$B = 0$

分别代入式（A'）、式（B'），解出 $C_1 = 1$，$A = 1$，则

$$y(n) = 1 + \cos\frac{n\pi}{2}, n \geqslant 1$$

由此例可见，N 阶差分方程的 N 个边界条件可以不按顺序给出。

4.2.4　离散时间系统的零状态响应

与连续时间系统相似，用时域法求离散系统的零状态响应，必须知道离散系统的单位脉冲响应 $h(n)$。通常既可用迭代法求单位脉冲响应，也可以用转移算子法求单位脉冲响应。由于迭代法的局限性，我们重点讨论由转移算子法求单位脉冲响应，为此先讨论离散系统的转移（传输）算子。

1. 离散系统的转移（传输）算子

类似连续时间系统的微分算子，离散系统也可用移序（离散）算子表示。由此可得到差分方程的移序算子方程，由算子方程的基本形式可得出对应的转移算子 $H(E)$。

移序（离散）算子定义：

（1）超前算子 E

$$f(n+1) = Ef(n) \tag{4-23}$$
$$f(n+m) = E^m f(n)$$

（2）滞后算子 $\dfrac{1}{E}$

$$f(n-1) = \frac{1}{E}f(n)$$
$$\tag{4-24}$$
$$f(n-m) = \frac{1}{E^m}f(n)$$

于是有

$$E[y(n)] = y(n+1)$$

$$E^2[y(n)] = y(n+2)$$

$$\vdots$$

$$E^N[y(n)] = y(n+N)$$

或

$$\frac{1}{E}[y(n)] = y(n-1)$$

$$\frac{1}{E^2}[y(n)] = y(n-2)$$

$$\vdots$$

$$\frac{1}{E^N}[y(n)] = y(n-N)$$

N 阶前向差分方程的一般形式为

$$y(n+N) + a_{N-1}y(n+N-1) + \cdots + a_1 y(n+1) + a_0 y(n)$$
$$= b_M x(n+M) + b_{M-1} x(n+M-1) + \cdots + b_1 x(n+1) + b_0 x(n) \tag{4-25}$$

用算子表示为

$$(E^N + a_{N-1}E^{N-1} + \cdots + a_1 E + a_0) y(n)$$
$$= (b_M E^M + b_{M-1}E^{M-1} + \cdots + b_1 E + b_0) x(n)$$

可以改写为

$$y(n) = \frac{b_M E^M + b_{M-1}E^{M-1} + \cdots + b_1 E + b_0}{E^N + a_{N-1}E^{N-1} + \cdots + a_1 E + a_0} x(n) \tag{4-26}$$

定义转移（传输）算子为

$$H(E) = \frac{b_M E^M + b_{M-1}E^{M-1} + \cdots + b_1 E + b_0}{E^N + a_{N-1}E^{N-1} + \cdots + a_1 E + a_0} = \frac{N(E)}{D(E)} \tag{4-27}$$

与连续时间系统相同，$H(E)$ 的分子、分母算子多项式表示运算关系，不是简单的代数关系，不可随便约去。与连续时间系统的转移（传输）算子不同，$H(E)$ 表示的系统既可以是因果系统，也可以是非因果系统。如图 4.11 所示为 $H(E) = E$ 的简单非因果离散时间系统。

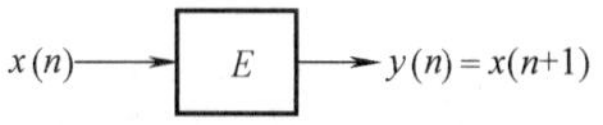

图 4.11　简单非因果
离散时间系统

从时间关系看，该系统的响应出现在激励前，所以是非因果系统。

2. 单位样值响应 $h(n)$

在连续线性系统中，研究了单位冲激信号 $\delta(t)$ 作用于系统引起响应 $h(t)$，对于离散线性系统，由 $\delta(n)$ 产生的系统零状态响应定义为单位样值响应，也可称为单位脉冲响应，记为 $h(n)$。有几种可求系统的单位样值响应的方法，下面介绍两种常用方法。

（1）迭代法

下面由具体例题介绍用迭代法求单位样值响应的方法。

【例 4-10】　已知某系统的差分方程为

$$y(n)-\frac{1}{2}y(n-1)=x(n)$$

利用迭代法求 $h(n)$。

解：当 $x(n)=\delta(n)$ 时，$y(n)=h(n)$，且因果系统的 $h(-1)=0$，所以有

$$h(n)-\frac{1}{2}h(n-1)=\delta(n)$$

$$h(0)=\frac{1}{2}h(-1)+\delta(n)=1$$

$$h(1)=\frac{1}{2}h(0)=\frac{1}{2}$$

$$h(2)=\frac{1}{2}h(1)=\left(\frac{1}{2}\right)^2$$

$$\vdots$$

一般项：$h(n)=\left(\frac{1}{2}\right)^n u(n)$

当系统的阶数较高时，用迭代法不容易得到 $h(n)$ 的一般项表示式，可以把 $\delta(n)$ 等效为起始条件，将问题转化为求解齐次方程（零输入）的解。这种方法称为转移（传输）算子法。

（2）转移算子法

已知 N 阶系统的传输算子为

$$H(E)=\frac{b_M E^M+b_{M-1}E^{M-1}+\cdots+b_1E+b_0}{E^N+a_{N-1}E^{N-1}+\cdots+a_1E+a_0}=\frac{N(E)}{D(E)}$$

设 $H(E)$ 的分母多项式 $D(E)$ 均为单根，即

$$D(E)=E^N+a_{N-1}E^{N-1}+\cdots+a_1E+a_0$$
$$=(E-\alpha_1)(E-\alpha_2)\cdots(E-\alpha_N)$$

将 $H(E)$ 部分分式展开，有

$$H(E)=\frac{A_1}{E-\alpha_1}+\frac{A_2}{E-\alpha_2}+\cdots+\frac{A_N}{E-\alpha_N}-\sum_{i=1}^{N}\frac{A_i}{E-\alpha_i}$$

$$=H_1(E)+H_2(E)+\cdots+H_N(E)=\sum_{i=1}^{N}H_i(E) \qquad (4\text{-}28)$$

则

$$h(n)=H(E)\delta(n)=\sum_{i=1}^{N}\frac{A_i}{E-\alpha_i}\delta(n)=\sum_{i=1}^{N}h_i(n) \qquad (4\text{-}29)$$

式（4-29）中任一子系统的传输算子为

$$H_i(E)=\frac{A_i}{E-\alpha_i} \qquad (4\text{-}30)$$

由此得到任一子系统差分方程，并对其中任一子系统的传输算子求 $h_i(n)$

$$h_i(n)=\frac{A_i}{E-\alpha_i}\delta(n) \qquad (4\text{-}31)$$

$$h_i(n+1) - \alpha_i h_i(n) = A_i \delta(n) \tag{4-32}$$

将式（4-32）的激励等效为初始条件，把问题转化为求解齐次方程（零输入）的解。由于因果系统的 $h_i(-1) = 0$，令 $n = -1$，代入式（4-32），得

$$h_i(0) - \alpha_i h_i(-1) = A_i \delta(-1) = 0$$

解出 $h(0) = 0$。

再令 $n = 0$，代入式（4-32）得

$$h_i(1) - \alpha_i h_i(0) = A_i \delta(n) = A_i$$

解出 $h_i(1) = A_i$，即为等效的初始条件。

因为齐次方程解的形式为 $h_i(n) = C\alpha_i^n$，代入等效边界条件 $h_i(1) = C\alpha_i = A_i$，解出 $C = \dfrac{A_i}{\alpha_i}$，由此得出 $h_i(n)$ 的一般形式为

$$h_i(n) = A_i \alpha_i^{n-1} \qquad n \geqslant 1$$
$$= A_i \alpha_i^{n-1} u(n-1) \tag{4-33}$$

代入式（4-29），$h(n)$ 的一般形式为

$$h(n) = \sum_{i=1}^{N} A_i \alpha_i^{n-1} u(n-1) \tag{4-34}$$

若将 $H(E)$ 展开为

$$H(E) = \frac{A_1 E}{E - \alpha_1} + \frac{A_2 E}{E - \alpha_2} + \cdots + \frac{A_N E}{E - \alpha_N} = \sum_{i=1}^{N} \frac{A_i E}{E - \alpha_i}$$

$$= H_1(E) + H_2(E) + \cdots + H_N(E) = \sum_{i=1}^{N} H_i(E) \tag{4-35}$$

$$H_i(E) = \frac{A_i E}{E - \alpha_i} = A_i\left(1 + \frac{\alpha_i}{E - \alpha_i}\right) \tag{4-36}$$

则对应的 $h_i(n)$ 为

$$h_i(n) = A_i\left(1 + \frac{\alpha_i}{E - \alpha_i}\right)\delta(n) = A_i\delta(n) + A_i\frac{\alpha_i}{E - \alpha_i}\delta(n)$$

将式（4-31）、式（4-33）代入上式，得

$$h_i(n) = A_i\left[\delta(n) + \alpha_i\alpha_i^{n-1}u(n-1)\right] = A_i\alpha_i^n u(n)$$

代入式（4-29），$h(n)$ 的一般形式为

$$h(n) = \sum_{i=1}^{N} A_i \alpha_i^n u(n) \tag{4-37}$$

【例 4-11】　已知某系统的差分方程为

$$y(n) - 5y(n-1) + 6y(n-2) = x(n) - 3x(n-2)$$

求系统的脉冲响应 $h(n)$。

解：方程同时移序 2 个位序

$$(E^2 - 5E + 6)y(n) = (E^2 - 3)x(n)$$

$$H(E) = \frac{E^2 - 3}{E^2 - 5E + 6} = \frac{E^2 - 3}{(E-2)(E-3)} = 1 + \frac{5E - 9}{(E-2)(E-3)}$$

$$= 1 - \frac{1}{E-2} + \frac{6}{E-3}$$

$$h(n) = \delta(n) - 2^{n-1}u(n-1) + 6 \cdot 3^{n-1}u(n-1)$$

$$= \delta(n) + (2 \times 3^n - 2^{n-1})u(n-1)$$

对应不同的转移算子，有不同的 $h(n)$ 序列与之对应，见表 4-2。

表 4-2　$H(E)$ 对应的 $h(n)$

$H(E)$	$h(n)$
A	$A\delta(n)$
$\dfrac{1}{E-\alpha}$	$\alpha^{n-1}u(n-1)$
$\dfrac{1}{E-e^{\lambda T}}$	$e^{\lambda(n-1)T}u(n-1)$
$\dfrac{E}{E-\alpha}$	$\alpha^n u(n)$
$\dfrac{E}{(E-\alpha)^2}$	$n\alpha^{n-1}u(n)$
$\dfrac{E}{(E-\alpha)^n}$	$\dfrac{1}{n!}n(n-1)(n-2)\cdots(n-k+2)\alpha^{n-k+1}u(n)$
$A\dfrac{E}{E-\alpha} + A^*\dfrac{1}{E-\alpha^*}$	$2re^{\lambda nT}\cos(\beta nT + \theta)u(n)$

注：$A = re^{j\theta}$，$\alpha = e^{(\lambda + j\beta)T}$。

3. LTI 离散时间系统的零状态响应

已知任意离散信号可表示为 $x(n) = \sum\limits_{m=-\infty}^{\infty} x(m)\delta(n-m)$，并且 $\delta(n) \to h(n)$，那么与连续时间系统的时域分析法相同，基于离散 LTI 系统的线性与时不变特性，可以用时域方法求解系统的零状态响应。因为

$$\delta(n) \longrightarrow h(n)$$

由时不变性

$$\delta(n-m) \longrightarrow h(n-m)$$

由比例性

$$x(m)\delta(n-m) \longrightarrow x(m)h(n-m)$$

最后由叠加性

$$x(n) = \sum_{m=-\infty}^{\infty} x(m)\delta(n-m) \to y(n) = \sum_{m=-\infty}^{\infty} x(m)h(n-m) \tag{4-38}$$

式（4-38）是离散序列卷积公式。因为离散序列卷积是求和运算，所以又称其为卷积和，也有称其为卷和的。

利用变量代换，卷积的另一种形式为

$$y(n) = \sum_{m=-\infty}^{\infty} h(m)x(n-m) \tag{4-39}$$

离散序列的卷积公式简写为

$$y_{zs}(n) = x(n) * h(n) = h(n) * x(n) \tag{4-40}$$

以上推导表明，与求解差分方程不同，离散系统的时域分析法是利用单位脉冲响应，通过卷积完成系统的零状态响应求解。

4.3　离散序列卷积（和）

离散序列卷积的一般表达形式为

$$f_1(n) * f_2(n) = \sum_{m=-\infty}^{\infty} f_1(m) f_2(n-m) \tag{4-41}$$

若令 $f_1(n) = x(n)$，$f_2(n) = h(n)$，正是求解零状态响应的式（4-38）。

离散序列的卷积与连续信号的卷积有平行相似的性质与运算关系，这里我们不加证明地给出结论。离散时间信号卷积和是计算 LTI 离散时间系统零状态响应的有力工具，同连续时间信号卷积积分一样重要，下面将详细介绍卷积和的运算与性质。

4.3.1　卷积的运算

离散序列卷积计算的基本方法有图解法、对位相乘求和法。

1. 图解法

图解法的步骤与连续信号的卷积相似，可以分为以下 5 步。

1）将 $f_1(n)$、$f_2(n)$ 中的自变量 n 改为 k，k 成为函数的自变量。

2）把其中的一个信号翻转，如将 $f_2(k)$ 翻转得 $f_2(-k)$。

3）把 $f_2(-k)$ 平移 n，得 $f_2(n-k)$，n 是参变量。$n>0$ 时，图形右移；$n<0$ 时，图形左移。

4）将 $f_1(n)$ 与 $f_2(n-k)$ 相乘。

5）对乘积后的图形求和。

【例 4-12】　已知 $x(n) = R_N(n)$，$h(n) = a^n u(n)$，求 $y_{zs}(n)$，其中，$0<a<1$。

解： 让 $h(n)$ 折叠位移，则

$$y_{zs}(n) = x(n) * h(n)$$

$$= \sum_{m=-\infty}^{\infty} [u(m) - u(m-N)] a^{n-m} u(n-m)$$

当 $n<0$ 时，$y_{zs}(n) = 0$

当 $0 \leqslant n < N-1$ 时，

$$y_{zs}(n) = \sum_{m=0}^{n} a^{n-m} = a^n \sum_{m=0}^{n} a^{-m}$$

$$= a^n \frac{1 - a^{-(n+1)}}{1 - a^{-1}} = \frac{a^n - a^{-1}}{1 - a^{-1}}$$

当 $n \geqslant N-1$ 时，

$$y_{zs}(n) = \sum_{m=0}^{N-1} a^{n-m} = a^n \sum_{m=0}^{N-1} a^{-m}$$

$$= a^n \frac{1 - a^{-N}}{1 - a^{-1}} = \frac{a^n - a^{n-N}}{1 - a^{-1}}$$

$$y_{zs}(n) = \begin{cases} \dfrac{a^n - a^{-1}}{1 - a^{-1}} & 0 \leqslant n < N-1 \\[3mm] \dfrac{a^n - a^{n-N}}{1 - a^{-1}} & n \geqslant N-1 \end{cases}$$

求解过程与结果如图 4.12 所示。

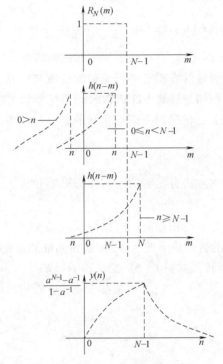

图 4.12　例 4-12 求解过程与结果

2. 相乘对位求和法

当两个有限长序列卷积时，可用简单的竖式相乘对位相加法。下面举例说明竖式相乘对位相加法。

【例 4-13】　已知 $x(n) = \begin{bmatrix} 1 & 2 & 3 \end{bmatrix}$，$h(n) = \begin{bmatrix} 3 & 2 & 1 \end{bmatrix}$，求 $y(n)$。

解：将两个序列的样值分成两行排列，逐位竖式相乘得到（三行）：

$x(n)$			1	2	3
$h(n)$			3	2	1
			1	2	3
		2	4	6	
	3	6	9		
$y(n)$	3	8	14	8	3

按从左到右的顺序逐项将竖式相乘的乘积对位相加，结果是 $y(n)$。

$$y(n) = \begin{bmatrix} 3 & 8 & 14 & 8 & 3 \end{bmatrix}$$

也可以

$x(n)$			3	2	1
$h(n)$			1	2	3
			9	6	3
		6	4	2	
	3	2	1		
$y(n)$	3	8	14	8	3

为了计算方便，将常用序列卷积（和）结果列于表 4-3。

表 4-3　常用序列卷积（和）

序号	$f_1(n)$	$f_2(n)$	$f_1(n) * f_2(n) = f_2(n) * f_1(n)$
1	$\delta(n)$	$f(n)$	$f(n)$
2	$u(n)$	$f(n)$	$\sum\limits_{m=0}^{n} f(m)$
3	a^n	$u(n)$	$\dfrac{1-a^{n+1}}{1-a}$
4	$u(n)$	$u(n)$	$n+1$
5	a^n	a^n	$(n+1)a^n$
6	a^n	n	$\dfrac{n}{1-a} + \dfrac{a(a^n-1)}{(1-a)^2}$
7	$a_1^{\ n}$	$a_2^{\ n}$	$\dfrac{a_1^{\ n+1} - a_2^{\ n+1}}{a_1 - a_2}$

也可用 MATLAB 计算 $x(n)$ 与 $h(n)$ 的卷积。计算例 4-13 卷积的 MATLAB 程序与结果为

```
x=[ 1,2,3 ];
h=[ 3,2,1 ];
con v(x,h)% 卷积计算
ans =3  8  14  8  3
```

4.3.2　卷积的性质

（1）当 $f_1(n)$、$f_2(n)$、$f_3(n)$ 分别满足可和条件，卷积具有以下代数性质

交换律

$$f_1(n) * f_2(n) = \sum_{m=-\infty}^{\infty} f_1(m) f_2(n-m)$$

$$= \sum_{m=-\infty}^{\infty} f_2(m) f_1(n-m) = f_2(n) * f_1(n) \tag{4-42}$$

分配律

$$f_1(n) * [f_2(n) + f_3(n)] = f_1(n) * f_2(n) + f_1(n) * f_3(n) \tag{4-43}$$

结合律

$$f_1(n) * f_2(n) * f_3(n) = f_1(n) * [f_2(n) * f_3(n)]$$
$$= [f_1(n) * f_2(n)] * f_3(n)$$
$$= f_2(n) * [f_1(n) * f_3(n)] \tag{4-44}$$

（2）任意序列与 $\delta(n)$ 卷积

$$\delta(n) * f(n) = f(n) \tag{4-45}$$

$$\delta(n-m) * f(n) = f(n-m) \tag{4-46}$$

（3）任意序列与 $u(n)$ 卷积

$$u(n) * f(n) = \sum_{m=0}^{n} f(m) \tag{4-47}$$

（4）卷积的移序

$$E[f_1(n) * f_2(n)] = E[f_1(n)] * f_2(n) = f_1(n) * E[f_2(n)] \tag{4-48}$$

$$\frac{1}{E}[f_1(n) * f_2(n)] = \frac{1}{E}[f_1(n)] * f_2(n) = f_1(n) * \frac{1}{E}[f_2(n)] \tag{4-49}$$

4.4　离散时间系统的响应与系统特性

4.4.1　系统完全响应的时域求解方法

由前面的分析可知，离散时间系统的全响应 $y(n)$ 可分为零输入响应与零状态响应，即

$$y(n) = y_{zi}(n) + y_{zs}(n) \tag{4-50}$$

【例 4-14】　已知系统的差分方程 $y(n) - 0.9y(n-1) = 0.05u(n)$，边界条件 $y(-1) = 0$，求系统的全响应。

解：激励在 $n=0$ 时接入，且 $y(-1) = 0$，所以为零状态，其解为零状态响应。

系统的转移算子为

$$H(E) = \frac{E}{E - 0.9}$$

单位脉冲响应

$$h(n) = 0.9^n u(n)$$

全响应为

$$y_{zs}(n) = (0.9)^n u(n) * 0.05u(n)$$

查表 4-3 的第 3 条，可得

$$y_{zs}(n) = 0.05 \frac{1 - (0.9)^{n+1}}{1 - 0.9} = 0.5[1 - 0.9(0.9)^n]$$
$$= 0.5 - 0.45(0.9)^n, n \geqslant 0$$

【例 4-15】　已知系统的差分方程 $y(n) - 0.9y(n-1) = 0.05u(n)$，边界条件 $y(-1) = 1$，求系统的全响应。

解：此题与上题除边界条件不同外，其余都相同，可分别求其零状态响应与零输入响

应。零状态响应方程与解同上题

$$y(n) = 0.5 - 0.45(0.9)^n, \quad n \geqslant 0$$

由 $y_{zi}(n) - 0.9 y_{zi}(n-1) = 0$，得零输入响应的一般表示形式为

$$y_{zi}(n) = C(0.9)^n$$

代入初始条件

$$y_{zi}(-1) = C(0.9)^{-1} = 1$$

解出 $C = 0.9$，则

$$y_{zi}(n) = 0.9(0.9)^n$$

全响应

$$y(n) = y_{zs}(n) + y_{zi}(n) = 0.5 + 0.45(0.9)^n, \quad n \geqslant 0$$

4.4.2　系统完全响应分解

与连续系统相同，完全响应可按不同的分解方式，分解为零状态响应、零输入响应、自由响应、强迫响应、瞬态响应、稳态响应。

若完全响应分解为零状态响应和零输入响应，由所给定的边界值可分为零输入边界 $y_{zi}(n)$、零状态边界 $y_{zs}(n)$ 两部分。

$$y(n) = y_{zi}(n) + y_{zs}(n) \tag{4-51}$$

在零输入情况下，$y_p(n) = 0$，所以

$$[C_{zi}] = [V]^{-1}[Y_{zi}(n)] \tag{4-52}$$

在零状态情况下

$$[C_{zs}] = [V]^{-1}[Y_{zs}(n) - y_p(n)] = [V]^{-1}[Y(n) - Y_{zi}(n) - y_p(n)] \tag{4-53}$$

而系数

$$C = C_{zs}(n) + C_{zi}(n)$$

从而有

$$完全响应 = \begin{cases} 零输入响应，y_{zi}(n) = \sum_{k=1}^{N} C_{zik} \alpha_k^{\ n} \\ 零状态响应，y_{zs}(n) = \sum_{k=1}^{N} C_{zsk} \alpha_k^{\ n} + y_p(n) \end{cases}$$

$$= \begin{cases} \sum_{k=1}^{N} (C_{zsk} + C_{zik}) \alpha_k^{\ n} \\ y_p(n) \end{cases} = \begin{cases} \sum_{k=1}^{N} C_k \alpha_k^{\ n}，自由响应 \\ y_p(n)，强迫响应 \end{cases} \tag{4-54}$$

同样，完全响应中不随 n 增长而消失的分量为稳态响应，随 n 增长而消失的分量为瞬态响应。

需要指出的是，以上分析中边界条件可不按序号 0、1、2、…、$N-1$ 给出，只要是 N 阶方程有 N 个边界条件即可。$n = n_0$ 时接入激励，对因果系统零状态是指

$$y(n_0 - 1) = y(n_0 - 2) = \cdots = y(n_0 - N) = 0$$

特别地，若 $n_0 = 0$，则

$$y(-1) = y(-2) = \cdots = y(-N) = 0$$

系统的全响应边界条件中一般包含两部分：一部分为系统零输入时的边界条件，另一部分为系统零状态时的边界条件。应根据给定的情况正确判断所给定的边界条件。

【例 4-16】 已知系统的差分方程 $y(n)-0.9y(n-1)=0.05u(n)$，边界条件 $y(-1)=1$，用经典法求系统的完全响应，并指出各响应分量。

解： 齐次解

$$y_h(n)=C(0.9)^n, \ n \geqslant 0$$

特解

$$y_p(n)=D, \ n \geqslant 0$$

代入原方程 $D-0.9D=0.05$，$D=0.5$

完全解为 $y(n)=C(0.9)^n+0.5$

再解出完全边界条件。

由 $y(0)-0.9y(-1)=0.05$，解得 $y(0)=0.95$，代入完全解

$$y(0)=0.5+C=0.95, \ C=0.45$$

所以完全解为

$$y(n)=[0.45(0.9)^n+0.5]u(n)$$

式中，$0.45 \ (0.9)^n u(n)$ 为自由响应、瞬态响应；$0.5u(n)$ 为强迫响应、稳态响应。

此题与例 4-15 相同，所以

$$y_{zs}(n)=[0.5-0.45(0.9)^n]u(n)$$

$$y_{zi}(n)=0.9(0.9)^n$$

4.4.3　冲激响应表示的系统特性

1. 级联系统的冲激响应

两个离散时间系统的级联如图 4.13 所示。若两个子系统的冲激响应分别为 $h_1(n)$ 和 $h_2(n)$，则信号 $f(n)$ 通过第一个子系统的输出为

$$x(n)=f(n)*h_1(n)$$

将第一个子系统的输出作为第二个子系统的输入，则可求出该级联系统的输出

$$y(n)=x(n)*h_2(n)=f(n)*h_1(n)*h_2(n)$$

根据卷积积分的结合律性质，有

$$y(n)=f(n)*h_1(n)*h_2(n)=f(n)*[h_1(n)*h_2(n)]=f(n)*h(n)$$

式中，$h(n)=h_1(n)*h_2(n)$。

可见，两个离散时间子系统级联所构成系统的冲激响应等于两个子系统冲激响应的卷积。也就是说，图 4.13a 所示两个系统等效于图 4.13b 所示的单个系统。

根据卷积的交换律，两个子系统冲激响应的卷积可以表示成

$$h(n)=h_1(n)*h_2(n)=h_2(n)*h_1(n)$$

即交换两个级联系统的先后连接次序不影响系

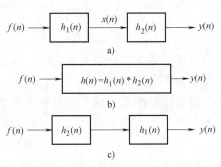

图 4.13　离散时间系统的级联

统总的冲激响应 $h(n)$，图 4.13a 和图 4.13c 是等效的。

事实上，这个结论对任意多个 LIT 离散时间系统的级联或连续时间系统的级联都成立。

2. 并联系统的冲激响应

两个离散时间系统的并联如图 4.14a 所示。若两个子系统的冲激响应分别为 $h_1(n)$ 和 $h_2(n)$，则信号 $f(n)$ 通过两个子系统的输出分别为

$$y_1(n) = f(n) * h_1(n)$$

$$y_2(n) = f(n) * h_2(n)$$

整个并联系统的输出为两个子系统输出 $y_1(n)$ 和 $y_2(n)$ 之和，即

$$y(n) = f(n) * h_1(n) + f(n) * h_2(n)$$

应用卷积和的分配律性质，上式可写成

$$y(n) = f(n) * [h_1(n) + h_2(n)] = f(n) * h(n)$$

式中，$h(n) = h_1(n) + h_2(n)$。

可见，两个离散子系统并联所构成系统的冲激响应等于两个子系统冲激响应之和。也就是说，图 4.14a 所示两个系统的并联等效于图 4.14b 所示的单个系统。

事实上，这个结论可以推广到任意多个 LIT 离散时间系统的并联或连续时间系统的并联。

【例 4-17】　已知某系统如图 4.15 所示，试求该系统的单位脉冲响应 $h(n)$。

解： 从图 4.15 可见子系统 $h_2(n)$ 与 $h_3(n)$ 是级联关系，$h_1(n)$ 支路、全通支路与 $h_2(n)$、$h_3(n)$ 级联支路并联，再与 $h_4(n)$ 级联。对于全通支路，输入/输出满足下面关系

$$y(n) = f(n) * h(n) = f(n)$$

可见，全通支路离散系统的冲激响应为函数 $\delta(n)$。因此

$$h(n) = \{h_1(n) + \delta(n) + h_2(n) * h_3(n)\} * h_4(n)$$

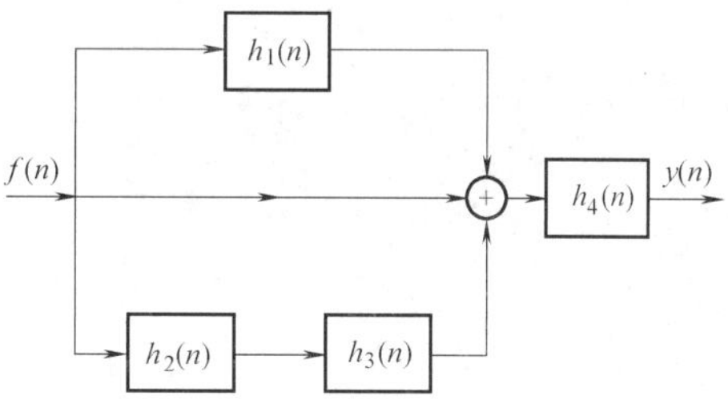

【例 4-18】　已知单位脉冲响应 $h(n) = a^n u(n)$，判断系统的因果稳定性。

解： 因为 $n < 0$ 时，$h(n) = 0$，所以是因果系统；且有

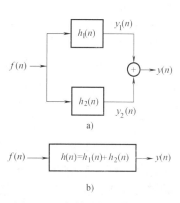

图 4.14　离散时间系统的并联

图 4.15　例 4.17 图

$$\sum_{n=-\infty}^{\infty} |h(n)| = \sum_{n=0}^{\infty} |a|^n = 1 + |a| + |a|^2 + \cdots$$

$$= \lim_{n \to \infty} \frac{1 - |a|^n}{1 - |a|} = \begin{cases} \dfrac{1}{1 - |a|}, & |a| < 1 \\ \infty, & |a| \geq 1 \end{cases}$$

由于 $|a| < 1$ 时系统稳定，因此 $|a| \geq 1$ 时为不稳定系统。

4.5　利用 MATLAB 进行离散系统的时域分析

4.5.1　离散时间系统零状态响应的求解

大量的 LTI 离散时间系统都可用如下线性常系数差分方程描述

$$\sum_{i=0}^{k} a_i y(n-i) = \sum_{j=0}^{m} b_j f(n-j)$$

令 $f(n)$，$y(n)$ 分别表示系统的输入和输出；k 是差分方程的阶数。已知差分方程的 k 个初始状态和输入 $f(n)$，就可以通过编程由下式迭代计算出系统的输出。

$$y(n) = -\sum_{i=0}^{k} (a_i/a_0) y(n-i) + \sum_{j=0}^{m} (b_j/a_0) f(n-j)$$

在零初始状态下，MATLAB 信号处理工具箱提供了一个专用函数 filter( )。该函数能求出由差分方程描述的离散系统，在指定时间范围内的输入序列时所产生的响应序列的数值解。filter( )函数的调用方式为

```
y=filter(b,a,x)
```

其中 b 和 a 是由描述系统的差分方程的系数决定的表示离散系统的两个行向量，x 是包含输入序列非零样值点的行向量。上述命令将求出系统在与 x 的取值时间点相同的输出序列样值，即输出向量 y 包含了与输入向量 x 所在样本同一区间上的样本。

【例 4-19】 已知描述离散系统的差分方程为

$$y(n) - 0.25y(n-1) + 0.5y(n-2) = f(n) + f(n-1)$$

且已知该系统输入序列为 $y(n) = \left(\dfrac{1}{2}\right)^n u(n)$

试用 MATLAB 实现下列分析过程：画出输入序列的时域波形；求出系统零状态响应在 0~20 区间的样值；画出系统的零状态响应的波形图。

解：可以调用 filter( )函数来解决此问题。实现这一过程的 MATLAB 命令如下：

```
a=[1 -0.25 0.5];
b=[1 1];
t=0:20;
x=(1/2).^t;
y=filter(b,a,x)
subplot(2,1,1)
stem(t,x)
title('输入序列')
subplot(2,1,2)
stem(t,y)
title('响应序列')
```

程序的运行结果如下：

```
y =
```

```
Columns 1 through 7
1.0000      1.7500      0.6875    -0.3281    -0.2383      0.1982      0.2156
Columns 8 through 14
-0.0218    -0.1015    -0.0086      0.0515      0.0187    -0.0204    -0.0141
Columns 15 through 21
0.0069      0.0088    -0.0012    -0.0047    -0.0006      0.0022      0.0008
```

绘制的系统输入及响应序列波形图如图 4.16 所示。

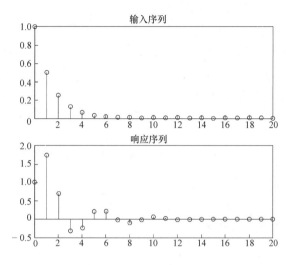

图 4.16　离散系统的输入及响应序列波形图

需要注意的是，filter( )函数将向量 x 以外的输入序列样值均视为零，这样若输入序列为时间无限长序列，则用 filter( )函数计算系统响应时，在输出向量 y 的边界样点上，将会产生一定的偏差。

利用 filter( )函数，还可以方便地求出由差分方程描述的离散系统的阶跃响应，此时，只需将输入信号定义为单位阶跃序列 $u(n)$ 即可。

【例 4-20】　已知描述离散系统的差分方程为

$$y(n)+y(n-1)+0.25y(n-2)=f(n)$$

试用 MATLAB 绘出该系统单位阶跃响应 $g(n)$ 的时域波形。

解： 只要将输入序列定义为单位阶跃序列 $u(n)$，再调用 filter( )函数和 stem( )函数即可解决此问题，实现这一过程的 MATLAB 命令如下：

```
a=[1 1 0.25];
b=[1];
t=0:15;
x=ones(1,length(t));
y=filter(b,a,x);
stem(t,y);
title('离散系统阶跃响应')
```

```
xlabel('n');
ylabel('g(n)')
```

绘制的离散系统阶跃响应序列波形图如图 4.17 所示。

4.5.2 离散时间系统单位脉冲响应的求解

LTI 离散系统当输入单位序列 $\delta(n)$ 时产生的零状态响应称为系统的单位脉冲响应，用 $h(n)$ 表示。在 MATLAB 中，求解离散时间系统单位脉冲响应，可应用信号处理工具箱提供的函数 impz( )。impz( ) 函数能绘出向量 a 和 b 定义的离散系统在指定时间范围内单位的时域波形，并能求出系统单位响应在指定时间范围内的数值解。

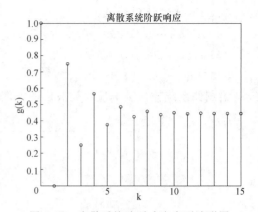

图 4.17　离散系统阶跃响应序列波形图

注意：在用向量表示差分方程描述的离散系统时，缺项要用 0 来补齐。例如，对差分方程

$$y(n)-8y(n-2)=f(n)-f(n-1)$$

则表示该离散系统的对应向量应为

```
a=[1 0 8];
b=[1 -1];
```

Impz( ) 函数有如下几种调用格式：

1. impz(b, a)

其中，b=[b0, b1, b2, …, bN]，a=[a0, a1, a2, …, aN] 分别是差分方程左、右端的系数向量。该调用格式以默认方式绘出向量 a 和 b 定义的离散系统的单位响应的离散时间波形。例如，若描述某离散系统的差分方程为

$$y(n)-y(n-1)+0.9y(n-3)=f(n)$$

运行如下 MATLAB 命令：

```
a=[1 -1 0.9];
b=[1];
impz(b,a)
```

则绘出该离散系统的单位响应的时域波形，如图 4.18 所示。

2. impz(b, a, n)

该调用格式将绘出由向量 a 和 b 定义的离散系统在 0~n （n 必须为整数） 离散时间范围内单位响应的时域波形。对上例，若运行如下命令：

```
a=[1 -1 0.9];
b=[1];
impz(b,a,60)
```

则绘出系统在 0~60 取样点范围内单位响应的离散时间波形，如图 4.19 所示。

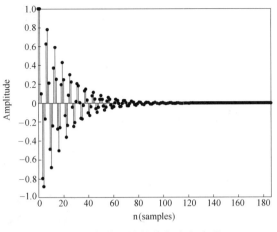

图 4.18　离散系统的单位响应波形一　　　　　图 4.19　离散系统的单位响应波形二

3. impz(b, a, n1: n2)

该调用格式将绘出由向量 a 和 b 定义的离散系统在 n1~n2（n1、n2 必须为整数，且 n1<n2）离散时间范围内单位响应的时域波形。对上例，若运行如下命令：

a=[1 -1 0.9];

b=[1];

impz(b,a,-10:40)

则绘出系统在 -10~40 离散时间范围内单位响应的时域波形，如图 4.20 所示。

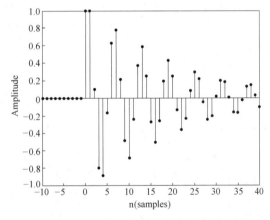

图 4.20　离散系统的单位响应波形三

4. y=impz(b, a, n1: n2)

该调用格式并不绘出系统单位响应的时域波形，而是求出向量 a 和 b 定义的离散系统在 n1~n2 离散时间范围内的系统单位响应的数值解。对上例，若运行命令：

a=[1 -1 0.9];

b=[1];

y=impz(b,a,-5:10)

运行结果如下：

```
y =

       0

       0

       0

       0

       0

  1.0000

  1.0000

  0.1000

 -0.8000

 -0.8900

 -0.1700

  0.6310

  0.7840

  0.2161

 -0.4895

 -0.6840
```

【例4-21】 已知描述某离散系统的差分方程如下：

$$2y(n) - 2y(n-1) + y(n-2) = f(n) + 3f(n-1) + 2f(n-2)$$

试用 MATLAB 绘出该系统 0~50 时间范围内单位响应的波形。

解： 首先用向量 a 和 b 表示该系统，然后再调用 impz( ) 函数即可解决此问题。实现上述过程的 MATLAB 命令如下：

```
a=[2 -2 1];
b=[1 3 2];
impz(b,a)
```

绘制的离散系统单位响应波形如图 4.21 所示。

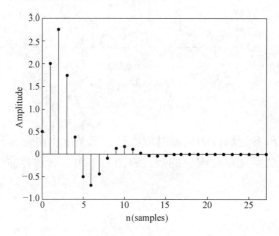

图 4.21　离散系统的单位响应波形四

4.5.3 离散卷积的计算

卷积是用来计算系统零状态响应的有力工具。MATLAB 信号处理工具箱提供了一个计算两个离散序列卷积和的函数 conv( )，其调用方式为

```
c=conv(a,b)
```

式中，a、b 为待卷积两序列的向量表示；c 是卷积结果。向量 c 的长度为向量 a、b 长度之和减 1，即 length(c) = length(a) + length(b) −1。

【**例 4-22**】 已知序列 $x(n) = \{1,2,3,4;n=0,1,2,3\}$，$y(n) = \{2,1,2,1,2;n=0,1,2,3,4\}$，计算 $x(n) * y(n)$ 并画出卷积结果。

解： MATLAB 命令如下：

```
% program 3_5
x=[2,1,3,4];
y=[2,1,2,1,2];
z=conv(x,y);
N=length(z);
stem(0:N-1,z);
```

程序运行结果为

```
z=1    3    6    10    10    9    7    4
```

绘制的 $x(n) * y(n)$ 的波形如图 4.22 所示。

conv( ) 函数也可以用来计算两个多项式的积。例如多项式 $(2s^3+3s+4)$ 和 (s^2+5s+8)

```
a=[2,0,3,4];
b=[1,5,8];
c=conv(a,b)
```

上面语句运行的结果为

```
c =
    2    10    19    19    44    32
```

即 $(2s^3+3s+4)(s^2+5s+8) = 2s^5+10s^4+19s^3+19s^2+44s+32$

绘制的 $x(n) * y(n)$ 的波形如图 4.22 所示。

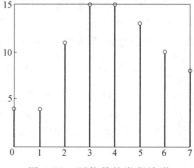

图 4.22 两信号的卷积波形

习　题

一、填空题

1. 周期序列 $f(n) = 2\cos\left(1.5\pi n + \dfrac{\pi}{4}\right)$ 的周期为_____。

2. 单位阶跃序列 $u(n)$ 与单位样值序列 $\delta(n)$ 的关系为 $u(n) =$_____，

3. 具有单位样值响应 $h(n)$ 的线性时不变系统稳定的充要条件是_____。

4.　离散时间系统的基本模拟部件是_____、_____和_____。

5. 已知序列 $x(n) = \{3, 2, 1\}, y(n) = \{3, 4\}$，起始点均为 $n = 0$，则 $x(n)$ 与 $y(n)$ 卷积后得到的序列为_____。

6. 已知 $y(-1) = 0$，$y(0) = 0$，则差分方程 $y(n) + 2y(n-1) + y(n-2) = 3^n$ 的全响应为_____。

7. 若已知系统的差分方程为 $2y(n) - y(n-1) - y(n-2) = x(n) + 2x(n-1)$，其单位样值响应 $h(n)$_____。

8. 已知序列 $x(n) = \{4, 3, 2, 1\}$，$y(n) = \{1, 2\}$，起始点均为 $n = 0$，则 $x(n)$ 与 $y(n)$ 卷积后得到的序列为_____。

9. 已知序列 $x(n) = \{1, 2, 3\}$，$y(n) = \{1, 2\}$，起始点均为 $n = 0$，则 $x(n)$ 与 $y(n)$ 卷积后得到的序列为_____。

10. 单位阶跃序列 $u(n)$ 与单位样值序列 $\delta(n)$ 的关系为 $u(n) =$_____，单位阶跃信号 $u(t)$ 与单位冲激信号 $\delta(t)$ 的关系为 $u(t) =$_____。

二、单项选择题

1. 信号 $x(n) = 2\cos(\pi n) - 2\cos\left(\dfrac{\pi}{3} n + \dfrac{\pi}{6}\right)$ 的周期为（　　）。

A. 8　　　　　　　B. 6　　　　　　　C. 4　　　　　　　D. 2

2. 信号 $x(n) = 2\cos\left(\dfrac{\pi}{4} n\right) + \sin\left(\dfrac{\pi}{8} n\right)$ 的周期为（　　）。

A. 8　　　　　　　B. 16　　　　　　　C. 2　　　　　　　D. 4

3. 序列和 $\displaystyle\sum_{n=-\infty}^{\infty} \delta(n) =$（　　）。

A. 1　　　　　　　B. ∞　　　　　　　C. $u(n)$　　　　　　　D. $(n+1)u(n)$

4. 已知系统的单位样值响应 $h(n)$ 如下所示，其中为稳定系统的是（　　）。

A. $2u(n)$　　　B. $3^n u(-n)$　　　C. $u(3-n)$　　　D. $2^n u(n)$

5. 已知系统的单位样值响应 $h(n)$ 如下所示，其中为稳定因果系统的是（　　）。

A. $\delta(n+4)$　　　B. $3^n u(-n)$　　　C. $u(3-n)$　　　D. $0.5^n u(n)$

6. 下列所示系统的单位样值响应中，所对应的系统为稳定非因果系统的是（　　）。

A. $0.5^n u(-n)$　　B. $\dfrac{1}{n!} u(n)$　　C. $\delta(n+4)$　　D. $\delta(n-5)$

7. 设 $f(n) = 0$，$n < 2$ 和 $n > 4$，$f(n-3)$ 为零的 n 值是（　　）。

A. $n = 3$　　　　B. $n < 7$　　　　C. $n > 7$　　　　D. $n < 5$ 和 $n > 7$

8. 下列所示系统的单位样值响应中，所对应的系统为因果稳定系统的是（　　）。

A. $0.5^n u(-n)$　　　B. $\dfrac{1}{n!} u(n)$　　　C. $\delta(n+4)$　　　D. $u(3-n)$

9. 某线性时不变离散系统，其单位响应 $h(n) = (0.8)^n u(n)$，则阶跃响应为（　　）。

A. $(0.8)^n u(n)$　　　　　　　　　　B. $(1 - 0.8)^n u(n)$

C. $5\left[1-(0.8)^{n+1}\right]u(n)$　　　　　　　　D. $5\left[1-(0.8)^{n}\right]u(n)$

10. 某离散时间系统的差分方程为 $a_0y(n+2)+a_1y(n+1)+a_2y(n)+a_3y(n-1)=b_1x(n+1)$，该系统的阶次为（　　　）。

A. 4　　　　　　　B. 3　　　　　　　C. 2　　　　　　　D. 1

三、判断题

1. 离散系统的零状态响应等于激励信号 $x(n)$ 与单位样值响应 $h(n)$ 的卷积。（　　　）

2. 单位阶跃响应的拉普拉斯变换称为系统函数。（　　　）

3. 卷积的方法只适用于线性时不变系统的分析。（　　　）

4. $\delta(n)$ 与 $u(n)$ 之间满足以下关系：$\delta(n)=u(n)-u(n-1)$。（　　　）

5. 序列 $x(n)=-nu(-n)$ 在 x 右半平面。（　　　）

6. 序列 $x(n)=2^{n-1}u(n-1)$ 在 $n=1$ 时值为 0。（　　　）

7. 序列 $x(n)=\left(-\dfrac{1}{2}\right)^{n}u(n)$ 是正负交替的最终趋于零的序列。（　　　）

8. 系统的差分方程为 $y(n)-5y(n-1)+6y(n-2)=x(n)-3x(n-2)$，可求得方程特征根为 3 和 1。（　　　）

9. 系统的差分方程为 $y(n)-5y(n-1)+6y(n-2)=x(n)-3x(n-2)$，则当 $x(n)=\delta(n)$ 时，$y(n)=h(n)$，差分方程即变为 $h(n)-5h(n-1)+6h(n-2)=\delta(n)-3\delta(n-2)$。（　　　）

10. 系统的差分方程为 $y(n)-5y(n-1)+6y(n-2)=x(n)-3x(n-2)$，则系统的单位样值响应就是 $\delta(n)$ 和 $-3\delta(n-2)$ 共同作用下的响应。（　　　）

四、综合题

1. 试用时域经典法求解差分方程。

（1）$y(n+1)+2y(n)=(n-1)u(n)$，边界条件 $y(0)=1$；

（2）$y(n+2)+2y(n+1)+y(n)=3^{n+2}u(n)$，边界条件 $y(-1)=0$，$y(0)=0$；

（3）$y(n+1)-2y(n)=4u(n)$，边界条件 $y(0)=0$。

2. 求下列各组序列的卷积和。

（1）$x_1(n)=\begin{cases}1 & 0\leqslant n\leqslant 4\\ 0, & 其他\end{cases}$，$x_2(n)=\begin{cases}\dfrac{1}{2}, & 0\leqslant n\leqslant 5\\ 0, & 其他\end{cases}$；

（2）$x_1(n)=\begin{cases}n & 0\leqslant n\leqslant 7\\ 7, & n=8\\ 0, & 其他\end{cases}$，$x_2(n)=\begin{cases}2, & 0\leqslant n\leqslant 5\\ 0, & 其他\end{cases}$。

3. 已知序列 $x(n)=u(n-2)-u(n-6)$，试求：

（1）$x(n)*x(n)$；（2）$x(n)*x(-n)$。

4. 已知 $x_1(n)=\{\underset{\uparrow}{1},1,2\}$ 和 $x_1(n)*x_2(n)=\{\underset{\uparrow}{1},-1,3,-1,6\}$，试求 $x_2(n)$。

5. 求下列各差分方程所描述的离散时间系统单位样值响应。

（1）$y(n)+y(n-2)=x(n-2)$；

（2）$y(n)-7y(n-1)+6y(n-2)=6x(n)$；

（3）$y(n)=b_0x(n)+b_1x(n-1)+\cdots+b_mx(n-m)$。

6. 设 $x_1(n)$ 和 $x_2(n)$ 是周期分别为 N_1 和 N_2 的周期序列。在何条件下，$x(n)=x_1(n)+x_2(n)$ 为周期序列 $x(n+N)=x_1(n+N)+x_2(n+N)$，其周期是多少？

7. 确定下面每个信号是否为周期信号。若是，确定其周期。

（1）$x(n)=\mathrm{e}^{\mathrm{j}\frac{\pi}{4}n}$；（2）$x(n)=\cos\left(\dfrac{n}{4}\right)$；（3）$x(n)=\cos\left(\dfrac{n\pi}{3}\right)+\sin\left(\dfrac{n\pi}{4}\right)$；

（4）$x(n)=\cos^2\left(\dfrac{n\pi}{8}\right)$；（5）$x(n)=\cos\dfrac{n}{2}\cos\left(\dfrac{n\pi}{8}\right)$。

8. 判断下列信号是否为能量信号或功率信号，或者都不是？

（1）$x(n)=u(n)$；（2）$x(n)=(-0.5)^n u(n)$；（3）$x(n)=2e^{j3n}u(n)$。

9. 设 $y(n)=T[x(n)]$ 为离散时间 LTI 系统，证明 $T[z^n]=\lambda z^n$。其中，z 是复变量，λ 为复常数。

10. 画出下列系统的仿真框图。

（1）$y(n)+a_1 y(n-1)+a_2 y(n-2)=x(n)$；

（2）$y(n)+2y(n-1)=x(n)+3x(n-1)$。

11. 证明如果 $x(n)$ 为偶序列，则 $\displaystyle\sum_{n=-k}^{k}x(n)=x(0)+2\sum_{n=1}^{k}x(n)$。

12. 判断如下单位样值响应对应系统的因果性和稳定性。

（1）$h(n)=2^{-n}u(n+1)$；（2）$h(n)=a^n u(n-1)$。

13. 证明：如果一个离散时间 LTI 系统的输入是周期为 N 的周期序列，则输出也为周期为 N 的周期序列。

14. 一个离散时间 LTI 系统的单位样值响应如图 4.23a 所示，不采用卷积和，求图 4.23b 激励下的系统输出。

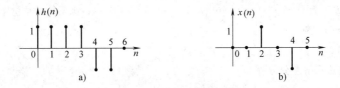

图 4.23 题 14 图

15. 离散时间 LTI 系统的单位阶跃响应 $g(n)=a^n u(n)$，求单位样值响应 $h(n)$。

自 测 题

4-1 分别绘出以下各序列的图形。

（1）$x(n)-nu(n)$

（2）$x(n)=-nu(-n)$

（3）$x(n)=2^{-n}u(n)$

（4）$x(n)=\left(-\dfrac{1}{2}\right)^{-n}u(n)$

（5）$x(n)=-\left(\dfrac{1}{2}\right)^{-n}u(-n)$

（6）$x(n)=\left(\dfrac{1}{2}\right)^{n+1}u(n+1)$

4-2 判断以下各序列是否为周期性的，如果是周期性的，试确定其周期。

（1）$x(n)=A\cos\left(\dfrac{3\pi}{7}n-\dfrac{\pi}{8}\right)$

（2）$x(n)=e^{j\left(\frac{n}{8}-\pi\right)}$

4-3 判断下列离散时间系统是否是线性、时不变系统，其中 $f(n)$ 是输入，$y(n)$ 是输出，且系统满足 IR 条件。

（1）$y(n)+0.8y(n-1)=f(n)$

（2）$y(n)+0.8y(n-1)+1=f(n)$

（3）$y(n)+0.8ny(n-1)=f(n)$

（4）$y(n)+0.8y(n-1)=f^2(n)$

（5）$y(n)+0.8y(n-1)=f(n-2)$

（6）$y(n)+0.8y(n-1)=nf(n)$

（7）$y(n)-f(n-1)y(n-1)=f(n)$

（8）$y(n)=f(n)+f(n-1)+f(n-2)$

4-4　求下列方程描述的离散时间系统的零状态响应。

（1）$y(n) - \dfrac{1}{4}y(n-1) = f(n)$，$f(n) = (-1)^n u(n)$

（2）$y(n) - \dfrac{1}{4}y(n-1) = f(n)$，$f(n) = \cos\left(\dfrac{\pi}{2}n\right)u(n)$

（3）$y(n) - \dfrac{1}{4}y(n-1) = f(n) - f(n-1)$，$f(n) = (-1)^n u(n)$

（4）$y(n) - \dfrac{3}{4}y(n-1) + \dfrac{1}{8}y(n-2) = f(n)$，$f(n) = u(n)$

4-5　列出图 4.24 所示系统的差分方程，已知边界条件 $y(-1) = 0$。分别求以下输入序列时的输出 $y(n)$，并绘出其图形（用逐次迭代法求解）。

（1）$x(n) = \delta(n)$　　　　　　　　　　（2）$x(n) = u(n)$

（3）$x(n) = u(n) - u(n-5)$

4-6　列出图 4.25 所示系统的差分方程，已知边界条件 $y(-1) = 0$，并限定当 $n<0$ 时，$y(n) = 0$，若 $x(n) = \delta(n)$，求 $y(n)$。比较本题与 4-5 题相应的结果。

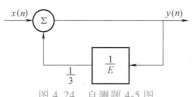

图 4.24　自测题 4-5 图

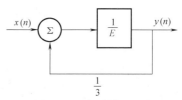

图 4.25　自测题 4-6 图

4-7　列出图 4.26 所示系统的差分方程，指出其阶次。

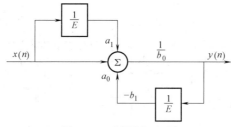

图 4.26　自测题 4-7 图

4-8　列出图 4.27 所示系统的差分方程，指出其阶次。

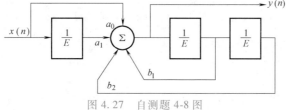

图 4.27　自测题 4-8 图

4-9　解差分方程。

（1）$y(n) + 3y(n-1) + 2y(n-2) = 0, y(-1) = 2, y(-2) = 1$

（2）$y(n) + 2y(n-1) + y(n-2) = 0, y(0) = y(-1) = 1$

（3）$y(n) + y(n-2) = 0, y(0) = 1, y(1) = 2$

4-10 解差分方程

$$y(n)-7y(n-1)+16y(n-2)-12y(n-3)=0$$
$$y(1)=-1,y(2)=-3,y(3)=-5$$

4-11 解差分方程 $y(n)=-5y(n-1)+n$，已知边界条件 $y(-1)=0$。

4-12 解差分方程 $y(n)+2y(n-1)+y(n-2)=3^n$，已知边界条件 $y(-1)=0,y(0)=0$。

4-13 解差分方程 $y(n)-y(n-1)=n$，已知边界条件 $y(-1)=0$。

(1) 用迭代法逐次求出数值解，归纳一个闭式解答（对于 $n \geq 0$）。

(2) 分别求出齐次解与特解，讨论此题应如何假设特解函数式。

4-14 求下列方程描述的离散时间系统的单位脉冲响应 $h(n)$。

(1) $y(n)-0.5y(n-1)=f(n)$

(2) $y(n)=f(n)-f(n-1)$

(3) $y(n)-\dfrac{3}{4}y(n-1)+\dfrac{1}{8}y(n-2)=f(n)$

(4) $y(n)-5y(n-1)+6y(n-2)=f(n)-3f(n-2)$

4-15 计算以下序列的卷积和。

(1) $2^n u(n) * u(n-4)$

(2) $u(n) * u(n-2)$

(3) $\left(\dfrac{1}{2}\right)^n u(n) * u(n)$

(4) $\left(\dfrac{1}{2}\right)^n u(n) * 2^n u(n)$

(5) $\alpha^n u(n) * \beta^n u(n)$

(6) $\alpha^n u(n) * \alpha^{-n} u(-n)$

4-16 求图 4.28 所示离散时间系统的单位脉冲响应 $h(n)$。图中 $h_1(n)=\left(\dfrac{1}{2}\right)^n u(n)$，$h_2(n)=\left(\dfrac{1}{3}\right)^n u(n)$，$h_3(n)=\delta(n-1)$，$h_4(n)=\left(\dfrac{1}{4}\right)^n u(n)$。

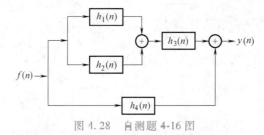

图 4.28 自测题 4-16 图

4-17 判断下列离散时间系统是否是因果、稳定系统。

(1) $h(n)=\delta(n+1)+\delta(n)-\delta(n-1)$

(2) $h(n)=a^n u(n)$

(3) $h(n)=a^n u(-n)$

(4) $h(n)=\cos\left(\dfrac{\pi}{2}n\right)u(n)$

4-18 已知零状态因果系统的单位阶跃响应为

$$g(n)=[2^n+3 \cdot 5^n+10]u(n)$$

(1) 求系统的差分方程；

(2) 若激励 $x(n)=2G_{10}(n)=2[u(n)-u(n-10)]$，求零状态响应。

4-19 已知系统如图 4.29 所示。

(1) 求系统的差分方程；

(2) 激励 $x(n)=u(n)$，全响应的初始值 $y(0)=9$，$y(1)=13.9$，求系统的零输入响应 $y_{zi}(n)$。

(3) 求系统的零状态响应 $y_{zs}(n)$；

(4) 求全响应 $y(n)$。

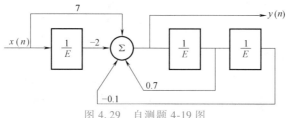

图 4.29　自测题 4-19 图

4-20　如图 4.30 所示的系统包括两个级联的线性时不变系统，它们的单位样值响应分别为 $h_1(n)$ 和 $h_2(n)$。已知 $h_1(n) = \delta(n) - \delta(n-3)$，$h_2(n) = (0.8)^n u(n)$。令 $x(n) = u(n)$。

（1）按下式求 $y(n)$

$$y(n) = [x(n) * h_1(n)] * h_2(n)$$

（2）按下式求 $y(n)$

$$y(n) = x(n) * [h_1(n) * h_2(n)]$$

两种方法的结果应当是一样的（卷积的结合律）。

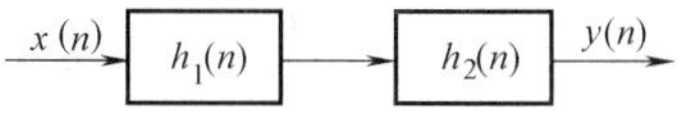

$$\underrightarrow{x(n)}\ \boxed{h_1(n)}\ \longrightarrow\ \boxed{h_2(n)}\ \underrightarrow{y(n)}$$

图 4.30　自测图 4-20 题

MATLAB 练习

M4-1　试用 MATLAB 计算如下所示序列 $f_1(n)$ 与 $f_2(n)$ 的卷积和 $f(n)$，绘出它们的时域波形，并说明序列 $f_1(n)$ 和 $f_2(n)$ 的时域宽度与序列 $f(n)$ 的时域宽度的关系。

$$f_1(n) = \begin{cases} 1, & n = \pm 1 \\ 2, & n = 0 \\ 0, & 其他 \end{cases} \qquad f_2(n) = \begin{cases} 1, & -2 \leqslant n \leqslant 2 \\ 0, & 其他 \end{cases}$$

M4-2　利用 conv 函数验证卷积和的交换律、分配律与结合律。

M4-3　已知 $f(n) = \pm f(N-1-n)$，$h(n) = \pm h(N-1-n)$，用 conv 函数计算 $f(n) * h(n)$，并归纳总结 $f(n) * h(n)$ 的对称关系。

M4-4　利用 impz( ) 函数，计算系统

$$y(n) + 0.7y(n-1) - 0.45y(n-2) - 0.6y(n-3)$$
$$= 0.8f(n) - 0.44f(n-1) + 0.36f(n-2) + 0.02f(n-3)$$

的单位脉冲响应，并画出前 31 点的图。

M4-5　利用 MATLAB 的 filter( ) 函数，求出下列系统的单位脉冲响应，并判断系统是否稳定。并根据结果写出启示。

（1）$y(n) - 1.845y(n-1) + 0.850586y(n-2) = f(n)$；

（2）$y(n) - 1.85y(n-1) + 0.850y(n-2) = f(n)$。

第 5 章　连续时间信号与系统的频域分析

本章概述：通过将周期信号展开成傅里叶（Fourier）级数，引入周期信号的频谱分析。将非周期信号看成是周期信号的极限情况，由傅里叶级数引出了傅里叶变换。在常用非周期信号的频谱分析基础上，分析了频域中信号通过系统时的响应，并着重介绍了系统的频率响应。最后介绍了信号抽样与恢复、无失真传输、低通滤波器等系统分析的内容。

知识点：①熟练掌握傅里叶级数和傅里叶变换的概念、性质和它们之间的联系。系统的频域分析部分，了解在频域中分析系统的优越性。②在系统频域分析基本方法的基础上，理解理想低通、高通和带通滤波器及无失真传输条件的概念。③熟练掌握抽样定理的内容，并理解抽样信号频谱与原信号频谱之间的关系以及与此相关的应用内容。

5.1　周期信号的频谱分析——傅里叶级数

周期信号可以在完备正交函数集中展开成无穷级数。由于三角函数集和虚指数函数集都是完备正交函数集，所以周期信号既可以展开成三角形式的傅里叶级数，也可以展开成指数形式的傅里叶级数。下面将分别加以介绍。

5.1.1　三角形式的傅里叶级数

平面或空间中以坐标原点为起始点的任一向量，都可以分解为二维或三维正交矢量的线性组合，各正交矢量的系数就是该向量在各矢量方向上的投影，亦即向量末端点的坐标。对于一个向量而言，这种分解是充分和唯一的，即这种正交矢量集是完备的。

如果将向量换成周期信号，正交矢量集换成正交函数集，可以证明，只要正交函数集是完备的，则周期信号表示成正交函数集的线性组合也是成立的，且是唯一的。

1. 周期信号及其基本参数

周期信号是定义在 $(-\infty, +\infty)$ 上，每隔一定时间 T_0 就按相同规律重复变化的信号，即 $f(t+nT_0)=f(t)$。其中，n 为整数，T_0 为满足上式的最小正数，称为信号 $f(t)$ 的基波周期。$\omega_0 = 2\pi/T_0$ 称为信号 $f(t)$ 的基波角频率，$f_0 = 1/T_0$ 称为信号 $f(t)$ 的基波频率。

需要注意的是：

1) 周期信号的定义域为整个时间轴。

2) 将定义域为有限时间范围的信号在时间轴的两个方向分别作周期性延拓，也可得到周期信号，如图 5.1 所示。

常见的周期信号有正弦信号和虚指数信号，即

$$f(t) = \sin(\omega_0 t + \varphi)$$

和

$$f(t) = e^{j\omega_0 t}$$

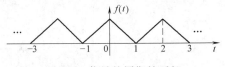

图 5.1　信号的周期性延拓

2. 三角形式的傅里叶级数

三角函数集 $\{1, \cos\omega_0 t, \cos 2\omega_0 t, \cdots, \cos n\omega_0 t, \cdots, \sin\omega_0 t, \sin 2\omega_0 t, \cdots, \sin m\omega_0 t, \cdots\}$ 在区间 $[t_0, t_0 + T_0]$ 内满足以下关系：

$$\int_{t_0}^{t_0+T_0} \sin n\omega_0 t \mathrm{d}t = \int_{t_0}^{t_0+T_0} \cos n\omega_0 t \mathrm{d}t = 0$$

$$\int_{t_0}^{t_0+T_0} \cos n\omega_0 t \sin m\omega_0 t \mathrm{d}t = 0$$

$$\int_{t_0}^{t_0+T_0} \cos n\omega_0 t \cos m\omega_0 t \mathrm{d}t = 0 \quad (n \neq m)$$

$$\int_{t_0}^{t_0+T_0} \sin n\omega_0 t \sin m\omega_0 t \mathrm{d}t = 0 \quad (n \neq m)$$

$$\int_{t_0}^{t_0+T_0} \cos^2 n\omega_0 t \mathrm{d}t = \int_{t_0}^{t_0+T_0} \sin^2 n\omega_0 t \mathrm{d}t = \frac{T_0}{2}$$

$$\int_{t_0}^{t_0+T_0} 1^2 \mathrm{d}t = T_0$$

式中，n 和 m 均为正整数；$\omega_0 = 2\pi/T_0$。上式说明三角函数集是正交函数集。由于三角函数集中的元素有无穷多个，所以三角函数集是完备正交集。也就是说，任意一个周期信号 $f(t)$ 均可展开成傅里叶级数，但前提是必须满足以下的狄里赫利条件：

1）$f(t)$ 在一个周期内绝对可积。

2）$f(t)$ 在一个周期内的断点数是有限的。

3）$f(t)$ 在一个周期内的极值点数是有限的。由于一般的周期信号都满足狄里赫利条件，所以以后不再提及。

由以上的讨论可知，任意一个周期信号 $f(t)$ 均可以展开成以下的傅里叶级数

$$f(t) = \frac{a_0}{2} + a_1\cos\omega_0 t + a_2\cos 2\omega_0 t + \cdots + b_1\sin\omega_0 t + b_2\sin 2\omega_0 t + \cdots$$

$$= \frac{a_0}{2} + \sum_{n=1}^{\infty} (a_n\cos n\omega_0 t + b_n\sin n\omega_0 t) \tag{5-1}$$

式（5-1）就是周期信号 $f(t)$ 在区间 $[t_0, t_0+T_0]$ 上的三角级数展开式。其中，第一项为直流分量，第二项为各种频率的交流分量。分别用函数 $\cos n\omega_0 t$ 和 $\sin n\omega_0 t$ 去乘式（5-1）的两端，并在区间 $[t_0, t_0+T_0]$ 上进行积分，由三角函数集的正交特性可得

$$\begin{cases} a_n = \dfrac{2}{T_0}\displaystyle\int_{t_0}^{t_0+T_0} f(t)\cos n\omega_0 t \mathrm{d}t \\ b_n = \dfrac{2}{T_0}\displaystyle\int_{t_0}^{t_0+T_0} f(t)\sin n\omega_0 t \mathrm{d}t \end{cases} \tag{5-2}$$

在式（5-2）的第一项中，取 $n=0$ 可得

$$a_0 = \frac{2}{T_0}\int_{t_0}^{t_0+T_0} f(t)\mathrm{d}t \tag{5-3}$$

由式（5-3）可知，周期信号 $f(t)$ 的平均值为

$$\frac{1}{T_0}\int_{t_0}^{t_0+T_0}f(t)\,\mathrm{d}t = \frac{a_0}{2} \tag{5-4}$$

也就是周期信号的直流分量，也是三角形式的傅里叶级数常数项的物理意义。

在式（5-1）中，每一种频率分量均由两项构成，可以合并成一项

$$f(t) = \frac{a_0}{2} + \sum_{n=1}^{\infty} A_n\cos(n\omega_0 t + \varphi_n) \tag{5-5}$$

式中，A_n 为 n 次谐波振幅；φ_n 为 n 次谐波初相位；$n\omega_0$ 为 n 次谐波分量的角频率，当 $n=1$ 时即为基波分量的角频率 ω_0。

式中

$$A_n = \sqrt{a_n^2 + b_n^2}, \varphi_n = -\tan^{-1}\frac{b_n}{a_n} \tag{5-6}$$

$$a_n = A_n\cos\varphi_n, b_n = -A_n\sin\varphi_n$$

由式（5-5）可以看出，任一周期信号均可以表示成一个直流分量和无限多个谐波分量之和。然而，实际分析中不可能选取无穷多项谐波分量来表示周期信号，一般是在允许的误差范围内，选取足够多项就可以了，即

$$f(t) \approx \frac{a_0}{2} + \sum_{n=1}^{N}(a_n\cos n\omega_0 t + b_n\sin n\omega_0 t) \tag{5-7}$$

【例 5-1】 求图 5.2 所示标准方波信号的傅里叶级数展开式。

解： 由图 5.2 可以看出，该方波信号的周期为 T_0。在一个周期内，$f(t)$ 的表达式为

$$f(t) = \begin{cases} 1 & 0 < t < \dfrac{T_0}{2} \\ -1 & \dfrac{T_0}{2} < t < T_0 \end{cases} \tag{5-8}$$

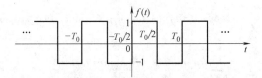

图 5.2 标准方波信号

其傅里叶系数为

$$a_0 = \frac{2}{T_0}\int_0^{T_0}f(t)\,\mathrm{d}t = \frac{2}{T_0}\left(\int_0^{\frac{T_0}{2}}\mathrm{d}t - \int_{\frac{T_0}{2}}^{T_0}\mathrm{d}t\right) = 0 \tag{5-9}$$

$$a_n = \frac{2}{T_0}\int_0^{T_0}f(t)\cos n\omega_0 t\,\mathrm{d}t$$

$$= \frac{2}{T_0}\left(\int_0^{\frac{T_0}{2}}\cos n\omega_0 t\,\mathrm{d}t - \int_{\frac{T_0}{2}}^{T_0}\cos n\omega_0 t\,\mathrm{d}t\right) = 0 \tag{5-10}$$

$$b_n = \frac{2}{T_0}\int_0^{T_0}f(t)\sin n\omega_0 t\,\mathrm{d}t$$

$$= \frac{2}{T_0}\left(\int_0^{\frac{T_0}{2}} \sin n\omega_0 t \mathrm{d}t - \int_{\frac{T_0}{2}}^{T_0} \sin n\omega_0 t \mathrm{d}t\right)$$

$$= \frac{2}{n\pi}[1 - (-1)^n]$$

$$= \begin{cases} \dfrac{4}{n\pi}, & n \text{ 为奇数} \\ 0, & n \text{ 为偶数} \end{cases} \tag{5-11}$$

该方波信号的傅里叶级数展开式为

$$f(t) = \frac{a_0}{2} + \sum_{n=1}^{\infty}(a_n \cos n\omega_0 t + b_n \sin n\omega_0 t)$$

$$= \frac{4}{\pi}\left(\sin \omega_0 t + \frac{1}{3}\sin 3\omega_0 t + \frac{1}{5}\sin 5\omega_0 t + \cdots\right)$$

$$= \frac{4}{\pi}\sum_{n=1}^{\infty} \frac{1}{2n-1}\sin(2n-1)\omega_0 t \tag{5-12}$$

式中，$\omega_0 = 2\pi/T_0$。

如果选用式（5-12）中的前 N 项和来逼近图 5.2 所示的标准方波信号，则有

$$f(t) = \frac{4}{\pi}\sum_{n=1}^{N} \frac{1}{2n-1}\sin(2n-1)\omega_0 t \tag{5-13}$$

当 N 为不同值时的逼近效果如图 5.3 所示。

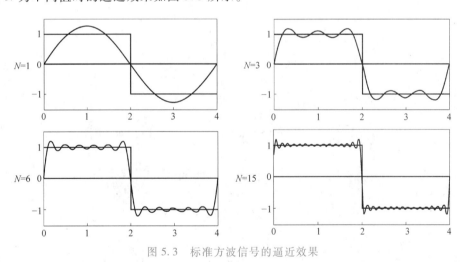

图 5.3　标准方波信号的逼近效果

图 5.3 为一个周期内的逼近结果，其周期 $T_0 = 4$。由图 5.3 可以看出，N 越大，函数逼近的精度就越高，但在断点处有超调峰值存在，且该峰值并不随 N 的增大而减小，当方波信号的幅度为 1 时，该峰值约为 1.09，这种现象称为 Gibbs 现象。

5.1.2　指数形式的傅里叶级数

三角形式的傅里叶级数由一个直流项和无穷多个不同频率的交流分量（余弦量）组成。通过欧拉公式，可以将三角形式的傅里叶级数变换成指数形式的傅里叶级数。另一方面，由

于指数函数集也是完备正交函数集，所以，任意一个周期信号可以表示成无穷多个不同频率的虚指数信号的线性组合，即可展开成指数形式的傅里叶级数。

1. 由三角形式的傅里叶级数到指数形式的傅里叶级数

由上一节的讨论我们已经知道，任意一个周期信号均可展开成傅里叶级数。将式（5-5）重写如下：

$$f(t) = \frac{a_0}{2} + \sum_{n=1}^{\infty} A_n \cos(n\omega_0 t + \varphi_n) \tag{5-14}$$

由欧拉公式有

$$
\begin{aligned}
f(t) &= \frac{a_0}{2} + \sum_{n=1}^{\infty} \frac{A_n}{2} \left[e^{j(n\omega_0 t + \varphi_n)} + e^{-j(n\omega_0 t + \varphi_n)} \right] \\
&= \frac{a_0}{2} + \sum_{n=1}^{\infty} \left[\left(\frac{A_n}{2} e^{j\varphi_n} \right) e^{jn\omega_0 t} + \left(\frac{A_n}{2} e^{-j\varphi_n} \right) e^{-jn\omega_0 t} \right] \\
&= C_0 + \sum_{n=1}^{\infty} \left(C_n e^{jn\omega_0 t} + C_{-n} e^{-jn\omega_0 t} \right) \\
&= C_0 + \sum_{n=-\infty, n\neq 0}^{\infty} C_n e^{jn\omega_0 t} = \sum_{n=-\infty}^{\infty} C_n e^{jn\omega_0 t}
\end{aligned} \tag{5-15}
$$

式（5-15）即为指数形式的傅里叶级数，其中

$$C_n = \frac{1}{2} A_n e^{j\varphi_n} = \frac{1}{2}(A_n \cos\varphi_n + jA_n \sin\varphi_n) = \frac{1}{2}(a_n - jb_n)$$

$$C_{-n} = \frac{1}{2} A_n e^{-j\varphi_n} = \frac{1}{2}(A_n \cos\varphi_n - jA_n \sin\varphi_n) = \frac{1}{2}(a_n + jb_n)$$

$$C_0 = \frac{a_0}{2} \tag{5-16}$$

将式（5-2）代入式（5-16）有

$$
\begin{aligned}
C_n &= \frac{1}{T_0} \left[\int_{t_0}^{t_0+T_0} f(t) \cos n\omega_0 t \, dt - j \int_{t_0}^{t_0+T_0} f(t) \sin n\omega_0 t \, dt \right] \\
&= \frac{1}{T_0} \left[\int_{t_0}^{t_0+T_0} f(t) \left[\cos n\omega_0 t - j\sin n\omega_0 t \right] \, dt \right] = \frac{1}{T_0} \int_{t_0}^{t_0+T_0} f(t) e^{-jn\omega_0 t} \, dt
\end{aligned}
$$

$$\tag{5-17}$$

在式（5-17）中，令 $n=0$ 有

$$C_0 = \frac{1}{T_0} \int_{t_0}^{t_0+T_0} f(t) \, dt = \frac{a_0}{2} \tag{5-18}$$

同理可得

$$C_{-n} = \frac{1}{T_0} \int_{t_0}^{t_0+T_0} f(t) e^{jn\omega_0 t} \, dt \tag{5-19}$$

式（5-17）和式（5-18）为指数形式傅里叶级数的系数计算公式。由式（5-16）或式（5-17）可知，C_n 一般为复数。当 $f(t)$ 为实信号时，由式（5-16）及式（5-17）和式（5-19）可立即得到如下结论：

$$C_{-n}^* = C_n \tag{5-20}$$

从而有

$$f(t) = \sum_{n=-\infty}^{\infty} C_n e^{jn\omega_0 t} = C_0 + \sum_{n=-\infty}^{-1} C_n e^{jn\omega_0 t} + \sum_{n=1}^{\infty} C_n e^{jn\omega_0 t}$$

$$= C_0 + \sum_{n=1}^{\infty} (C_n e^{jn\omega_0 t} + C_{-n} e^{-jn\omega_0 t}) \tag{5-21}$$

因为

$$(C_{-n} e^{-jn\omega_0 t})^* = C_{-n}^* (e^{-jn\omega_0 t})^* = C_n e^{jn\omega_0 t} \tag{5-22}$$

所以

$$f(t) = C_0 + 2 \sum_{n=1}^{\infty} \mathrm{Re}(C_n e^{jn\omega_0 t}) \tag{5-23}$$

2. 由指数函数集的正交性到指数形式的傅里叶级数

指数函数集 $\{e^{jn\omega_0 t} | n = 0, \pm 1, \pm 2, \cdots\}$ 的元素为无数个不同角频率的虚指数函数。在区间 $[t_0, t_0 + T_0]$ 内，其各个频率分量具有如下关系

$$\begin{cases} \int_{t_0}^{t_0+T_0} (e^{jn\omega_0 t})(e^{jn\omega_0 t})^* \mathrm{d}t = T_0 \\ \int_{t_0}^{t_0+T_0} (e^{jn\omega_0 t})(e^{jm\omega_0 t})^* \mathrm{d}t = 0 \qquad (n \neq m) \end{cases} \tag{5-24}$$

其中

$$\begin{cases} (e^{jn\omega_0 t})^* = e^{-jn\omega_0 t} \\ (e^{jm\omega_0 t})^* = e^{-jm\omega_0 t} \end{cases} \tag{5-25}$$

式中，m，n 均为整数；$T_0 = 2\pi/\omega_0$ 为指数函数的基波周期。式（5-24）说明指数函数集是正交函数集。由于指数函数集中的元素为无穷多个，所以指数函数集也是完备正交集。任意一个周期信号可以表示成指数函数集的线性组合，即展开成指数形式的傅里叶级数，而且这种表示（展开）是唯一的，即

$$f(t) = C_0 + C_1 e^{j\omega_0 t} + C_2 e^{j2\omega_0 t} + \cdots + C_n e^{jn\omega_0 t} + \cdots +$$

$$C_{-1} e^{-j\omega_0 t} + C_{-2} e^{-j2\omega_0 t} + \cdots + C_{-n} e^{-jn\omega_0 t} + \cdots$$

$$= \sum_{n=-\infty}^{\infty} C_n e^{jn\omega_0 t} \tag{5-26}$$

用 $e^{-jn\omega_0 t}$ 乘以式（5-26）的两端，并在区间 $[t_0, t_0 + T_0]$ 上进行积分，由指数函数集的正交性，可求得系数 C_n 为

$$C_n = \frac{1}{T_0} \int_{t_0}^{t_0+T_0} f(t) e^{-jn\omega_0 t} \mathrm{d}t \tag{5-27}$$

由此可推出式（5-18）~式（5-23）的结果。另外，由指数形式傅里叶级数的系数表达式（5-27）还可以得到三角形式傅里叶级数的系数表达式。

设

$$C_n = \frac{a_n - jb_n}{2} \tag{5-28}$$

结合式（5-27）有

$$\frac{a_n}{2} - \mathrm{j}\frac{b_n}{2} = \frac{1}{T_0}\int_{t_0}^{t_0+T_0} f(t)\cos n\omega_0 t\mathrm{d}t - \mathrm{j}\frac{1}{T_0}\int_{t_0}^{t_0+T_0} f(t)\sin n\omega_0 t\mathrm{d}t \tag{5-29}$$

故

$$\begin{cases} a_n = \dfrac{2}{T_0}\displaystyle\int_{t_0}^{t_0+T_0} f(t)\cos n\omega_0 t\mathrm{d}t \\[3mm] b_n = \dfrac{2}{T_0}\displaystyle\int_{t_0}^{t_0+T_0} f(t)\sin n\omega_0 t\mathrm{d}t \end{cases} \tag{5-30}$$

其中

$$a_0 = 2C_0 = \frac{2}{T_0}\int_{t_0}^{t_0+T_0} f(t)\mathrm{d}t \tag{5-31}$$

在周期信号的频谱分析中，一般使用指数形式的傅里叶级数，原因有两个方面：一是计算量小（只计算一个系数），二是其表达形式非常简洁（虽然 C_n 往往是复数），便于进行信号的频谱分析。所以，本书往后的内容均采用指数形式的傅里叶级数。

【例 5-2】 求图 5.4 所示三角波信号的傅里叶级数展开式。

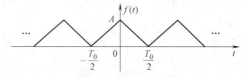

图 5.4　三角波信号

解： 在一个周期内，$f(t)$ 的表达式为

$$f(t) = \begin{cases} A\left(1 + \dfrac{2}{T_0}t\right), & -\dfrac{T_0}{2} \leqslant t < 0 \\[3mm] A\left(1 - \dfrac{2}{T_0}t\right), & 0 \leqslant t \leqslant \dfrac{T_0}{2} \end{cases} \tag{5-32}$$

所以

$$\begin{aligned} C_0 &= \frac{1}{T_0}\int_{-\frac{T_0}{2}}^{\frac{T_0}{2}} f(t)\mathrm{d}t = \frac{1}{T_0}\left[\int_{-\frac{T_0}{2}}^{0} A\left(1 + \frac{2}{T_0}t\right)\mathrm{d}t + \int_{0}^{\frac{T_0}{2}} A\left(1 - \frac{2}{T_0}t\right)\mathrm{d}t\right] \\[2mm] &= \frac{2A}{T_0}\int_{0}^{\frac{T_0}{2}}\left(1 - \frac{2}{T_0}t\right)\mathrm{d}t = \frac{A}{2} \end{aligned} \tag{5-33}$$

$$\begin{aligned} C_n &= \frac{1}{T_0}\int_{-\frac{T_0}{2}}^{\frac{T_0}{2}} f(t)\,\mathrm{e}^{-\mathrm{j}n\omega_0 t}\mathrm{d}t \\[2mm] &= \frac{1}{T_0}\left[\int_{-\frac{T_0}{2}}^{0} A\left(1 + \frac{2}{T_0}t\right)\mathrm{e}^{-\mathrm{j}n\omega_0 t}\mathrm{d}t + \int_{0}^{\frac{T_0}{2}} A\left(1 - \frac{2}{T_0}t\right)\mathrm{e}^{-\mathrm{j}n\omega_0 t}\mathrm{d}t\right] \\[2mm] &= \frac{A}{T_0}\int_{0}^{\frac{T_0}{2}}\left(1 - \frac{2}{T_0}t\right)\mathrm{e}^{\mathrm{j}n\omega_0 t}\mathrm{d}t + \frac{A}{T_0}\int_{0}^{\frac{T_0}{2}}\left(1 - \frac{2}{T_0}t\right)\mathrm{e}^{-\mathrm{j}n\omega_0 t}\mathrm{d}t \end{aligned}$$

$$= \frac{2A}{T_0} \int_0^{\frac{T_0}{2}} \left(1 - \frac{2}{T_0} t \right) \cos n\omega_0 t \mathrm{d}t = \frac{A}{\pi^2 n^2} [1 - (-1)^n] \tag{5-34}$$

故

$$f(t) = C_0 + 2 \sum_{n=1}^{\infty} \mathrm{Re}(C_n \mathrm{e}^{jn\omega_0 t}) = \frac{A}{2} + \frac{4A}{\pi^2} \sum_{n=1}^{\infty} \frac{1}{(2n-1)^2} \cos(2n-1)\omega_0 t \tag{5-35}$$

5.1.3　周期信号的对称性与傅里叶系数的关系

由前面的讨论可知，周期信号的傅里叶系数是该信号与正弦或余弦信号的积在一个周期内的积分。如果周期信号 $f(t)$ 为实信号，且其波形具有某种对称性，则其傅里叶系数将具有一定的特性，即某些项会缺失，从而使傅里叶级数表达式变得比较简单。周期信号的对称性主要有两种：一种是一个周期相对于纵坐标轴的对称关系，即奇函数或偶函数，这种对称性将导致其傅里叶级数中只有正弦项或余弦项；另一种是一个周期内前后半波的对称关系，即一个周期内前后半波是否重叠或镜像对称，这种对称性将导致其傅里叶级数中只有偶次谐波或奇次谐波。

1. 偶函数

如果周期信号 $f(t)$ 的波形关于纵轴对称，即

$$f(t) = f(-t) \tag{5-36}$$

则 $f(t)$ 是偶函数。此时有

$$a_n = \frac{2}{T_0} \int_{-\frac{T_0}{2}}^{\frac{T_0}{2}} f(t) \cos n\omega_0 t \mathrm{d}t = \frac{4}{T_0} \int_0^{\frac{T_0}{2}} f(t) \cos n\omega_0 t \mathrm{d}t$$

$$b_n = \frac{2}{T_0} \int_{-\frac{T_0}{2}}^{\frac{T_0}{2}} f(t) \sin n\omega_0 t \mathrm{d}t = 0 \tag{5-37}$$

式中，$n = 0, 1, 2, \cdots$。其傅里叶级数为

$$f(t) = \frac{a_0}{2} + \sum_{n=1}^{\infty} a_n \cos n\omega_0 t \tag{5-38}$$

所以，若实信号 $f(t)$ 为偶函数信号，其傅里叶级数展开式中不含正弦项，只含有直流项和余弦项。例如，图 5.4 所示三角波信号为偶信号，其傅里叶级数展开式中只含有直流项和余弦项，如式（5-35）所示。

2. 奇函数

如果周期信号 $f(t)$ 的波形关于纵轴反对称，或者说关于原点对称，即

$$f(t) = -f(-t)$$

则 $f(t)$ 是奇函数。此时有

$$a_n = \frac{2}{T_0} \int_{-\frac{T_0}{2}}^{\frac{T_0}{2}} f(t) \cos n\omega_0 t \mathrm{d}t = 0$$

$$b_n = \frac{2}{T_0} \int_{-\frac{T_0}{2}}^{\frac{T_0}{2}} f(t) \sin n\omega_0 t \mathrm{d}t = \frac{4}{T_0} \int_0^{\frac{T_0}{2}} f(t) \sin n\omega_0 t \mathrm{d}t \tag{5-39}$$

式中，$n = 0, 1, 2, \cdots$。其傅里叶级数为

$$f(t) = \sum_{n=1}^{\infty} b_n \sin n\omega_0 t \qquad (5\text{-}40)$$

所以，若实信号 $f(t)$ 为奇函数信号，其傅里叶级数展开式中不含直流项和余弦项，只含有正弦项。例如，图 5.2 所示标准方波信号为奇函数信号，其傅里叶级数展开式中只含有正弦项，如式（5-12）所示。

3. 偶谐函数

如果周期信号 $f(t)$ 的波形在时间轴上平移半个周期后所得波形与原波形完全重叠，即

$$f(t) = f(t \pm T_0/2) \qquad (5\text{-}41)$$

则称 $f(t)$ 为偶谐函数信号或半波重叠函数信号，其傅里叶级数展开式中只含有正弦波和余弦波的偶次谐波分量。图 5.5 即为偶谐函数信号的一个实例。

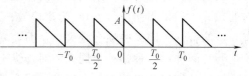

图 5.5　偶谐函数信号

显然，偶谐函数信号的基波周期为原周期信号基波周期的一半，即 $T_1 = T_0/2$，角频率为 $\omega_1 = 2\pi/T_1 = 2\omega_0$，其对应的傅里叶级数展开式为

$$f(t) = \sum_{n=-\infty}^{\infty} C_n e^{jn\omega_1 t} = \sum_{n=-\infty}^{\infty} C_n e^{j2n\omega_0 t} \qquad (5\text{-}42)$$

其中

$$C_n = \frac{1}{T_1} \int_0^{T_1} f(t) e^{-jn\omega_1 t} dt = \frac{2}{T_0} \int_0^{\frac{T_0}{2}} f(t) e^{-j2n\omega_0 t} dt \qquad (5\text{-}43)$$

所以偶谐函数信号的傅里叶级数展开式中只含有偶次谐波分量，无奇次谐波分量。

4. 奇谐函数

如果周期信号 $f(t)$ 的波形在时间轴上平移半个周期后所得波形与原波形关于时间轴上下（镜像）对称，即

$$f(t) = -f(t \pm T_0/2) \qquad (5\text{-}44)$$

则称 $f(t)$ 为奇谐函数信号或半波对称函数信号，其傅里叶级数展开式中只含有正弦波和余弦波的奇次谐波分量，无偶次谐波分量。图 5.6 即为奇谐函数信号的一个实例。

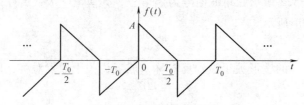

图 5.6　奇谐函数信号图

在一个周期（0，T_0）内，构造周期为 T_0 的周期信号 $f_0(t)$ 如下

$$f_0(t) = \begin{cases} \dfrac{2A}{T_0}\left(\dfrac{T_0}{2} - t\right), & 0 \leq t \leq \dfrac{T_0}{2} \\[3mm] 0, & \dfrac{T_0}{2} \leq t \leq T_0 \end{cases} \qquad (5\text{-}45)$$

由图 5.6 可知，在一个周期 $(0，T_0)$ 内，奇谐函数信号 $f(t)$ 可以由 $f_0(t)$ 表示为

$$f(t) = f_0(t) - f_0(t - T_0/2) \tag{5-46}$$

假设周期信号 $f_0(t)$ 的傅里叶级数展开式为

$$f_0(t) = \sum_{n=-\infty}^{\infty} C_n e^{jn\omega_0 t} \tag{5-47}$$

由于 $\omega_0 T_0 = 2\pi$，所以有

$$f_0(t - T_0/2) = \sum_{n=-\infty}^{\infty} C_n e^{jn\omega_0(t-T_0/2)} = \sum_{n=-\infty}^{\infty} (-1)^n C_n e^{jn\omega_0 t} \tag{5-48}$$

故

$$f(t) = f_0(t) - f_0(t - T_0/2) = \sum_{n=-\infty, \, n为奇数}^{\infty} 2C_n e^{jn\omega_0 t} \tag{5-49}$$

其中

$$C_n = \frac{1}{T_0} \int_0^{\frac{T_0}{2}} f(t) e^{-jn\omega_0 t} dt \tag{5-50}$$

所以奇谐函数信号的傅里叶级数展开式中只含有奇次谐波分量，无偶次谐波分量。

需要注意的是，一个周期信号既可以是奇（偶）函数，也可以是奇（偶）谐函数，此时周期信号的傅里叶级数展开式将会具有更加简洁的形式。例如图 5.2 所示的方波信号，它既是奇函数信号也是奇谐函数信号，所以其傅里叶级数展开式中只含有奇次的正弦项，如式（5-12）所示。

5.1.4　傅里叶级数的基本性质

周期信号的傅里叶级数展开式将周期信号表达成了直流分量和各种谐波分量的线性组合，这种表达式的重要意义在于其结构形式的统一性，不同周期信号表达式的不同之处在于其表达式的系数不同，也就是说周期信号 $f(t)$ 与其傅里叶系数 C_n 之间具有一一对应的关系。如果周期信号在时域中发生了变化（即进行了某种基本运算），其对应的傅里叶系数 C_n 也将发生相应的变化，这两种变化间的关系就体现了傅里叶级数的基本性质。研究傅里叶级数的基本性质有助于深入理解傅里叶级数的基本概念和内涵，也有助于简化傅里叶系数 C_n 的计算。下面将给出傅里叶级数的四种基本性质。

1. 线性性质

设周期信号 $f_1(t)$ 和 $f_2(t)$ 的周期均为 T_0，它们的傅里叶系数分别为 C_{n1} 和 C_{n2}，记为

$$f_1(t) \longleftrightarrow C_{n1}$$
$$f_2(t) \longleftrightarrow C_{n2}$$

显然，$f_1(t)$ 和 $f_2(t)$ 的线性组合 $af_1(t) + bf_2(t)$ 也是周期为 T_0 的周期信号，其傅里叶系数也具有相同的形式，即

$$af_1(t) + bf_2(t) \longleftrightarrow aC_{n1} + bC_{n2} \tag{5-51}$$

式（5-51）可以推广到多个信号的情形。

2. 时移性质

设周期信号 $f(t)$ 的周期为 T_0，且 $f(t) \longleftrightarrow C_n$，则

$$f(t-t_0) \longleftrightarrow e^{-jn\omega_0 t_0} C_n \tag{5-52}$$

【例 5-3】 求图 5.7 所示一般方波信号的傅里叶级数展开式。

解： 显然，一般方波信号与图 5.2 所示的标准方波信号之间有如下关系

$$f_1(t) = \frac{2A}{T_0} f(t \pm T_0/2)$$

利用例 5-1 的式（5-9）~式（5-11）结果，由式（5-16）可得图 5.2 所示标准方波信号的指数形式的傅里叶系数为（也可用定义求得）

$$C_n = \frac{a_n - \mathrm{j}b_n}{2} = \frac{-\mathrm{j}}{2}b_n = \frac{1}{\mathrm{j}n\pi}[1 - (-1)^n]$$

由傅里叶级数的线性性质和时移性质，可得图 5.7 所示一般方波信号 $f_1(t)$ 的指数形式的傅里叶系数为

$$C_{n1} = \frac{2A}{T_0} \mathrm{e}^{-\mathrm{j}n\omega_0(\mp T_0/2)} C_n = \frac{2A}{\mathrm{j}n\pi T_0}(-1)^n[1 - (-1)^n]$$

$$= \frac{\mathrm{j}2A}{n\pi T_0}[1 - (-1)^n] = \begin{cases} \dfrac{\mathrm{j}4A}{n\pi T_0}, n \text{ 为奇数} \\[3mm] 0, n \text{ 为偶数} \end{cases}$$

其中，$\mathrm{e}^{-\mathrm{j}n\omega_0(\mp T_0/2)} = \mathrm{e}^{\pm \mathrm{j}n\pi} = (-1)^n$。所以，一般方波信号 $f_1(t)$ 的傅里叶级数展开式为

$$f_1(t) = C_0 + 2\sum_{n=1}^{\infty} \mathrm{Re}(C_n \mathrm{e}^{\mathrm{j}n\omega_0 t}) = \frac{8A}{\pi T_0}\sum_{n=1}^{\infty} \mathrm{Re}\left(\frac{\mathrm{j}}{2n-1}\mathrm{e}^{\mathrm{j}(2n-1)\omega_0 t}\right)$$

$$= \frac{-8A}{\pi T_0}\sum_{n=1}^{\infty}\frac{1}{2n-1}\sin(2n-1)\omega_0 t$$

由于一般方波信号 $f_1(t)$ 既是奇函数信号也是奇谐函数信号，所以其傅里叶级数展开式中只含有奇次的正弦项。

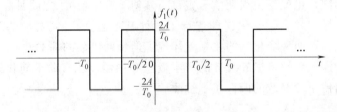

图 5.7 一般方波信号

3. 卷积性质

设周期信号 $f_1(t)$ 和 $f_2(t)$ 的周期均为 T_0，它们的傅里叶系数分别为 C_{n1} 和 C_{n2}，即

$$f_1(t) \longleftrightarrow C_{n1}$$
$$f_2(t) \longleftrightarrow C_{n2}$$

定义周期信号 $f_1(t)$ 和 $f_2(t)$ 的卷积为

$$f(t) = f_1(t) * f_2(t) = \int_0^{T_0} f_1(\tau) f_2(t - \tau)\,\mathrm{d}\tau \tag{5-53}$$

由式（5-53）知 $f(t)$ 也是周期为 T_0 的周期信号，且

$$f(t) \longleftrightarrow T_0 C_{n1} C_{n2} \tag{5-54}$$

4. 微分性质

设周期信号 $f(t)$ 的周期为 T_0，且

$$f(t) \longleftrightarrow C_n$$

则

$$f'(t) \longleftrightarrow jn\omega_0 C_n \tag{5-55}$$

类似地，有

$$f^{(k)}(t) \longleftrightarrow (jn\omega_0)^k C_n \tag{5-56}$$

如果已知 $f'(t)$ 的傅里叶系数为 D_n，则可由式（5-55）求得 $f(t)$ 的傅里叶系数 C_n 为

$$C_n = \frac{D_n}{jn\omega_0} \quad (n \neq 0)$$

【例 5-4】 已知图 5.7 所示一般方波信号 $f_1(t)$ 的指数形式的傅里叶系数为

$$C_{n1} = \frac{j2A}{n\pi T_0}\left[1-(-1)^n\right]$$

求对其进行积分后所得信号的傅里叶系数 C_n。

解： 对图 5.7 进行积分后所得信号即为图 5.4 所示的三角波信号。根据傅里叶级数的微分性质，有

$$C_{n1} = jn\omega_0 C_n$$

所以

$$C_n = \frac{1}{jn\omega_0} \times \frac{j2A}{n\pi T_0}\left[1-(-1)^n\right] = \frac{A}{n^2\pi^2}\left[1-(-1)^n\right]$$

结果与式（5-34）一样。但 C_0 仍需用定义求取。根据式（5-33），$C_0 = A/2$。

5.2　周期信号的频谱分析

由前面的讨论可知，任意一个周期信号 $f(t)$，只要其满足狄里赫利条件，就可以唯一地分解为无限多个谐波分量的线性组合。这些谐波分量含有直流项、基波项以及高次谐波项，各谐波分量的频率为基波频率的整数倍。这种分解相当于周期信号在完备正交函数空间中的投影。不同周期信号的分解形式是相同的，不同之处在于其投影不同，即傅里叶系数 C_n 不同。为表示不同周期信号的谐波构成情况，通常将傅里叶系数 C_n 随谐波频率 $n\omega_0$ 的变化情况绘成图形，这种图形称为周期信号的频谱图。

5.2.1　周期信号频谱的基本概念

对于任意周期信号 $f(t)$，根据指数形式的傅里叶级数，有

$$f(t) = \sum_{n=-\infty}^{\infty} C_n e^{jn\omega_0 t} \tag{5-57}$$

即周期信号 $f(t)$ 可以表示成虚指数集的线性组合，这种表示的唯一参数 C_n 决定了周期信号 $f(t)$ 自身的特征。对 C_n 进行分析就是所谓的频谱分析。频谱有幅度频谱（简称幅频）和相位频谱（简称相频）之分，也有单边频谱和双边频谱之分。

1. 幅度频谱与相位频谱

由 C_n 的定义可知，C_n 一般是复数，可以将其表示为如下的幅相形式

$$C_n = |C_n| e^{j\varphi_n} \tag{5-58}$$

其中，$|C_n|$ 为 C_n 的幅度，它是谐波角频率 $\omega = n\omega_0$ 的函数。$|C_n|$ 随 $\omega = n\omega_0$ 的变化关系图称为幅度频谱（简称幅频）。由于 n 为整数，所以 $|C_n|$ 的幅度频谱是离散频谱。另外，φ_n 为 C_n 的相位，它也是谐波角频率 $\omega = n\omega_0$ 的函数。φ_n 随 $\omega = n\omega_0$ 的变化关系图称为相位频谱（简称相频）。同样，相位频谱也是离散频谱。通常将幅度频谱和相位频谱统称为频谱。由于 n 的取值为正整数、负整数和 0，且频谱是左右对称的，所以也称这种频谱为双边频谱。

【例 5-5】 设某周期信号为

$$f(t) = 2.5 + 2\cos(\pi t + 28°) + \cos(2\pi t + 46°) -$$
$$4\cos(3\pi t + 55°) + 1.8\cos(4\pi t + 73°)$$

试画出其幅度频谱和相位频谱。

解： 由于 $\cos(\pi t)$、$\cos(2\pi t)$、$\cos(3\pi t)$ 和 $\cos(4\pi t)$ 的周期分别为 2、1、2/3 和 1/2，且 $1×2 = 2×1 = 3×2/3 = 4×1/2 = 2$，所以周期信号 $f(t)$ 的周期为 2，从而 $\omega_0 = \pi$。由欧拉公式可得

$$f(t) = 2.5 + e^{j(\pi t + 28°)} + e^{-j(\pi t + 28°)} + 0.5e^{j(2\pi t + 46°)} + 0.5e^{-j(2\pi t + 46°)} -$$
$$2e^{j(3\pi t + 55°)} - 2e^{-j(3\pi t + 55°)} + 0.9e^{j(4\pi t + 73°)} + 0.9e^{-j(4\pi t + 73°)}$$
$$= 2.5 + e^{j(\omega_0 t + 28°)} + e^{-j(\omega_0 t + 28°)} + 0.5e^{j(2\omega_0 t + 46°)} + 0.5e^{-j(2\omega_0 t + 46°)} -$$
$$2e^{j(3\omega_0 t + 55°)} - 2e^{-j(3\omega_0 t + 55°)} + 0.9e^{j(4\omega_0 t + 73°)} + 0.9e^{-j(4\omega_0 t + 73°)}$$

所以

$$|C_0| = 2.5 \quad |C_{\pm 1}| = 1 \quad |C_{\pm 2}| = 0.5 \quad |C_{\pm 3}| = 2 \quad |C_{\pm 4}| = 0.9$$

$$\varphi_0 = 0 \quad \varphi_1 = 28° \quad \varphi_{-1} = -28° \quad \varphi_2 = 46° \quad \varphi_{-2} = -46°$$

$$\varphi_3 = -125° \quad \varphi_{-3} = 125° \quad \varphi_4 = 73° \quad \varphi_{-4} = -73°$$

其频谱如图 5.8 所示。

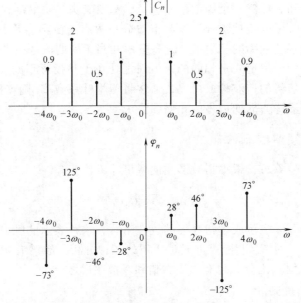

图 5.8 例 5-5 的双边频谱

2. 单边频谱和双边频谱

如果将周期信号 $f(t)$ 展开成式（5-5）所示的三角形式的傅里叶级数，即

$$f(t) = \frac{a_0}{2} + \sum_{n=1}^{\infty} A_n \cos(n\omega_0 t + \varphi_n)$$

$$= A_0 + \sum_{n=1}^{\infty} A_n \cos(n\omega_0 t + \varphi_n) \tag{5-59}$$

由式（5-2）~式（5-6）可知，若 $f(t)$ 为实信号，则式（5-59）中的 A_n 和 φ_n 均为实数。由于式（5-59）中 n 的取值为 0 和正整数，所以称 A_n 随 $\omega = n\omega_0$ 的变化关系图为单边幅度频谱，称 φ_n 随 $\omega = n\omega_0$ 的变化关系图为单边相位频谱，单边幅度频谱和单边相位频谱统称为单边频谱。而式（5-58）描述的频谱称为双边频谱，因为其中 n 的取值除了 0 和正整数外，还可取负整数。频谱中的负频率并不具备实际的物理意义，只是一种纯粹的数学表示。由图 5.8 可知，双边频谱中的幅度频谱关于纵轴对称，而相位频谱关于原点对称。

由式（5-16）可知单边频谱和双边频谱的关系如下

$$\begin{cases} A_n = 2|C_n| \\ A_0 = |C_0| \end{cases} \tag{5-60}$$

【例 5-6】　试画出例 5-5 的单边频谱。

解： 该周期信号可表示为（其中 $\omega_0 = \pi$）

$$f(t) = 2.5 + 2\cos(\omega_0 t + 28°) + \cos(2\omega_0 t + 46°)$$
$$+ 4\cos(3\omega_0 t - 125°) + 1.8\cos(4\omega_0 t + 73°)$$

所以

$$\begin{array}{ll} A_0 = 2.5 & \varphi_0 = 0 \\ A_1 = 2 & \varphi_1 = 28° \\ A_2 = 1 & \varphi_2 = 46° \\ A_3 = 4 & \varphi_3 = -125° \\ A_4 = 1.8 & \varphi_4 = 73° \end{array}$$

其单边频谱如图 5.9 所示。

需要注意的是，当式（5-57）中的指数形式的傅里叶系数 C_n 为复数时，幅度频谱和相位频谱必须分开画。当 C_n 为实数时，各谐波分量的相位或为 0°（此时 C_n 为正实数，因为 $\cos 0° = 1$），或为 $\pm\pi$（此时 C_n 为负实数，因为 $\cos(\pm\pi) = \cos\pi = -1$），所以不用分别画出幅频 $|C_n|$ 和相频 φ_n，可以在同一图中直接画出 C_n 的频谱图（不取其绝对值，其值可正可

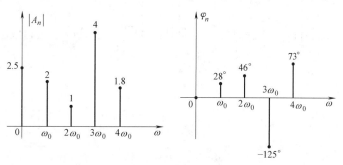

图 5.9　例 5-6 的单边频谱

负），C_n 的值为正时代表其相位为 $0°$，C_n 的值为负时代表其相位为 $\pm\pi$。下面要介绍的周期矩形脉冲信号的频谱图就采用了这种画频谱图的画法。

5.2.2　周期矩形脉冲信号的频谱分析

周期矩形脉冲信号是一种典型的周期信号，在周期信号的频谱分析中具有代表性。由于周期矩形脉冲信号的频谱特性在周期信号的频谱中具有普遍性，所以本节以其为例来讨论周期信号频谱的特点。

1. 周期矩形脉冲信号的描述及其频谱

图 5.10 所示波形即为周期矩形脉冲信号。其中，A 为脉冲幅度，τ 为脉冲宽度，T_0 为脉冲重复周期。该信号在一个周期内的表达式为

$$f(t) = \begin{cases} A, & |t| < \tau/2 \\ 0, & -T_0/2 < t < -\tau/2, \tau/2 < t < T_0/2 \end{cases}$$

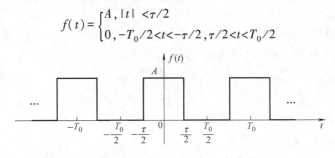

图 5.10　周期矩形脉冲信号

其傅里叶系数为

$$C_n = \frac{A\tau}{T_0} \text{Sa}\left(\frac{n\omega_0\tau}{2}\right) \tag{5-61}$$

式中，n 为整数，$\omega_0 = 2\pi/T_0$ 为周期矩形脉冲信号的基波角频率。显然，式（5-61）中的 C_n 为实数，所以可以用一个图来表示周期矩形脉冲信号的频谱，其频谱图如图 5.11 所示。该图是用 MATLAB 语言仿真绘制的，所以参数 A、τ、T_0 必须用确定值。图中结果所用参数为 $A=1$，$\tau=1$，$T_0=5$。

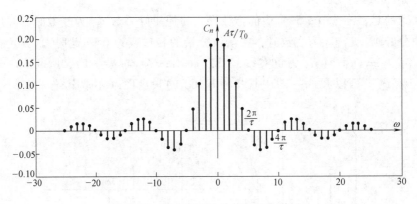

图 5.11　周期矩形脉冲信号的频谱图

2. 周期矩形脉冲信号频谱的特性

由式（5-61）和图 5.11 可以总结出周期矩形脉冲信号频谱的特性如下：

（1）离散性

频谱图由无限多条离散谱线组成，每条谱线代表一个谐波分量，即谱线只出现在基波角频率 ω_0 的整数倍位置上。谱线的间距为 ω_0，在 τ 不变的情况下，T_0 越大，谱线越密，T_0 越小，谱线越疏。

需要注意的是，谱线只是用来标明离散点位置的辅助线，本身并不存在，只有离散点是存在的。

（2）谐波性

频谱中的谱线只出现在基波角频率 ω_0 的整数倍位置上，即只包含 ω_0 的各次谐波分量，而不包含任何其他非 ω_0 整数倍的谐波分量。

（3）收敛（衰减）性

由式（5-61）可知，虽然谱线有无穷多条，且随 ω 不断起伏变化，但当 n 趋于无穷大时，C_n 的极限值为零。换句话说，谱线的幅度将随着 ω 的增大不断衰减并最终收敛于零。这个结论是必然的，否则周期信号所包含的能量将为无穷大，频带宽度也为无穷大，这显然是不可能的。

对于一般的周期信号而言，其幅度频谱衰减的速度与信号的特性有关。可以证明，若周期信号 $f(t)$ 不连续，且其在断点处的幅度是有界的（如周期矩形脉冲信号），则 $|C_n|$ 按 $1/n$ 的速度衰减。若周期信号 $f(t)$ 连续但其一阶导数不连续（如周期三角波信号），则 $|C_n|$ 按 $1/n^2$ 的速度衰减。也就是说，周期三角波信号的幅度频谱比周期矩形脉冲信号的幅度频谱衰减得快，在相同误差条件下，模拟周期三角波信号所需的傅里叶级数项数（即谐波分量数），比模拟周期矩形脉冲信号所需的傅里叶级数项数要少，即周期三角波信号的频带宽度比周期矩形脉冲信号的频带宽度窄，这正是由于周期矩形脉冲信号的断点所造成的。

上述关于周期信号的离散性、谐波性和收敛性虽然是由分析周期矩形脉冲信号得出的，但这些结论却具有普遍性，任何周期信号的频谱都具有这些特性。

周期矩形脉冲信号的频谱除具有上述特性外，还具有下面的特点：

1）各谱线的幅度包络线按抽样函数 $\mathrm{Sa}(n\omega_0\tau/2)$ 的规律变化。当 $n\omega_0\tau/2(=\omega\tau/2)$ 为 π 的整数倍，即 $\omega=2\pi m/\tau(m\neq0,\ m=\pm1,\ \pm2,\ \cdots)$ 时，谱线的包络线经过零点。当 $\omega=0$，$\pm3\pi/\tau$，$\pm5\pi/\tau$，$\cdots$ 时，谱线的包络线达到极值。

2）任意两个相邻零点之间的谱线条数与信号脉宽和周期的比值有关。例如，图 5.11 所示的谱线图对应着 $\tau/T_0=1/5$ 的情况。因为

$$\omega_0=\frac{2\pi}{T_0}=\frac{2\pi}{5\tau}=\frac{1}{5}\left(\frac{2\pi}{\tau}\right)$$

而 $2\pi/\tau$ 是第一个零点处的频率，所以在 $0\sim2\pi/\tau$ 之间有 4 条谱线。一般而言，若 $\tau/T_0=1/n$，则频谱图中任意两个相邻的零点之间就有 $(n-1)$ 条谱线。所以，当 τ 恒定（即零点恒定）时，T_0 越大（即 ω_0 越小），则 n 也越大，相邻零点间的谱线条数就越多，谱线也就越密；反之，T_0 越小（即 ω_0 越大），则 n 也越小，由于零点恒定，所以相邻零点间的谱线条数就越少，谱线也就越疏。需要注意的是，在 τ 不变时，T_0 的变化不仅影响谱线的数量，也同时影响谱线的幅度，这从式（5-61）可以看出。

同样，当 T_0 恒定，τ 变大时，由于 $\omega_0=2\pi/T_0$，谱线的间距不变，但此时 $\tau/T_0=1/n$ 变

大（即 n 变小），谱线条数将减少，这是由于零点 $2\pi m/\tau$ 左移造成的，以保证谱线间距不变；当 τ 变小时，n 变大，谱线数增多，为维持谱线的间距仍为 ω_0 不变，所以只能将零点右移，事实也是这样，因为零点 $2\pi m/\tau$ 增大。同样，在 T_0 不变时，τ 的变化不仅影响谱线的数目，也影响谱线的幅度。

若一直保持 $\tau/T_0 = 1/n$ 不变，尽管 τ 和 T_0 都在变化，但谱线的条数和幅度都不会变化。

3. 信号的有效带宽

由周期矩形脉冲信号的频谱可以看出，尽管谱线的幅度最终趋于零，但信号的大部分能量和主要谐波分量都集中在第一个零点以内。所以，在允许一定的失真前提下，可以舍弃第一个零点以外的频率分量，而把 $\omega = 0 \sim 2\pi/\tau$ 这段频率范围称为周期矩形脉冲信号的有效频带宽度，简称频带宽度或带宽，记为 ω_B（单位为 rad/s）或 f_B（单位为 Hz），即

$$\omega_B = \frac{2\pi}{\tau}, \quad f_B = \frac{1}{\tau}, \quad \omega_B = 2\pi f_B$$

由频带宽度的定义可知，它与周期矩形波的脉宽（脉冲持续时间）τ 成反比，即频宽与时宽成反比，这是所有周期信号都具有的特性。

当 $\tau \to 0$ 时，周期矩形波在一个周期内变成了一个脉冲信号，其频带宽度也将变为无穷大，这是因为脉冲信号的变化剧烈，其包含的频谱分量数为无穷多的缘故。

需要注意的是，一般信号的频带宽度没有统一的定义，视具体情况而定。如果信号的频谱特性曲线是单调下降的，频带宽度则由其幅度下降到最大值的 0.707、0.1 或 0.01 时的频率来确定。

信号和系统都具有频带宽度，而且信号经过系统传输时，其带宽必须与系统的带宽匹配（即系统信道带宽略大于信号带宽），否则要么会造成信号传输的失真，要么会造成系统资源的浪费。

表 5-1 所列的是常见信号的频带宽度。

表 5-1　常见信号的频带宽度

信　　号	频带宽度	信　　号	频带宽度
低速电报	1.2Hz ~ 2.4kHz	电视信号	0 ~ 6MHz
语言信号	300Hz ~ 3.4kHz	电视伴音	30Hz ~ 10kHz
音乐信号	50Hz ~ 6kHz		

4. 周期信号的功率谱

周期信号的能量为无穷大，但其平均功率是有限的，所以周期信号是功率信号。定义周期信号 $f(t)$ 的功率为其在 1Ω 电阻上消耗的平均功率，即

$$P = \frac{1}{T_0} \int_{-T_0/2}^{T_0/2} |f(t)|^2 dt \tag{5-62}$$

对于周期实信号有

$$P = \frac{1}{T_0} \int_{-T_0/2}^{T_0/2} f^2(t) dt$$

式（5-62）为功率的时域表达式，下面讨论功率的频域表达式（即功率谱表达式）。

周期信号 $f(t)$ 的指数形式的傅里叶级数表达式为

$$f(t) = \sum_{n=-\infty}^{\infty} C_n e^{jn\omega_0 t}$$

将上式代入式（5-62）可得

$$P = \frac{1}{T_0}\int_{-T_0/2}^{T_0/2} |f(t)|^2 \mathrm{d}t = \frac{1}{T_0}\int_{-T_0/2}^{T_0/2} f(t)f^*(t)\mathrm{d}t$$

$$= \frac{1}{T_0}\int_{-T_0/2}^{T_0/2} f^*(t)\left(\sum_{n=-\infty}^{\infty} C_n e^{jn\omega_0 t}\right)\mathrm{d}t$$

$$= \sum_{n=-\infty}^{\infty} C_n\left(\frac{1}{T_0}\int_{-T_0/2}^{T_0/2} f^*(t) e^{jn\omega_0 t}\mathrm{d}t\right)$$

$$= \sum_{n=-\infty}^{\infty} C_n C_n^* = \sum_{n=-\infty}^{\infty} |C_n|^2 \qquad (5\text{-}63)$$

式（5-63）称为 Parseval（帕什瓦尔）定理，也就是周期信号的功率谱函数。

若 $f(t)$ 为周期实信号，则有

$$C_n = C_{-n}^*,\ |C_n|^2 = |C_{-n}|^2$$

故

$$P = \sum_{n=-\infty}^{\infty} |C_n|^2 = C_0^2 + \sum_{n=-\infty}^{-1} |C_n|^2 + \sum_{n=1}^{\infty} |C_n|^2$$

$$= C_0^2 + \sum_{n=1}^{\infty} |C_{-n}|^2 + \sum_{n=1}^{\infty} |C_n|^2 = C_0^2 + 2\sum_{n=1}^{\infty} |C_n|^2 \qquad (5\text{-}64)$$

由式（5-63）及式（5-64）可以看出，周期信号的功率谱也是离散频谱。

5.3　非周期信号的频谱分析——傅里叶变换

由前面讨论的内容可以知道，周期信号频谱分析的工具是傅里叶级数。非周期信号不能直接展开成傅里叶级数，所以不能直接用傅里叶级数法来分析非周期信号。非周期信号可以看成是周期为无穷大的周期信号，由此可引出分析非周期信号频谱的傅里叶变换。通过系统输入信号和输出信号的傅里叶变换函数（即频谱函数）之比，引入了系统的频率响应函数 $H(j\omega)$，为系统的频域分析奠定了坚实的基础。

5.3.1　傅里叶变换

非周期信号可以看成是周期为无穷大的周期信号。对于周期性延拓的周期信号，当周期趋于无穷大时，除了基带附近的波形外，其两边的波形将被推向无穷远（即被左右截断），从而变成了非周期信号，这样就可以用极限状态的傅里叶级数来分析非周期信号。但当周期趋于无穷大时，傅里叶级数的频谱（即各频率分量的系数）将趋于零，为避免出现这种情况，需要将傅里叶级数的频谱乘以周期 T_0，即引出了傅里叶变换。

1. 从傅里叶级数到傅里叶变换

设 $f(t)$ 为一非周期信号，其波形如图 5.12a 所示。现将 $f(t)$ 拓展为周期为 T_0 的周期信号，如图 5.12b 所示。

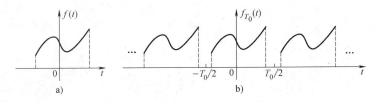

图 5.12　非周期信号的周期性延拓

当图 5.12b 中的 $T_0 \to \infty$ 时，除中间的波形外，两边的波形被推向无穷远，从而变成了图 5.12a 所示的非周期信号，即

$$\lim_{T_0 \to \infty} f_{T_0}(t) = f(t) \tag{5-65}$$

图 5.12b 所示周期信号的傅里叶级数为

$$f_{T_0}(t) = \sum_{n=-\infty}^{\infty} C_n e^{jn\omega_0 t} \tag{5-66}$$

其中

$$C_n = \frac{1}{T_0} \int_{-T_0/2}^{T_0/2} f_{T_0}(t) e^{-jn\omega_0 t} dt \tag{5-67}$$

由式 (5-67) 可知，由于当 $T_0 \to \infty$ 时，有

$$\lim_{T_0 \to \infty} C_n = \lim_{T_0 \to \infty} \frac{1}{T_0} \int_{-T_0/2}^{T_0/2} f_{T_0}(t) e^{-jn\omega_0 t} dt$$

$$= \lim_{T_0 \to \infty} \frac{1}{T_0} \int_{-T_0/2}^{T_0/2} f_{T_0}(t) dt = \lim_{T_0 \to \infty} \frac{M}{T_0} = 0 \tag{5-68}$$

式中，M 为周期信号在一个周期内的积分，是一个常数。

为避免这种无意义的情况出现，定义

$$D_n = T_0 C_n = \int_{-T_0/2}^{T_0/2} f_{T_0}(t) e^{-jn\omega_0 t} dt \tag{5-69}$$

周期信号的频谱是离散频谱，当 $T_0 \to \infty$ 时，谱线间距 $\omega_0 \to 0$，变为无穷小量 $d\omega$，而谱线数 $n \to \infty$，$n\omega_0$ 变为连续变量 ω，从而有

$$F(j\omega) = \lim_{T_0 \to \infty} D_n = \lim_{T_0 \to \infty} \int_{-T_0/2}^{T_0/2} f_{T_0}(t) e^{-jn\omega_0 t} dt$$

$$= \int_{-\infty}^{\infty} f(t) e^{-j\omega t} dt \tag{5-70}$$

而

$$f(t) = \lim_{T_0 \to \infty} f_{T_0}(t) = \lim_{T_0 \to \infty} \sum_{n=-\infty}^{\infty} C_n e^{jn\omega_0 t} = \lim_{T_0 \to \infty} \sum_{n=-\infty}^{\infty} \frac{D_n}{T_0} e^{jn\omega_0 t}$$

$$= \lim_{T_0 \to \infty} \sum_{n=-\infty}^{\infty} \left(\frac{D_n}{2\pi} \right) e^{jn\omega_0 t} \omega_0 = \frac{1}{2\pi} \int_{-\infty}^{\infty} F(j\omega) e^{j\omega t} d\omega \tag{5-71}$$

重写式 (5-70) 和式 (5-71) 如下

$$F(j\omega) = \int_{-\infty}^{\infty} f(t) e^{-j\omega t} dt \tag{5-72}$$

$$f(t) = \frac{1}{2\pi} \int_{-\infty}^{\infty} F(j\omega) e^{j\omega t} d\omega \tag{5-73}$$

式（5-72）称为傅里叶正变换，积分变换后得到的是信号 $f(t)$ 的频谱函数 $F(j\omega)$，其频谱波形是连续的。而式（5-73）称为傅里叶逆变换，积分变换后得到的是频谱函数 $F(j\omega)$ 对应的时域原函数 $f(t)$。傅里叶正变换和傅里叶逆变换统称为傅里叶变换，可简记为

$$F(j\omega) = F[f(t)]$$
$$f(t) = F^{-1}[F(j\omega)]$$

或

$$f(t) \longleftrightarrow F(j\omega)$$

需要注意的是，并不是所有的信号都存在傅里叶变换。一般而言，傅里叶变换存在的充分条件是 $f(t)$ 绝对可积，即

$$\int_{-\infty}^{\infty} |f(t)| dt < \infty \tag{5-74}$$

但式（5-74）并不是必要条件，即不满足绝对可积条件的信号也可能存在傅里叶变换。

2. 典型非周期信号的傅里叶变换

（1）非周期矩形脉冲信号 $p_\tau(t)$

脉宽为 τ 的非周期矩形脉冲信号 $p_\tau(t)$ 的波形如图 5.13a 所示。其数学表达式为

$$p_\tau(t) = \begin{cases} 1, & |t| < \tau/2 \\ 0, & |t| > \tau/2 \end{cases} \tag{5-75}$$

由傅里叶变换的定义可得

$$F(j\omega) = F[p_\tau(t)] = \int_{-\infty}^{\infty} p_\tau(t) e^{-j\omega t} dt = \int_{-\tau/2}^{\tau/2} e^{-j\omega t} dt$$

$$= -\frac{e^{-j\omega t}}{j\omega} \Bigg|_{-\frac{\tau}{2}}^{\frac{\tau}{2}} = \tau Sa(\tau\omega/2) \tag{5-76}$$

其频谱图如图 5.13b 所示。

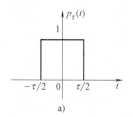 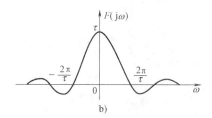

图 5.13　非周期矩形脉冲信号及其频谱图

由图 5.13b 可以看出，非周期矩形脉冲信号的频谱是连续频谱，且其频谱波形与周期矩形脉冲信号的频谱波形是一样的，不同之处在于一个是连续频谱，一个是离散频谱。另外，非周期矩形脉冲信号的频宽也与时宽成反比。

（2）三角脉冲信号 $\Delta_\tau(t)$

脉宽为 τ 的三角脉冲信号 $\Delta_\tau(t)$ 的波形如图 5.14a 所示。其数学表达式为

$$\Delta_\tau(t) = \begin{cases} \dfrac{2}{\tau}t + 1, & -\dfrac{\tau}{2} \leqslant t \leqslant 0 \\ -\dfrac{2}{\tau}t + 1, & 0 \leqslant t \leqslant \dfrac{\tau}{2} \end{cases} \tag{5-77}$$

由傅里叶变换的定义可得

$$F(\mathrm{j}\omega) = F[\Delta_\tau(t)] = \int_{-\infty}^{\infty} \Delta_\tau(t)\,\mathrm{e}^{-\mathrm{j}\omega t}\mathrm{d}t$$

$$= \int_{-\frac{\tau}{2}}^{0}\left(\frac{2}{\tau}t + 1\right)\mathrm{e}^{-\mathrm{j}\omega t}\mathrm{d}t + \int_{0}^{\frac{\tau}{2}}\left(-\frac{2}{\tau}t + 1\right)\mathrm{e}^{-\mathrm{j}\omega t}\mathrm{d}t$$

$$= \frac{4}{\omega^2\tau}\left(1 - \cos\frac{\omega\tau}{2}\right) = \frac{8}{\omega^2\tau}\sin^2\frac{\omega\tau}{4} = \frac{\tau}{2}\mathrm{Sa}^2\left(\frac{\omega\tau}{4}\right) \tag{5-78}$$

三角脉冲信号的频谱图如图 5.14b 所示。

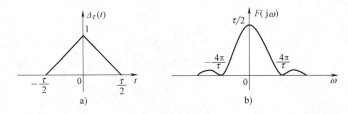

图 5.14　三角脉冲信号及其频谱图

（3）符号函数 sgn(t)

符号函数 sgn(t)的定义为

$$\mathrm{sgn}(t) = \begin{cases} -1, & t<0 \\ 1, & t>0 \end{cases} \tag{5-79}$$

显然符号函数不满足绝对可积的条件，但它仍存在傅里叶变换。

设 $\sigma>0$，则有

$$F[\mathrm{sgn}(t)\mathrm{e}^{-\sigma|t|}] = \int_{-\infty}^{0}(-1)\mathrm{e}^{\sigma t}\mathrm{e}^{-\mathrm{j}\omega t}\mathrm{d}t + \int_{0}^{\infty}\mathrm{e}^{-\sigma t}\mathrm{e}^{-\mathrm{j}\omega t}\mathrm{d}t$$

$$= -\frac{1}{\sigma - \mathrm{j}\omega} + \frac{1}{\sigma + \mathrm{j}\omega}$$

令 $\sigma\to 0$，有

$$F(\mathrm{j}\omega) = F[\mathrm{sgn}(t)] = \lim_{\sigma\to 0}F[\mathrm{sgn}(t)\mathrm{e}^{-\sigma|t|}] = \frac{2}{\mathrm{j}\omega} \tag{5-80}$$

显然

$$|F(\mathrm{j}\omega)| = \frac{2}{|\omega|} = \frac{2\mathrm{sgn}(\omega)}{\omega}$$

$$\varphi(\omega) = \begin{cases} \dfrac{\pi}{2}, & \omega<0 \\[2mm] -\dfrac{\pi}{2}, & \omega>0 \end{cases} = -\frac{\pi}{2}\mathrm{sgn}(\omega) \tag{5-81}$$

符号函数 sgn(t)的频谱图如图 5.15 所示。

（4）单位冲激信号 $\delta(t)$

由冲激信号 $\delta(t)$的取样特性有

$$F(\mathrm{j}\omega) = F[\delta(t)] = \int_{-\infty}^{\infty}\delta(t)\mathrm{e}^{-\mathrm{j}\omega t}\mathrm{d}t = \mathrm{e}^{0} = 1 \tag{5-82}$$

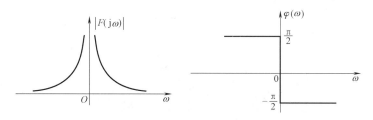

图 5.15　符号函数的频谱图

单位冲激信号及其频谱图如图 5.16 所示。

图 5.16　单位冲激信号及其频谱图

由式（5-82）可知，单位冲激信号的频谱为常数 1，其频谱在整个频率范围内是均匀分布的，带宽为无穷大，所以单位冲激信号的频谱也称为"全通频谱""均匀频谱"或"白色频谱"。

（5）单位直流信号 $f(t)=1$

由直流信号的定义有

$$F(j\omega) = F[1] = \int_{-\infty}^{\infty} 1 \times e^{-j\omega t} dt = \int_{-\infty}^{\infty} e^{-j\omega t} dt \tag{5-83}$$

由式（5-82）可知

$$F[\delta(t)] = 1 \tag{5-84}$$

所以

$$\delta(t) = F^{-1}[1] = \frac{1}{2\pi} \int_{-\infty}^{\infty} e^{j\omega t} d\omega \tag{5-85}$$

由于

$$\delta(-t) = \delta(t) \tag{5-86}$$

所以

$$\delta(t) = \delta(-t) = \frac{1}{2\pi} \int_{-\infty}^{\infty} e^{-j\omega t} d\omega \tag{5-87}$$

在式（5-87）中，t 与 ω 的地位完全相同，即 t 与 ω 可以互换，从而有

$$\delta(\omega) = \frac{1}{2\pi} \int_{-\infty}^{\infty} e^{-j\omega t} dt \tag{5-88}$$

故

$$F(j\omega) = F[1] = \int_{-\infty}^{\infty} e^{-j\omega t} dt = 2\pi\delta(\omega) \tag{5-89}$$

另外，由傅里叶逆变换的定义有

$$F^{-1}[\delta(\omega)] = \frac{1}{2\pi}\int_{-\infty}^{\infty}\delta(\omega)\,e^{j\omega t}d\omega = \frac{1}{2\pi} \tag{5-90}$$

即

$$F[1/2\pi] = \delta(\omega) \tag{5-91}$$

故

$$F(j\omega) = F[1] = 2\pi\delta(\omega) \tag{5-92}$$

单位直流信号及其频谱图如图 5.17 所示。

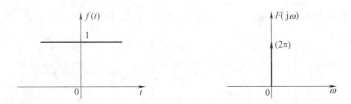

图 5.17　单位直流信号及其频谱图

（6）单位阶跃信号 $u(t)$

与符号函数一样，单位阶跃信号 $u(t)$ 也不满足绝对可积条件，但它仍存在傅里叶变换。因为

$$u(t) = 0.5 + 0.5\mathrm{sgn}(t) \tag{5-93}$$

所以

$$\begin{aligned}
F(j\omega) &= F[u(t)] = F[0.5] + 0.5F[\mathrm{sgn}(t)] \\
&= 0.5 \times 2\pi\delta(\omega) + 0.5 \times \frac{2}{j\omega} = \pi\delta(\omega) + \frac{1}{j\omega}
\end{aligned} \tag{5-94}$$

单位阶跃信号 $u(t)$ 的幅度频谱和相位频谱如图 5.18 所示。

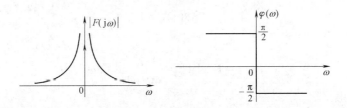

图 5.18　单位阶跃信号的幅度频谱和相位频谱

（7）单边指数信号 $e^{-\alpha t}u(t)\ (\alpha>0)$

根据傅里叶变换的定义有

$$\begin{aligned}
F(j\omega) &= F[e^{-\alpha t}u(t)] = \int_{-\infty}^{\infty}e^{-\alpha t}u(t)e^{-j\omega t}dt \\
&= \int_{0}^{\infty}e^{-(\alpha+j\omega)t}dt = \frac{1}{\alpha+j\omega}
\end{aligned} \tag{5-95}$$

其幅度频谱和相位频谱分别为

$$|F(j\omega)| = \frac{1}{\sqrt{\alpha^2+\omega^2}},\ \varphi(\omega) = -\arctan(\omega/\alpha) \tag{5-96}$$

其频谱图如图 5.19 所示。

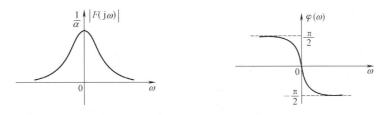

图 5.19　单边指数信号的频谱图

（8）双边指数信号 $e^{-\alpha|t|}$（$\alpha>0$）

根据傅里叶变换的定义有

$$F(j\omega) = F[e^{-\alpha|t|}] = \int_{-\infty}^{\infty} e^{-\alpha|t|} e^{-j\omega t}dt = \int_{-\infty}^{0} e^{\alpha t} e^{-j\omega t}dt + \int_{0}^{\infty} e^{-\alpha t} e^{-j\omega t}dt$$

$$= \frac{1}{\alpha - j\omega} + \frac{1}{\alpha + j\omega} = \frac{2\alpha}{\alpha^2 + \omega^2} \tag{5-97}$$

双边指数信号及其频谱图如图 5.20 所示。

图 5.20　双边指数信号及其频谱图

5.3.2　傅里叶变换的性质

由前面的讨论可知，一个信号既可在时域中用时间函数 $f(t)$ 来表示和分析，也可在频域中用频谱函数 $F(j\omega)$ 来表示和分析，它们分别描述了同一信号的不同特征。$f(t)$ 和 $F(j\omega)$ 之间有着一一对应的关系，只要知道其中一个函数，就可唯一地求出另一个函数。当 $f(t)$ 在时域中进行某种变换（运算）时，必然会导致 $F(j\omega)$ 在频域中做相应的变换运算，反之亦然。信号在时域和频域内所进行的变换运算之间的关系，从本质上反映了傅里叶变换的性质。研究傅里叶变换的性质可加深对信号及其特征的理解，简化信号的傅里叶变换和逆变换的求取。

1. 线性性质

若

$$f_1(t) \overset{F}{\longleftrightarrow} F_1(j\omega) \qquad f_2(t) \overset{F}{\longleftrightarrow} F_2(j\omega)$$

则对于任意常数 a_1 和 a_2，有

$$a_1 f_1(t) + a_2 f_2(t) \overset{F}{\longleftrightarrow} a_1 F_1(j\omega) + a_2 F_2(j\omega) \tag{5-98}$$

即任意两个时域信号线性组合的频谱等于各自频谱的线性组合。式（5-98）可推广到多个信号的情形。在前面求单位直流信号的傅里叶变换时，已利用了线性性质。

2. 共轭性质

若

$$f(t) \xleftarrow{\quad F \quad} F(\mathrm{j}\omega)$$

则

$$f(-t) \xleftarrow{\quad F \quad} F(-\mathrm{j}\omega)$$

$$f^*(t) \xleftarrow{\quad F \quad} F^*(-\mathrm{j}\omega)$$ (5-99)

$$f^*(-t) \xleftarrow{\quad F \quad} F^*(\mathrm{j}\omega)$$

3. 时移性质

若

$$f(t) \xleftarrow{\quad F \quad} F(\mathrm{j}\omega)$$

则

$$f(t-t_0) \xleftarrow{\quad F \quad} F(\mathrm{j}\omega)\mathrm{e}^{-\mathrm{j}\omega t_0}$$ (5-100)

式中，t_0 为任意实常数（可正可负）。

证明：

$$F[f(t-t_0)] = \int_{-\infty}^{\infty} f(t-t_0)\mathrm{e}^{-\mathrm{j}\omega t}\mathrm{d}t$$

令 $x = t - t_0$，则 $t = x + t_0$，$\mathrm{d}t = \mathrm{d}x$，由此可得

$$F[f(t-t_0)] = \int_{-\infty}^{\infty} f(x)\mathrm{e}^{-\mathrm{j}\omega(x+t_0)}\mathrm{d}x = F(\mathrm{j}\omega)\mathrm{e}^{-\mathrm{j}\omega t_0}$$

时移性质表明，信号在时域中右移 t_0 个时间单位，其频谱将在频域中产生大小为 ωt_0 的相位滞后，频率越大，相位滞后也越大，而频谱的幅值保持不变。

【例 5-7】 求信号 $f(t) = u(t-1) - u(t-3)$ 的傅里叶变换。

解：由于

$$f(t) = u(t-1) - u(t-3) = p_2(t-2)$$

由式（5-76）可知

$$p_2(t) = 2\mathrm{Sa}(\omega)$$

利用时移性质可得

$$F[f(t)] = F[p_2(t-2)] = 2\mathrm{e}^{-\mathrm{j}2\omega}\mathrm{Sa}(\omega)$$

4. 对称性质

该性质描述了傅里叶正、逆变换之间的对称关系。

若

$$f(t) \xleftarrow{\quad F \quad} F(\mathrm{j}\omega)$$

则

$$F(\mathrm{j}t) \xleftarrow{\quad F \quad} 2\pi f(-\omega)$$ (5-101)

证明：根据傅里叶逆变换的定义，有

$$f(t) = \frac{1}{2\pi}\int_{-\infty}^{\infty} F(\mathrm{j}\omega)\mathrm{e}^{\mathrm{j}\omega t}\mathrm{d}\omega = \frac{1}{2\pi}\int_{-\infty}^{\infty} F(\mathrm{j}x)\mathrm{e}^{\mathrm{j}xt}\mathrm{d}x$$

令 $t = -\omega$，有

$$f(-\omega) = \frac{1}{2\pi} \int_{-\infty}^{\infty} F(jx) e^{-j\omega x} dx$$

令 $x = t$，有

$$f(-\omega) = \frac{1}{2\pi} \int_{-\infty}^{\infty} F(jt) e^{-j\omega t} dt$$

即

$$2\pi f(-\omega) = \int_{-\infty}^{\infty} F(jt) e^{-j\omega t} dt = F[F(jt)]$$

故

$$F(jt) \xleftarrow{F} 2\pi f(-\omega)$$

利用傅里叶变换的对称性质，可以很方便地求出某些信号的频谱，特别是有些无法直接用定义求出频谱的信号。

【**例 5-8**】　求单位直流信号 $f(t) = 1$ 的频谱。

解：单位冲激信号的傅里叶变换为

$$F(j\omega) = F[\delta(t)] = 1$$

利用对称性质可得

$$F[F(jt)] = F[1] = 2\pi\delta(-\omega) = 2\pi\delta(\omega)$$

与式（5-89）结果一致。

5. 尺度变换性质（展缩性质）

若

$$f(t) \xleftarrow{F} F(j\omega)$$

则

$$f(at) \xleftarrow{F} \frac{1}{|a|} F\left(j \frac{\omega}{a}\right) \tag{5-102}$$

其中，$a \neq 0$。

证明：在

$$F[f(at)] = \int_{-\infty}^{\infty} f(at) e^{-j\omega t} dt$$

中，令 $at = x$，则有 $dt = dx/a$。当 $a > 0$ 时，有

$$F[f(at)] = \frac{1}{a} \int_{-\infty}^{\infty} f(x) e^{-j(\omega/a)x} dx = \frac{1}{a} F(j\omega/a)$$

当 $a < 0$ 时，有

$$F[f(at)] = \frac{1}{a} \int_{\infty}^{-\infty} f(x) e^{-j(\omega/a)x} dx$$

$$= -\frac{1}{a} \int_{-\infty}^{\infty} f(x) e^{-j(\omega/a)x} dx = -\frac{1}{a} F(j\omega/a)$$

综合上述两种情况，有

$$F[f(at)] = \frac{1}{|a|} F\left(j \frac{\omega}{a}\right)$$

下面以矩形脉冲信号及其频谱为例来进一步解释尺度变换性质所包含的物理含义。

由图 5.21 可知，若信号在时域中进行了扩展，即 $a<1$，则其对应的频谱波形在频域中就会沿 ω 轴进行相同比例的压缩，即频带变窄，且其幅值也会以相同比例增大；同样，若信号在时域中进行了压缩，即 $a>1$，则其对应的频谱波形在频域中就会沿 ω 轴进行相同比例的扩展，即频带变宽，且其幅值也会以相同比例减小。

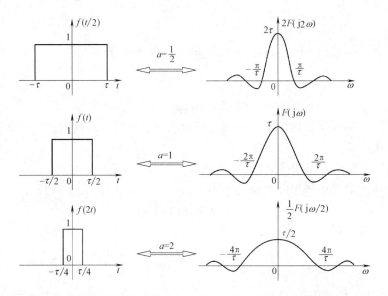

图 5.21　矩形脉冲信号尺度变换及其频谱波形

上述现象是不难理解的。若信号在时域中被展宽，即信号的持续时间增大，则信号随时间的变化速度减慢，其频谱所包含的频率分量就会减少，即带宽变窄。但信号展宽后其能量增大，为了维持信号的能量守恒，各频率分量的幅值必然会以相同的比例增大；若信号在时域中被压缩，即信号的持续时间减小，则信号随时间的变化速度加快，其频谱所包含的频率分量就会增加，即带宽变宽，但信号压缩后其能量减小，为了维持信号的能量守恒，各频率分量的幅值必然会以相同的比例减小。

由此可见，如果要提高信号在时域中的传输速度，即压缩信号的持续时间，信号的带宽必然增大，从而要求信道的带宽也必须同步增大，以实现信号的无失真传输。同样，如果要在减小信道带宽的条件下实现信号的无失真传输，则必然要增大信号在时域中的持续时间，即降低信号在时域中的传输速度。也就是说信号的时宽与信道的带宽要求是矛盾的，这也是宽带信道（即宽带网）能实现信号高速传输的原理。

6. 频移性质（调制定理）

若

$$f(t) \overset{F}{\longleftrightarrow} F(j\omega)$$

则

$$f(t)e^{j\omega_0 t} \overset{F}{\longleftrightarrow} F[j(\omega-\omega_0)] \tag{5-103}$$

证明：根据傅里叶变换的定义，有

$$F[f(t)\,\mathrm{e}^{\mathrm{j}\omega_0 t}] = \int_{-\infty}^{\infty} f(t)\,\mathrm{e}^{\mathrm{j}\omega_0 t}\mathrm{e}^{-\mathrm{j}\omega t}\mathrm{d}t$$

$$= \int_{-\infty}^{\infty} f(t)\,\mathrm{e}^{-\mathrm{j}(\omega-\omega_0)t}\mathrm{d}t = F[\mathrm{j}(\omega-\omega_0)]$$

同理可证：

$$F[f(t)\,\mathrm{e}^{-\mathrm{j}\omega_0 t}] = F[\mathrm{j}(\omega+\omega_0)] \tag{5-104}$$

式（5-104）说明，若信号在时域中产生了相移，则其频谱在频域中就会产生相应的频移。例如，如果信号 $f(t)$ 的频谱为基带频谱信号（即在 $\omega=0$ 附近），则 $f(t)\,\mathrm{e}^{\mathrm{j}\omega_0 t}$ 可将 $f(t)$ 的基带频谱信号搬移到 $\omega=\omega_0$ 附近，变成高频频谱信号，这个过程就是通信中所谓的调制。反之，如果信号 $f(t)$ 的频谱为高频频谱信号（即在 $\omega=\omega_0$ 附近），则 $f(t)\,\mathrm{e}^{-\mathrm{j}\omega_0 t}$ 可将 $f(t)$ 的高频频谱信号搬移到 $\omega=0$ 附近，变成基带频谱信号，这个过程就是通信中所谓的解调。另外，如果信号 $f(t)$ 的频谱在 $\omega=\omega_c$ 附近，则 $f(t)\,\mathrm{e}^{\pm\mathrm{j}\omega_0 t}$ 可将 $f(t)$ 的频谱搬移到 $\omega=\omega_c\pm\omega_0$ 附近，这个过程称为变频。

由于复指数信号是物理上不可实现的，所以在实际应用中的频率搬移是由所谓的载波信号 $\cos\omega_0 t$ 或 $\sin\omega_0 t$ 来实现的。下面来分析载波信号实现频率搬移的原理。

由于

$$\cos\omega_0 t = \frac{\mathrm{e}^{\mathrm{j}\omega_0 t}+\mathrm{e}^{-\mathrm{j}\omega_0 t}}{2}$$

$$\sin\omega_0 t = \frac{\mathrm{e}^{\mathrm{j}\omega_0 t}-\mathrm{e}^{-\mathrm{j}\omega_0 t}}{\mathrm{j}2}$$

所以

$$F[f(t)\cos\omega_0 t] = \frac{1}{2}F[f(t)\,\mathrm{e}^{\mathrm{j}\omega_0 t}]+\frac{1}{2}F[f(t)\,\mathrm{e}^{-\mathrm{j}\omega_0 t}]$$

$$= \frac{1}{2}F[\mathrm{j}(\omega-\omega_0)]+\frac{1}{2}F[\mathrm{j}(\omega+\omega_0)]$$

$$= \frac{1}{2}\{F[\mathrm{j}(\omega+\omega_0)]+F[\mathrm{j}(\omega-\omega_0)]\} \tag{5-105}$$

$$F[f(t)\sin\omega_0 t] = \frac{1}{\mathrm{j}2}F[f(t)\,\mathrm{e}^{\mathrm{j}\omega_0 t}]-\frac{1}{\mathrm{j}2}F[f(t)\,\mathrm{e}^{-\mathrm{j}\omega_0 t}]$$

$$= \frac{\mathrm{j}}{2}\{F[\mathrm{j}(\omega+\omega_0)]-F[\mathrm{j}(\omega-\omega_0)]\} \tag{5-106}$$

由式（5-105）可以看出，$f(t)\cos\omega_0 t$ 的频谱由 $f(t)$ 的频谱 $F(\mathrm{j}\omega)$ 沿频率轴分别左右平移 ω_0 后组成，但其幅度减半。$f(t)\sin\omega_0 t$ 的频谱也类似。

7. 卷积性质（时域卷积性质）

若

$$f_1(t)\overset{F}{\longleftrightarrow}F_1(\mathrm{j}\omega) \qquad f_2(t)\overset{F}{\longleftrightarrow}F_2(\mathrm{j}\omega)$$

则

$$f_1(t)*f_2(t)\overset{F}{\longleftrightarrow}F_1(\mathrm{j}\omega)F_2(\mathrm{j}\omega) \tag{5-107}$$

证明：

$$F[f_1(t) * f_2(t)] = \int_{-\infty}^{\infty} \left[\int_{-\infty}^{\infty} f_1(\tau) f_2(t - \tau) \mathrm{d}\tau \right] \mathrm{e}^{-\mathrm{j}\omega t} \mathrm{d}t$$

$$= \int_{-\infty}^{\infty} f_1(\tau) \left[\int_{-\infty}^{\infty} f_2(t - \tau) \mathrm{e}^{-\mathrm{j}\omega t} \mathrm{d}t \right] \mathrm{d}\tau$$

$$= \int_{-\infty}^{\infty} f_1(\tau) F_2(\mathrm{j}\omega) \mathrm{e}^{-\mathrm{j}\omega\tau} \mathrm{d}\tau = F_2(\mathrm{j}\omega) \int_{-\infty}^{\infty} f_1(t) \mathrm{e}^{-\mathrm{j}\omega t} \mathrm{d}t$$

$$= F_1(\mathrm{j}\omega) F_2(\mathrm{j}\omega)$$

从卷积性质可以看出，通过傅里叶变换，可以将时域中的卷积运算变换成频域中的乘积运算，显示了频域分析的方便性。傅里叶变换的卷积性质是系统频域分析的重要理论基础。

8. **乘积性质**（频域卷积性质）

若

$$f_1(t) \xleftrightarrow{F} F_1(\mathrm{j}\omega) \qquad f_2(t) \xleftrightarrow{F} F_2(\mathrm{j}\omega)$$

则

$$f_1(t) f_2(t) \xleftrightarrow{F} \frac{1}{2\pi} [F_1(\mathrm{j}\omega) * F_2(\mathrm{j}\omega)] \tag{5-108}$$

证明：

$$F[f_1(t) f_2(t)] = \int_{-\infty}^{\infty} f_1(t) f_2(t) \mathrm{e}^{-\mathrm{j}\omega t} \mathrm{d}t$$

$$= \int_{-\infty}^{\infty} f_2(t) \mathrm{e}^{-\mathrm{j}\omega t} \left[\frac{1}{2\pi} \int_{-\infty}^{\infty} F_1(\mathrm{j}x) \mathrm{e}^{\mathrm{j}xt} \mathrm{d}x \right] \mathrm{d}t$$

$$= \frac{1}{2\pi} \int_{-\infty}^{\infty} F_1(\mathrm{j}x) \left[\int_{-\infty}^{\infty} f_2(t) \mathrm{e}^{-\mathrm{j}(\omega-x)t} \mathrm{d}t \right] \mathrm{d}x$$

$$= \frac{1}{2\pi} \int_{-\infty}^{\infty} F_1(\mathrm{j}x) F_2[\mathrm{j}(\omega - x)] \mathrm{d}x$$

$$= \frac{1}{2\pi} [F_1(\mathrm{j}\omega) * F_2(\mathrm{j}\omega)]$$

9. **时域微分性质**

若

$$f(t) \xleftrightarrow{F} F(\mathrm{j}\omega)$$

则

$$f'(t) \xleftrightarrow{F} (\mathrm{j}\omega) F(\mathrm{j}\omega) \qquad f^{(n)}(t) \xleftrightarrow{F} (\mathrm{j}\omega)^n F(\mathrm{j}\omega) \tag{5-109}$$

证明：因为

$$f(t) = \frac{1}{2\pi} \int_{-\infty}^{\infty} F(\mathrm{j}\omega) \mathrm{e}^{\mathrm{j}\omega t} \mathrm{d}\omega$$

所以

$$f'(t) = \frac{1}{2\pi} \int_{-\infty}^{\infty} (\mathrm{j}\omega) F(\mathrm{j}\omega) \mathrm{e}^{\mathrm{j}\omega t} \mathrm{d}\omega$$

故

$$F[f'(t)] = (j\omega)F(j\omega)$$

同理可得

$$F[f^{(n)}(t)] = (j\omega)^n F(j\omega)$$

【**例 5-9**】　求 $\delta'(t)$ 及 $\delta^{(n)}(t)$ 的傅里叶变换。

解： 由 $F[\delta(t)] = 1$ 及傅里叶变换的时域微分性质，可得

$$F[\delta'(t)] = j\omega,\ F[\delta^{(n)}(t)] = (j\omega)^n$$

10. 时域积分性质

若

$$f(t) \overset{F}{\longleftrightarrow} F(j\omega)$$

则

$$\int_{-\infty}^{t} f(\tau)\,\mathrm{d}\tau \overset{F}{\longleftrightarrow} \frac{1}{j\omega}F(j\omega) + \pi F(0)\delta(\omega) \qquad (5\text{-}110)$$

证明：由卷积的定义及时域卷积性质，有

$$F\left[\int_{-\infty}^{t} f(\tau)\,\mathrm{d}\tau\right] = F[f(t) * u(t)] = F[f(t)]F[u(t)]$$

$$= F(j\omega)\left[\pi\delta(\omega) + \frac{1}{j\omega}\right] = \pi F(0)\delta(\omega) + \frac{1}{j\omega}F(j\omega)$$

若 $F(0) = 0$，则上式变为

$$F\left[\int_{-\infty}^{t} f(\tau)\,\mathrm{d}\tau\right] = \frac{1}{j\omega}F(j\omega)$$

11. 频域微分性质

若

$$f(t) \overset{F}{\longleftrightarrow} F(j\omega)$$

则

$$-jtf(t) \overset{F}{\longleftrightarrow} F'(j\omega) \qquad (5\text{-}111)$$

证明：因为

$$F(j\omega) = \int_{-\infty}^{\infty} f(t)\mathrm{e}^{-j\omega t}\,\mathrm{d}t$$

所以

$$F'(j\omega) = \int_{-\infty}^{\infty} (-jt)f(t)\mathrm{e}^{-j\omega t}\,\mathrm{d}t$$

故

$$F[(-jt)f(t)] = F'(j\omega)$$

同理可证

$$F[(-jt)^{(n)}f(t)] = F^{(n)}(j\omega)$$

12. 帕什瓦尔（Parseval）定理

若

$$f(t) \overset{F}{\longleftrightarrow} F(j\omega)$$

则非周期信号 $f(t)$ 的能量 E_f 为

$$E_f = \int_{-\infty}^{\infty} |f(t)|^2 \mathrm{d}t = \frac{1}{2\pi} \int_{-\infty}^{\infty} |F(\mathrm{j}\omega)|^2 \mathrm{d}\omega \tag{5-112}$$

证明：

$$E_f = \int_{-\infty}^{\infty} |f(t)|^2 \mathrm{d}t = \int_{-\infty}^{\infty} f(t) f^*(t) \mathrm{d}t = \int_{-\infty}^{\infty} f^*(t) \left[\frac{1}{2\pi} \int_{-\infty}^{\infty} F(\mathrm{j}\omega) \mathrm{e}^{\mathrm{j}\omega t} \mathrm{d}\omega \right] \mathrm{d}t$$

$$= \frac{1}{2\pi} \int_{-\infty}^{\infty} F(\mathrm{j}\omega) \left[\int_{-\infty}^{\infty} f^*(t) \mathrm{e}^{\mathrm{j}\omega t} \mathrm{d}t \right] \mathrm{d}\omega = \frac{1}{2\pi} \int_{-\infty}^{\infty} F(\mathrm{j}\omega) \left[\int_{-\infty}^{\infty} f(t) \mathrm{e}^{-\mathrm{j}\omega t} \mathrm{d}t \right]^* \mathrm{d}\omega$$

$$= \frac{1}{2\pi} \int_{-\infty}^{\infty} F(\mathrm{j}\omega) F^*(\mathrm{j}\omega) \mathrm{d}\omega = \frac{1}{2\pi} \int_{-\infty}^{\infty} |F(\mathrm{j}\omega)|^2 \mathrm{d}\omega$$

由于 $|F(\mathrm{j}\omega)|^2$ 是 ω 的偶函数，故式（5-112）还可以写为以下形式

$$E_f = \int_{-\infty}^{\infty} |f(t)|^2 \mathrm{d}t = \frac{1}{2\pi} \int_{-\infty}^{\infty} |F(\mathrm{j}\omega)|^2 \mathrm{d}\omega = \frac{1}{\pi} \int_{0}^{\infty} |F(\mathrm{j}\omega)|^2 \mathrm{d}\omega \tag{5-113}$$

帕什瓦尔定理表明，非周期信号的能量既可用其时域函数 $f(t)$ 来计算，也可用其频域函数 $F(\mathrm{j}\omega)$ 来计算。为了描述能量随频率 ω 的变化情况，定义能量谱函数为

$$G(\mathrm{j}\omega) = \frac{1}{2\pi} |F(\mathrm{j}\omega)|^2 \tag{5-114}$$

由能量谱的定义可知，它是频率 ω 的偶函数，其大小只与 $F(\mathrm{j}\omega)$ 的幅频特性有关，与 $F(\mathrm{j}\omega)$ 的相频特性无关。

5.3.3　傅里叶逆变换

前面介绍了傅里叶变换的主要内容和方法。对给定信号或系统进行分析时，有时需要在时域中进行，有时需要在变换域（如频域）中进行。在频域中分析系统的性能比较方便，求解系统的输出响应也比较简单，但频域中的系统输出响应不便于理解，需要变换回时域中进行分析，这种从频域到时域的变换就是傅里叶逆变换。

1. 傅里叶逆变换的定义

按照傅里叶变换及逆变换的定义，若已知某信号 $f(t)$ 的傅里叶变换为

$$F(\mathrm{j}\omega) = F[f(t)] = \int_{-\infty}^{\infty} f(t) \mathrm{e}^{-\mathrm{j}\omega t} \mathrm{d}t \tag{5-115}$$

则其傅里叶逆变换的计算公式如下

$$f(t) = \frac{1}{2\pi} \int_{-\infty}^{\infty} F(\mathrm{j}\omega) \mathrm{e}^{\mathrm{j}\omega t} \mathrm{d}\omega \tag{5-116}$$

2. 傅里叶逆变换的求解方法

一般情况下，直接用式（5-116）求傅里叶逆变换比较困难，常用的方法有以下三种：

（1）利用傅里叶变换的对称性求傅里叶逆变换

傅里叶变换的对称性如下：

若

$$F[f(t)] = F(\mathrm{j}\omega)$$

则有

$$F[F(jt)] = 2\pi f(-\omega)$$

因此

$$f(-\omega) = \frac{1}{2\pi}F[F(jt)]$$

令 $t = -\omega$，可得

$$f(t) = F^{-1}[F(j\omega)] = \frac{1}{2\pi}F[F(jt)]\Big|_{\omega=-t} \tag{5-117}$$

式（5-117）即为利用傅里叶变换的对称性求傅里叶逆变换的计算公式。该公式表明，求傅里叶逆变换的问题可以转变为求傅里叶变换的问题，从而简化了计算。

【例 5-10】　若某信号的傅里叶变换为 $F(j\omega) = -j\pi\mathrm{sgn}(\omega)$，求该信号的时域表达式 $f(t)$。

解： 由式（5-117）及式（5-80）可得

$$f(t) = F^{-1}[-j\pi\mathrm{sgn}(\omega)] = \frac{1}{2\pi}F[-j\pi\mathrm{sgn}(t)]\Big|_{\omega=-t}$$

$$= \frac{1}{2\pi}\left[-j\pi \times \frac{2}{j\omega}\right]_{\omega=-t} = \frac{1}{t}$$

【例 5-11】　已知频域中脉宽为 ω_c 的非周期矩形脉冲信号为

$$P_{\omega_c}(\omega) = \begin{cases} 1 & |\omega| < \dfrac{\omega_c}{2} \\[2mm] 0 & |\omega| > \dfrac{\omega_c}{2} \end{cases}$$

求该非周期矩形脉冲信号的逆变换。

解： 由式（5-117）和时域中非周期矩形脉冲信号的傅里叶变换结果（即式（5-76）），并考虑到抽样函数是偶函数，可得

$$F^{-1}[P_{\omega_c}(\omega)] = \frac{1}{2\pi}F[P_{\omega_c}(t)]\Big|_{\omega=-t} = \frac{1}{2\pi}\omega_c\mathrm{Sa}\left(\frac{\omega_c\omega}{2}\right)_{\omega=-t}$$

$$= \frac{\omega_c}{2\pi}\mathrm{Sa}\left(\frac{\omega_c t}{2}\right) \tag{5-118}$$

【例 5-12】　已知频域中脉宽为 ω_c 的非周期三角脉冲信号为

$$\Delta_{\omega_c}(\omega) = \begin{cases} \dfrac{2}{\omega_c}\omega + 1, & -\dfrac{\omega_c}{2} \leqslant \omega \leqslant 0 \\[3mm] -\dfrac{2}{\omega_c}\omega + 1, & 0 \leqslant \omega \leqslant \dfrac{\omega_c}{2} \end{cases}$$

求该非周期三角脉冲信号的逆变换。

解： 由式（5-117）和时域中非周期三角脉冲信号的傅里叶变换结果（即式（5-78）），并考虑到抽样函数是偶函数，可得

$$F^{-1}[\Delta_{\omega_c}(\omega)] = \frac{1}{2\pi}F[\Delta_{\omega_c}(t)]\Big|_{\omega=-t}$$

$$= \frac{1}{2\pi} \times \frac{\omega_c}{2}\mathrm{Sa}^2\left(\frac{\omega_c\omega}{4}\right)_{\omega=-t} = \frac{\omega_c}{4\pi}\mathrm{Sa}^2\left(\frac{\omega_c t}{4}\right) \tag{5-119}$$

（2）部分分式展开法

如果系统在信号作用下的输出响应为 $j\omega$ 的有理分式，则可将其按部分分式的方式进行展开（展开方法同拉普拉斯展开法一样，只需将 $j\omega$ 换成 s 即可。具体内容见"连续时间系统的复频域分析"），然后再对各项分别求其傅里叶逆变换即可。在对部分分式进行展开和求其逆变换时，常常会用到以下的傅里叶逆变换结果。

$$F^{-1}\left[(j\omega)^n \right] = \delta^{(n)}(t), n = 0,1,2,\cdots \tag{5-120}$$

$$F^{-1}\left[\frac{1}{(\alpha+j\omega)^n} \right] = \frac{t^{n-1}}{(n-1)!} e^{-\alpha t} u(t), \alpha>0, n=0,1,2,\cdots \tag{5-121}$$

【例 5-13】　已知

$$F(j\omega) = \frac{2(j\omega)}{(j\omega+1)(j\omega+3)}$$

求 $F(j\omega)$ 的傅里叶逆变换 $F^{-1}\left[F(j\omega) \right]$。

解：$F(j\omega)$ 可展开成以下的部分分式

$$F(j\omega) = -\frac{1}{j\omega+1} + \frac{3}{j\omega+3}$$

所以

$$F^{-1}\left[F(j\omega) \right] = (-e^{-t} + 3e^{-3t}) u(t)$$

（3）利用复变函数积分的留数定理求解

在傅里叶逆变换定义中

$$f(t) = \frac{1}{2\pi}\int_{-\infty}^{\infty} F(j\omega) e^{j\omega t} d\omega$$

令 $s = j\omega$，即可将其化为以下的复变函数积分

$$f(t) = \frac{1}{j2\pi}\int_{\sigma-j\infty}^{\sigma+j\infty} F(s) e^{st} ds \tag{5-122}$$

利用复变函数积分的留数法即可对上述积分进行求解，具体求解过程略。

5.4　周期信号的傅里叶变换

由前面讨论的内容可知，在频域中分析周期信号的数学工具是傅里叶级数，而分析非周期信号的数学工具是傅里叶变换，这将给信号的频域分析带来诸多不便。本节将用傅里叶变换来分析周期信号，以便与非周期信号的分析统一起来，并从同一观点和层次来分析它们的异同点。

我们知道，周期信号在展开成傅里叶级数后，其频谱是离散的，而非周期信号经过傅里叶变换后所得的频谱是连续的。虽然周期信号不满足傅里叶变换存在的充分条件，即绝对可积条件，但其傅里叶变换却是存在的。由于周期信号的频谱是离散频谱，所以其傅里叶变换也必然是离散的，而且由一系列的冲激信号组成。

5.4.1　虚指数信号

设虚指数信号为

$$f(t) = e^{j\omega_0 t} \quad (-\infty < t < \infty)$$

而

$$F[1] = 2\pi\delta(\omega)$$

由傅里叶变换的频移性质可得

$$F[e^{j\omega_0 t}] = 2\pi\delta(\omega - \omega_0) \tag{5-123}$$

由式（5-123）可知，虚指数信号的傅里叶变换是强度为 2π 的冲激信号，冲激发生在频率为 $\omega = \omega_0$ 处，其频谱图如图 5.22 所示。

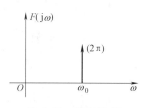

同理可得

$$F[e^{-j\omega_0 t}] = 2\pi\delta(\omega + \omega_0) \tag{5-124}$$

其频谱图与图 5.22 关于纵轴对称。

图 5.22　虚指数信号的频谱图

5.4.2　正弦信号和余弦信号

利用欧拉公式和式（5-123）、式（5-124）的结果，可以得到正弦信号和余弦信号的傅里叶变换如下

$$\cos\omega_0 t = \frac{1}{2}(e^{j\omega_0 t} + e^{-j\omega_0 t}) \xleftrightarrow{F} \pi[\delta(\omega + \omega_0) + \delta(\omega - \omega_0)] \tag{5-125}$$

$$\sin\omega_0 t = \frac{1}{j2}(e^{j\omega_0 t} - e^{-j\omega_0 t}) \xleftrightarrow{F} j\pi[\delta(\omega + \omega_0) - \delta(\omega - \omega_0)] \tag{5-126}$$

其相应的频谱图如图 5.23 所示。

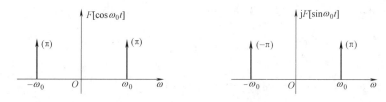

图 5.23　正弦信号及余弦信号的频谱图

5.4.3　普通周期信号

设周期信号 $f(t)$ 的周期为 T_0，其角频率为 $\omega_0 = 2\pi/T_0$，则其指数形式的傅里叶级数如下

$$f(t) = \sum_{n=-\infty}^{\infty} C_n e^{jn\omega_0 t} \tag{5-127}$$

其中

$$C_n = \frac{1}{T_0}\int_{t_0}^{t_0+T_0} f(t) e^{-jn\omega_0 t} dt$$

对式（5-127）两边进行傅里叶变换，有

$$F(j\omega) = F[f(t)] = F\Big[\sum_{n=-\infty}^{\infty} C_n e^{jn\omega_0 t} \Big]$$

$$= \sum_{n=-\infty}^{\infty} C_n F[e^{jn\omega_0 t}] = 2\pi \sum_{n=-\infty}^{\infty} C_n \delta(\omega - n\omega_0) \tag{5-128}$$

式（5-128）表明，普通周期信号 $f(t)$ 的傅里叶变换 $F(j\omega)$ 由无穷多个冲激信号组成。这些冲激信号位于信号 $f(t)$ 的各次谐波频率 $n\omega_0$（其中 n 为整数）处，其冲激强度为 $2\pi C_n$。显然，随着 n 的增大，其冲激强度将会逐渐减弱，并最终趋于 0。

5.4.4　单位冲激序列

单位冲激序列是一个周期信号。设周期为 T_0 的单位冲激序列定义如下

$$\delta_{T_0}(t) = \sum_{n=-\infty}^{\infty} \delta(t - nT_0) \tag{5-129}$$

式（5-129）中的 n 为整数。将上式展开成如下的指数傅里叶级数

$$\delta_{T_0}(t) = \sum_{n=-\infty}^{\infty} C_n e^{jn\omega_0 t} = \frac{1}{T_0} \sum_{n=-\infty}^{\infty} e^{jn\omega_0 t} \tag{5-130}$$

其中 $\omega_0 = 2\pi/T_0$。系数 C_n 的计算如下

$$C_n = \frac{1}{T_0} \int_{t_0}^{t_0+T_0} \delta_{T_0}(t) e^{-jn\omega_0 t} dt = \frac{1}{T_0} \int_{t_0}^{t_0+T_0} \Big[\sum_{k=-\infty}^{\infty} \delta(t - kT_0) \Big] e^{-jn\omega_0 t} dt$$

$$= \frac{1}{T_0} \int_{t_0}^{t_0+T_0} \delta(t - k'T_0) e^{-jn\omega_0 t} dt = \frac{1}{T_0} e^{-jn\omega_0 k'T_0} \int_{t_0}^{t_0+T_0} \delta(t - k'T_0) dt \tag{5-131}$$

$$= \frac{1}{T_0} e^{-j2nk'\pi} \int_{t_0}^{t_0+T_0} \delta(t - k'T_0) dt = \frac{1}{T_0} \times 1 \times 1 = \frac{1}{T_0}$$

式（5-131）中，k' 为积分区间 $[t_0, t_0+T_0]$ 所包含的唯一冲激信号的位置。

对式（5-130）两边进行傅里叶变换，可得

$$F(j\omega) = F[\delta_{T_0}(t)] = \frac{1}{T_0} \sum_{n=-\infty}^{\infty} 2\pi\delta(\omega - n\omega_0)$$

$$= \omega_0 \sum_{n=-\infty}^{\infty} \delta(\omega - n\omega_0) \tag{5-132}$$

其频谱图如图 5.24 所示。

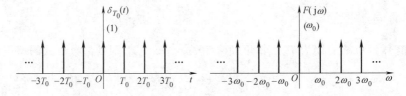

图 5.24　单位冲激序列及其频谱图

由图 5.24 可知，单位冲激序列是一个周期序列，其周期为 T_0，而其频谱也是一个周期序列，其周期为 ω_0。可见单位冲激序列的周期与其频谱的周期成反比，即当单位冲激序列

密时，其频谱则疏；反之，当单位冲激序列疏时，其频谱则密。

5.5　连续时间 LTI 系统的频域分析

前面我们已经介绍了系统的时域分析方法。利用线性系统的叠加定理，LTI 系统的输出响应可分解为零输入响应和零状态响应之和。但在时域中求解系统的零状态响应时，需要先求系统的单位冲激响应 $h(t)$，再求系统输入激励信号 $f(t)$ 与单位冲激响应 $h(t)$ 的卷积 $f(t)*h(t)$，才能得到最后结果，计算比较烦琐。如果将上述时域中的卷积关系进行傅里叶变换，利用傅里叶变换的时域卷积性质，则可将时域中的卷积运算变换成频域中的相乘运算，这给系统的特性分析和响应的求解带来了很大方便。如果再将所求得的系统响应进行傅里叶逆变换，则可求得系统零状态响应的时域解。作为系统频域分析的具体应用，本节将着重介绍信号的无失真传输与滤波。

5.5.1　连续系统响应的频域表示

时域中求解线性系统零状态响应时涉及信号的卷积运算问题，应用起来不太方便。在对激励信号和系统都进行傅里叶变换后，则系统特性可用系统函数（或称为频率响应特性）$H(j\omega)$ 来描述，系统在频域中的零状态响应可表示为 $H(j\omega)F(j\omega)$。下面将从几个方面引入 $H(j\omega)$ 的定义及其求解方法，并在此基础上进行系统的频域分析。

1. 虚指数信号 $e^{j\omega t}$ 激励下系统的零状态响应

设连续 LTI 系统的单位冲激响应为 $h(t)$，系统的输入信号为虚指数信号 $e^{j\omega t}$，则系统的零状态响应为

$$y(t) = h(t) * e^{j\omega t} = \int_{-\infty}^{\infty} h(\tau) e^{j\omega(t-\tau)} d\tau$$

$$= e^{j\omega t} \int_{-\infty}^{\infty} h(\tau) e^{-j\omega\tau} d\tau = H(j\omega) e^{j\omega t} \tag{5-133}$$

其中

$$H(j\omega) = \int_{-\infty}^{\infty} h(t) e^{-j\omega t} dt = |H(j\omega)| e^{j\varphi(\omega)} \tag{5-134}$$

为系统单位冲激响应 $h(t)$ 的傅里叶变换，称为线性系统的系统函数（或频率响应特性）。一般情况下，$H(j\omega)$ 是 ω 的复变函数。其中，$|H(j\omega)|$ 称为系统的幅频特性，$\varphi(\omega)$ 称为相频特性。

式（5-133）和式（5-134）表明，当虚指数信号 $e^{j\omega t}$ 作用于线性系统时，系统的零状态响应为该虚指数信号与系统函数的乘积，其响应特性与虚指数信号 $e^{j\omega t}$ 的特性完全相同，系统对输入信号的影响仅仅体现在幅度与相位上。

2. 一般信号 $f(t)$ 激励下系统的零状态响应

由连续时间系统的时域分析可知，线性系统的零状态响应可以表示为单位冲激响应 $h(t)$ 与输入信号 $f(t)$ 的卷积，即

$$y(t) = h(t) * f(t) \tag{5-135}$$

我们知道，利用式（5-135）求解系统的零状态响应时需要计算两个时域信号的卷积，

计算过程比较烦琐。现在考虑在频域中来求解系统的零状态响应，以使计算过程变得简单些。为此，对式（5-135）两边取傅里叶变换，并利用傅里叶变换的时域卷积性质，可得

$$Y(j\omega) = F[y(t)] = F[h(t) * f(t)]$$
$$= F[h(t)]F[f(t)] = H(j\omega)F(j\omega)$$

式中，$Y(j\omega)$ 为系统零状态响应 $y(t)$ 的傅里叶变换；$F(j\omega)$ 为系统输入信号 $f(t)$ 的傅里叶变换；$H(j\omega)$ 为系统的系统函数。由此可得

$$H(j\omega) = \frac{Y(j\omega)}{F(j\omega)} \tag{5-136}$$

由式（5-136）可知，频域中系统函数可以表示为系统零状态响应与输入信号之比，即 $H(j\omega)$ 可用 $Y(j\omega)$ 和 $F(j\omega)$ 来描述。需要注意的是，$H(j\omega)$ 是描述系统特性本质的函数，不随输入信号的变化而变化。对于某一特定系统而言，其系统函数 $H(j\omega)$ 是固定不变的。对于不同的系统，其系统函数 $H(j\omega)$ 是不一样的，这也正是一个系统区别于另一个系统的本质特征。当 $F(j\omega)$ 作用于系统 $H(j\omega)$ 时，系统相当于乘法器的作用，即 $H(j\omega)F(j\omega)$，也就是对 $F(j\omega)$ 进行某种

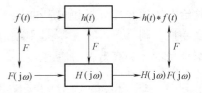

图 5.25　系统时域响应和
频域响应的一一对应关系

"加工"，以改变 $F(j\omega)$ 的幅度和相位，从而达到所要求的信号处理目的。

由以上分析可知，一个系统既可以在时域中表示，也可以在频域中表示，它们存在如图 5.25 所示的一一对应关系。

3. 系统频率响应（系统函数）$H(j\omega)$ 的求取方法

（1）由系统微分方程求 $H(j\omega)$

设线性系统的微分方程为

$$a_n y^{(n)}(t) + a_{n-1} y^{(n-1)}(t) + \cdots + a_1 y'(t) + a_0$$
$$= b_m f^{(m)}(t) + b_{m-1} f^{(m-1)}(t) + \cdots + b_1 f'(t) + b_0 \tag{5-137}$$

对式（5-137）两边取傅里叶变换，结合傅里叶变换的时域微分性质，有

$$[a_n(j\omega)^n + a_{n-1}(j\omega)^{n-1} + \cdots + a_1(j\omega) + a_0]Y(j\omega)$$
$$= [b_m(j\omega)^m + b_{m-1}(j\omega)^{m-1} + \cdots + b_1(j\omega) + b_0]F(j\omega)$$

所以

$$H(j\omega) = \frac{Y(j\omega)}{F(j\omega)} = \frac{b_m(j\omega)^m + b_{m-1}(j\omega)^{m-1} + \cdots + b_1(j\omega) + b_0}{a_n(j\omega)^n + a_{n-1}(j\omega)^{n-1} + \cdots + a_1(j\omega) + a_0} \tag{5-138}$$

【例 5-14】　已知某连续时间 LTI 系统的微分方程为

$$y'''(t) + 7y''(t) + 6y'(t) + 2y(t) = 2f(t) + f'(t)$$

求系统的频率响应 $H(j\omega)$。

解：由式（5-138）可得

$$H(j\omega) = \frac{(j\omega) + 2}{(j\omega)^3 + 7(j\omega)^2 + 6(j\omega) + 2}$$

由系统单位冲激响应 $h(t)$ 求 $H(j\omega)$

由式（5-134）可知，$H(j\omega)$ 是系统单位冲激响应 $h(t)$ 的傅里叶变换，所以只要知道 $h(t)$ 即可求出 $H(j\omega)$。

【例 5-15】 已知某系统的单位冲激响应 $h(t)$ 为

$$h(t) = (e^{-t} + e^{-2t})u(t)$$

求系统的频率响应 $H(j\omega)$。

解： 由 $H(j\omega)$ 的定义有

$$H(j\omega) = F[h(t)] = F[(e^{-t} + e^{-2t})u(t)]$$

$$= \frac{1}{j\omega+1} + \frac{1}{j\omega+2} = \frac{2(j\omega)+3}{(j\omega)^2 + 3(j\omega) + 2}$$

（3）由电路的频域模型求 $H(j\omega)$

电路的基本元件是电阻 R、电感 L 和电容 C，它们的时域 VAR 如下

$$u_R(t) = Ri_R(t), u_L(t) = L\frac{di_L(t)}{dt}, i_C(t) = C\frac{du_C(t)}{dt}$$

对上述 VAR 取傅里叶变换，可得其频域 VAR 为

$$U_R(j\omega) = RI_R(j\omega), U_L(j\omega) = j\omega L I_L(j\omega), I_C(j\omega) = j\omega C U_C(j\omega)$$

即

$$Z_R = R, Z_L = j\omega L, Z_C = \frac{1}{j\omega C} \tag{5-139}$$

其中，Z_R、Z_L、Z_C 分别为电阻、电感、电流的频域阻抗。

【例 5-16】 求图 5.26 所示电路的频率响应 $H(j\omega)$。

解： 图 5.26 中的图 a 为时域电路模型，图 b 为频域电路模型。对图 b 应用向量法可得该电路的频率响应 $H(j\omega)$ 为

$$H(j\omega) = \frac{\dot{U}_R}{\dot{U}} = \frac{1}{1+j\omega}$$

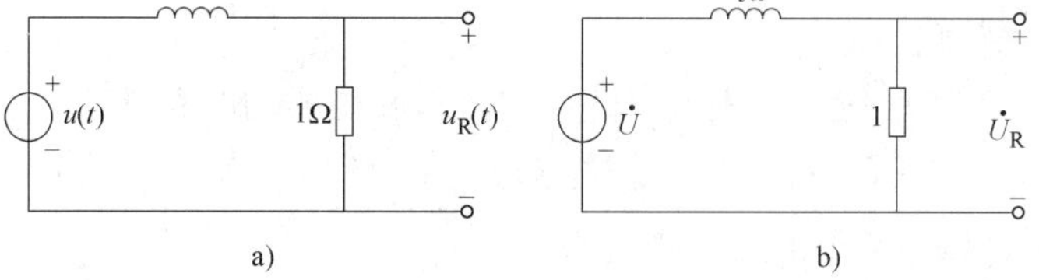

图 5.26　时域电路模型及频域电路模型

系统的幅频特性和相频特性为

$$|H(j\omega)| = \frac{1}{\sqrt{1+\omega^2}}, \varphi(\omega) = -\arctan\omega$$

显然，幅频特性 $|H(j\omega)|$ 在基带（即低频）附近的衰减较小，随着频率 ω 的增大，$|H(j\omega)|$ 的值迅速减小，所以图 5.26 所示电路为一个低通滤波器。

5.5.2　无失真传输

信号传输是通信系统的主要目的，它要求信号在传输过程中尽量不失真，以便在信号接收端能完全再现发送端所发送的信号。由于通信信道带宽的限制和干扰的作用，信号在传输过程中往往会产生失真，即时域中系统的响应波形与激励波形不一致。在不考虑信道干扰的情况下，信号通过线性系统时产生失真的原因有两个：一是系统对信号各频率分量产生的幅度衰减程度不同，使信号各频率分量的幅度发生相对变化，从而引起信号幅度失真；二是系统对信号各频率分量产生的相移与频率不成正比关系，导致信号各频率分量在时间轴上的相对位置发生变化，从而引起信号相位失真。需要注意的是，线性系统的幅度失真和相位失真都不会产生新的频率分量，这一点与非线性系统有着本质区别。

信号通过线性系统时产生的失真取决于系统本身的传输特性，即系统的单位冲激响应 $h(t)$ 或频率特性 $H(j\omega)$。那么，是否存在不引起信号失真的系统？如果存在，这样的系统需要满足什么条件？下面就来讨论这个很有意义的问题。

1. 无失真传输的时域条件

由前面的讨论可知，信号的无失真传输是指系统的响应波形与激励波形完全相同，只允许波形幅度和出现时刻不一样。因为波形在幅度上的放大和缩小以及在时间轴上的平移并不改变波形形状。

根据时域中无失真传输的定义，可得时域中的无失真传输条件为

$$y(t) = kf(t-t_d) \tag{5-140}$$

式中，k 为常数且 $k>0$；t_d 为系统输出响应 $y(t)$ 相对于激励 $f(t)$ 的滞后时间。一般情况下，$t_d>0$。系统无失真传输的输入/输出波形如图 5.27 所示。

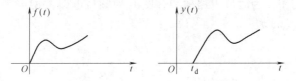

图 5.27　无失真传输的时域波形

2. 无失真传输的频域条件

对式（5-140）两端取傅里叶变换，并利用傅里叶变换的时移性质，有

$$Y(j\omega) = kF(j\omega) e^{-j\omega t_d} \tag{5-141}$$

由此可得无失真传输系统的频率响应为

$$H(j\omega) = \frac{Y(j\omega)}{F(j\omega)} = k e^{-j\omega t_d} \tag{5-142}$$

其对应的幅频特性和相频特性为

$$|H(j\omega)| = k, \varphi(\omega) = -\omega t_d \tag{5-143}$$

式（5-143）表明，要实现信号的无失真传输，其相应的系统函数 $H(j\omega)$ 应满足两个条件，一是系统的幅频特性 $|H(j\omega)|$ 为全通特性，即在整个频率范围内（$-\infty<\omega<\infty$）为常数，二是系统的相频特性 $\varphi(\omega)$ 在整个频率范围内与 ω 成正比，且是一条斜率为 $-t_d$ 的通过坐标原点的直线。其幅频特性及相频特性曲线如图 5.28 所示。

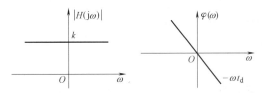

图 5.28　无失真传输系统的幅频特性和相频特性曲线

由图 5.28 可知，为消除信号的幅度失真，要求无失真传输系统的幅频特性为全通特性，即系统对信号的所有频率分量都一视同仁，其带宽为无穷大，这在实际应用中是不可能实现的。另外，为消除信号的相位失真，还要求系统的相频特性与频率成正比。例如，对于下面的信号：

$$f(t) = \cos\omega_1 t + 2\cos\omega_2 t$$

有

$$f(t-t_d) = \cos\omega_1(t-t_d) + 2\cos\omega_2(t-t_d)$$
$$= \cos(\omega_1 t - \omega_1 t_d) + 2\cos(\omega_2 t - \omega_2 t_d)$$

由上式可见，相同的延时对不同的频率分量造成的相移确实与频率成正比。

无失真传输系统只是假设的一种理想化模型，实际应用中是不可能实现的。尽管如此，我们可以将其视为一个理想模型的标准。如果实际的传输系统在信号的带宽范围内具有和无失真传输系统近似的频率特性，就可以将该系统近似地看成是无失真传输系统。

5.5.3　理想滤波器

滤波是出于信号处理的考虑，即对信号有目的地进行失真处理，消除或削弱不需要的频率分量，从而达到所需要的信号处理目的。理想滤波器作为一种信号处理系统，具有在某一带宽范围内无失真传输信号的作用。

1. 理想滤波器的分类

按照滤波器所允许通过的信号频率范围划分，实际中常见的理想滤波器主要有低通滤波器、高通滤波器、带通滤波器和带阻滤波器四种，其对应的幅频特性波形如图 5.29 所示。

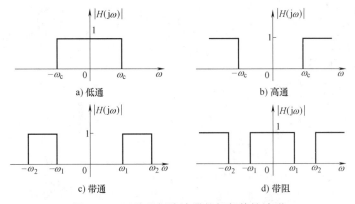

图 5.29　四种理想滤波器的幅频特性波形

在图 5.29 中，ω_c 是低通滤波器和高通滤波器的截频（截止频率），ω_1 和 ω_2 是带通滤波器和带阻滤波器的截频。另外，图 5.29 中的四种理想滤波器均未画出其相应的相频特性。这里假定这四种理想滤波器的相频特性均与频率 ω 成正比，即满足无失真传输的相位要求。

2. 典型理想滤波器特性分析

（1）理想低通滤波器

理想低通滤波器的幅频特性 $|H(j\omega)|$ 和相频特性 $\varphi(\omega)$ 如图 5.30 所示。

由图 5.30 可以看出，在通带（即满足 $-\omega_c < \omega < \omega_c$ 的频带）内，其幅频为常数 1，相频与频率 ω 成正比。在阻带（即满足 $\omega < -\omega_c$ 或 $\omega > \omega_c$ 的频带）内，其幅频为常数 0。也就是说，理想低通滤波器将信号中低于截频 ω_c 的频率分量进行无失真传送，将高于截频 ω_c 的频率分量完全抑制。

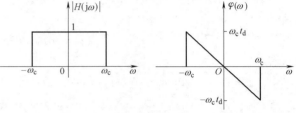

由于理想低通滤波器的带宽（通频带）为有限值 ω_c，所以它又称为带限系统。严格地说，信号的带宽（不是有效带宽）为无穷大，所以信号通过这种带限系统时会产生失真，失真的程度取决于信号和带限系统频带宽度的匹配情况。如果系统的带宽大于信号的有效带宽，则失真小，反之则失真大。

图 5.30　理想低通滤波器的频率特性

由图 5.30 可得其系统函数如下

$$H(j\omega) = |H(j\omega)| \, e^{j\varphi(\omega)} = \begin{cases} e^{-j\omega t_d}, & |\omega| < \omega_c \\ 0, & |\omega| > \omega_c \end{cases}$$

$$= P_{2\omega_c}(\omega) \, e^{-j\omega t_d} \tag{5-144}$$

$$\varphi(\omega) = -\omega t_d \tag{5-145}$$

为了更进一步理解理想低通滤波器的响应特性，下面来分析其单位冲激响应 $h(t)$。

由式（5-117），结合式（5-76），有

$$F^{-1}\big[P_{2\omega_c}(\omega)\big] = \frac{1}{2\pi} F\big[P_{2\omega_c}(t)\big]\big|_{\omega=-t}$$

$$= \frac{1}{2\pi} \times 2\omega_c \text{Sa}\left(\frac{2\omega_c \omega}{2}\right)\bigg|_{\omega=-t} = \frac{\omega_c}{\pi}\text{Sa}(\omega_c t)$$

由式（5-100）可得

$$h(t) = F^{-1}\big[H(j\omega)\big] = F^{-1}\big[P_{2\omega_c}(\omega)\, e^{-j\omega t_d}\big]$$

$$= \frac{\omega_c}{\pi}\text{Sa}\big[\omega_c(t-t_d)\big] \tag{5-146}$$

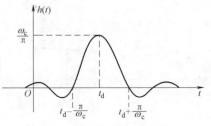

其单位冲激响应的波形如图 5.31 所示。

由图 5.31 可以看出，理想低通滤波器的单位冲激响应 $h(t)$ 是一个抽样函数，其波形与输入信号 $\delta(t)$ 的波形存在很大差异，产生了很大的失真。这是因为理想低通滤波器是一个带限系统，而单位冲激信

图 5.31　理想低通滤波器的
单位冲激响应波形

号 $\delta(t)$ 的频谱函数为 1，其带宽为无穷大，它们的带宽显然很不匹配，所以必然产生失真。截频 ω_c 越小，即理想低通滤波器的带宽越窄，则其单位冲激响应 $h(t)$ 的主瓣宽度 $(t_d+\pi/\omega_c)-(t_d-\pi/\omega_c)=2\pi/\omega_c$ 就越大，失真也越大；反之，截频 ω_c 越大，即理想低通滤波器的带宽越宽，则其单位冲激响应 $h(t)$ 的主瓣宽度就越小，失真也越小。当 ω_c 趋于无穷大时，理想低通滤波器的带宽也趋于无穷大，从而有

$$\lim_{\omega_c\to\infty} h(t)=\delta(t-t_d) \tag{5-147}$$

除了波形失真外，$h(t)$ 比 $\delta(t)$ 的作用时刻 $t=0$ 延迟了时间 t_d，而 t_d 正好是理想低通滤波器相频特性的斜率。

由式（5-146）可以看出，$t<0$ 时 $h(t)$ 也存在输出，所以理想低通滤波器是一个非因果系统，在物理上是不可实现的。事实上，所有的理想滤波器都是物理上不可实现的。

（2）理想带通滤波器

理想带通滤波器的幅频特性 $|H(j\omega)|$ 和相频特性 $\varphi(\omega)$ 如图 5.32 所示。

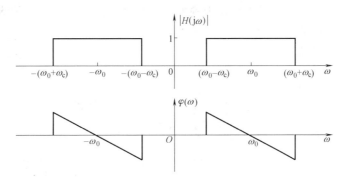

图 5.32　理想带通滤波器的频率特性

设如图 5.30 所示理想低通滤波器的频率特性为

$$H_L(j\omega)=|H_L(j\omega)|e^{j\varphi(\omega)}=\begin{cases}e^{-j\omega t_d}, & |\omega|<\omega_c\\ 0, & |\omega|>\omega_c\end{cases}$$

$$=P_{2\omega_c}(\omega)e^{-j\omega t_d}$$

则理想带通滤波器的频率特性与理想低通滤波器的频率特性之间存在以下关系

$$H(j\omega)=H_L[j(\omega+\omega_0)]+H_L[j(\omega-\omega_0)] \tag{5-148}$$

由式（5-148）可以看出，理想带通滤波器的频率特性是理想低通滤波器的频率特性经过频率搬移后相加的结果。$H_L(j\omega)$ 称为理想带通滤波器的等效低通滤波器。下面分析其单位冲激响应 $h(t)$。

由式（5-117）有

$$F^{-1}\big[\,|H_L(j\omega)|\,\big]=F^{-1}\big[P_{2\omega_c}(\omega)\big]$$

$$=\frac{\omega_c}{\pi}\mathrm{Sa}\big[(\omega_c t)\big]$$

由傅里叶变换的频移性质式（5-103）和式（5-104）可得

$$F^{-1}\big[\,|H(j\omega)|\,\big]=F^{-1}\big\{\,|H_L[j(\omega+\omega_0)]|\,\big\}+F^{-1}\big\{\,|H_L[j(\omega-\omega_0)]|\,\big\}$$

$$= \frac{\omega_c}{\pi} Sa(\omega_c t) e^{-j\omega_0 t} + \frac{\omega_c}{\pi} Sa(\omega_c t) e^{j\omega_0 t} = \frac{2\omega_c}{\pi} Sa(\omega_c t) \cos(\omega_0 t)$$

所以

$$h(t) = F^{-1}[H(j\omega)] = F^{-1}[|H(j\omega)| e^{-j\omega t_d}] = \frac{2\omega_c}{\pi} Sa[\omega_c(t-t_d)] \cos\omega_0(t-t_d) \quad (5\text{-}149)$$

由式（5-149）和式（5-146）可以看出，理想带通滤波器的单位冲激响应等于其等效低通滤波器的单位冲激响应乘以载波信号，这也正是载波信号频率搬移作用的结果。

3. 信号通过滤波器时的系统时域响应求解

在频域中求解系统的时域响应时，需要求由 $Y(j\omega)$ 到 $y(t)$ 的傅里叶逆变换。由于傅里叶变换的局限性，所以系统时域响应的求解并不容易，而且只能求解系统的零状态响应。要求解一般系统的时域响应（零输入响应、零状态响应和全响应），需要用到功能更强的拉普拉斯变换，这在第 6 章 "连续时间系统的复频域分析" 中将会有详细介绍。

本节只讨论比较特殊的信号通过滤波器时的时域响应求解问题，此时的系统时域响应求解相对比较简单。下面通过两个例子来说明其求解过程。

【例 5-17】　已知某滤波器系统的频率特性如图 5.33 所示，求该滤波器系统的单位冲激响应 $h(t)$。

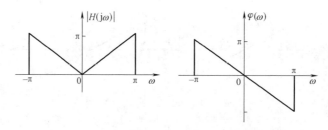

图 5.33　例 5-17 系统的幅频特性与相频特性

解：该系统的幅频特性 $|H(j\omega)|$ 可分解为图 5.34 中幅频特性 $|H_1(j\omega)|$ 和 $|H_2(j\omega)|$ 之差即

$$|H(j\omega)| = |H_1(j\omega)| - |H_2(j\omega)| = \pi[P_{2\pi}(\omega) - \Delta_{2\pi}(\omega)]$$

由于该系统的相频特性 $\varphi(\omega)$ 的斜率为 1，所以

$$H(j\omega) = \pi[P_{2\pi}(\omega) - \Delta_{2\pi}(\omega)] e^{-j\omega}$$

由式（5-118）、式（5-119）和式（5-100）可得该滤波器系统的单位冲激响应为

$$h(t) = F^{-1}[H(j\omega)] = \pi \left\{ \frac{2\pi}{2\pi} Sa[\pi(t-1)] - \frac{2\pi}{4\pi} Sa^2[0.5\pi(t-1)] \right\}$$

$$= \pi Sa[\pi(t-1)] - 0.5\pi Sa^2[0.5\pi(t-1)]$$

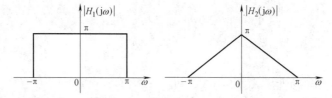

图 5.34　例 5-17 中幅频特性的分解

【**例 5-18**】　已知某理想高通滤波器的频率特性为

$$H(\mathrm{j}\omega)=\begin{cases}\mathrm{e}^{-\mathrm{j}2\omega}, & |\omega|>4\pi \\ 0, & |\omega|<4\pi\end{cases}$$

（1）求该滤波器的单位冲激响应 $h(t)$；

（2）若滤波器的输入为 $f(t)=\mathrm{Sa}(6\pi t)$，$-\infty<t<\infty$，求其输出 $y(t)$。

解：（1）该理想高通滤波器的频率特性波形图如图 5.35 所示。

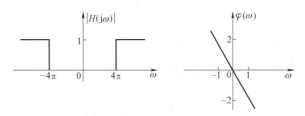

图 5.35　例 5-18 的频率特性波形图

幅频特性 $|H(\mathrm{j}\omega)|$ 可分解为图 5.36 中幅频特性 $|H_1(\mathrm{j}\omega)|$ 和 $|H_2(\mathrm{j}\omega)|$ 之差。

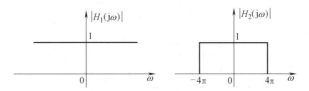

图 5.36　图 5.35 所示幅频特性的分解

图中

$$H_1(\mathrm{j}\omega)=|H_1(\mathrm{j}\omega)|\mathrm{e}^{-\mathrm{j}2\omega}=\mathrm{e}^{-\mathrm{j}2\omega}$$

$$H_2(\mathrm{j}\omega)=|H_2(\mathrm{j}\omega)|\mathrm{e}^{-\mathrm{j}2\omega}=P_{8\pi}(\omega)\mathrm{e}^{-\mathrm{j}2\omega}$$

$$H(\mathrm{j}\omega)=H_1(\mathrm{j}\omega)-H_2(\mathrm{j}\omega)=[1-P_{8\pi}(\omega)]\mathrm{e}^{-\mathrm{j}2\omega}$$

由式（5-82）、式（5-118）和式（5-100）可得

$$F^{-1}[H_1(\mathrm{j}\omega)]=F^{-1}[\mathrm{e}^{-\mathrm{j}2\omega}]=\delta(t-2)$$

$$F^{-1}[H_2(\mathrm{j}\omega)]=F^{-1}[P_{8\pi}\mathrm{e}^{-\mathrm{j}2\omega}]$$

$$=\frac{8\pi}{2\pi}\mathrm{Sa}\left(\frac{8\pi(t-2)}{2}\right)=4\mathrm{Sa}[4\pi(t-2)]$$

所以

$$h(t)=F^{-1}[H(\mathrm{j}\omega)]=F^{-1}[H_1(\mathrm{j}\omega)]-F^{-1}[H_2(\mathrm{j}\omega)]$$

$$=\delta(t-2)-4\mathrm{Sa}[4\pi(t-2)]$$

（2）由式（5-118）有 $F^{-1}[P_{\omega_{\mathrm{c}}}(\omega)]=\dfrac{\omega_{\mathrm{c}}}{2\pi}\mathrm{Sa}\left(\dfrac{\omega_{\mathrm{c}}t}{2}\right)$

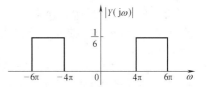

取 $\omega_{\mathrm{c}}=12\pi$，得 $F(\mathrm{j}\omega)=F[\mathrm{Sa}(6\pi t)]=\dfrac{1}{6}P_{12\pi}(\omega)$

通过观察和分析 $F(\mathrm{j}\omega)$ 和 $H(\mathrm{j}\omega)$ 的波形，可得系统输

出 $Y(\mathrm{j}\omega)=H(\mathrm{j}\omega)F(\mathrm{j}\omega)$ 的幅频特性波形如图 5.37 所示。

图 5.37　例 5-18 的输出幅频特性波形

很明显，该输出幅频特性可分解为图 5.38 中幅频特性 $|Y_1(j\omega)|$ 和 $|Y_2(j\omega)|$ 之差。其中

$$Y_1(j\omega) = |Y_1(j\omega)|e^{-j2\omega} = \frac{1}{6}P_{12\pi}e^{-j2\omega}$$

$$Y_2(j\omega) = |Y_2(j\omega)|e^{-j2\omega} = \frac{1}{6}P_{8\pi}e^{-j2\omega}$$

$$Y(j\omega) = Y_1(j\omega) - Y_2(j\omega) = \frac{1}{6}[P_{12\pi}(\omega) - P_{8\pi}(\omega)]e^{-j2\omega}$$

所以

$$
\begin{aligned}
y(t) &= F^{-1}[Y(j\omega)] = F^{-1}[Y_1(j\omega)] - F^{-1}[Y_2(j\omega)] \\
&= \frac{1}{6}F^{-1}[P_{12\pi}(\omega)e^{-j2\omega}] - \frac{1}{6}F^{-1}[P_{8\pi}(\omega)e^{-j2\omega}] \\
&= \frac{1}{6} \times \left\{ \frac{12\pi}{2\pi}\mathrm{Sa}\left[\frac{12\pi}{2}(t-2)\right] \right\} - \frac{1}{6} \times \left\{ \frac{8\pi}{2\pi}\mathrm{Sa}\left[\frac{8\pi}{2}(t-2)\right] \right\} \\
&= \mathrm{Sa}[6\pi(t-2)] - \frac{2}{3}\mathrm{Sa}[4\pi(t-2)]
\end{aligned}
$$

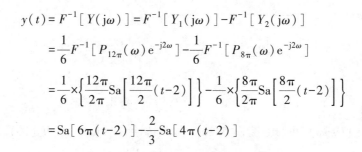

图 5.38　图 5.37 所示幅频特性的分解

5.6　信号的抽样与恢复

在通信系统和自动控制系统中，常常需要将模拟信号（即连续时间信号）进行抽样（取样、采样），以获得与其对应的离散时间信号。我们知道，数字通信系统要求被传输的信号为数字信号，而计算机只能处理由二进制代码 0 和 1 组成的数字信息，所以信号抽样就成为数字通信和计算机控制的首要环节。

信号抽样就是每隔相同的时间间隔（即抽样周期）T_0，从模拟信号 $f(t)$ 抽取与其对应的离散时间序列的过程。可以想象，抽样周期 T_0 不能太大，因为 T_0 太大会使经抽样得到的抽样信号 $f_s(t)$ 丢失信息，从而产生失真。虽然从理论上来说抽样周期 T_0 越小越好，但 T_0 太小会造成抽样数据"海量化"，从而占用系统大量的存储、传输和处理资源，代价太高，也没有必要。能否在这两者之间寻求一个平衡，即在抽样信号 $f_s(t)$ 能保留 $f(t)$ 全部信息的前提下使抽样周期 T_0 最小，从而能由抽样信号 $f_s(t)$ 无失真地恢复被抽样的模拟信号 $f(t)$？著名的香农（Shannon）抽样定理给出了这个问题的条件和答案。抽样定理在通信理论中具有相当重要的地位。

5.6.1　信号的抽样

虽然离散时间信号也可以用测量的方式获得，但工程上绝大多数离散时间信号都是对连

续时间信号进行抽样获得的。按照抽样序列的不同，信号的抽样有理想抽样和自然抽样两种方式。

1. 抽样过程

时域中的实际抽样过程如图 5.39 所示。

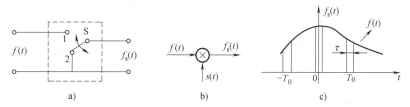

图 5.39　信号的实际抽样过程

在图 5.39a 中，开关 S 以 T_0 为周期交替接通触点 1 和 2。当开关 S 接通触点 1 时，$f_s(t) = f(t)$，当开关 S 接通触点 2 时，$f_s(t) = 0$，所得抽样波形如图 5.39c 所示。其中，T_0 为抽样周期，τ 为开关 S 和触点 1 的接通时间，即 $f_s(t)$ 的非零输出持续时间。

上述所示抽样过程可以表示为如图 5.39b 所示的抽样模型，由此可得

$$f_s(t) = f(t)s(t) \tag{5-150}$$

如果抽样序列 $s(t)$ 为周期矩形脉冲序列（见图 5.39c），则称抽样为自然抽样。如果 $s(t)$ 为单位冲激序列，则称抽样为理想抽样。本书中只考虑理想抽样的情形，此时的抽样信号可表示为

$$f_s(t) = f(t)s(t) = f(t) \sum_{n=-\infty}^{\infty} \delta(t - nT_0) = \sum_{n=-\infty}^{\infty} f(t)\delta(t - nT_0)$$

$$= \sum_{n=-\infty}^{\infty} f(nT_0)\delta(t - nT_0) \tag{5-151}$$

式（5-151）就是时域中理想抽样的结果。它表明抽样信号 $f_s(t)$ 只是抽取了 $f(t)$ 在 T_0 的整数倍处的值。时域中理想抽样的过程及抽样结果如图 5.40 所示。

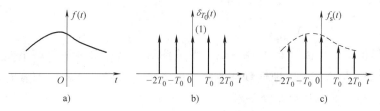

图 5.40　信号的理想抽样过程及抽样结果

2. 抽样信号的频谱

对于理想抽样而言，式（5-150）可以将抽样信号 $f_s(t)$ 表示为

$$f_s(t) = f(t)s(t) = f(t)\delta_{T_0}(t) \tag{5-152}$$

其中

$$\delta_{T_0}(t) = \sum_{n=-\infty}^{\infty} \delta(t - nT_0) \tag{5-153}$$

是周期为 T_0 的单位冲激序列，即抽样周期为 T_0 的抽样序列。

由式（5-132）有

$$F[\delta_{T_0}(t)] = \omega_0 \sum_{n=-\infty}^{\infty} \delta(\omega - n\omega_0) \tag{5-154}$$

根据式（5-108）可得

$$F_s(j\omega) = F[f_s(t)] = F[f(t)\delta_{T_0}(t)] = \frac{1}{2\pi} F[f(t)] * F[\delta_{T_0}(t)]$$

$$= \frac{1}{2\pi} F(j\omega) * \left[\omega_0 \sum_{n=-\infty}^{\infty} \delta(\omega - n\omega_0)\right] = \frac{\omega_0}{2\pi} \left[\sum_{n=-\infty}^{\infty} F(j\omega) * \delta(\omega - n\omega_0)\right]$$

$$= \frac{1}{T_0} \sum_{n=-\infty}^{\infty} F[j(\omega - n\omega_0)] = f_0 \sum_{n=-\infty}^{\infty} F[j(\omega - n\omega_0)] \tag{5-155}$$

式中，$\omega_0 = 2\pi/T_0$ 为抽样角频率；$f_0 = 1/T_0$ 为抽样频率。

式（5-155）表达了抽样信号的频谱 $F_s(j\omega)$ 与被抽样信号频谱之间的关系：$F_s(j\omega)$ 是将 $F(j\omega)$ 搬移 ω_0 的整数倍后再求和的结果（当然还要乘以系数 f_0），即 $F_s(j\omega)$ 是 $F(j\omega)$ 的周期性延拓，其周期为 ω_0。

理想抽样信号的频谱如图 5.41 所示。

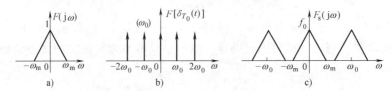

图 5.41　理想抽样信号的频谱

由前面的讨论可知，抽样信号 $f_s(t)$ 是离散信号，其频谱是周期信号，而在介绍周期信号的傅里叶级数展开时提到过，周期信号的频谱是离散频谱。所以，时域的离散性对应着频域的周期性，而时域的周期性则对应着频域的离散性，这就是信号时域特性和频域特性的一种重要对应关系。

5.6.2　抽样定理

抽样定理给出了抽样信号 $f_s(t)$ 能否包含被抽样信号 $f(t)$ 全部信息的条件，或者说给出了能否由抽样信号 $f_s(t)$ 无失真地恢复被抽样信号 $f(t)$ 的条件。抽样定理有时域抽样定理和频域抽样定理两种，下面分别加以介绍。

1. 时域抽样定理

如图 5.41 所示，抽样信号的频谱 $F_s(j\omega)$ 是由被抽样信号的频谱 $F(j\omega)$ 进行周期性延拓构成的。如果 $f(t)$ 为带限信号（其非零频谱只出现在一个有限的频带范围内），则只要抽样频率大于或等于某一临界频率（称为 Nyquist 频率），抽样信号的频谱 $F_s(j\omega)$ 中各相邻单个频谱就不会发生混叠，如图 5.42b 所示。这时抽样信号 $f_s(t)$ 中包含了连续时间信号 $f(t)$ 的全部信息，可由 $f_s(t)$ 无失真地恢复连续时间信号 $f(t)$。反之，如果抽样频率小于该临界频率，则抽样信号的频谱 $F_s(j\omega)$ 中各相邻单个频谱就会发生混叠，如图 5.42c 所示，这时就不能由 $f_s(t)$ 无失真地恢复 $f(t)$。

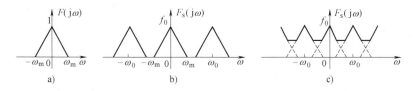

图 5.42   抽样信号的频谱随抽样频率的变化情况

综上所述，可得到如下的时域抽样定理。

时域抽样定理：设 $f(t)$ 为实带限信号，其最大角频率为 ω_m（即最大频率为 $f_m = \omega_m / 2\pi$）。要使抽样信号的频谱 $F_s(j\omega)$ 不发生混叠现象，即抽样信号 $f_s(t)$ 完全保留被抽样信号 $f(t)$ 的全部信息，可由与 $f_s(t)$ 对应的 $F_s(j\omega)$ 无失真地恢复被抽样信号 $f(t)$，则抽样频率不能太低，必须满足 $f_0 \geqslant 2f_m$（即 $\omega_0 \geqslant 2\omega_m$），或者说抽样周期不能太长，必须满足 $T_0 \leqslant 1/(2f_m)$。

由时域抽样定理可知，$f_0 = 2f_m$ 是使抽样信号的频谱 $F_s(j\omega)$ 不发生混叠的最小抽样频率（临界抽样频率），称为 Nyquist 频率。$T_0 = 1/(2f_m)$ 是使抽样信号的频谱 $F_s(j\omega)$ 不发生混叠的最大抽样周期（临界抽样周期），称为 Nyquist 间隔。

上述抽样定理是在理想抽样的情况下得到的，对于自然抽样也可得到相同的结果，这里不多作介绍。在实际应用中，一般来说抽样脉冲的宽度 τ 远小于抽样周期 T_0，因此在一个抽样周期 T_0 内可同时容纳多个不同信号的抽样脉冲且彼此互不重叠，也就是说可以在同一信道中同时传送多路信号，从而提高了信道的利用率，这种技术就是通信中的"时分复用"技术。

【例 5-19】 已知信号 $f(t) = 4\mathrm{Sa}(4\pi t)$，$-\infty < t < \infty$。当对该信号进行抽样时，求能无失真地恢复原信号的最大抽样周期 T_{max}。

解：因为

$$F^{-1}[P_\tau(\omega)] = \frac{\tau}{2\pi}\mathrm{Sa}(\tau t/2)$$

所以

$$F[\mathrm{Sa}(\tau t/2)] = \frac{2\pi}{\tau}P_\tau(\omega)$$

令 $\tau = 8\pi$，有

$$F[\mathrm{Sa}(4\pi t)] = \frac{1}{4}P_{8\pi}(\omega)$$

故

$$F[f(t)] = 4F[\mathrm{Sa}(4\pi t)] = P_{8\pi}(\omega)$$

从而有

$$\omega_m = 4\pi(\mathrm{rad/s}), f_m = \frac{\omega_m}{2\pi} = 2(\mathrm{Hz})$$

由抽样定理可得

$$T_{max} = \frac{1}{2f_m} = \frac{1}{4}(\mathrm{s})$$

2. 频域抽样定理

前面讨论了信号的时域抽样和与之对应的时域抽样定理。对于频域中的连续频谱，也可以在频域中对其进行抽样，而且频域抽样与时域抽样存在着对偶关系。

设时域信号 $f(t)$ 为时限信号，即 $f(t)$ 只在一个有限的时间范围（$-t_m$，t_m）内取非零值，在此时间范围以外的取值为零。所以时限信号 $f(t)$ 是非周期信号，其频谱 $F(j\omega)$ 为连续频谱。

在频域中对连续信号 $F(j\omega)$ 进行理想抽样。频域中抽样周期为 ω_s（单位与角频率的单位相同，因为频域中的横坐标为 ω）的单位冲激序列为

$$\delta_{\omega_s}(\omega) = \sum_{n=-\infty}^{\infty} \delta(\omega - n\omega_s) \tag{5-156}$$

用该单位冲激序列对 $F(j\omega)$ 进行理想抽样，可得抽样序列为

$$F_s(j\omega) = F(j\omega) \sum_{n=-\infty}^{\infty} \delta(\omega - n\omega_s) = \sum_{n=-\infty}^{\infty} F(jn\omega_s)\delta(\omega - n\omega_s) \tag{5-157}$$

式（5-157）即为频域中理想抽样的结果。由式（5-153）和式（5-154）可得

$$F^{-1}[\delta_{\omega_s}(\omega)] = \frac{1}{\omega_s} \sum_{n=-\infty}^{\infty} \delta(t - nT_s) \tag{5-158}$$

其中，$T_s = 2\pi/\omega_s$ 为频域抽样角频率（与周期的单位相同）。由傅里叶变换的时域卷积性质，有

$$f_s(t) = F^{-1}[F_s(j\omega)] = F^{-1}[F(j\omega)] * F^{-1}[\delta_{\omega_s}(\omega)]$$

$$= f(t) * \left[\frac{1}{\omega_s} \sum_{n=-\infty}^{\infty} \delta(t - nT_s)\right] = \frac{1}{\omega_s} \sum_{n=-\infty}^{\infty} f(t) * \delta(t - nT_s)$$

$$= \frac{1}{\omega_s} \sum_{n=-\infty}^{\infty} f(t - nT_s) \tag{5-159}$$

由式（5-159）可知，$f_s(t)$ 是一个周期为 T_s 的周期函数，它与式（5-155）是一对对偶表达式。若选取频域抽样频率 $T_s \geq 2t_m$，或频域抽样周期 $f_s \leq 1/(2t_m)$，则在时域中 $f_s(t)$ 的波形就不会产生混叠，从而可由 $f_s(t)$ 无失真地恢复原信号 $f(t)$。

总结上述结论，可得到如下的频域抽样定理。

频域抽样定理：设 $f(t)$ 是定义在（$-t_m$，t_m）上的时限信号，若在频域中以不小于 $2t_m$ 的抽样角频率或以不大于 $1/(2t_m)$ 的抽样角频率间隔（即频域中的周期）对 $f(t)$ 的连续频谱 $F(j\omega)$ 进行抽样，则抽样后的频谱 $F_s(j\omega)$ 完全保留了被抽样信号 $F(j\omega)$ 的全部信息，可由与 $F_s(j\omega)$ 对应的时域信号 $f_s(t)$ 无失真地恢复原信号 $f(t)$。

需要注意的是，时域抽样的信号恢复是在频域中用低通滤波器来实现的，而频域抽样的信号恢复则是在时域中用矩形脉冲作为选通信号来实现的。

5.6.3　信号的恢复

信号恢复是指由抽样信号 $f_s(t)$ 无失真地重现被抽样的连续时间信号 $f(t)$，它是信号抽样的逆过程。信号恢复的前提是 $f(t)$ 必须是带限信号且抽样过程必须满足抽样定理，否则就不能实现信号的无失真重现。信号恢复所依据的是抽样信号 $f_s(t)$，即抽样数据 $f(nT_0)$（n 为整数），采用的手段是在频域中以适当带宽的低通滤波器对 $F_s(j\omega)$ 进行滤波，将 $F_s(j\omega)$ 中的

基带频谱分离出来，从而实现信号的恢复。

设连续时间信号 $f(t)$ 及其频谱如图 5.43a 和 b 所示，抽样信号 $f_s(t)$ 及其频谱如图 5.43c 和 d 所示。

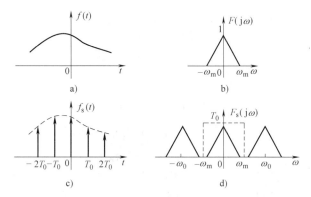

图 5.43 信号及其频谱

由图 5.43d 可以看出，$F_s(j\omega)$ 的重复波形中虚线框所包围的基带波形与原信号 $f(t)$ 的频谱波形 $F(j\omega)$ 完全一样。所以，可以用一个适当带宽的理想低通滤波器〔由式（5-155）可知，其幅度应为 T_0〕将 $F_s(j\omega)$ 中的基带信号取出，同时滤除所有其他频率成分的频谱，此时该理想低通滤波器的输出就是 $F(j\omega)$，即原信号 $f(t)$。

由图 5.43d 可知，要实现无失真地恢复原信号 $f(t)$，理想低通滤波器的截频 ω_c 应满足 $\omega_m \leqslant \omega_c \leqslant \omega_0 - \omega_m$，或 $\omega_m \leqslant \omega_c \leqslant \omega_0/2$。此时，理想低通滤波器的频率特性为

$$H_r(j\omega) = \begin{cases} T_0, & |\omega_0| < \omega_c \\ 0, & |\omega_0| > \omega_c \end{cases} \tag{5-160}$$

频域中信号的恢复过程如图 5.44 所示。

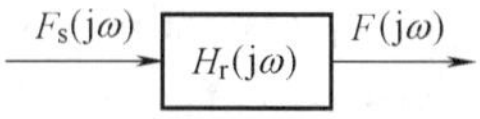

下面来分析由抽样信号 $f_s(t)$ 恢复原信号 $f(t)$。

$$\xrightarrow{F_s(j\omega)} \boxed{H_r(j\omega)} \xrightarrow{F(j\omega)}$$

图 5.44 信号的恢复过程

由图 5.44 可得滤波器的输出频谱为

$$F(j\omega) = H_r(j\omega)F_s(j\omega) \tag{5-161}$$

由时域卷积定理有

$$f(t) = F^{-1}[F(j\omega)] = F^{-1}[H_r(j\omega)F_s(j\omega)]$$
$$= F^{-1}[H_r(j\omega)] * F^{-1}[F_s(j\omega)] = h_r(t) * f_s(t)$$

其中

$$h_r(t) = F^{-1}[H_r(j\omega)] = F^{-1}[T_0 P_{2\omega_c}(\omega)] = \frac{1}{2\pi}F[T_0 P_{2\omega_c}(t)]\big|_{\omega = -t}$$

$$= \frac{T_0}{2\pi} \times 2\omega_c \mathrm{Sa}(\omega_c \omega)\big|_{\omega = -t} = \frac{T_0 \omega_c}{\pi}\mathrm{Sa}(\omega_c t)$$

$$f_s(t) = \sum_{n = -\infty}^{\infty} f(nT_0)\delta(t - nT_0)$$

所以

$$f(t) = h_r(t) * f_s(t) = \frac{T_0 \omega_c}{\pi}\mathrm{Sa}(\omega_c t) * \sum_{n = -\infty}^{\infty} f(nT_0)\delta(t - nT_0)$$

$$= \frac{T_0 \omega_c}{\pi} \sum_{n=-\infty}^{\infty} f(nT_0) \mathrm{Sa}[\omega_c(t-nT_0)] \tag{5-162}$$

一般取 $\omega_0 = 2\omega_m$，$\omega_c = \omega_m$，则有

$$f(t) = \frac{T_0 \omega_c}{\pi} \sum_{n=-\infty}^{\infty} f(nT_0) \mathrm{Sa}[\omega_c(t-nT_0)]$$

$$= \frac{1}{\pi} \times \frac{2\pi}{\omega_0} \times \frac{\omega_0}{2} \sum_{n=-\infty}^{\infty} f(nT_0) \mathrm{Sa}[\omega_m(t-nT_0)]$$

$$= \sum_{n=-\infty}^{\infty} f(nT_0) \mathrm{Sa}[\omega_0(t-nT_0)/2] \tag{5-163}$$

式 (5-163) 表明连续时间信号 $f(t)$ 可以展开成抽样函数的无穷级数，级数中各项的系数正好等于其抽样值 $f(nT_0)$。换句话说，如果在抽样信号 $f_s(t)$ 的各抽样时刻 nT_0（n 为整数）处画一个幅值为 $f(nT_0)$ 的抽样信号波形，则由无数个这样的波形组成的合成波就是原信号 $f(t)$。所以，只要已知连续时间信号 $f(t)$ 的抽样值 $f(nT_0)$，则由式 (5-163) 就可唯一地确定 $f(t)$，即可由抽样值 $f(nT_0)$ 无失真地恢复原时间信号 $f(t)$。式 (5-163) 通常称为内插公式，因为由该公式可以计算出任意两个抽样时刻之间的函数值 $f(t)$，其中 $nT_0 < t < (n+1)T_0$。

需要注意的是，在实际应用中不可能实现信号的无失真恢复，主要原因有以下两个方面：一是实际非周期信号的频谱带宽为无穷大，故所谓的最高频率 f_m 并不存在。若取其有效带宽作为最高频率 f_m，因只是近似地满足抽样定理所要求的带限信号条件，所以在信号抽样过程中肯定会产生一定的失真；二是信号的恢复过程必然要用到理想低通滤波器，而理想低通滤波器是物理上无法实现的。当用实际低通滤波器来代替理想低通滤波器时，即使 $F_s(\mathrm{j}\omega)$ 不存在频谱混叠现象，实际低通滤波器也会对 $F_s(\mathrm{j}\omega)$ 中的基带频谱造成非线性衰减，同时由于实际低通滤波器不存在所谓的理想截频，所以其输出并不只是所需要的 $F(\mathrm{j}\omega)$，还有其他成分的频谱，这些原因都会导致信号的恢复过程产生一定的失真。不过，只要被抽样信号接近理想的带限信号，其最高频率 f_m 也取得足够大，且实际低通滤波器的性能比较接近理想低通滤波器的性能，则从信号抽样到信号恢复所造成的失真可以控制在工程实际所允许的范围内。

5.7　连续时间信号与系统频域分析的 MATLAB 实现

5.7.1　信号傅里叶变换的 MATLAB 实现

信号的傅里叶变换涉及函数的数值计算问题。MATLAB 提供了多种计算数值积分的函数，如 quad、quadl、dblquad、triplequad、inline 等函数。下面以较常用的 quadl 函数为例说明其在信号傅里叶变换计算中的应用。

quadl 函数的调用格式有以下两种

```
y=quadl('F',a,b)
y=quadl('F',a,b,[],[],P)
```

其中，F 是被积函数的文件名；a，b 是积分的上下限；P 为传给函数 F 的参数。

【例 5-20】　试用数值计算方法计算非周期矩形脉冲信号 $p_2(t)$ 的频谱。

解： 在调用 quadl 函数之前，需要定义被积函数。对于非周期矩形脉冲信号 $p_2(t)$，其函数定义如下

```
function y=f1(t,w);
y=(t>=-1&t<=1).* exp(-j* w* t);
```

上述函数中的参数 w 为角频率，由调用它的程序规定其取值，t 为积分变量。将上述被积函数的 MATLAB 程序用文件名 f1. m 保存在与调用它的程序相同的位置。

计算非周期矩形脉冲信号 $p_2(t)$ 频谱的 MATLAB 程序如下：

```
w=linspace(-6* pi,6* pi,512);
N=length(w);
F=zeros(1,N);
for k=1:N
    F(k)=quadl('f1',-1,1,[],[],w(k));
end
figure(1);
plot(w,real(F));
xlabel('\omega');
ylabel('F(j\omega)');
```

该程序的运行结果如图 5.45 所示。

由式（5-76）可知，脉宽为 2 的非周期矩形脉冲信号 $p_2(t)$ 的频谱为

$$F[p_2(t)] = 2\mathrm{Sa}(\omega) \qquad (5\text{-}164)$$

由此可见，由 MATLAB 程序计算所得频谱与理论频谱是一致的。

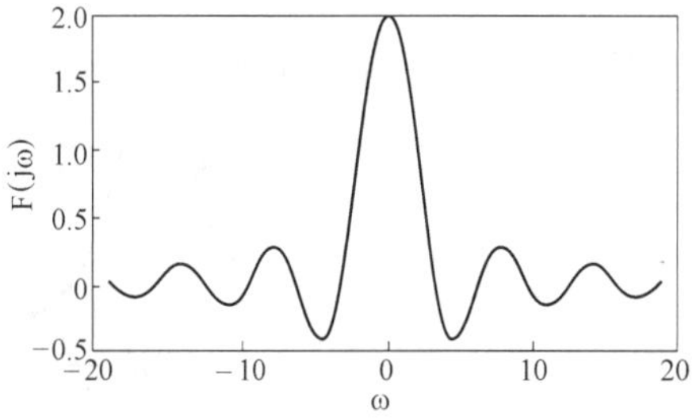

图 5.45　用 MATLAB 计算的非周期矩形脉冲信号 $p_2(t)$ 的频谱

5.7.2　系统频率特性分析的 MATLAB 实现

系统的频率特性 $H(j\omega)$ 描述了系统的性能特征。频率特性 $H(j\omega)$ 由幅频特性 $|H(j\omega)|$ 和相频特性 $\varphi(\omega)$ 组成，即

$$H(j\omega) = |H(j\omega)| \mathrm{e}^{j\varphi(\omega)} \qquad (5\text{-}165)$$

一般情况下，$H(j\omega)$ 为 $(j\omega)$ 的有理多项式，即

$$H(j\omega) = \frac{b_N(j\omega)^N + b_{N-1}(j\omega)^{N-1} + \cdots + b_1 + b_0}{a_M(j\omega)^M + a_{M-1}(j\omega)^{M-1} + \cdots + a_1 + a_0} \qquad (5\text{-}166)$$

此时可用 MATLAB 信号处理工具箱提供的 freqs 函数来计算 $H(j\omega)$，其调用格式为

$$H = \mathrm{freqs}(b, a, w)$$

式中，a 和 b 分别是 $H(j\omega)$ 的分母和分子多项式的系数向量；w 为计算 $H(j\omega)$ 的抽样点（至少包含 2 个抽样点）。

【例 5-21】　设某低通滤波器的频率响应为

$$H(j\omega) = \frac{1}{(j\omega)^2 + 3(j\omega) + 1}$$

试画出该系统的幅频特性 $|H(j\omega)|$ 和相频特性 $\varphi(\omega)$。

解： 计算该低通滤波器频率特性的 MATLAB 程序如下：

```
w=linspace(0,10,500);
b=[1];
a=[1,3,1];
H=freqs(b,a,w);
subplot(2,1,1);
plot(w,abs(H));
set(gca,'xtick',[0,2,4,6,8,10]);
set(gca,'ytick',[0,0.4,0.707,1]);grid;
xlabel('\omega(rad/s)');
ylabel('|H(j\omega)|');
subplot(2,1,2);
plot(w,angle(H));
set(gca,'xtick',[0,2,4,6,8,10]);grid;
xlabel('\omega(rad/s)');
ylabel('\phi(\omega)');
```

该程序的运行结果如图 5.46 所示。

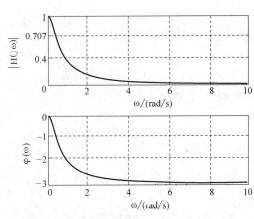

图 5.46　例 5-21 的频率响应特性曲线

5.7.3　系统频域响应的 MATLAB 实现

系统在某一信号作用下的响应可以在时域中求取，也可以在频域中求取，还可以在复频域中求取。但对于滤波器系统来说，则只能在频域中进行输出响应的求解，再通过傅里叶逆变换求出相应的时域解。

【例 5-22】 试画出例 5-18（2）中的输出响应 $y(t)$。

解： 由该例题的求解结果可知

$$y(t)=\mathrm{Sa}[6\pi(t-2)]-\frac{2}{3}\mathrm{Sa}[4\pi(t-2)]$$

其 MATLAB 计算程序如下：

```
t=-8:0.001:8;
y=sinc(6* (t-2))-(2/3)* sinc(4* (t-2));
plot(t,y,'k');
xlabel('Time(s)');
ylabel('y(t)');
```

该程序的运行结果如图 5.47 所示。

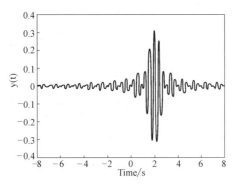

图 5.47　例 5-22 的系统响应

习　　题

一、填空题

1. 已知 $FT[f(t)] = F(\omega)$，则 $FT^{-1}\{F[\omega - \omega_0]\} =$ _____，则 $FT^{-1}[F(\omega)\mathrm{e}^{-\mathrm{j}\omega t_0}] =$ _____。

2. 已知 $FT[f(t)] = F(\omega)$，则 $FT[f(t)\mathrm{e}^{\mathrm{j}\omega_0 t}] =$ _____，$FT[f'(t)] =$ _____。

3. 已知 $FT[f(t)] = F(\omega)$，则 $FT[f(t)\cos 200t] =$ _____，$FT[f(t)\cos(\omega_0 t)] =$ _____。

4. 已知 $FT[f(t)] = F(\omega)$，则 $FT[f(3t-3)] =$ _____，$FT[f(t-t_0)] =$ _____。

5. 已知 $FT[f(t)] = F(\omega)$，则 $FT[f(1-t)] =$ _____，$FT[f(2t-5)] =$ _____。

6. 已知 $FT[f(t)] = F(\omega)$，则 $FT[f(4-2t)] =$ _____。

7. 已知信号的频谱函数 $F(\omega) = \delta(\omega+\omega_0) - \delta(\omega-\omega_0)$，则其时间信号 $f(t) =$ _____。

8. 已知信号的频谱函数 $F(\omega) = \delta(\omega+\omega_0) + \delta(\omega-\omega_0)$，则其时间信号 $f(t) =$ _____。

9. 已知信号 $f(t)$ 的频谱函数在 $(-500\mathrm{Hz}, 500\mathrm{Hz})$ 区间内不为零，现对 $f(t)$ 进行理想取样，则奈奎斯特取样频率为_____ Hz。

10. 对带宽为 20kHz 的信号 $f(t)$ 均匀抽样，其奈奎斯特间隔_____ μs；信号 $f(2t)$ 的带宽为_____ kHz，其奈奎斯特频率 $f_\mathrm{N} =$ _____ kHz。

二、单项选择题

1. 某周期奇函数，其傅里叶级数中（　　）。

A. 无正弦分量　　　　B. 无余弦分量　　　　C. 仅有奇次谐波分量　　　　D. 仅有偶次谐波分量

2. 某周期偶函数 $f(t)$，其傅里叶级数中（　　）。

A. 不含正弦分量　　　B. 不含余弦分量　　　C. 仅有奇次谐波分量　　　D. 仅有偶次谐波分量

3. 连续周期信号 $f(t)$ 的频谱 $F(\omega)$ 的特点是（　　）。

A. 周期连续频谱　　　B. 周期离散频谱　　　C. 非周期连续频谱　　　D. 非周期离散频谱

4. 满足抽样定理条件下，抽样信号 $f_\mathrm{s}(t)$ 频谱 $F_\mathrm{s}(\omega)$ 的特点是（　　）。

A. 周期连续频谱　　　　B. 周期离散频谱　　　　C. 非周期连续频谱　　　　D. 非周期离散频谱

5. 无失真传输系统的频率特性是（　　　）。

A. 幅度特性和相频特性均为常数　　　　B. 幅度特性为常数，相频特性为 ω 的线性函数

C. 幅度特性和相频特性均为 ω 的线性函数　　　　D. 幅度特性和相频特性均不为常数

6. 已知 $f(t)$ 的频带宽度为 $\Delta\omega$，则 $f(2t-4)$ 的频带宽度为（　　　）。

A. $2\Delta\omega$　　　　B. $\dfrac{1}{2}\Delta\omega$　　　　C. $2(\Delta\omega-4)$　　　　D. $2(\Delta\omega-2)$

7. 若 $F_1(\mathrm{j}\omega)=FT[f_1(t)]$，则 $F_2(\mathrm{j}\omega)=FT[f_1(4-2t)]=（　　　）$。

A. $\dfrac{1}{2}F_1(\mathrm{j}\omega)\mathrm{e}^{-\mathrm{j}4\omega}$　　　　　　　　B. $\dfrac{1}{2}F_1\left(-\mathrm{j}\dfrac{\omega}{2}\right)\mathrm{e}^{-\mathrm{j}4\omega}$

C. $F_1(-\mathrm{j}\omega)\mathrm{e}^{-\mathrm{j}\omega}$　　　　　　　　D. $\dfrac{1}{2}F_1\left(-\mathrm{j}\dfrac{\omega}{2}\right)\mathrm{e}^{-\mathrm{j}2\omega}$

8. 信号 $f(t)=\mathrm{Sa}(100t)$，其最低取样频率 f_s 为（　　　）。

A. $\dfrac{100}{\pi}$　　　　B. $\dfrac{200}{\pi}$　　　　C. $\dfrac{\pi}{100}$　　　　D. $\dfrac{\pi}{200}$

9. 下列傅里叶变换错误的是（　　　）。

A. $1\longleftrightarrow 2\pi\delta(\omega)$　　　　　　　　B. $\mathrm{e}^{\mathrm{j}\omega_0 t}\longleftrightarrow 2\pi\delta(\omega-\omega_0)$

C. $\cos(\omega_0 t)\longleftrightarrow \pi[\delta(\omega-\omega_0)+\delta(\omega+\omega_0)]$　　　　D. $\sin(\omega_0 t)=\mathrm{j}\pi[\delta(\omega+\omega_0)+\delta(\omega-\omega_0)]$

10. 函数 $f(t)$ 的图像如图 5.48 所示，$f(t)$ 为（　　　）。

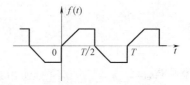

图 5.48　题 10 图

A. 偶函数　　　　B. 奇函数　　　　C. 奇谐函数　　　　D. 都不是

三、判断题

1. 偶函数加上直流后仍为偶函数。（　　　）

2. 奇函数加上直流后，傅里叶级数中仍含有正弦分量。（　　　）

3. 若周期信号 $f(t)$ 是奇谐函数，则其傅里叶级数中不会含有直流分量。（　　　）

4. 若 $f(t)$ 是周期奇函数，则其傅里叶级数中仅含有正弦分量。（　　　）

5. 若 $f(t)$ 是周期偶函数，则其傅里叶级数中只有偶次谐波。　　（　　　）

6. 奇谐函数一定是奇函数。（　　　）

7. 周期信号的幅度谱是离散的。（　　　）

8. 周期信号的傅里叶变换由冲激函数组成。（　　　）

9. 周期信号的幅度谱和频谱密度均是离散的。（　　　）

10. 周期信号的频谱是离散谱，非周期信号的频谱是连续谱。（　　　）

四、综合题

1. 冲激序列 $\delta_{T_0}(t)=\sum\limits_{k=-\infty}^{\infty}\delta(t-kT_0)$，求 $\delta_{T_0}(t)$ 的指数傅里叶级数和三角傅里叶级数。

2. 利用 1 题的结果求图 5.49 所示三角波 $f(t)$ 的三角傅里叶级数。

3. 周期信号 $f(t)$ 的双边频谱如图 5.50 所示，求其三角函数表示式。

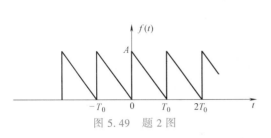

图 5.49　题 2 图

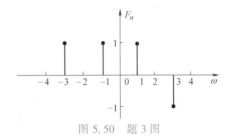

图 5.50　题 3 图

4. 已知周期矩形信号 $f_1(t)$ 及 $f_2(t)$ 如图 5.51 所示。求：

(1) $f_1(t)$ 的参数为 $\tau = 0.5\mu s$，$T = 1\mu s$，$A = 1V$，则谱线间隔和带宽为多少？

(2) $f_2(t)$ 的参数为 $\tau = 1.5\mu s$，$T = 3\mu s$，$A = 3V$，则谱线间隔和带宽为多少？

(3) $f_1(t)$ 与 $f_2(t)$ 的基波幅度之比为多少？

(4) $f_1(t)$ 基波幅度与 $f_2(t)$ 的三次谐波幅度之比为多少？

5. 求图 5.52 所示半波余弦脉冲的傅里叶变换，并画出频谱图。

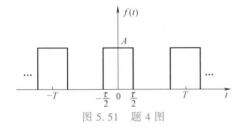

图 5.51　题 4 图

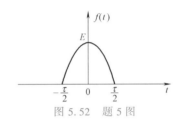

图 5.52　题 5 图

6. 计算下列信号的傅里叶变换。

(1) $e^{jt}\mathrm{sgn}\,(3-2t)$；(2) $\dfrac{\mathrm{d}}{\mathrm{d}t}\left[e^{-2(t-1)}\,u(t)\right]$；(3) $e^{2t}u\,(-t+1)$；

(4) $\begin{cases} \cos\left(\dfrac{\pi t}{2}\right), & |t|<1 \\ 0, & |t|>1 \end{cases}$；(5) $\dfrac{2}{t^2+4}$。

7. 试分别利用下列几种方法证明 $u(t) \leftrightarrow \pi\delta(\omega) + \dfrac{1}{j\omega}$。

(1) 利用符号函数 $\left[u(t) = \dfrac{1}{2} + \dfrac{1}{2}\mathrm{sgn}(t)\right]$；

(2) 利用矩形脉冲取极限 ($\tau \to \infty$)；

(3) 利用积分定理 $\left[u(t) = \displaystyle\int_{-\infty}^{t} \delta(\tau)\mathrm{d}\tau\right]$；

(4) 利用单边指数函数取极限 $\left[u(t) = \lim_{a \to 0} e^{-at}, t \geq 0\right]$。

8. 已知信号 $f_1(t) \leftrightarrow F_1(\omega) = R(\omega) + jX(\omega)$，$f_1(t)$ 的波形如图 5.53a 所示，若有信号 $f_2(t)$ 的波形如

图 5.53　题 8 图

图 5.53b 所示，求 $F_2(\omega)$。

9. 若已知 $f(t) \leftrightarrow F(\omega)$，确定下列信号的傅里叶变换：

(1) $f(1-t)$；(2) $(1-t)f(1-t)$；(3) $f(2t-5)$。

10. 已知三角脉冲 $f_1(t)$ 的傅里叶变换为 $F_1(\omega) = \dfrac{E\tau}{2}\mathrm{Sa}^2\left(\dfrac{\omega\tau}{4}\right)$，试用有关定理求 $f_2(t) = f_1(t-2\tau)\cos(\omega_0 t)$ 的傅里叶变换 $F_2(\omega)$。

11. 若已知 $f(t) \leftrightarrow F(\omega)$，确定下列信号的傅里叶变换。

(1) $tf(2t)$；(2) $(t-2)f(t)$；(3) $(t-2)f(-2t)$；(4) $t\dfrac{\mathrm{d}f(t)}{\mathrm{d}t}$。

12. 已知阶跃函数的傅里叶变换为 $u(t) \leftrightarrow \dfrac{1}{j\omega}+\pi\delta(\omega)$；正弦、余弦函数的傅里叶变换为 $\cos(\omega_0 t) \leftrightarrow \pi[\delta(\omega+\omega_0)+\delta(\omega-\omega_0)]$；$\sin(\omega_0 t) \leftrightarrow j\pi[\delta(\omega+\omega_0)-\delta(\omega-\omega_0)]$。求单边正弦 $\sin(\omega_0 t)u(t)$ 和单边余弦 $\cos(\omega_0 t)u(t)$ 的傅里叶变换。

13. 求 $F(\omega) = \dfrac{1}{(a+j\omega)^2}$ 的傅里叶逆变换。

14. 求信号 $f(t) = \displaystyle\sum_{n=-\infty}^{+\infty}\left[\delta(t-2nT)-\delta(t-(2n+1)T)\right]$ 的傅里叶变换。

15. 信号 $f(t) = \mathrm{Sa}(100\pi t)[1+\mathrm{Sa}(100\pi t)]$，若对其进行冲激取样，求使频谱不发生混叠的最低取样频率 f_s。

自　测　题

5-1　求图 5.54 所示各波形的傅里叶级数。

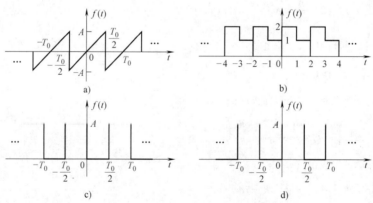

图 5.54　自测题 5-1 图

5-2　求下列信号的指数傅里叶级数。

(1) $f(t) = \cos 2\omega_0 t$

(2) $f(t) = \cos^2 \omega_0 t$

(3) $f(t) = \cos 2t + \sin 4t + \cos 6t$

(4) $f(t) = \cos(2t+\pi/3)$

5-3　已知某周期信号 $f(t)$ 为

$$f(t) = 1+3\sin(\pi t+20°)-\cos(3\pi t-30°)$$

试求 $f(t)$ 的傅里叶级数展开式，并画出其单边频谱、双边频谱和相位频谱。

5-4　已知某周期信号 $f(t)$ 如图 5.55 所示。

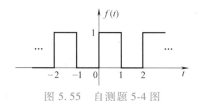

图 5.55　自测题 5-4 图

（1）求该周期信号的三角形式傅里叶级数。

（2）利用（1）的结果求级数之和。

$$\sum_{n=1}^{\infty}(-1)^{n+1}\frac{1}{2n-1}=1-\frac{1}{3}+\frac{1}{5}-\frac{1}{7}+\cdots$$

5-5　求图 5.56 所示周期信号的傅里叶级数。

5-6　求图 5.57 所示非周期信号的频谱函数 $H(j\omega)$。

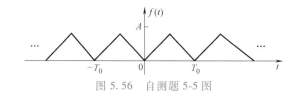

图 5.56　自测题 5-5 图

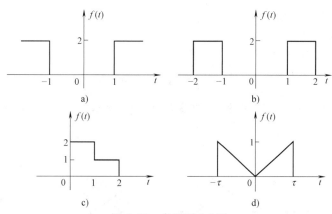

图 5.57　自测题 5-6 图

5-7　求下列信号的傅里叶变换。

（1）$f(t)=e^{-2t}[u(t+1)-u(t-3)]$　　　　　（2）$f(t)=u(t/3-1)$

（3）$f(t)=e^{t-1}u(1-t)$　　　　　　　　　　（4）$f(t)=e^{-j2t}\delta(t-2)$

（5）$f(t)=e^{-2|t-1|}$　　　　　　　　　　　（6）$f(t)=e^{-t}u(t)\cos\pi t$

5-8　已知 $F[f(t)]=F(j\omega)$，利用傅里叶变换的性质，求下列信号的傅里叶变换。

（1）$f(2t-3)$　　　　　　　　　　　　　　（2）$f(2-t)$

（3）$tf(2t)$　　　　　　　　　　　　　　　（4）$(t-1)f(t)$

（5）$f(t)\cos3t$　　　　　　　　　　　　　（6）$f(t)\delta(t-2)$

（7）$f(2t)u(t)$　　　　　　　　　　　　　（8）$f(t)*\mathrm{Sa}(3t)$

5-9　利用傅里叶变换的对称性，求下列信号的傅里叶变换。

(1) $f(t) = \dfrac{a}{t^2 + a^2}$　　　　　　　(2) $f(t) = \dfrac{\sin 4\pi(t-2)}{\pi(t-2)}$

(3) $\mathrm{Sa}^2(3\pi t)$　　　　　　　　　(4) $f(t) = \dfrac{2}{\pi t}$

5-10　求下列信号的傅里叶逆变换。

(1) $F(\mathrm{j}\omega) = u(\omega+3) - u(\omega-3)$　　　　(2) $F(\mathrm{j}\omega) = \mathrm{Sa}(4\omega)$

(3) $F(\mathrm{j}\omega) = -2/\omega^2$　　　　　　(4) $F(\mathrm{j}\omega) = \delta(\omega-2)$

(5) $F(\mathrm{j}\omega) = [\,u(\omega-1) - u(\omega-3)\,]\,\mathrm{e}^{-\mathrm{j}\omega}$　　(6) $F(\mathrm{j}\omega) = 2\sin^2(2\omega)/\omega^2$

5-11　求图 5.58 所示信号的傅里叶逆变换。

5-12　已知连续时间 LTI 系统的微分方程如下，若输入信号 $f(t) = \mathrm{e}^{-3t}u(t)$，求系统输出响应的频谱 $Y(\mathrm{j}\omega)$ 和零状态响应 $y(t)$。

(1) $y''(t) + 5y'(t) + 4y(t) = 3f(t)$

(2) $y''(t) + 6y'(t) + 8y(t) = 2f'(t) + f(t)$

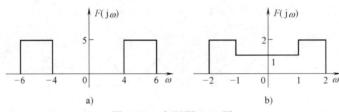

图 5.58　自测题 5-11 图

5-13　已知一连续时间 LTI 系统，当输入信号为 $f(t) = \mathrm{Sa}(2t)\cos 3t + \mathrm{Sa}(2t)\cos 7t$ 时，输出为 $y(t) = \mathrm{Sa}(2t)\cos 4t$，求该系统的频率响应 $H(\mathrm{j}\omega)$。

5-14　利用傅里叶变换的能量定理求下列积分的值。

(1) $\displaystyle\int_{-\infty}^{\infty} \dfrac{1}{(1+t^2)^2}\mathrm{d}t$　　　　　　(2) $\displaystyle\int_{-\infty}^{\infty} \mathrm{Sa}^4(2t)\,\mathrm{d}t$

5-15　已知一连续时间 LTI 系统的频率特性如图 5.59 所示，若输入信号为 $f(t) = \mathrm{Sa}(t)$，求该系统的输出响应 $y(t)$。

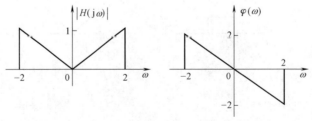

图 5.59　自测题 5-15 图

5-16　已知一理想低通滤波器的频率特性为

$$H(\mathrm{j}\omega) = \begin{cases} \mathrm{e}^{-\mathrm{j}3\omega}, & |\omega| < 3\pi \\ 0, & |\omega| > 3\pi \end{cases}$$

(1) 求该滤波器的单位冲激响应 $h(t)$。

(2) 若输入信号为 $f(t) = \mathrm{Sa}(2\pi t)$，求输出响应 $y(t)$。

(3) 若输入信号为 $f(t) = \mathrm{Sa}(4\pi t)$，求输出响应 $y(t)$。

5-17　已知一理想高通滤波器的频率特性为

$$H(j\omega) = \begin{cases} e^{-j2\omega}, & |\omega| > 3\pi \\ 0, & |\omega| < 3\pi \end{cases}$$

（1）求该滤波器的单位冲激响应 $h(t)$。

（2）若输入信号为 $f(t) = \mathrm{Sa}(2\pi t)$，求输出响应 $y(t)$。

（3）若输入信号为 $f(t) = \mathrm{Sa}(5\pi t)$，求输出响应 $y(t)$。

5-18　已知一理想带通滤波器的频率特性如图 5.60 所示。

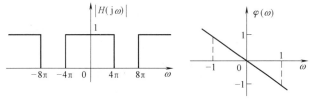

图 5.60　自测题 5-18 图

（1）求该滤波器的单位冲激响应 $h(t)$。

（2）若输入信号为 $f(t) = \mathrm{Sa}(6\pi t)$，求输出响应 $y(t)$。

5-19　已知理想低通滤波器的频率特性为

$$H(j\omega) = \begin{cases} e^{-j3\omega}, & |\omega| > 2\pi \\ 0, & |\omega| < 2\pi \end{cases}$$

（1）求该滤波器的单位冲激响应 $h(t)$。

（2）若输入信号为 $f(t) = 2\mathrm{Sa}^2(2\pi t)$，求输出响应 $y(t)$。

5-20　已知一理想滤波器的频率特性如图 5.61 所示，

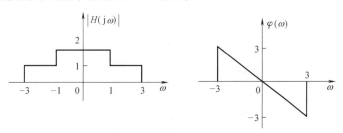

图 5.61　自测题 5-20 图

（1）求该滤波器的单位冲激响应 $h(t)$。

（2）若输入信号为 $f(t) = \mathrm{Sa}(2t)$，求输出响应 $y(t)$。

5-21　已知一线性相位低通滤波器的频率特性如图 5.62 所示，

（1）求该滤波器的单位冲激响应 $h(t)$。

（2）若输入信号为 $f(t) = \mathrm{Sa}(t)\cos 3t$，求输出响应频谱 $Y(j\omega)$。

5-22　试计算下列信号的 Nyquist 间隔。

（1）$\mathrm{Sa}(10\pi t)$

（2）$\mathrm{Sa}^2(20\pi t)$

（3）$\mathrm{Sa}(20\pi t) + \mathrm{Sa}^2(40\pi t)$

5-23　已知一信号为

$$f(t) = \frac{\sin^2 5\pi t}{5\pi^2 t^2}$$

若对该信号进行抽样，求能无失真地恢复原信号的最小抽样频率 $f_{\min}$。

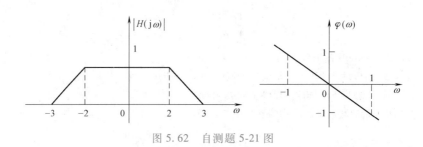

图 5.62　自测题 5-21 图

MATLAB 练习

M5-1　计算三角波信号 $f(t) = \Delta_\tau(t) = (1 - |t|) p_2(t)$ 的频谱。

M5-2　设某系统的频率响应 $H(j\omega)$ 为 $H(j\omega) = 2/(j\omega + 2)$，若输入信号为 $f(t) = \mathrm{Sa}(4t)$，试用 MATLAB 计算输出响应频谱 $Y(j\omega)$。

M5-3　设 $H(j\omega) = \dfrac{1}{0.08(j\omega)^2 + 0.4j\omega + 1}$，试用 MATLAB 画出该系统的幅频特性 $|H(j\omega)|$ 和相频特性 $\varphi(\omega)$，并分析系统具有什么滤波特性。

M5-4　已知某低通滤波器的频率响应为 $H(\omega) = \dfrac{1}{-\omega^2 + 5j\omega + 3}$，若外加激励信号为 $x(t) = 4\cos(t) + 2\cos(20t)$，试用 MATLAB 求其稳态响应。

M5-5　已知系统微分方程为 $y'''(t) + y''(t) + 5y'(t) + 3y(t) = -5x'(t) + 3x(t)$，当外加激励信号 $x(t) = \cos(2t)$ 时，试用 MATLAB 命令求系统的稳态响应。

第6章　连续时间系统的复频域分析

本章概述： 拉普拉斯（Laplace）变换分析法是分析线性时不变连续系统的有效工具。本章首先由傅里叶变换引出拉普拉斯变换，然后讨论拉普拉斯正、反变换的求取及拉普拉斯变换的性质，进而利用拉普拉斯变换进行连续时间系统的复频域分析。在此基础上分析了系统函数及其与系统特性的关系，最后介绍了用 MATLAB 实现连续时间系统的复频域分析。

知识点： ①深刻理解拉普拉斯变换的定义、收敛域的概念。②熟练掌握拉普拉斯变换的性质、卷积定理的意义和它们的应用。③掌握根据拉普拉斯变换的定义和性质求解拉普拉斯变换与反变换的方法。能根据时域电路模型画出 s 域电路模型，并求解其响应，包括全响应、零输入响应、零状态响应和冲激响应。能根据系统函数的零、极点分布情况，分析和判断系统的时域与频域特性。会判定系统的稳定性。

　　傅里叶变换法对系统分析是十分有用的。因为频域中的激励可分解为无穷多个正弦分量之和，这样就可用求解线性系统对一系列正弦激励的响应之和的方法来讨论线性系统对一般激励的响应，从而使响应的求解得到简化。特别在信号的分析与处理方面如有关谐波成分、频率响应、系统带宽、波形失真等问题上，它所给出的结果都具有清楚的物理意义，是信号与系统分析的重要方法。但频域分析也存在一些不足，第一，某些信号不存在傅里叶变换，因而无法利用频域分析法；第二，系统频域分析法只能求解系统的零状态响应，而系统的零输入响应仍需按时域方法求解；第三，频域分析法中，傅里叶反变换一般较为复杂。为此，在本章中将通过把频域中的傅里叶变换推广到复频域来解决这些问题。此外，拉普拉斯变换把时域中两函数的卷积运算转换为复频域中两函数的乘法运算，在此基础上建立了系统函数的概念，利用系统函数零点、极点分布可以简明、直观地表达系统特性的许多规律，系统函数这一重要概念的应用为研究信号经过线性系统传输问题提供了许多方便。

6.1　拉普拉斯变换的定义、收敛域

6.1.1　从傅里叶变换到拉普拉斯变换

　　在信号的频域分析中，绝对可积是信号傅里叶变换存在的充分条件，信号若满足绝对可积条件，则其傅里叶变换一定存在。有些信号如单位阶跃信号不满足绝对可积条件，因而不能直接从傅里叶变换定义式直接求出它的傅里叶变换。而另一些常用信号，如 $f(t) = e^{at}u(t)$（$a > 0$），傅里叶变换则不存在，这是由于 $t \to \infty$ 时信号的幅度不衰减，甚至增长。若将 $e^{at}u(t)$ 乘以衰减因子 $e^{-\sigma t}$，则当 $\sigma > a$ 时，$e^{at}u(t)e^{-\sigma t}$ 就成为指数衰减信号，傅里叶变换存在，即

$$F[f(t)e^{-\sigma t}] = \int_{-\infty}^{\infty} f(t)e^{-\sigma t}e^{-j\omega t}dt = \int_{0}^{\infty} e^{at}e^{-(\sigma+j\omega)t}dt$$

令 $s = \sigma + j\omega$，则上式可写为

$$F[f(t)\mathrm{e}^{-\sigma t}] = \int_0^\infty \mathrm{e}^{-(s-a)t}\mathrm{d}t = \frac{1}{s-a}$$

推广到一般情况，用衰减因子 $\mathrm{e}^{-\sigma t}$ 乘以信号 $f(t)$，根据信号的不同特征，选取合适的 σ 值，使乘积信号 $f_1(t) = f(t)\mathrm{e}^{-\sigma t}$ 在 $t \to \infty$ 和 $t \to -\infty$ 时信号幅度衰减，从而使信号 $f_1(t)$ 满足绝对可积条件，可以进行傅里叶变换，于是

$$F_1(j\omega) = F[f(t)\mathrm{e}^{-\sigma t}] = \int_{-\infty}^\infty f(t)\mathrm{e}^{-\sigma t}\mathrm{e}^{-j\omega t}\mathrm{d}t = \int_{-\infty}^\infty f(t)\mathrm{e}^{-(\sigma+j\omega)t}\mathrm{d}t$$

将此式与第 5 章中的傅里叶正变换式相比较，可以看出 $F_1(j\omega)$ 是将 $f(t)$ 的傅里叶变换式中的 $j\omega$ 换成 $\sigma + j\omega$ 的结果。如果令 $s = \sigma + j\omega$，再以 $F(s)$ 表示这个频谱函数，则有

$$F(s) = \int_{-\infty}^\infty f(t)\mathrm{e}^{-st}\mathrm{d}t \tag{6-1}$$

对 $F(s)$ 求傅里叶反变换则有

$$f(t)\mathrm{e}^{-\sigma t} = \frac{1}{2\pi}\int_{-\infty}^\infty F(s)\mathrm{e}^{j\omega t}\mathrm{d}\omega$$

上式两边同乘 $\mathrm{e}^{\sigma t}$ 可得

$$f(t) = \frac{1}{2\pi}\int_{-\infty}^\infty F(s)\mathrm{e}^{(\sigma+j\omega)t}\mathrm{d}\omega$$

考虑到 $s = \sigma + j\omega$，则 $\mathrm{d}\omega = \dfrac{\mathrm{d}s}{j}$，将它们代入上式，将积分变量 ω 改为 s，并相应地改变积分限，则上式可写为

$$f(t) = \frac{1}{2\pi j}\int_{\sigma-j\infty}^{\sigma+j\infty} F(s)\mathrm{e}^{st}\mathrm{d}s \tag{6-2}$$

这也相当于把第 5 章的傅里叶反变换式中的 $j\omega$ 用 s 代替所得的结果。式（6-1）与式（6-2）组成了一对新的变换式，称之为双边拉普拉斯变换或广义的傅里叶变换，其中式（6-1）称为拉普拉斯正变换，式（6-2）称为拉普拉斯反变换；两式中 $f(t)$ 称为"原函数"，$F(s)$ 称为"象函数"。常表示为 $L_\mathrm{d}[f(t)] = F(s)$ 和 $L_\mathrm{d}^{-1}[F(s)] = f(t)$。

实际中所遇到的激励信号与系统响应或者为有始信号，即 $t < 0$ 时 $f(t) = 0$，或者信号虽然不起始于 $t = 0$，而问题的讨论只需考虑信号 $t \geqslant 0$ 的部分。在这两种情况下，式（6-1）可以表示为

$$F(s) = \int_0^\infty f(t)\mathrm{e}^{-st}\mathrm{d}t \tag{6-3}$$

应该指出的是，为了适应激励与响应中在原点存在冲激函数或其各阶导数的情况，积分区间应包括零点在内，即式（6-3）中积分下限应取 0^-。当然如果函数 $f(t)$ 在时间零点处连续，即 $f(0^+) = f(0^-)$，则就不必再区分 0^+ 和 0^- 了。为书写方便，今后一般仍写为 0，但其意义表示 0^-。

至于式（6-2），由于 $F(s)$ 包含的仍为 ω 从 $-\infty$ 到 $+\infty$ 的各个分量，所以其积分区间不变。但因原函数为有始信号，由式（6-2）所求得的 $f(t)$，在 $t < 0$ 范围内必然为零。因此对有始信号来说，式（6-2）可写为

$$f(t) = \left[\frac{1}{2\pi j}\int_{\sigma-j\infty}^{\sigma+j\infty} F(s)\mathrm{e}^{st}\mathrm{d}s\right]u(t) \tag{6-4}$$

式（6-3）及式（6-4）也是一组变换对。因为是只对在时间轴一个方向上的信号进行变换，为区别于双边拉普拉斯变换式，故称之为单边拉普拉斯变换式，并标记如下：

$$L[f(t)] = F(s) \text{ 和 } L^{-1}[F(s)] = f(t)$$

或简单地以符号表示为

$$f(t) \leftrightarrow F(s)$$

在此强调一下，如果没有特殊说明，以后求信号的拉普拉斯变换都是指单边拉普拉斯变换。

由以上分析可以看出，无论双边或单边拉普拉斯变换都可看成是傅里叶变换在复变数域中的推广。从物理意义上说，拉普拉斯变换是把信号 $f(t)$ 分解成复指数 $e^{st} = e^{\sigma t}e^{j\omega t}$ 的线性组合，由于 σ 可正、可负也可为零，所以每一对正、负 ω 的复指数信号 e^{st} 可能是增幅、减幅或等幅的"正弦振荡"，其振幅 $\dfrac{|F(s)|d\omega}{\pi}e^{\sigma t}$ 也是一无穷小量，且按指数规律随时间变化。与在傅里叶变换中一样，这些振荡的频率是连续的，并且分布及于无穷。根据这种概念，通常称 s 为复频率，并可把 $F(s)$ 看成是信号的复频谱。

6.1.2 拉普拉斯变换的收敛域

从以上讨论可知，当信号 $f(t)$ 乘以衰减因子 $e^{-\sigma t}$ 以后，就有可能满足绝对可积条件。然而，是否一定满足，还要由 $f(t)$ 的性质与 σ 值的相对关系决定。例如，为使 $f(t) = e^{at}u(t)$ 收敛，衰减因子 $e^{-\sigma t}$ 中的 σ 必须满足 $\sigma > a$，否则 $e^{at}e^{-\sigma t}$ 在 $t \to \infty$ 时仍不能收敛。也就是说，对于某一信号 $f(t)$，通常并不是在所有的 σ 值上都能使 $f(t)e^{-\sigma t}$ 为有限值。即并不是对所有的 σ 值而言信号 $f(t)$ 都存在拉普拉斯变换，而只是在 σ 值的一定范围内，$f(t)e^{-\sigma t}$ 是收敛的，$f(t)$ 才存在拉普拉斯变换。通常把使 $f(t)e^{-\sigma t}$ 满足绝对可积条件的 σ 值的范围称为拉普拉斯变换的收敛域。在收敛域内，信号的拉普拉斯变换存在，在收敛域外，信号的拉普拉斯变换不存在。

若 $f(t)$ 乘以衰减因子 $e^{-\sigma t}$ 后，存在下列关系

$$\lim_{t \to \infty} f(t)e^{-\sigma t} = 0 \qquad (\sigma > \sigma_0) \tag{6-5}$$

则收敛条件为 $\sigma > \sigma_0$，根据 σ_0 值可将 s 平面划分为两个区域，如图 6.1 所示。

σ_0 称为收敛横坐标，经过 σ_0 的垂直线是收敛边界，或称为收敛轴。凡满足式（6-5）的信号称为"指数阶函数"，意思是可借助于指数函数的衰减作用将信号 $f(t)$ 可能存在的发散性压下去，使之成为收敛函数。因此，它们的收敛域都位于收敛轴的右边。下面举几个简单信号为例来说明收敛区的情况。

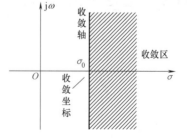

图 6.1　收敛区的划分

（1）单个脉冲信号

单个脉冲信号在时间上有始有终，且其能量有限。因此，对任何 σ 值式（6-5）均成立，其收敛坐标位于 $-\infty$。整个 s 平面全属于收敛区，也就是说单个脉冲的拉普拉斯变换是一定存在的。

（2）单位阶跃信号

对于单位阶跃信号 $u(t)$，不难看出对于 $\sigma>0$ 的任何值，式（6-5）都是满足的，即

$$\lim_{t\to\infty} u(t)\mathrm{e}^{-\sigma t}=0 \qquad (\sigma>0)$$

所以单位阶跃信号的收敛区为 $\sigma>0$，即 s 平面的右半平面。

（3）指数信号

对于指数信号 e^{at}，式（6-5）只有当 $\sigma>a$ 时方能满足，即

$$\lim_{t\to\infty} \mathrm{e}^{at}\mathrm{e}^{-\sigma t}=0 \qquad (\sigma>a)$$

故其收敛域为 $\sigma>a$。

应该说明的是，在工程技术中实际遇到的有始信号，都是指数阶信号，且一般也都具有分段连续的性质。因此只要 σ 取得足够大，式（6-5）总是能满足的；也就是说实际上存在的有始信号，其单边拉普拉斯变换一定存在。当然，也有某些信号随时间的增长较指数函数为快，如 e^{t^2} 或 t^t 等，对这样的信号，不论 σ 取何值，式（6-5）都不能满足，单边拉普拉斯变换就不存在。然而这类信号在实用中不会遇到，因此也就没有讨论的必要。在本书中主要讨论单边拉普拉斯变换，因为其收敛区必定存在，一般情况下，不再注明其收敛域。

6.1.3　常用信号的拉普拉斯变换

工程中常见的信号（除少数例外），通常属于下列信号之一：t 的指数信号、t 的正整幂信号。如单位阶跃信号、正弦信号、衰减正弦信号等，都可由 t 的指数信号导出。下面给出一些常用信号的拉普拉斯变换。

1. 单边指数信号 $\mathrm{e}^{at}u(t)$，a 为常数

由式（6-3）可得其拉普拉斯变换为

$$L[\mathrm{e}^{at}u(t)]=\int_0^\infty \mathrm{e}^{at}\mathrm{e}^{-st}\mathrm{d}t=\int_0^\infty \mathrm{e}^{-(s-a)t}\mathrm{d}t=\frac{1}{s-a} \tag{6-6}$$

由此可导出一些常用信号的变换。

（1）单位阶跃信号 $u(t)$

令式（6-6）中 $a=0$ 则得

$$L[u(t)]=\frac{1}{s} \tag{6-7}$$

（2）正弦型信号 $\sin(\omega_0 t)u(t)$，余弦型信号 $\cos(\omega_0 t)u(t)$

$$L[\sin(\omega_0 t)u(t)]=L\left[\frac{1}{2\mathrm{j}}(\mathrm{e}^{\mathrm{j}\omega_0 t}-\mathrm{e}^{-\mathrm{j}\omega_0 t})u(t)\right]$$

$$=\frac{1}{2\mathrm{j}}\left(\frac{1}{s-\mathrm{j}\omega_0}-\frac{1}{s+\mathrm{j}\omega_0}\right)$$

$$=\frac{\omega_0}{s^2+\omega_0^2} \tag{6-8}$$

同理可得

$$L[\cos(\omega_0 t)u(t)]=\frac{s}{s^2+\omega_0^2} \tag{6-9}$$

（3）衰减正弦型信号 $\mathrm{e}^{-at}\sin(\omega_0 t)u(t)$，衰减余弦型信号 $\mathrm{e}^{-at}\cos(\omega_0 t)u(t)$

$$L\big[\,\mathrm{e}^{-at}\sin(\,\omega_0 t)\,u(\,t)\,\big] = L\bigg[\frac{1}{2\mathrm{j}}(\,\mathrm{e}^{(-a+\mathrm{j}\omega_0)t} - \mathrm{e}^{(-a-\mathrm{j}\omega_0)t})\,u(\,t)\,\bigg]$$

$$= \frac{1}{2\mathrm{j}}\bigg(\frac{1}{s+a-\mathrm{j}\omega_0} - \frac{1}{s+a+\mathrm{j}\omega_0}\bigg)$$

$$= \frac{\omega_0}{(s+a)^2 + \omega_0^2} \tag{6-10}$$

同理可得

$$L\big[\,\mathrm{e}^{-at}\cos(\,\omega_0 t)\,u(\,t)\,\big] = \frac{s+a}{(s+a)^2 + \omega_0^2} \tag{6-11}$$

2. t 的正整数幂信号 $t^n u(\,t)$，n 为正整数

$$L\big[\,t^n u(\,t)\,\big] = \int_0^\infty t^n \mathrm{e}^{-st}\mathrm{d}t = -\frac{t^n}{s}\mathrm{e}^{-st}\bigg|_0^\infty + \frac{n}{s}\int_0^\infty t^{n-1}\mathrm{e}^{-st}\mathrm{d}t = \frac{n}{s}\int_0^\infty t^{n-1}\mathrm{e}^{-st}\mathrm{d}t$$

即

$$L\big[\,t^n u(\,t)\,\big] = \frac{n}{s}L\big[\,t^{n-1} u(\,t)\,\big]$$

依次类推，可得

$$L\big[\,t^n u(\,t)\,\big] = \frac{n}{s}L\big[\,t^{n-1} u(\,t)\,\big] = \frac{n}{s}\frac{n-1}{s}L\big[\,t^{n-2} u(\,t)\,\big]$$

$$= \frac{n}{s}\frac{n-1}{s}\frac{n-2}{s}\cdots\frac{2}{s}\frac{1}{s}\frac{1}{s} = \frac{n!}{s^{n+1}} \tag{6-12}$$

特别是 $n=1$ 时，有

$$L\big[\,tu(\,t)\,\big] = \frac{1}{s^2} \tag{6-13}$$

3. 单位冲激信号 $\delta(\,t)$

由第 2 章式（2-20）给出的冲激信号定义如下

$$\int_{-\infty}^{\infty} \delta(\,t)f(\,t)\,\mathrm{d}t = f(\,0)$$

由此可得

$$L\big[\,\delta(\,t)\,\big] = \int_0^\infty \delta(\,t)\,\mathrm{e}^{-st}\mathrm{d}t = 1 \tag{6-14}$$

将上述结果以及其他常用信号的拉普拉斯变换列于表 6-1 中，以便查阅。

表 6-1　常用信号的拉普拉斯变换

序号	$f(\,t)\,,t>0$	$F(\,s) = L\big[f(\,t)\,\big]$
1	$\delta(\,t)$	1
2	$u(\,t)$	$\dfrac{1}{s}$
3	e^{-at}	$\dfrac{1}{s+a}$

（续）

序号	$f(t),t>0$	$F(s)=L[f(t)]$
4	t^n（n 是正整数）	$\dfrac{n!}{s^{n+1}}$
5	$\sin\omega t$	$\dfrac{\omega}{s^2+\omega^2}$
6	$\cos\omega t$	$\dfrac{s}{s^2+\omega^2}$
7	$e^{-at}\sin(\omega t)$	$\dfrac{\omega}{(s+a)^2+\omega^2}$
8	$e^{-at}\cos(\omega t)$	$\dfrac{s+a}{(s+a)^2+\omega^2}$
9	te^{-at}	$\dfrac{1}{(s+a)^2}$
10	$t^n e^{-at}$（n 是正整数）	$\dfrac{n!}{(s+a)^{n+1}}$
11	$t\sin(\omega t)$	$\dfrac{2\omega s}{(s^2+\omega^2)^2}$
12	$t\cos(\omega t)$	$\dfrac{s^2-\omega^2}{(s^2+\omega^2)^2}$

6.2 拉普拉斯变换的基本性质

在实际应用中，人们常常不是利用定义式计算拉普拉斯变换，而是巧妙地利用拉普拉斯变换的一些基本性质。这些性质与傅里叶变换性质极为相似，在某些性质中，只要把傅里叶变换中的 $j\omega$ 用 s 替代即可。但是，傅里叶变换是双边的，而这里讨论的拉普拉斯变换是单边的，所以某些性质又有差别。与傅里叶变换相类同的性质这里就不再证明了。

1. 线性

若

$$L[f_1(t)]=F_1(s),\quad L[f_2(t)]=F_2(s)$$

则

$$L[a_1f_1(t)+a_2f_2(t)]=a_1F_1(s)+a_2F_2(s) \tag{6-15}$$

式中，a_1、a_2 为任意常数。

2. 尺度变换

若

$$L[f(t)]=F(s)$$

则当 $a>0$ 时

$$L[f(at)]=\frac{1}{a}F\left(\frac{s}{a}\right) \tag{6-16}$$

3. 时移性

若

$$L[f(t)] = F(s)$$

则

$$L[f(t-t_0)u(t-t_0)] = F(s)e^{-st_0} \qquad t_0 > 0 \qquad (6\text{-}17)$$

式（6-17）中 $t_0 > 0$ 的规定对于单边拉普拉斯变换是十分必要的，因为若 $t_0 < 0$，信号的波形有可能左移越过原点，这将导致原点以左部分不能包含在从 0^- 到 ∞ 的积分中去，因而造成错误。

【例 6-1】　设 $f(t) = t$，因而 $F(s) = L[f(t)] = \dfrac{1}{s^2}$，试求：

（1）$f(t-t_0) = t - t_0$

（2）$f(t-t_0)u(t) = (t-t_0)u(t)$

（3）$f(t)u(t-t_0) = tu(t-t_0)$

（4）$f(t-t_0)u(t-t_0) = (t-t_0)u(t-t_0)$ 的拉普拉斯变换（$t_0 > 0$）

解：四种信号如图 6.2 所示。

对于 a）和 b）两种信号，在 $t > 0$ 时二者的波形相同，所以它们的拉普拉斯变换也相同，即

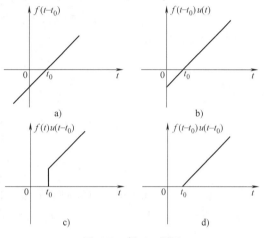

图 6.2　例 6-1 题图

$$L[t-t_0] = \frac{1}{s^2} - \frac{t_0}{s} = \frac{1 - st_0}{s^2}$$

对于信号 c），它的拉普拉斯变换是

$$L[tu(t-t_0)] = \int_{t_0}^{\infty} te^{-st}\mathrm{d}t = -\frac{t}{s}e^{-st}\Big|_{t_0}^{\infty} + \frac{1}{s}\int_{t_0}^{\infty}e^{-st}\mathrm{d}t$$

$$= \frac{t_0 e^{-st_0}}{s} - \frac{1}{s^2}e^{-st}\Big|_{t_0}^{\infty}$$

$$= \frac{t_0 e^{-st_0}}{s} + \frac{1}{s^2}e^{-st_0}$$

对于信号 d），它的拉普拉斯变换是

$$L[(t-t_0)u(t-t_0)] = \int_{t_0}^{\infty}(t-t_0)e^{-st}\mathrm{d}t$$

$$= \int_{t_0}^{\infty} te^{-st}\mathrm{d}t - t_0\int_{t_0}^{\infty}e^{-st}\mathrm{d}t$$

$$= \frac{t_0 e^{-st_0}}{s} + \frac{1}{s^2}e^{-st_0} - t_0\frac{e^{-st_0}}{s}$$

$$= \frac{1}{s^2}e^{-st_0} = e^{-st_0}F(s)$$

可见，在以上四种信号中，只有信号 d) $f(t-t_0)u(t-t_0)=(t-t_0)u(t-t_0)$ 是 $f(t)=t$，向右移了 t_0，因此只有信号 d) 才可以应用时移性。

时间平移特性还可以用来求取有始周期信号的拉普拉斯变换。这里所说的有始周期信号意思是指 $t>0$ 时呈现周期性的信号，在 $t<0$ 范围内信号为零。

设 $f(t)$ 为有始周期信号，其周期为 T，而 $f_1(t)$、$f_2(t)$、$\cdots$ 分别表示信号的第一周期、第二周期、$\cdots$ 的信号，则 $f(t)$ 可写为

$$f(t)=f_1(t)+f_2(t)+f_3(t)+\cdots$$

由于是周期信号，因此 $f_2(t)$ 可看成是 $f_1(t)$ 延时一个周期 T 构成的，$f_3(t)$ 可看成是 $f_1(t)$ 延时两个周期构成的，依此类推，则有

$$f(t)=f_1(t)+f_1(t-T)+f_1(t-2T)+\cdots$$

根据时移特性，若

$$L[f_1(t)]=F_1(s)$$

则

$$L[f(t)]=F_1(s)+F_1(s)e^{-sT}+F_1(s)e^{-2sT}+\cdots$$

$$=F_1(s)(1+e^{-sT}+e^{-2sT}+\cdots)=\frac{F_1(s)}{1-e^{-sT}} \tag{6-18}$$

【例 6-2】 求图 6.3 单边方波周期信号的拉普拉斯变换。

解： 由图可以看出，第一个方波 $f_1(t)=u(t)-u(t-1)$ 及 $T=2$。

先求出

$$F_1(s)=L[u(t)-u(t-1)]=\frac{1-e^{-s}}{s}$$

再利用式（6-18），可得单边方波周期信号的拉普拉斯变换为

$$F(s)=\frac{1-e^{-s}}{s}\frac{1}{1-e^{-2s}}=\frac{1}{s(1+e^{-s})}$$

4. s 域平移

若

$$L[f(t)]=F(s)$$

则

$$L[f(t)e^{s_0t}]=F(s-s_0) \tag{6-19}$$

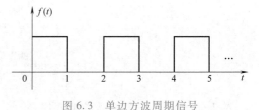

图 6.3 单边方波周期信号

例如由 $L[tu(t)]=\dfrac{1}{s^2}$，运用 s 域平移性质

可得

$$L[te^{-at}u(t)]=\frac{1}{(s+a)^2}$$

同理

$$L[t^ne^{-at}u(t)]=\frac{n!}{(s+a)^{n+1}}$$

5. 时域微分

若

$$L[f(t)] = F(s)$$

则有

$$L\left[\frac{\mathrm{d}f(t)}{\mathrm{d}t}\right] = sF(s) - f(0^-) \tag{6-20}$$

$$L\left[\frac{\mathrm{d}^n f(t)}{\mathrm{d}t^n}\right] = s^n F(s) - s^{n-1}f(0^-) - s^{n-2}f'(0^-) - \cdots - f^{(n-1)}(0^-) \tag{6-21}$$

式中，$f(0^-)$ 及 $f^{(k)}(0^-)$ 分别为 $t = 0^-$ 时 $f(t)$ 及 $\dfrac{\mathrm{d}^k f(t)}{\mathrm{d}t^k}$ 的值。

证明：根据拉普拉斯变换的定义

$$L\left[\frac{\mathrm{d}f(t)}{\mathrm{d}t}\right] = \int_{0^-}^{\infty} \frac{\mathrm{d}f(t)}{\mathrm{d}t} \mathrm{e}^{-st}\mathrm{d}t$$

应用分部积分法，则有

$$L\left[\frac{\mathrm{d}f(t)}{\mathrm{d}t}\right] = \left[\mathrm{e}^{-st}f(t)\right]\Big|_{0}^{\infty} - \int_{0^-}^{\infty} (-s)\mathrm{e}^{-st}f(t)\mathrm{d}t$$

$$= sF(s) - f(0^-)$$

同理

$$L\left[\frac{\mathrm{d}^2 f(t)}{\mathrm{d}t^2}\right] = \mathrm{e}^{-st}\frac{\mathrm{d}f(t)}{\mathrm{d}t}\Big|_{0^-}^{\infty} + s\int_{0^-}^{\infty} \frac{\mathrm{d}f(t)}{\mathrm{d}t}\mathrm{e}^{-st}\mathrm{d}t$$

$$= -f'(0^-) + s[sF(s) - f(0^-)]$$

$$= s^2 F(s) - sf(0^-) - f'(0^-)$$

依次类推，可得式（6-21）。若信号为有始信号，即 $t<0$ 时 $f(t) = 0$，则 $f(0^-)$、$f'(0^-)$、$\cdots$ $f^{(n-1)}(0^-)$ 都为零，于是式（6-20）及式（6-21）可简化为

$$L\left[\frac{\mathrm{d}f(t)}{\mathrm{d}t}\right] = sF(s) \tag{6-22}$$

$$L\left[\frac{\mathrm{d}^n f(t)}{\mathrm{d}t^n}\right] = s^n F(s) \tag{6-23}$$

【例 6-3】 已知 $L[u(t)] = \dfrac{1}{s}$，利用时域微分特性求 $L[\delta(t)]$、$L[\delta'(t)]$。

解：
$$L[\delta(t)] = L[u'(t)] = s L[u(t)] - u(0^-) = 1$$
$$L[\delta'(t)] = s L[\delta(t)] - \delta(0^-) = s$$

6. 时域积分

若

$$L[f(t)] = F(s)$$

则有

$$L\left[\int_{0^-}^{t} f(\tau)\mathrm{d}\tau\right] = \frac{F(s)}{s} \tag{6-24}$$

$$L\left[\int_{-\infty}^{t} f(\tau) d\tau\right] = \frac{F(s)}{s} + \frac{f^{(-1)}(0^-)}{s} \qquad (6\text{-}25)$$

式中，$f^{(-1)}(0) = \int_{-\infty}^{0^-} f(\tau) d\tau$。

证明：根据拉普拉斯变换的定义

$$L\left[\int_{0^-}^{t} f(\tau) d\tau\right] = \int_{0^-}^{\infty} \left[\int_{0^-}^{t} f(\tau) d\tau\right] e^{-st} dt$$

运用分部积分，得

$$L\left[\int_{0^-}^{t} f(\tau) d\tau\right] = -\frac{e^{-st}}{s} \int_{0^-}^{t} f(\tau) d\tau \Big|_{0^-}^{\infty} + \frac{1}{s} \int_{0^-}^{\infty} f(t) e^{-st} dt = \frac{1}{s} F(s)$$

如信号的积分区间不由 0 开始而是由 $-\infty$ 开始，因

$$\int_{-\infty}^{t} f(\tau) d\tau = \int_{-\infty}^{0^-} f(\tau) d\tau + \int_{0^-}^{t} f(\tau) d\tau$$

故有

$$L\left[\int_{-\infty}^{t} f(\tau) d\tau\right] = \frac{F(s)}{s} + \frac{f^{(-1)}(0^-)}{s}$$

7. 复频域微分与积分

若 $L[f(t)] = F(s)$，则

$$L[tf(t)] = -\frac{dF(s)}{ds} \qquad (6\text{-}26)$$

及

$$L\left[\frac{f(t)}{t}\right] = \int_{s}^{\infty} F(s) ds \qquad (6\text{-}27)$$

【例 6-4】 已知 $L[u(t)] = \dfrac{1}{s}$，求 $L[tu(t)]$、$L[t^2 u(t)]$、$L[t^n u(t)]$。

解：利用复频域微分性质

$$L[tu(t)] = -\frac{d}{ds}\left(\frac{1}{s}\right) = \frac{1}{s^2}$$

$$L[t^2 u(t)] = -\frac{d}{ds}\left(\frac{1}{s^2}\right) = \frac{2}{s^3}$$

依次类推，可得

$$L[t^n u(t)] = \frac{n!}{s^{n+1}}$$

8. 初值定理和终值定理

若

$$L[f(t)] = F(s)$$

则

$$\lim_{t \to 0^+} f(t) = f(0^+) = \lim_{s \to \infty} sF(s) \qquad (6\text{-}28)$$

$$\lim_{t \to \infty} f(t) = f(\infty) = \lim_{s \to 0} sF(s) \qquad (6\text{-}29)$$

证明：由时域微分特性有

$$sF(s) - f(0^-) = \int_{0^-}^{\infty} \frac{\mathrm{d}f(t)}{\mathrm{d}t} \mathrm{e}^{-st} \mathrm{d}t$$

$$= \int_{0^-}^{0^+} \frac{\mathrm{d}f(t)}{\mathrm{d}t} \mathrm{e}^{-st} \mathrm{d}t + \int_{0^+}^{\infty} \frac{\mathrm{d}f(t)}{\mathrm{d}t} \mathrm{e}^{-st} \mathrm{d}t$$

$$= f(0^+) - f(0^-) + \int_{0^+}^{\infty} \frac{\mathrm{d}f(t)}{\mathrm{d}t} \mathrm{e}^{-st} \mathrm{d}t$$

得

$$sF(s) = f(0^+) + \int_{0^+}^{\infty} \frac{\mathrm{d}f(t)}{\mathrm{d}t} \mathrm{e}^{-st} \mathrm{d}t$$

若令 $s \to \infty$，则有

$$\lim_{s \to \infty} \left[\int_{0^+}^{\infty} \frac{\mathrm{d}f(t)}{\mathrm{d}t} \mathrm{e}^{-st} \mathrm{d}t \right] = \int_{0^+}^{\infty} \frac{\mathrm{d}f(t)}{\mathrm{d}t} \left[\lim_{s \to \infty} \mathrm{e}^{-st} \right] \mathrm{d}t = 0$$

得

$$\lim_{s \to \infty} sF(s) = f(0^+)$$

若令 $s \to 0$，则有

$$\lim_{s \to 0} sF(s) = f(0^+) + \lim_{s \to 0} \int_{0^+}^{\infty} \frac{\mathrm{d}f(t)}{\mathrm{d}t} \mathrm{e}^{-st} \mathrm{d}t = f(0^+) + f(\infty) - f(0^+)$$

得

$$f(\infty) = \lim_{s \to 0} sF(s)$$

【例 6-5】　已知 $F(s) = \dfrac{1}{s(s+1)}$，求 $f(t)$ 的初值和终值。

解：由初值定理，有

$$f(0^+) = \lim_{s \to \infty} sF(s) = \lim_{s \to \infty} s \frac{1}{s(s+1)} = 0$$

由终值定理，有

$$f(\infty) = \lim_{s \to 0} sF(s) = \lim_{s \to 0} \frac{1}{s(s+1)} = 1$$

【例 6-6】　已知 $F(s) = \dfrac{s}{s+1}$，求 $f(t)$ 的初值。

解：由初值定理，有

$$f(0^+) = \lim_{s \to \infty} sF(s) = \lim_{s \to \infty} s \frac{s}{s+1} = \infty$$

由于

$$f(t) = L^{-1} \left[\frac{s}{s+1} \right] = \delta(t) - \mathrm{e}^{-t} u(t)$$

所以　　　　　$f(0^+) = \lim_{t \to 0^+} \left[\delta(t) - \mathrm{e}^{-t} u(t) \right] = \delta(0^+) - \mathrm{e}^{-t} u(t) \big|_{t=0^+} = -1$

显然，两者不一致，其原因在于信号在零点含有冲激。对于这种情况，若需要求 $f(t)$ 的初值，应对初值定理进行修改。若信号 $f(t) = A\delta(t) + f_1(t)$ 包含冲激函数，可以证明

$$f(0^+) = \lim_{s \to \infty} s[F(s) - A]$$

因为 $f(t)=L^{-1}[F(s)]=L^{-1}[A+F_1(s)]$，所以上式也可以写成

$$f(0^+)=\lim_{s\to\infty}sF_1(s) \tag{6-30}$$

式中，$F_1(s)$ 为真分式。

例 6-6 中 $F(s)$ 为假分式，可写成

$$F(s)=\frac{s}{s+1}=1-\frac{1}{s+1}=A+F_1(s)$$

应用式（6-29），有

$$f(0^+)=\lim_{s\to\infty}sF_1(s)=\lim_{s\to\infty}-\frac{s}{s+1}=-1$$

与直接由时域求得的初值一致。

在应用终值定理时也要注意，$F(s)$ 的极点要限制于 s 平面的左半平面内或是在原点处的单极点，目的是为了保证 $\lim_{t\to\infty}f(t)$ 存在。因为如果有极点落在右半平面内，则 $f(t)$ 将随 t 无限地增长；如果有极点落在虚轴上，则所表示的为等幅振荡；在原点处的重阶极点对应的也是随时间增长的信号。在上述这几种情况下，$f(t)$ 的终值都不存在，终值定理也就无法运用。

初值定理与终值定理除了用来确定 $f(t)$ 的初值与终值外，还可用来在求拉普拉斯反变换前验证拉普拉斯变换的正确性。

9. 卷积定理

与傅里叶变换中的卷积定理相类似，拉普拉斯变换也有卷积定理如下：

若

$$L[f_1(t)]=F_1(s),\quad L[f_2(t)]=F_2(s)$$

则

$$L[f_1(t)*f_2(t)]=F_1(s)F_2(s) \tag{6-31}$$

卷积定理可证明如下：

$$
\begin{aligned}
L[f_1(t)*f_2(t)] &=\int_0^\infty\int_0^\infty f_1(\tau)u(\tau)f_2(t-\tau)u(t-\tau)\mathrm{d}\tau\mathrm{e}^{-st}\mathrm{d}t\\
&=\int_0^\infty f_1(\tau)\left[\int_0^\infty f_2(t-\tau)u(t-\tau)\mathrm{e}^{-st}\mathrm{d}t\right]\mathrm{d}\tau\\
&=\int_0^\infty f_1(\tau)F_2(s)\mathrm{e}^{-s\tau}\mathrm{d}\tau\\
&=F_1(s)F_2(s)
\end{aligned}
$$

与时域卷积定理相对应，还有复频域卷积定理，有时也称为复卷积定理。复卷积定理表示如下：

若

$$L[f_1(t)]=F_1(s),\quad L[f_2(t)]=F_2(s)$$

则

$$L[f_1(t)f_2(t)]=\frac{1}{2\pi\mathrm{j}}[F_1(s)*F_2(s)] \tag{6-32}$$

复卷积定理说明时域中的乘法运算相应于复频域中的卷积运算，即两时间函数乘积的拉

普拉斯变换等于两时间函数的拉普拉斯变换相卷积并除以常数 $2\pi j$。

现将上述拉普拉斯变换的性质列在表 6-2 中，以便查阅。

表 6-2 拉普拉斯变换的基本性质

性质	时域 $f(t), t \geq 0$	复频域 $F(s)$
线性	$a_1 f_1(t) + a_2 f_2(t)$	$a_1 F_1(s) + a_2 F_2(s)$
尺度变换	$f(at)$	$\dfrac{1}{a} F\left(\dfrac{s}{a}\right)$
时移性	$f(t - t_0) u(t - t_0)$	$F(s) e^{-st_0}$
s 域平移	$f(t) e^{s_0 t}$	$F(s - s_0)$
时域微分	$\dfrac{\mathrm{d}f(t)}{\mathrm{d}t}$	$sF(s) - f(0^-)$
时域积分	$\displaystyle\int_{-\infty}^{t} f(\tau)\mathrm{d}\tau$	$\dfrac{F(s)}{s} + \dfrac{\displaystyle\int_{-\infty}^{0} f(\tau)\mathrm{d}\tau}{s}$
复频域微分	$tf(t)$	$-\dfrac{\mathrm{d}F(s)}{\mathrm{d}s}$
复频域积分	$\dfrac{f(t)}{t}$	$\displaystyle\int_{s}^{\infty} F(s)\mathrm{d}s$
时域卷积	$f_1(t) * f_2(t)$	$F_1(s) F_2(s)$
复频域卷积	$f_1(t) f_2(t)$	$\dfrac{1}{2\pi j}[F_1(s) * F_2(s)]$
初值定理	$f(0^+) = \lim\limits_{t \to 0^+} f(t) = \lim\limits_{s \to \infty} sF(s)$	
终值定理	$f(\infty) = \lim\limits_{t \to \infty} f(t) = \lim\limits_{s \to 0} sF(s)$	

6.3 拉普拉斯反变换

从象函数 $F(s)$ 求原函数 $f(t)$ 的过程称为拉普拉斯反变换。简单的拉普拉斯反变换只要应用表 6-1 以及上节讨论的拉普拉斯变换的性质便可得到相应的时间信号。求取复杂拉普拉斯变换式的反变换通常有两种方法：部分分式展开法和围线积分法。前者是将复杂拉普拉斯变换式分解为许多简单变换式之和，然后分别查表即可求得原信号，它适合于 $F(s)$ 为有理函数的情况；后者则是直接进行拉普拉斯反变换积分，它的适用范围更广。

6.3.1 部分分式展开法

常见的拉普拉斯变换式是 s 的多项式之比，一般形式是

$$F(s) = \frac{N(s)}{D(s)} = \frac{b_m s^m + b_{m-1} s^{m-1} + \cdots + b_0}{a_n s^n + a_{n-1} s^{n-1} + \cdots + a_0} \tag{6-33}$$

式中，系数 a_k、b_k 都为实数；m 及 n 都为正整数。这里令分母多项式首项系数为 1，式 (6-33) 并不失其一般性。如 $m \geq n$ 时，在将上式分解为部分分式前，应先化为真分式，

例如

$$F(s) = \frac{N(s)}{D(s)} = \frac{3s^3 - 2s^2 - 7s + 1}{s^2 + s - 1}$$

$$= 3s - 5 + \frac{s - 4}{s^2 + s - 1}$$

因此，假分式可分解为多项式与真分式之和。多项式的拉普拉斯反变换为冲激信号 $\delta(t)$ 及其各阶导数，如上式中 $L^{-1}[5] = 5\delta(t)$，而 $L^{-1}[3s] = 3\delta'(t)$。因为冲激信号及其各阶导数只在理想情况下才出现，因此一般情况下拉普拉斯变换多为真分式。现在讨论 $m < n$，$D(s) = 0$ 的根无重根情况

因 $D(s)$ 是 s 的 n 次多项式，可以进行因式分解

$$D(s) = (s - p_1)(s - p_2) \cdots (s - p_n)$$

$$= \prod_{i=1}^{n} (s - p_i)$$

这里，p_1、p_2、$\cdots$、p_n 为 $D(s) = 0$ 的根。当 s 等于任一根值时，$F(s)$ 等于无穷大，故这些根也称为 $F(s)$ 的极点。当 p_1、p_2、$\cdots$、p_n 互不相等时，$F(s)$ 可表示为

$$\frac{N(s)}{D(s)} = \frac{N(s)}{(s - p_1)(s - p_2) \cdots (s - p_i) \cdots (s - p_n)}$$

$$= \frac{K_1}{s - p_1} + \frac{K_2}{s - p_2} + \cdots + \frac{K_i}{s - p_i} + \cdots + \frac{K_n}{s - p_n} \tag{6-34}$$

式中，K_1、K_2、$\cdots$、K_i、$\cdots$、K_n 为待定系数。在式（6-34）两边同时乘以因子 $(s - p_i)$，再令 $s = p_i$，于是式（6-34）右边仅留下系数 K_i 一项，即

$$K_i = (s - p_i) \frac{N(s)}{D(s)} \Big|_{s = p_i} \quad (i = 1, 2, \cdots, n) \tag{6-35}$$

显然，式（6-34）的拉普拉斯反变换可由表 6-1 查得，即

$$L^{-1}[F(s)] = L^{-1}\left[\frac{K_1}{s - p_1}\right] + L^{-1}\left[\frac{K_2}{s - p_2}\right] + \cdots + L^{-1}\left[\frac{K_i}{s - p_i}\right] + \cdots + L^{-1}\left[\frac{K_n}{s - p_n}\right]$$

$$= (K_1 e^{p_1 t} + K_2 e^{p_2 t} + \cdots + K_i e^{p_i t} + \cdots + K_n e^{p_n t}) u(t)$$

$$= \sum_{i=1}^{n} K_i e^{p_i t} u(t) \tag{6-36}$$

由此可见，有理代数分式的拉普拉斯反变换可以表示为若干指数信号项之和。应该说明，根据单边拉普拉斯变换的定义，反变换在 $t < 0$ 区域中应恒等于零，故按式（6-36）所求得的反变换只适用于 $t \geq 0$ 的情况。

【例 6-7】 求 $F(s) = \dfrac{10(s+2)(s+5)}{s(s+1)(s+3)}$ 的拉普拉斯反变换。

解： 将 $F(s)$ 写成部分分式展开形式

$$F(s) = \frac{K_1}{s} + \frac{K_2}{s+1} + \frac{K_3}{s+3}$$

分别求 K_1、K_2、K_3：

$$K_1 = sF(s)\big|_{s=0} = \frac{10 \times 2 \times 5}{1 \times 3} = \frac{100}{3}$$

$$K_2 = (s+1)F(s)\big|_{s=-1} = \frac{10(-1+2)(-1+5)}{(-1)(-1+3)} = -20$$

$$K_3 = (s+3)F(s)\big|_{s=-3} = \frac{10(-3+2)(-3+5)}{(-3)(-3+1)} = -\frac{10}{3}$$

$$F(s) = \frac{100}{3s} + \frac{20}{s+1} - \frac{10}{3(s+3)}$$

故

$$f(t) = \left(\frac{100}{3} - 20e^{-t} - \frac{10}{3}e^{-3t}\right)u(t)$$

【例 6-8】 求 $F(s) = \dfrac{s^3+5s^2+9s+7}{(s+1)(s+2)}$ 的拉普拉斯反变换。

解：用分子除以分母（长除法）得到

$$F(s) = s+2 + \frac{s+3}{(s+1)(s+2)}$$

式中最后一项满足 $m<n$ 的要求，可按前述部分分式展开方法分解得到：

$$F(s) = s+2 + \frac{2}{s+1} - \frac{1}{s+2}$$

故

$$f(t) = \delta'(t) + 2\delta(t) + (2e^{-t} - e^{-2t})u(t)$$

【例 6-9】 求 $F(s) = \dfrac{s^2+3}{(s^2+2s+5)(s+2)}$ 的拉普拉斯反变换。

解：（1）部分分式展开法

$$F(s) = \frac{s^2+3}{(s+1+j2)(s+1-j2)(s+2)}$$

$$= \frac{K_0}{s+2} + \frac{K_1}{s+1-j2} + \frac{K_2}{s+1+j2}$$

分别求系数 K_0、K_1、K_2：

$$K_0 = (s+2)F(s)\big|_{s=-2} = \frac{7}{5}$$

$$K_1 = \frac{s^2+3}{(s+1+j2)(s+2)}\bigg|_{s=-1+j2} = \frac{-1+j2}{5}$$

$$K_2 = \frac{s^2+3}{(s+1-j2)(s+2)}\bigg|_{s=-1-j2} = \frac{-1-j2}{5}$$

$$F(s) = \frac{\frac{7}{5}}{s+2} + \frac{\frac{-1+j2}{5}}{s+1-j2} + \frac{\frac{-1-j2}{5}}{s+1+j2}$$

故

$$f(t) = \frac{7}{5}e^{-2t} + \frac{-1+j2}{5}e^{(-1+j2)t} + \frac{-1-j2}{5}e^{(-1-j2)t}$$

$$= \frac{7}{5}e^{-2t}u(t) - 2e^{-t}\left[\frac{1}{5}\cos(2t) + \frac{2}{5}\sin(2t)\right]u(t)$$

（2）配方法

当 $D(s)=0$ 具有共轭复根时，还可用简便的方法来求原函数，可将一对共轭复根作为一个整体来考虑，即

$$F(s) = \frac{s^2+3}{(s^2+2s+5)(s+2)}$$

$$= \frac{A}{s+2} + \frac{Bs+C}{s^2+2s+5}$$

式中

$$A = (s+2)F(s)\big|_{s=-2} = \frac{7}{5}$$

于是

$$\frac{7}{5}\frac{1}{s+2} + \frac{Bs+C}{s^2+2s+5} = \frac{s^2+3}{(s^2+2s+5)(s+2)}$$

为求系数 B 和 C，可用对应项系数相等的方法，先令 $s=0$ 代入上式两边，得

$$\frac{7}{10} + \frac{C}{5} = \frac{3}{10}, \quad C = -2$$

再将上式两边乘以 s，并令 $s \to \infty$，得

$$\frac{7}{5} + B = 1, \quad B = -\frac{2}{5}$$

即

$$\frac{Bs+C}{s^2+2s+5} = -\frac{\frac{2}{5}s+2}{s^2+2s+5}$$

将共轭复根的分母配成二项式的二次方，得

$$F(s) = \frac{7}{5}\frac{1}{s+2} - \frac{\frac{2}{5}s+2}{(s+1)^2+2^2}$$

$$= \frac{7}{5}\frac{1}{s+2} - \frac{\frac{2}{5}(s+1)}{(s+1)^2+2^2} - \frac{\frac{4}{5}\times2}{(s+1)^2+2^2}$$

查表 6-1 得

$$f(t) = \frac{7}{5}e^{-2t}u(t) - 2e^{-t}\left[\frac{1}{5}\cos(2t) + \frac{2}{5}\sin(2t)\right]u(t)$$

（3）$m<n$，$D(s)=0$ 的根有重根情况

假设 $D(s)=0$ 有一个 k 重根 p_1，则 $D(s)$ 可写成

$$D(s) = (s-p_1)^k(s-p_{k+1})\cdots(s-p_n)$$

$F(s)$ 展开的部分分式为

$$F(s) = \frac{N(s)}{D(s)}$$

$$= \frac{K_{1k}}{(s-p_1)^k} + \frac{K_{1(k-1)}}{(s-p_1)^{k-1}} + \cdots + \frac{K_{11}}{s-p_1} + \frac{K_{k+1}}{s-p_{k+1}} + \cdots + \frac{\dot K_n}{s-p_n}$$

式中，$D(s)$ 的非重根因子组成的部分分式的系数 $K_{k+1} \sim K_n$ 的求法如前所述。对于重根因子组成的部分分式的系数 K_{1k}，$K_{1(k-1)}$，$\cdots$，K_{11}，可通过下列步骤求得。

将上式两边乘以 $(s-p_1)^k$，得

$$(s-p_1)^k \frac{N(s)}{D(s)} = K_{1k} + K_{1(k-1)}(s-p_1) + \cdots + K_{11}(s-p_1)^{k-1} +$$

$$(s-p_1)^k \left[\frac{K_{k+1}}{s-p_{k+1}} + \cdots + \frac{K_n}{s-p_n} \right] \tag{6-37}$$

令 $s=p_1$ 可得

$$K_{1k} = (s-p_1)^k \frac{N(s)}{D(s)} \bigg|_{s=p_1} \tag{6-38}$$

将式（6-37）两边对 s 求导后，令 $s=p_1$ 可得

$$K_{1(k-1)} = \frac{\mathrm{d}}{\mathrm{d}s} \left[(s-p_1)^k \frac{N(s)}{D(s)} \right] \bigg|_{s=p_1} \tag{6-39}$$

依次类推，可求得重根项的部分分式系数的一般公式为

$$K_{1i} = \frac{1}{(k-i)!} \frac{\mathrm{d}^{k-i}}{\mathrm{d}s^{k-i}} \left[(s-p_1)^k \frac{N(s)}{D(s)} \right] \bigg|_{s=p_1} \tag{6-40}$$

当全部系数确定后，由于

$$L^{-1} \left[\frac{k_{1i}}{(s-p_1)^i} \right] = \frac{k_{1i}}{(i-1)!} t^{i-1} \mathrm{e}^{-p_1 t} \tag{6-41}$$

则得

$$L^{-1}[F(s)] = \left[\frac{K_{1k}}{(k-1)!} t^{k-1} + \frac{K_{1(k-1)}}{(k-2)!} t^{k-2} + \cdots + K_{12}t + K_{11} \right] \mathrm{e}^{p_1 t} u(t) + \sum_{i=k+1}^{n} K_i \mathrm{e}^{p_i t} u(t) \tag{6-42}$$

【**例 6-10**】 求 $F(s) = \dfrac{s-2}{s(s+1)^3}$ 的拉普拉斯反变换。

解：将 $F(s)$ 写成展开式

$$F(s) = \frac{K_{13}}{(s+1)^3} + \frac{K_{12}}{(s+1)^2} + \frac{K_{11}}{(s+1)} + \frac{K_4}{s}$$

容易求得

$$K_4 = sF(s) \big|_{s=0} = -2$$

为求出与重根有关的各系数，令

$$F_1(s) = (s+1)^3 F(s) = \frac{s-2}{s}$$

由式（6-38）和式（6-39）、式（6-40）得到

$$K_{13} = \frac{s-2}{s}\bigg|_{s=-1} = 3$$

$$K_{12} = \frac{\mathrm{d}}{\mathrm{d}s}\left(\frac{s-2}{s}\right)\bigg|_{s=-1} = 2$$

$$K_{11} = \frac{1}{2}\frac{\mathrm{d}^2}{\mathrm{d}s^2}\left(\frac{s-2}{s}\right)\bigg|_{s=-1} = 2$$

于是有

$$F(s) = \frac{3}{(s+1)^3} + \frac{2}{(s+1)^2} + \frac{2}{(s+1)} - \frac{2}{s}$$

逆变换为

$$f(t) = \left[\left(\frac{3}{2}t^2 + 2t + 2\right)\mathrm{e}^{-t} - 2\right]u(t)$$

6.3.2 围线积分法（留数法）

拉普拉斯反变换为

$$f(t) = \frac{1}{2\pi\mathrm{j}}\int_{\sigma-\mathrm{j}\infty}^{\sigma+\mathrm{j}\infty} F(s)\mathrm{e}^{st}\mathrm{d}s$$

根据复变函数理论中的留数定理，有

$$\frac{1}{2\pi\mathrm{j}}\oint_C F(s)\mathrm{e}^{st}\mathrm{d}s = \sum_{i=1}^{n}\mathrm{Res}\left[F(s)\mathrm{e}^{st}\right]\bigg|_{s=p_i} \tag{6-43}$$

式（6-43）左边的积分是在 s 平面内沿一条不通过被积函数极点的封闭曲线 C 进行的，而等式右边则是在此围线 C 中被积函数各极点上的留数之和。

为应用留数定理，在求拉普拉斯反变换的积分路线（由 $\sigma-\mathrm{j}\infty$ 到 $\sigma+\mathrm{j}\infty$）上应补足一条积分路线以构成一个封闭曲线。所加积分路线现取半径为无穷大的圆弧，如图 6.4 所示。

当然在积分路线进行此种变换时，必须要求沿此额外路线（图 6.4 中的弧 ACB）函数的积分值为零。即

$$\int_{ACB} F(s)\mathrm{e}^{st}\mathrm{d}s = 0 \qquad (R\to\infty) \tag{6-44}$$

根据复变函数理论中的若尔当辅助定理，式（6-44）在同时满足下列条件时成立：

1）$|s| = R\to\infty$ 时，$|F(s)|$ 对于 s 一致地趋近于零。

2）因子 e^{st} 的指数 st 的实部应小于 $\sigma_0 t$，即 $\mathrm{Re}[st] = \sigma t < \sigma_0 t$，其中 σ_0 为固定常数。

第一个条件，除了极少数例外情况（如单位冲激函数及其各阶导数的象函数为 s 的正幂函数）不满足此条件外，一般都能满足。为了满足第二个条件，当 $t>0$ 时，σ 应小于 σ_0，积分应沿左半圆弧进行，如图 6.4 所示；而当 $t<0$ 时，则应沿右半圆弧进行，如图 6.5 所示。由单边拉普拉斯变换式的定义可知，在 $t<0$ 时，$f(t)=0$，因此沿右半圆弧的封闭积分应为零，也就是说被积函数 $F(s)$ 在此封闭曲线中应无极点，即 BA 线应在 $F(s)$ 的所有极点的右边，这也就是上面所说的拉普拉斯变换的收敛条件。因此，当 $t>0$ 时

$$f(t) = \frac{1}{2\pi j} \int_{\sigma - j\infty}^{\sigma + j\infty} F(s) e^{st} ds$$

$$= \frac{1}{2\pi j} \oint_{ACBA} F(s) e^{st} ds = \sum_{i=1}^{n} \text{Res}[F(s) e^{st}] \Big|_{s=p_i} \tag{6-45}$$

当 $t<0$ 时 $f(t) = 0$，故可写为

$$f(t) = \sum_{i=1}^{n} \text{Res}[F(s) e^{st}] \Big|_{s=p_i} u(t) \tag{6-46}$$

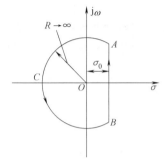

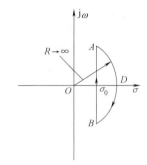

图 6.4　$F(s)$ 的封闭积分路线　　　　　　　图 6.5　$t<0$ 时的封闭积分路线

这样，拉普拉斯反变换的积分运算就转换为求被积函数各极点上留数的运算，从而使运算得到简化。当 $F(s)$ 为有理函数时，若 p_i 为一阶极点，则其留数为

$$\text{Res}[F(s) e^{st}]_{s=p_i} = [(s-p_i) F(s) e^{st}] \Big|_{s=p_i} \tag{6-47}$$

若 p_i 为 k 阶极点，则其留数为

$$\text{Res}[F(s) e^{st}]_{s=p_i} = \frac{1}{(k-1)!} \left[\frac{d^{k-1}}{ds^{k-1}} (s-p_i)^k F(s) e^{st} \right] \Big|_{s=p_i} \tag{6-48}$$

【例 6-11】　用留数法求 $F(s) = \dfrac{s-2}{s(s+1)^3}$ 的拉普拉斯反变换。

解：令 $D(s) = 0$，求得单极点 $p_1 = 0$，三重极点 $p_2 = -1$。按式（6-47）及式（6-48）求各极点上的留数：

$$\text{Res}[F(s) e^{st}]_{s=0} = \left[\frac{s-2}{(s+1)^3} e^{st} \right] \Big|_{s=0} = -2$$

$$\text{Res}[F(s) e^{st}]_{s=-1} = \frac{1}{(3-1)!} \left[\frac{d^{3-1}}{ds^{3-1}} \frac{s-2}{s} e^{st} \right] \Big|_{s=-1}$$

$$= \frac{1}{2} \left(-\frac{4}{s^3} e^{st} + \frac{4}{s^2} t e^{st} + \frac{s-2}{s} t^2 e^{st} \right) \Big|_{s=-1}$$

$$= \left(\frac{3}{2} t^2 + 2t + 2 \right) e^{-t}$$

所以

$$f(t) = \left[\left(\frac{3}{2}t^2 + 2t + 2 \right) e^{-t} - 2 \right] u(t)$$

可见所求得的结果与例 6-10 中用部分分式展开法所得的结果是一样的。

6.4　连续时间系统的复频域分析

6.4.1　微分方程的复频域求解

用拉普拉斯变换分析法求取系统的响应，可通过对系统的微分方程进行拉普拉斯变换来得到。对于任何一个线性时不变系统都可用下列常系数线性微分方程来描述，即

$$a_n \frac{\mathrm{d}^n r(t)}{\mathrm{d}t^n} + a_{n-1} \frac{\mathrm{d}^{n-1} r(t)}{\mathrm{d}t^{n-1}} + \cdots + a_1 \frac{\mathrm{d}r(t)}{\mathrm{d}t} + a_0 r(t)$$

$$= b_m \frac{\mathrm{d}^m e(t)}{\mathrm{d}t^m} + b_{m-1} \frac{\mathrm{d}^{m-1} e(t)}{\mathrm{d}t^{m-1}} + \cdots + b_1 \frac{\mathrm{d}e(t)}{\mathrm{d}t} + b_0 e(t) \tag{6-49}$$

设 $r(0^-)$，$r'(0^-)$，$\cdots$，$r^{(n-1)}(0^-)$ 为系统的 n 个初始状态。式（6-49）可表示为

$$\sum_{i=0}^{n} a_i \frac{\mathrm{d}^i r(t)}{\mathrm{d}t^i} = \sum_{j=0}^{m} b_j \frac{\mathrm{d}^j e(t)}{\mathrm{d}t^j} \tag{6-50}$$

对式（6-50）两边取拉普拉斯变换，并假定 $e(t)$ 为有始信号，即 $t<0$ 时，$e(t)=0$，因而，$e(0^-) = e'(0^-) = \cdots = e^{(m-1)}(0^-) = 0$。利用时域微分特性，有

$$\frac{\mathrm{d}^i r(t)}{\mathrm{d}t^i} \overset{L}{\leftrightarrow} s^i R(s) - s^{i-1} r(0^-) - s^{i-2} r'(0^-) - \cdots - r^{(i-1)}(0^-)$$

$$= s^i R(s) - \sum_{k=0}^{i-1} s^{i-1-k} r^{(k)}(0^-) \tag{6-51}$$

$$\frac{\mathrm{d}^j e(t)}{\mathrm{d}t^j} \leftrightarrow s^j E(s) \tag{6-52}$$

将式（6-51）和式（6-52）代入式（6-50），得

$$\sum_{i=0}^{n} a_i \left[s^i R(s) - \sum_{k=0}^{i-1} s^{i-1-k} r^{(k)}(0^-) \right] = \sum_{j=0}^{m} b_j s^j E(s)$$

由此可见，时域中的微分方程已转换为复频域中的代数方程，并且自动地引入初始状态，这十分便于直接求出全响应。全响应的象函数为

$$R(s) = \frac{\displaystyle\sum_{i=0}^{n} a_i \sum_{k=0}^{i-1} s^{i-1-k} r^{(k)}(0^-)}{\displaystyle\sum_{i=0}^{n} a_i s^i} + \frac{\displaystyle\sum_{j=0}^{m} b_j s^j}{\displaystyle\sum_{i=0}^{n} a_i s^i} E(s)$$

式中，第一项仅与系统的初始状态有关，而与激励信号无关，因此对应系统的零输入响应，即

$$R_{zi}(s) = \frac{\displaystyle\sum_{i=0}^{n} a_i \sum_{k=0}^{i-1} s^{i-1-k} r^{(k)}(0^-)}{\displaystyle\sum_{i=0}^{n} a_i s^i} \tag{6-53}$$

式中，第二项仅与系统的激励信号有关，而与初始状态无关，因此对应系统的零状态响应，即

$$R_{zs}(s) = \frac{\displaystyle\sum_{j=0}^{m} b_j s^j}{\displaystyle\sum_{i=0}^{n} a_i s^i} E(s) = H(s) E(s) \tag{6-54}$$

式中

$$H(s) = \frac{R_{zs}(s)}{E(s)} = \frac{\displaystyle\sum_{j=0}^{m} b_j s^j}{\displaystyle\sum_{i=0}^{n} a_i s^i} \tag{6-55}$$

它是零状态响应的拉普拉斯变换与激励信号的拉普拉斯变换之比，称为系统函数。

对 $R(s)$ 进行反变换，可得全响应的时域表达式：

$$r(t) = L^{-1}[R(s)] = L^{-1}[R_{zi}(s)] + L^{-1}[R_{zs}(s)]$$
$$= r_{zi}(t) + r_{zs}(t) \tag{6-56}$$

【例 6-12】 一连续时间系统的微分方程为

$$r''(t) + 3r'(t) + 2r(t) = 4e'(t) + 3e(t)$$

已知 $r(0^-) = -2$，$r'(0^-) = 3$，$e(t) = u(t)$；求系统的零输入响应 $r_{zi}(t)$、零状态响应 $r_{zs}(t)$ 和全响应 $r(t)$。

解：对上述微分方程取拉普拉斯变换，得

$$s^2 R(s) - s r(0^-) - r'(0^-) + 3[s R(s) - r(0^-)] + 2R(s) = (4s+3) E(s)$$

$$R(s) = \frac{s r(0^-) + r'(0^-) + 3r(0^-)}{s^2 + 3s + 2} + \frac{4s+3}{s^2 + 3s + 2} E(s)$$

将 $r(0^-) = -2$，$r'(0^-) = 3$，$E(s) = L[u(t)] = \dfrac{1}{s}$ 代入，于是

零输入响应

$$R_{zi}(s) = \frac{-2s-3}{s^2 + 3s + 2} = \frac{-1}{s+1} + \frac{-1}{s+2}$$

故

$$r_{zi}(t) = L^{-1}[R_{zi}(s)] = -(e^{-t} + e^{-2t}) u(t)$$

零状态响应

$$R_{zs}(s) = \frac{4s+3}{(s^2 + 3s + 2)s} = \frac{1.5}{s} + \frac{1}{s+1} + \frac{-2.5}{s+2}$$

故

$$r_{zs}(t) = L^{-1}[R_{zs}(s)] = (1.5 - e^{-t} - 2.5e^{-2t})u(t)$$

全响应

$$r(t) = r_{zi}(t) + r_{zs}(t) = (1.5 - 3.5e^{-2t})u(t)$$

若直接对 $R(s)$ 取拉普拉斯反变换，也可直接地得出全响应

$$r(t) = L^{-1}[R(s)] = (1.5 - 3.5e^{-2t})u(t)$$

6.4.2 电路的复频域模型及其解

当在复频域内分析具体电路时，可不必先列写微分方程，再用拉普拉斯变换进行分析，而是先根据复频域电路模型，从电路中直接列写求解复频域响应的代数方程，然后求解复频域响应并进行拉普拉斯反变换。由于研究电路问题的基本依据是基尔霍夫定律，以及电路元件的伏安关系。下面讨论其在复频域的形式。

基尔霍夫电压定律和基尔霍夫电流定律的时域描述为

$$\sum v(t) = 0$$

$$\sum i(t) = 0$$

对以上两式进行拉普拉斯变换即得 KVL 和 KCL 的复频域描述

$$\sum V(s) = 0$$

$$\sum I(s) = 0$$

电阻元件的电压与电流的时域关系为

$$v_R(t) = R \cdot i_R(t)$$

将上式两边取拉普拉斯变换，得

$$V_R(s) = RI_R(s) \tag{6-57}$$

由式 (6-57) 可得到电阻元件的复频域模型如图 6.6 所示。显然电阻元件的复频域模型与时频域模型具有相同的形式。

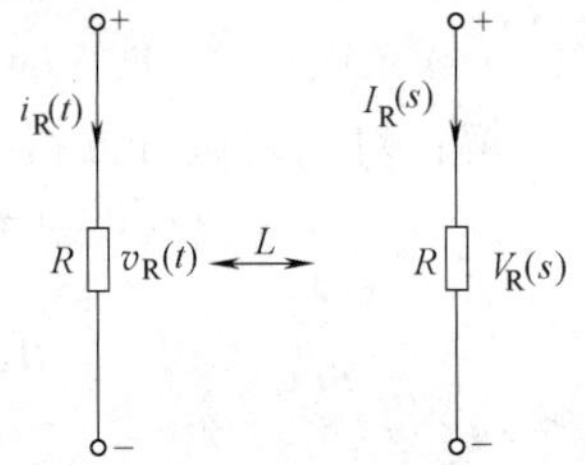

电容元件的电压与电流的时域关系为

$$v_C(t) = \frac{1}{C} \int_{-\infty}^{t} i_C(\tau) d\tau$$

将上式两边取拉普拉斯变换，得

$$V_C(s) = \frac{1}{sC} I_C(s) + \frac{1}{s} v_C(0^-) \tag{6-58a}$$

或

图 6.6 电阻元件的复频域模型

$$I_C(s) = sCV_C(s) - Cv_C(0^-) \tag{6-58b}$$

式 (6-58a、b) 表明，一个具有初始电压 $v_C(0^-)$ 的电容元件，其复频域模型为一个复频容抗 $\frac{1}{sC}$ 与一个大小为 $\frac{v_C(0^-)}{s}$ 的电压源相串联，或者是 $\frac{1}{sC}$ 与一个大小为 $Cv_C(0^-)$ 的电流源相并联，如图 6.7 所示。

电感元件的电压与电流的时域关系为

$$v_L(t) = L \frac{di_L(t)}{dt}$$

将上式两边取拉普拉斯变换，得

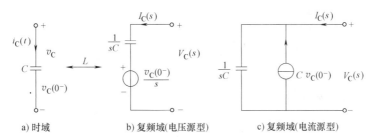

a)时域   b)复频域(电压源型)   c)复频域(电流源型)

图 6.7 电容元件的模型

$$V_L(s) = sLI_L(s) - Li_L(0^-)$$ (6-59a)

或

$$I_L(s) = \frac{1}{sL}V_L(s) + \frac{1}{s}i_L(0^-)$$ (6-59b)

式 (6-59b) 表明，一个具有初始电流 $i_L(0^-)$ 的电感元件，其复频域模型为一个复频感抗 sL 与一个大小为 $Li_L(0^-)$ 的电压源相串联，或者是 sL 与一个大小为 $\dfrac{i_L(0^-)}{s}$ 的电流源相并联，如图 6.8 所示。

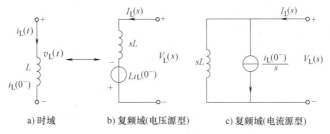

a)时域   b)复频域(电压源型)   c)复频域(电流源型)

图 6.8 电感元件的模型

若把电路中的每个元件都用它的复频域模型来代替，将信号源用其拉普拉斯变换式代替，就可由时域电路模型得到复频域电路模型。在复频域电路中，电压 $V(s)$ 与电流 $I(s)$ 的关系是代数关系，可以应用与电阻电路一样的分析方法与定理求解响应。

【例 6-13】 如图 6.9a 所示电路，已知 $e(t) = 10u(t)$，元件参数 $C = 1F$，$R_1 = \dfrac{1}{5}\Omega$，$R_2 = 1\Omega$，$L = \dfrac{1}{2}H$，初始状态 $v_C(0^-) = 5V$，$i_L(0^-) = 4A$，方向如图所示。试求响应电流 $i_1(t)$。

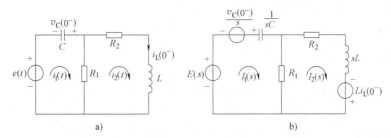

a)   b)

图 6.9 例 6-13 图

解：画出复频域电路模型，如图 6.9b 所示，列写回路方程为

$$\begin{cases} \left(R_1 + \dfrac{1}{sC}\right)I_1(s) - R_2 I_2(s) = E(s) + \dfrac{u_C(0^-)}{s} \\ -R_1 I_1(s) + (sL + R_1 + R_2)I_2(s) = L i_L(0^-) \end{cases}$$

代入电路参数和初始状态，得

$$\begin{cases} \left(\dfrac{1}{5} + \dfrac{1}{s}\right)I_1(s) - \dfrac{1}{5}I_2(s) = \dfrac{10}{s} + \dfrac{5}{s} = \dfrac{15}{s} \\ -\dfrac{1}{5}I_1(s) + \left(\dfrac{s}{2} + \dfrac{6}{5}\right)I_2(s) = 2 \end{cases}$$

解得

$$I_1(s) = \frac{79s + 180}{s^2 + 7s + 12} = \frac{-57}{s+3} + \frac{136}{s+4}$$

取拉普拉斯反变换得

$$i_1(t) = \left(-57 e^{-3t} + 136 e^{-4t}\right)u(t)$$

6.5　连续时间系统函数和系统特性

系统函数 $H(s)$ 是描述连续时间系统特性的重要特征参数。通过分析 $H(s)$ 在 s 平面的零极点分布，可以了解系统的时域特性、频域特性，以及稳定性等特性。

6.5.1　系统函数

系统函数 $H(s)$ 是在零状态条件下系统的零输入响应的拉普拉斯变换与激励的拉普拉斯变换之比。式（6-49）表示的线性时不变系统，其系统函数由式（6-55）给出，即

$$H(s) = \frac{R_{zs}(s)}{E(s)} = \frac{\displaystyle\sum_{j=0}^{m} b_j s^j}{\displaystyle\sum_{i=0}^{n} a_i s^i} = \frac{b_m s^m + b_{m-1} s^{m-1} + \cdots + b_1 s + b_0}{a_n s^n + a_{n-1} s^{n-1} + \cdots + a_1 s + a_0} \tag{6-60}$$

可见，已知系统时域描述的微分方程就很容易直接写出系统复频域描述的系统函数，反之亦然。

由于

$$r_{zs}(t) = e(t) * h(t)$$

根据拉普拉斯变换时域卷积特性，有

$$R_{zs}(s) = E(s)H(s)$$

由此可得

$$H(s) = L[h(t)]$$

即系统函数 $H(s)$ 与冲激响应 $h(t)$ 是一对拉普拉斯变换。$h(t)$ 和 $H(s)$ 分别从时域和复频域两个方面表征了同一系统的特性。

对于具体的电路，系统函数还可以用零状态下的复频域模型求得。

系统函数仅决定于系统本身的特性，与系统的激励无关，它在系统分析与综合中占有重

要地位。

【例 6-14】　已知描述一连续时间系统的微分方程为

$$\frac{\mathrm{d}^2 r(t)}{\mathrm{d}t^2} + 3\frac{\mathrm{d}r(t)}{\mathrm{d}t} + 2r(t) = 2\frac{\mathrm{d}e(t)}{\mathrm{d}t} + 3e(t)$$

试求该系统的系统函数 $H(s)$ 和冲激响应 $h(t)$。

解： 在零状态条件下，对微分方程两边进行拉普拉斯变换，得

$$(s^2 + 3s + 2)R_{zs}(s) = (2s + 3)E(s)$$

根据系统函数 $H(s)$ 的定义有

$$H(s) = \frac{R_{zs}(s)}{E(s)} = \frac{2s + 3}{s^2 + 3s + 2} = \frac{1}{s+1} + \frac{1}{s+2}$$

对上式进行拉普拉斯反变换得

$$h(t) = (\mathrm{e}^{-t} + \mathrm{e}^{-2t})u(t)$$

【例 6-15】　试求图 6.10a 所示电路的系统函数 $H(s) = \dfrac{V_{zs}(s)}{E(s)}$。

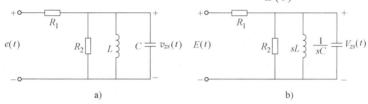

图 6.10　例 6-15 图

解： 电路的零状态复频域模型如图 6.10b 所示。

$$V_{zs}(s) = \frac{\dfrac{1}{\dfrac{1}{R_2} + \dfrac{1}{sL} + sC}}{R_1 + \dfrac{1}{\dfrac{1}{R_2} + \dfrac{1}{sL} + sC}} E(s) = \frac{1}{1 + \dfrac{R_1}{R_2} + \dfrac{R_1}{sL} + R_1 sC} E(s)$$

所以

$$H(s) = \frac{s}{R_1 C s^2 + \left(1 + \dfrac{R_1}{R_2}\right)s + \dfrac{R_1}{L}}$$

6.5.2　系统函数的零极点分布

一般来说，线性系统的系统函数是以多项式之比的形式出现的。将式（6-60）给出的系统函数的分子、分母进行因式分解，进一步可得

$$H(s) = \frac{N(s)}{D(s)} = H_0\frac{(s - z_1)(s - z_2)\cdots(s - z_m)}{(s - p_1)(s - p_2)\cdots(s - p_n)}$$

$$= H_0\frac{\displaystyle\prod_{j-1}^{m}(s - z_j)}{\displaystyle\prod_{i=1}^{n}(s - p_i)}$$

式中，$H_0 = b_m$ 为一常数，z_1，z_2，$\cdots$，z_m 是系统函数分子多项式 $N(s) = 0$ 的根，称为系统函数的零点，即当复变量 s 位于零点时，系统函数 $H(s)$ 的值等于零。p_1，p_2，$\cdots$，p_n 是系统函数分母多项式 $D(s) = 0$ 的根，称为系统函数的极点，即当复变量 s 位于极点时，系统函数 $H(s)$ 的值为无穷大。$(s-z_j)$ 称为零点因子，$(s-p_i)$ 称为极点因子。

　　将系统函数的零极点绘在 s 平面上，零点用"〇"表示，极点用"×"表示，这样得到的图形称为系统函数的零极点分布图。系统函数的零极点可能是重阶的，在画零极点分布图时，若遇到 n 重零点或极点，则在相应的零极点旁注以 (n)。

　　例如，某系统的系统函数为

$$H(s) = \frac{s^3 - 2s^2 + 2s}{s^4 + 2s^3 + 5s^2 + 8s + 4} = \frac{s[(s-1)^2 + 1]}{(s+1)^2(s^2+4)}$$

$$= \frac{s(s-1+j)(s-1-j)}{(s+1)^2(s+j2)(s-j2)}$$

　　表明该系统在原点 $s = 0$、$s = 1-j$ 和 $s = 1+j$ 处各有一个零点。而在 $s = -1$ 处有二重极点，还有一对共轭极点 $s = -j2$ 和 $s = +j2$，该系统函数的零极点分布如图 6.11 所示。

　　研究系统函数的零极点分布不仅可以了解系统冲激响应的形式，还可以了解系统的频率响应特性，以及系统的稳定性。下面将分别讨论。

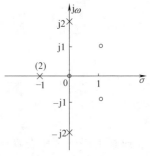

图 6.11　系统函数的零极点图

6.5.3　系统函数的零极点分布决定系统 $h(t)$ 的时域特性

　　系统函数 $H(s)$ 与冲激响应 $h(t)$ 是一对拉普拉斯变换，因此根据 $H(s)$ 的零、极点分布就可以确定系统的冲激响应的模式。

　　1）若 $H(s)$ 的极点位于 s 平面的原点，如 $H(s) = \dfrac{1}{s}$，则 $h(t) = u(t)$，冲激响应的模式为阶跃信号。

　　2）若 $H(s)$ 的极点位于 s 平面的正实轴上，如 $H(s) = \dfrac{1}{s-a}(a>0)$，则 $h(t) = e^{at}(u)t$，冲激响应的模式为增长的指数信号；若 $H(s)$ 的极点位于 s 平面的负实轴上，如 $H(s) = \dfrac{1}{s+a}$ $(a>0)$，则 $h(t) = e^{-at}u(t)$，冲激响应的模式为衰减的指数信号。

　　3）若 $H(s)$ 的极点位于 s 平面的虚轴（极点必以共轭形式出现）上，如 $H(s) = \dfrac{\omega_0}{s^2 + \omega_0^2}$，则 $h(t) = \sin\omega_0 t u(t)$，冲激响应的模式为等幅振荡。

　　4）若 $H(s)$ 的极点位于 s 平面的右半平面，如 $H(s) = \dfrac{\omega_0}{(s-a)^2 + \omega_0^2}$ $(a>0)$，则 $h(t) = e^{at}\sin\omega_0 t u(t)$，冲激响应的模式为增幅振荡；若 $H(s)$ 的极点位于 s 平面的左半平面，如

$H(s)=\dfrac{\omega_0}{(s+a)^2+\omega_0^2}$ （$a>0$），则 $h(t)=\mathrm{e}^{-at}\sin\omega_0 t u(t)$，冲激响应的模式为减幅振荡。

以上分析结果如图 6.12 所示，这里都是单极点的情况。若 $H(s)$ 具有 n 重极点，则冲激响应的模式中将含有 t^{n-1} 因子。例如 $H(s)=\dfrac{1}{s^2}$ 在原点有二重极点，则 $h(t)=t u(t)$ 为斜坡信号；$H(s)=\dfrac{2\omega_0 s}{(s^2+\omega_0^2)^2}$ 在虚轴上有两重共轭极点，则 $h(t)=t\sin\omega_0 t u(t)$ 为幅度线性增长的振荡。

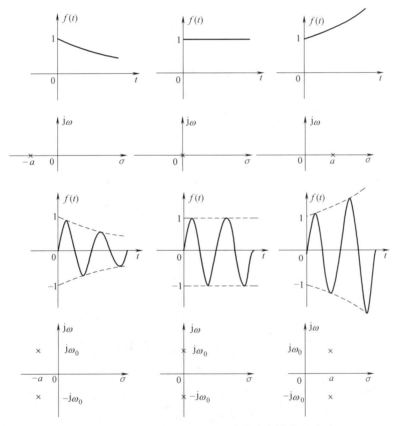

图 6.12　$H(s)$ 的单极点分布与冲激响应模式的关系

以上分析了 $H(s)$ 的极点与冲激响应模式的关系，$H(s)$ 零点分布情况只影响冲激响应的幅度和相位，而对冲激响应模式没有影响。例如 $H(s)=\dfrac{s+3}{(s+3)^2+2^2}$，零点 $z_1=-3$，极点 $p_1=-3+\mathrm{j}2$ 和 $p_2=-3-\mathrm{j}2$，则 $h(t)=\mathrm{e}^{-3t}\cos 2t u(t)$；若 $H(s)=\dfrac{s+1}{(s+3)^2+2^2}$ 极点保持不变，零点为 $z_1=-1$，则

$$h(t)=L^{-1}\left[\frac{s+1}{(s+3)^2+2^2}\right]=L^{-1}\left[\frac{s+1}{(s+3)^2+2^2}-\frac{2}{(s+3)^2+2^2}\right]$$

$$= e^{-3t} \left[\cos 2t - \sin 2t \right] u(t) = \sqrt{2} e^{-3t} \cos(2t + 45°) u(t)$$

冲激响应的模式仍为减幅振荡，只是幅度和相位发生了变化。

6.5.4 系统函数的零极点分布与系统频率响应特性的关系

所谓"频响特性"是指系统正弦信号激励下稳态响应随信号频率的变化情况。这包括幅度随频率的响应以及相位随频率的响应两个方面。

在电路分析课程中已经熟悉了正弦稳态分析，在那里，采用向量分析法。现在从系统函数的观点来考察系统的正弦稳态响应，并借助零、极点分布图来研究响应特性。

设系统函数以 $H(s)$ 表示，正弦激励源 $e(t)$ 的函数式写作

$$e(t) = E_m \sin(\omega_0 t) \tag{6-61}$$

其变换式为

$$E(s) = \frac{E_m \omega_0}{s^2 + \omega_0{}^2} \tag{6-62}$$

于是，系统响应的变换式 $R(s)$ 可写作

$$R(s) = \frac{E_m \omega_0}{s^2 + \omega_0{}^2} \cdot H(s)$$

$$= \frac{K_{-j\omega_0}}{s + j\omega_0} + \frac{K_{j\omega_0}}{s - j\omega_0} + \frac{K_1}{s - p_1} + \frac{K_2}{s - p_2} + \cdots + \frac{K_n}{s - p_n} \tag{6-63}$$

式中，p_1，p_2，$\cdots$，p_n 是 $H(s)$ 的极点；K_1，K_2，$\cdots$，K_n 为部分分式分解各项的系数，而

$$K_{-j\omega_0} = (s + j\omega_0) R(s) \Big|_{s = -j\omega_0}$$

$$= \frac{E_m \omega_0 H(-j\omega_0)}{-2j\omega_0} = \frac{E_m H_0 e^{-j\varphi_0}}{-2j}$$

$$K_{j\omega_0} = (s - j\omega_0) R(s) \Big|_{s = j\omega_0}$$

$$= \frac{E_m \omega_0 H(j\omega_0)}{2j\omega_0} = \frac{E_m H_0 e^{j\varphi_0}}{2j}$$

这里引用了符号：

$$H(j\omega_0) = H_0 e^{j\varphi_0}$$

$$H(-j\omega_0) = H_0 e^{-j\varphi_0}$$

至此可求得

$$\frac{K_{-j\omega_0}}{s + j\omega_0} + \frac{K_{j\omega_0}}{s - j\omega_0} = \frac{E_m H_0}{2j} \left(-\frac{e^{-j\varphi_0}}{s + j\omega_0} + \frac{e^{j\varphi_0}}{s - j\omega_0} \right) \tag{6-64}$$

式（6-63）前两项的拉普拉斯反变换为

$$L^{-1} \left[\frac{K_{-j\omega_0}}{s + j\omega_0} + \frac{K_{j\omega_0}}{s - j\omega_0} \right]$$

$$= \frac{E_m H_0}{2j} \left[-e^{-j\varphi_0} e^{-j\omega_0 t} + e^{j\varphi_0} e^{j\omega_0 t} \right]$$

$$= E_{\mathrm{m}} H_0 \sin\ (\omega_0 t + \varphi_0) \tag{6-65}$$

系统的全响应是

$$r(t) = L^{-1}[R(s)]$$

$$= E_{\mathrm{m}} H_0 \sin(\omega_0 t + \varphi_0) + K_1 \mathrm{e}^{p_1 t} + K_2 \mathrm{e}^{p_2 t} + \cdots + K_n \mathrm{e}^{p_n t} \tag{6-66}$$

对于稳定系统，其 $H(s)$ 的极点 p_1，p_2，$\cdots$，p_n 的实部小于零，式（6-65）中各指数项均为衰减指数函数，当 $t \to \infty$，它们都趋于零，所以稳态响应 $r_{\mathrm{ss}}(t)$ 就是式中的第一项

$$r_{\mathrm{ss}}(s) = E_{\mathrm{m}} H_0 \sin(\omega_0 t + \varphi_0) \tag{6-67}$$

可见，在频率 ω_0 的正弦激励信号作用下，系统的稳态响应仍为同频率的正弦信号，但幅度乘以系数 H_0，相位移动 φ_0，H_0 和 φ_0 由系统函数在 $\mathrm{j}\omega_0$ 处的取值所决定

$$H(s)\big|_{s=\mathrm{j}\omega_0} = H(\mathrm{j}\omega_0) = H_0 \mathrm{e}^{\mathrm{j}\varphi_0} \tag{6-68}$$

当正弦激励信号的频率 ω 改变时，将变量 ω 代入 $H(s)$ 中，即可得到频率响应特性

$$H(s)\big|_{s=\mathrm{j}\omega} = H(\mathrm{j}\omega) = |H(\mathrm{j}\omega)| \mathrm{e}^{\mathrm{j}\varphi(\omega)} \tag{6-69}$$

式中，$|H(\mathrm{j}\omega)|$ 是幅频特性；$\varphi(\omega)$ 是相频特性。

根据系统函数 $H(s)$ 在 s 平面的零、极点分布可以绘制频响特性曲线，包括幅频特性 $|H(\mathrm{j}\omega)|$ 曲线和相频特性 $\varphi(\omega)$ 曲线。下面简要介绍由矢量法绘制的系统频响特性曲线。

假定，系统函数 $H(s)$ 的表示式为

$$H(s) = \frac{H_0 \prod_{j=1}^{m} (s - z_j)}{\prod_{i=1}^{n} (s - p_i)} \tag{6-70}$$

取 $s = \mathrm{j}\omega$，即在 s 平面中 s 沿虚轴移动，得到

$$H(\mathrm{j}\omega) = \frac{H_0 \prod_{j=1}^{m} (\mathrm{j}\omega - z_j)}{\prod_{i=1}^{n} (\mathrm{j}\omega - p_i)} \tag{6-71}$$

可以看出，频率特性取决于零、极点的分布，即取决于 z_j、p_i 的位置，而式（6-71）中的 H_0 是系数，对于频率特性的研究无关紧要。分母中任一因子 $(\mathrm{j}\omega - p_i)$ 相当于由极点 p_i 引向虚轴上某点 $\mathrm{j}\omega$ 的一个矢量；分子中任一因子 $(\mathrm{j}\omega - z_j)$ 相当于由零点 z_j 引向虚轴上某点 $\mathrm{j}\omega$ 的一个矢量；在图 6.13 中画出由零点 z_1 和极点 p_1 与 $\mathrm{j}\omega$ 点连接构成的两个矢量，图中 N_1、M_1 分别表示矢量的模，φ_1、θ_1 分别表示矢量的辐角。

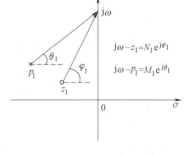

图 6.13　$(\mathrm{j}\omega - z_1)$ 和
$(\mathrm{j}\omega - p_1)$ 矢量

对于任意零点 z_j、极点 p_i，相应的复数因子（矢量）都可以表示为

$$\mathrm{j}\omega - z_j = N_j \mathrm{e}^{\mathrm{j}\varphi_j} \tag{6-72}$$

$$\mathrm{j}\omega - p_i = M_i \mathrm{e}^{\mathrm{j}\theta_i} \tag{6-73}$$

式中，N_j、M_i 分别表示两矢量的模；φ_j、θ_i 分别表示它们的辐角。

于是，式（6-71）可以改写为

$$H(j\omega) = H_0 \frac{N_1 e^{j\varphi_1} N_2 e^{j\varphi_2} \cdots N_m e^{j\varphi_m}}{M_1 e^{j\theta_1} M_2 e^{j\theta_2} \cdots M_n e^{j\theta_n}}$$

$$= H_0 \frac{N_1 N_2 \cdots N_m}{M_1 M_2 \cdots M_n} e^{j[(\varphi_1+\varphi_2+\cdots+\varphi_m)-(\theta_1+\theta_2+\cdots+\theta_n)]}$$

$$= |H(j\omega)| e^{j\varphi(\omega)}$$

式中

$$|H(j\omega)| = H_0 \frac{N_1 N_2 \cdots N_m}{M_1 M_2 \cdots M_n} \tag{6-74}$$

$$\varphi(\omega) = (\varphi_1+\varphi_2+\cdots+\varphi_m) - (\theta_1+\theta_2+\cdots+\theta_n) \tag{6-75}$$

当 ω 沿虚轴移动时，各复数因子的模和辐角都随之改变，于是得出幅频特性 $|H(j\omega)|$ 曲线和相频特性 $\varphi(\omega)$ 曲线。物理可实现系统的频响特性具有幅频特性偶对称、相频特性奇对称的特点，因此绘制频响特性曲线时仅绘出 ω 从 $0 \sim \infty$ 即可，这种方法也称为 s 平面几何分析。

【例 6-16】　研究图 6.14a 所示 RC 网络频响特性 $H(j\omega)$。

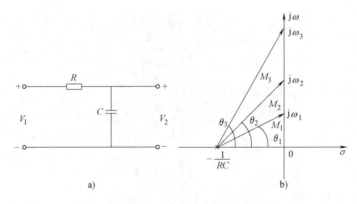

图 6.14　例 6-16 图

解： 由图 6.14a 得系统函数

$$H(s) = \frac{V_2(s)}{V_1(s)} = \frac{\dfrac{1}{sC}}{R + \dfrac{1}{sC}} = \frac{1}{RC} \cdot \frac{1}{s + \dfrac{1}{RC}}$$

极点位于 $p_1 = -\dfrac{1}{RC}$ 处，在图 6.14b 中已示出，以 $s = j\omega$ 代入上式，得

$$H(j\omega) = \frac{1}{RC} \cdot \frac{1}{j\omega + \dfrac{1}{RC}} = \frac{1}{RC} \cdot \frac{1}{M_1 e^{j\theta_1}}$$

故其幅频特性 $|H(j\omega)|$ 和相频特性 $\varphi(\omega)$ 分别为

$$|H(j\omega)| = \frac{1}{RC}\frac{1}{M_1}$$

$$\varphi(\omega) = -\theta_1$$

观察图 6.14b 可知，当 $j\omega$ 从 0 沿虚轴变为 $j\omega_1$、$j\omega_2$、$j\omega_3$，以至到 ∞ 时，从极点 $-\frac{1}{RC}$ 到动点 $j\omega$ 的矢量长度 M_1 从 $\frac{1}{RC}$ 单调增长，故幅频特性 $|H(j\omega)|$ 从 1 单调下降到 0；相频特性 $\varphi(\omega)$ 从 0 单调变化到 $-90°$。对于 $j\omega$ 的特殊点，可定量计算如下：

当 $j\omega = 0$ 时，$|H(0)| = \frac{1}{RC}\frac{1}{\frac{1}{RC}} = 1$，$\varphi(0) = 0$

当 $j\omega = j\frac{1}{RC}$ 时，$\left|H\left(j\frac{1}{RC}\right)\right| = \frac{1}{RC}\frac{1}{\sqrt{2}\frac{1}{RC}} = \frac{\sqrt{2}}{2}$，$\varphi\left(\frac{1}{RC}\right) = -45°$

当 $j\omega \to \infty$ 时，$|H(j\infty)| \to 0$，$\varphi(\infty) \to -90°$

按照上述分析绘出幅频特性曲线和相频特性曲线如图 6.15 所示。由幅频特性 $|H(j\omega)|$ 可见，该网络对低频信号容易通过，具有低通特性，故称低通网络。

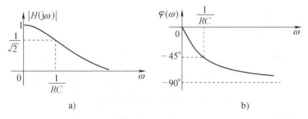

图 6.15 幅频特性曲线和相频特性曲线

工程中，典型的二阶系统函数有低通、高通、带通、带阻等形式，它们的表示形式如下：

低通函数 $\quad H(s) = \dfrac{K}{s^2 + a_1 s + a_0}$

高通函数 $\quad H(s) = \dfrac{Ks^2}{s^2 + a_1 s + a_0}$

带通函数 $\quad H(s) = \dfrac{Ks}{s^2 + a_1 s + a_0}$

带阻函数 $\quad H(s) = \dfrac{K_1 s^2 + K_2}{s^2 + a_1 s + a_0}$

以上四类系统的幅频特性曲线如图 6.16 所示。

6.5.5 线性系统的稳定性

前面讨论了 $H(s)$ 零、极点分布与系统时域特性、频域特性的关系，作为 $H(s)$ 零、极点分析的另一重要应用是借助它来研究线性系统的稳定性（stability）。

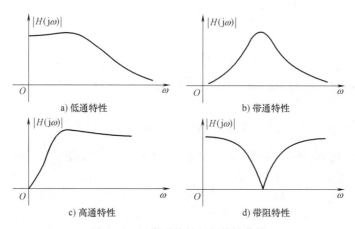

图 6.16 四类系统的幅频特性曲线

所谓系统的稳定性是指这样一种特性，即当激励是有限时，系统的响应亦是有限的而不可能随时间无限增长。对于一个无独立激励源的系统，如果因为外部或内部的原因其中存在某种随时间变化的电流或电压，则这些电流、电压值终将趋向于零值。无源系统必定是稳定的，否则就不符合能量守恒的原则。在控制和通信系统中，广泛地采用着有源的反馈系统（feedback system），这种系统可能是不稳定的。不稳定的反馈系统不能有效地工作。所以，判别一个系统是否稳定，或者判别它在何种情况下将是稳定或不稳定，就成为一个设计者必须考虑的问题。

稳定性是系统自身的性质之一，系统是否稳定与激励信号的形式无关。

系统的冲激响应 $h(t)$ 或系统函数 $H(s)$ 集中表征了系统的本性，当然，它们也反映了系统是否稳定。对于因果 LTI 连续系统，从时域判断其是否为有界输入有界输出（BIBO）稳定系统，只要判断该系统的冲激响应 $h(t)$ 是否绝对可积，即若

$$\int_0^\infty |h(t)| \, dt \leqslant M \tag{6-76}$$

则系统为 BIBO 稳定系统。式（6-76）是系统稳定的充要条件，但该式是一个积分式，判断系统的稳定性有时比较麻烦。由于系统函数 $H(s)$ 是系统单位冲激响应 $h(t)$ 的拉普拉斯变换式，判断 $h(t)$ 是否满足绝对可积，可以从系统函数的零、极点分布来判断。若系统函数 $H(s)$ 的所有极点位于 s 左半平面，则对应的 $h(t)$ 将随时间 t 衰减，满足绝对可积，该系统为稳定系统；若 $H(s)$ 仅有 $s=0$ 的一阶极点，则对应的 $h(t)$ 是一阶跃信号，随着时间 t 的增长，$h(t)$ 恒定，而当 $H(s)$ 仅有虚轴上的一阶共轭极点时，对应的 $h(t)$ 将为等幅振荡，以上这两种情况对应的系统为临界稳定；若 $H(s)$ 有极点位于 s 的右半平面，或者在原点和虚轴上有二阶或二阶以上重极点时，则对应的 $h(t)$ 为单调增长或增幅振荡，不满足绝对可积，这类系统称为不稳定系统。

【例 6-17】 一有源系统的系统函数为

$$H(s) = \frac{K}{s^2 + (3-K)s + 1}$$

讨论当（1）$K=1$，（2）$K=3$，（3）$K=4$ 时，系统稳定性的变化情况。

解：（1）当 $K=1$ 时，有

$$H(s) = \frac{1}{s^2 + 2s + 1} = \frac{1}{(s+1)^2}$$

其极点 $s = -1$ 在 s 的负实轴上，对应的冲激响应

$$h(t) = t e^{-t} u(t)$$

显然，$h(t)$ 满足式（6-76），系统稳定。

（2）当 $K = 3$ 时，有

$$H(s) = \frac{3}{s^2 + 1}$$

其极点 $s_{1,2} = \pm j$ 为虚轴上的一阶共轭极点，对应的冲激响应

$$h(t) = 3 \sin t u(t)$$

显然，$h(t)$ 为等幅振荡，系统为临界稳定。

（3）当 $K = 4$ 时，有

$$H(s) = \frac{4}{s^2 - s + 1} = \frac{\dfrac{8}{\sqrt{3}} \cdot \dfrac{\sqrt{3}}{2}}{\left(s - \dfrac{1}{2}\right)^2 + \dfrac{3}{4}}$$

其极点

$$s_{1,2} = \frac{1}{2} \pm j \frac{\sqrt{3}}{2}$$

位于 s 的右半平面，对应的冲激响应

$$h(t) = \frac{8}{\sqrt{3}} e^{\frac{1}{2}t} \sin\left(\frac{\sqrt{3}}{2} t\right) u(t)$$

显然，$h(t)$ 为增幅振荡，不满足式（6-76），系统不稳定。

实际上，为了判断系统的稳定性，对于三阶以上的系统要求出 $H(s)$ 的极点并非易事。可以证明，为了判断一个系统稳定与否，并非一定要确切求得每一个极点，而只需要判断所有极点是否全部落在 s 的左半平面。劳斯-赫尔维茨判据提供了一种简便的代数方法实现上述判定。这里仅给出几个便于应用的结论。

1）$H(s)$ 的所有极点位于 s 左半平面，即系统稳定的必要条件是 $H(s)$ 的分母多项式：$D(s) = a_n s^n + a_{n-1} s^{n-1} + \cdots + a_1 s + a_0$ 的全部系数非零且均为正实数或均为负实数。

2）对于一阶或二阶系统，上述第一条准则是稳定的充要条件。

3）对于三阶系统，$D(s) = a_3 s^3 + a_2 s^2 + a_1 s + a_0$，系统稳定的充要条件是 $D(s)$ 的各项系数全为正，且 $a_1 a_2 > a_0 a_3$。

例如，若 $H(s)$ 的分母多项式为

① $D(s) = s^2 - 3s + 2$，系统不稳定。

② $D(s) = 2s^3 + s^2 + 3$，系统不稳定。

③ $D(s) = s^3 + s^2 + 4s + 10$

$$\frac{a_0 a_3}{a_1 a_2} = \frac{10}{4} = 2.5$$

即 $a_1a_2 < a_0a_3$，所以系统不稳定。

④ $D(s) = s^3 + 4s^2 + 5s + 6$

$$\frac{a_0a_3}{a_1a_2} = \frac{6}{20} = 0.3$$

即 $a_1a_2 > a_0a_3$，所以系统稳定。

6.6　用 MATLAB 进行连续系统的复频域分析

6.6.1　MATLAB 实现 $F(s)$ 的部分分式展开

用 MATLAB 函数 residue 可以得到复杂 s 域表示式 $F(s)$ 的部分分式展开式，其调用形式为

```
[r,p,k]=residue(num,den)
```

其中，num、den 分别为 $F(s)$ 分子多项式和分母多项式的系数向量，r 为部分分式的系数，p 为极点，k 为多项式的系数，若 $F(s)$ 为真分式，则 k 为零。

【例 6-18】　用部分分式展开法求 $F(s)$ 的反变换

$$F(s) = \frac{s+2}{s^3 + 4s^2 + 3s}$$

解： 将 $F(s)$ 展开成部分分式的程序可写成

```
format rat
num=[1 2];
den=[1 4 3 0];
[r,p]=residue(num,den)
```

程序中 format rat 是将结果数据以分数的形式输出，运行结果为

```
r =-1/6   -1/2    2/3
p =-3     -1        0
```

因此 $F(s)$ 可展开为

$$F(s) = \frac{2/3}{s} + \frac{-1/2}{s+1} + \frac{-1/6}{s+3}$$

所以

$$f(t) = \left(\frac{2}{3} - \frac{1}{2}e^{-t} - \frac{1}{6}e^{-3t} \right) u(t)$$

【例 6-19】　用部分分式展开法求 $F(s)$ 的反变换

$$F(s) = \frac{s-2}{s(s+1)^3}$$

解： $F(s)$ 的分母不是多项式，可以利用 conv 函数将因子相乘的形式转换为多项式的形式。将 $F(s)$ 展开成部分分式的程序可写成

```
num=[1 -2];
a=conv([1 0],[1 1]);b=conv([1 1],[1 1]);
```

```
den=conv(a,b);
[r,p]=residue(num,den)
```

运行结果为

```
r = 2     2        3      -2
p =-1    -1       -1       0
```

由于-1 为三阶重极点，因此其中第一个系数 2 对应于 $\dfrac{1}{s+1}$ 项，第二个系数 2 对应于

$\dfrac{1}{(s+1)^2}$ 项，第三个系数 3 对应于 $\dfrac{1}{(s+1)^3}$ 项，$F(s)$ 可展开为

$$F(s)=\frac{2}{s+1}+\frac{2}{(s+1)^2}+\frac{3}{(s+1)^3}+\frac{-2}{s}$$

所以

$$f(t)=\left(2\mathrm{e}^{-t}+2t\mathrm{e}^{-t}+\frac{3}{2}t^2\mathrm{e}^{-t}-2\right)u(t)$$

如果已知多项式的根，则可以利用 poly 函数转移成多项式，其调用形式为

```
B=poly (A)
```

式中，A 为多项式的根，B 为多项式的系数向量。本例 $F(s)$ 的极点为 0 和三阶重极点 -1，因此本例的程序也可写成

```
num=[1-2];
den= poly([0  -1  -1  -1]);
[r,p]=residue(num,den)
```

【例 6-20】 用部分分式展开法求 $F(s)$ 的反变换

$$F(s)=\frac{2s^3+3s^2+5}{(s+1)(s^2+s+2)}$$

解： 将 $F(s)$ 展开成部分分式的程序可写成

```
num=[2 3 0 5];
den=conv([1 1],[1 1 2]);
[r,p,k]=residue(num,den)
```

运行结果为

```
r =-2.0000+1.1339i    -2.0000-1.1339i   3.0000
p =-0.5000+1.3229i    -0.5000-1.3229i  -1.0000
k = 2
```

由于系数 r 中有一对共轭复数，因此求取时域表示式的计算较复杂。为了便于得到简洁的时域表示式，可以应用 cart2pol 函数把共轭复数表示成模和相角形式，其调用形式为

```
[TH,R] = cart2pol(X,Y)
```

式中，X、Y 为笛卡儿坐标的横、纵坐标，TH 为极坐标的相角，单位为弧度，R 为极坐标的模，表示将笛卡儿坐标转换成极坐标。

在例题程序中增加下面语句，即可得到系数 r 的极坐标形式。

```
[angle,mag]=cart2pol(real(r),imag(r))
```

运行结果为

```
angle = 2.6258        -2.6258          0
mag = 2.2991         2.2991        3.0000
```

由此可得

$$F(s) = 2 + \frac{3}{s+1} + \frac{2.2991\mathrm{e}^{\mathrm{j}2.6258}}{s+0.5-\mathrm{j}1.3229} + \frac{2.2991\mathrm{e}^{-\mathrm{j}2.6258}}{s+0.5+\mathrm{j}1.3229}$$

所以

$$f(t) = 2\delta(t) + 3\mathrm{e}^{-t}u(t) + 1.1495\mathrm{e}^{-0.5t}\cos(1.3229t + 2.6258)u(t)$$

6.6.2 $H(s)$ 的零极点与系统特性的 MATLAB 计算

设连续系统的系统函数为

$$H(s) = \frac{N(s)}{D(s)}$$

则系统函数的零极点可以用 MATLAB 的多项式求根函数 roots 来求得，调用函数 roots 的命令格式为

```
p=roots(a)
```

其中 a 为待求根的关于 s 的系数向量，p 为多项式的根向量。例如多项式为

$$D(s) = s^2 + 3s + 4$$

则该多项式根的 MATLAB 命令为

```
a=[1 3 4];
p=roots(a)
```

运行结果为

```
p =
  -1.5000 + 1.3229i
  -1.5000 - 1.3229i
```

需要注意的是，系数 a 的元素由多项式的最高幂次开始直到常数项，缺项要用 0 补齐。例如多项式为

$$D(s) = s^6 + 3s^4 + 2s^2 + s - 4$$

则 a=[1 0 3 0 2 1 - 4]

用 roots 函数求得系统函数 $H(s)$ 的零极点后，就可以用 plot 命令在复平面上绘制系统函数的零极点图，在零点位置标以符号"○"，在极点位置标以符号"×"。

【例 6-21】 已知系统函数为

$$H(s) = \frac{s-1}{s^2 + 2s + 2}$$

试求出零极点并绘制系统函数的零极点图。

解：求出零极点并绘制系统函数的零极点图的程序可写成

```
b=[1-1];
a=[1 2 2];
z=roots(b);
```

```
p=roots(a);
plot(real(z),imag(z),'o',real(p),imag
(p),'×');
axis([-2 2 -2 2]);grid;
legend('零点','极点');
```
运行结果如图 6.17 所示。

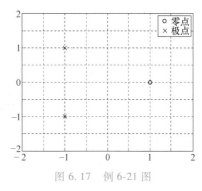

图 6.17 例 6-21 图

在 MATLAB 中还有一种简便的方法绘制系统函数 $H(s)$ 的零极点图，即直接应用 pzmap 函数画图。pzmap 函数的调用形式为

```
pzmap(sys)
```
表示画出 sys 所描述系统的零极点图。LTI 系统模型 sys 要借助 tf 函数获得，其调用形式为

```
        sys=tf(b,a)
```
式中，b 和 a 分别为系统函数 $H(s)$ 分子多项式和分母多项式的系数向量。因此，上例还可以用下述程序实现。

```
b=[1 -1];
a=[1 2 2];
sys=tf(b,a)
pzmap(sys)
```
如果已知系统函数 $H(s)$，求系统的单位冲激响应 $h(t)$ 和频率响应 $H(j\omega)$，可以运用 impulse 函数和 freqs 函数。下面举例说明。

【**例 6-22**】 已知系统函数为 $H(s)=\dfrac{1}{s^3+2s^2+2s+1}$，试绘制系统函数的零极点图，求系统的单位冲激响应 $h(t)$ 和频率响应 $H(j\omega)$，并判断系统是否稳定。

解：绘制系统函数的零极点图，求系统的单位冲激响应 $h(t)$ 和频率响应 $H(j\omega)$ 的程序可写成

```
b=[1];
a=[1 2 2 1];
sys=tf(b,a);
p=roots(a)
figure(1);pzmap(sys);
t=0:0.02:10;
h=impulse(b,a,t);
figure(2);plot(t,h);
title('impulse Respone')
[H,w]=freqs(b,a);
figure(3);plot(w,abs(H))
xlabel('\omega')
title('Magnitude Respone')
```

运行结果为

```
p=-1.0000    -0.5000 + 0.8660i    -0.5000-0.8660i
```

系统函数的零极点图、系统的单位冲激响应 $h(t)$ 和频率响应 $H(\mathrm{j}\omega)$ 分别如图 6.18a、b、c 所示。从图 6.18a 可以看出，系统函数的极点位于 s 左半平面，所以系统稳定。

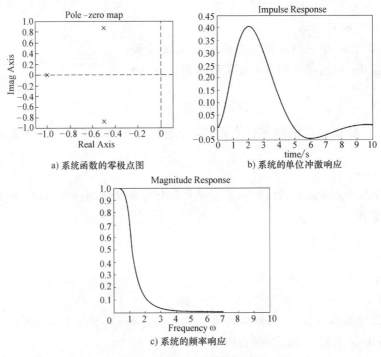

a) 系统函数的零极点图　　　　　　b) 系统的单位冲激响应

c) 系统的频率响应

图 6.18　例 6-22 运行结果图

6.6.3　用 MATLAB 计算拉普拉斯正反变换

MATLAB 中提供了计算拉普拉斯正反变换的函数 laplace 和 ilaplace，其调用形式为

```
F=laplace(f)
```

```
f=ilaplace(F)
```

以上两式右边的 f 和 F 分别为时域表示式和 s 域表示式的符号表示，可以用函数 sym 实现，其调用形式为

```
S=sym(A)
```

式中，输入 A 为待输入表示式的字符串，输出 S 为符号数字或变量。

【例 6-23】　试分别求：（1）$f(t)=\mathrm{e}^{-t}\sin(2t)u(t)$ 的拉普拉斯变换；

（2）$F(s)=\dfrac{s+2}{s^2+4}$ 的拉普拉斯反变换。

解：（1）的程序可写成

```
f=sym('exp(-t)* sin(2* t)');
```

```
F=laplace(f)
```

运行结果为

F = 2/((s+1)^2+4)

（2）的程序可写成

F=sym('(s+2)/(s^2+4)');

f=ilaplace(F)

运行结果为

f = cos(2* t)+sin(2* t)

习　　题

一、填空题

1. 连续时间系统稳定的条件是，系统函数 $H(s)$ 的极点全部位于_____。

2. 函数 $f(t) = te^{-2t}$ 的单边拉普拉斯变换为 $F(s)=$ _____。

3. 函数 $f(t) = \sin t + 2\cos t$ 的单边拉普拉斯变换为 $F(s)=$ _____。

4. 函数 $f(t) = 1 - e^{-at}$ 的单边拉普拉斯变换为 $F(s)=$ _____。

5. 函数 $f(t) = 2\delta(t) - 3e^{-7t}$ 的单边拉普拉斯变换为 $F(s)=$ _____。

6. 函数 $f(t) = e^{-t}\cos\omega t$ 的单边拉普拉斯变换为 $F(s)=$ _____。

7. 函数 $f(t) = e^{-t}\sin(2t)$ 的单边拉普拉斯变换为 $F(s)=$ _____。

8. 函数 $F(s) = \dfrac{3}{(s+4)(s+2)}$ 的逆变换为 $f(t)=$ _____。

9. 函数 $F(s) = \dfrac{4s+5}{s^2+5s+6}$ 的逆变换为：_____。

10. 函数 $F(s) = \dfrac{4}{2s+3}$ 的逆变换为：_____。

二、单项选择题

1. 线性时不变系统的系统函数 $H(s)$ 与激励信号 $E(s)$（　　）。

A. 成反比　　　　B. 成正比　　　　C. 无关　　　　D. 不确定

2. 如果一因果线性时不变系统的系统函数 $H(s)$ 的所有极点的实部都小于零，则（　　）。

A. 系统为非稳定系统　　　　　　B. $|h(t)| < +\infty$

C. 系统为稳定系统　　　　　　　D. $\displaystyle\int_0^{+\infty} |h(t)|\,\mathrm{d}t = 0$

3. 关于系统函数 $H(s)$ 的说法，错误的是（　　）。

A. 是冲激响应 $h(t)$ 的拉普拉斯变换　B. 决定冲激响应 $h(t)$ 的模式

C. 与激励成反比　　　　　　　　　　D. 决定自由响应模式

4. 系统函数 $H(s)$ 是由（　　）决定的。

A. 激励信号 $E(s)$　　　　　　　B. 响应信号 $R(s)$

C. 激励信号 $E(s)$ 和响应信号 $R(s)$　D. 系统

5. 如果系统函数 $H(s)$ 有一个极点在复平面的右半平面，则可知该系统（　　）。

A. 稳定　　　　B. 不稳定　　　　C. 临界稳定　　　　D. 无法判断稳定性

6. 一个因果稳定的连续系统，其 $H(s)$ 的全部极点须分布在复平面的（　　）。

A. 左半平面　　B. 右半平面　　C. 虚轴上　　D. 虚轴或左半平面

7. 若某连续时间系统的系统函数 $H(s)$ 只有一对在复平面虚轴上的一阶共轭极点，则它的 $h(t)$ 是（　　）。

A. 指数增长信号　　　　　　　　B. 指数衰减信号

C. 常数　　　　　　　　　　　　D. 等幅振荡信号

8. 若连续时间系统的系统函数 $H(s)$ 只有在左半实轴上的单极点，则它的 $h(t)$ 应是（   ）。

A. 指数增长信号   B. 指数衰减信号

C. 常数   D. 等幅振荡信号

9. 若某连续时间系统的系统函数 $H(s)$ 只有一个在原点的极点，则它的 $h(t)$ 应是（   ）。

A. 指数增长信号   B. 指数衰减振荡信号

C. 常数   D. 等幅振荡信号

10. 如果系统函数 $H(s)$ 仅有一对位于复平面左半平面的共轭极点，则可知该系统（   ）。

A. 稳定   B. 不稳定

C. 临界稳定   D. 无法判断稳定性

三、判断题

1. 系统函数 $H(s)$ 与激励信号 $E(s)$ 成反比。（   ）

2. 系统函数 $H(s)$ 由系统决定，与输入 $E(s)$ 和响应 $R(s)$ 无关。（   ）

3. 系统函数 $H(s)$ 极点决定系统自由响应的模式。（   ）

4. 系统函数 $H(s)$ 的极点决定强迫响应的模式。（   ）

5. 系统函数 $H(s)$ 若有一单极点在原点，则冲激响应为常数。（   ）

6. 如果系统函数 $H(s)$ 仅有一个极点位于复平面右半平面，则系统稳定。（   ）

7. 由系统函数 $H(s)$ 极点分布情况，可以判断系统稳定性。（   ）

8. 利用 $s = j\omega$，就可以由信号的拉普拉斯变换得到傅里叶变换。（   ）

9. 拉普拉斯变换的终值定理只能适用于稳定系统。（   ）

10. 一个信号如果拉普拉斯变换存在，它的傅里叶变换不一定存在。（   ）

四、综合题

1. 求如下信号的拉普拉斯变换。

（1） $\sinh(at)$；（2） $\cosh(at)$；（3） $t\cos\omega t$；（4） $t\sin\omega t$。

2. 试求下列信号的拉普拉斯变换。

（1） $\sin(\pi t)[u(t) - u(t-1)]$；（2） $\sin\left(2t - \dfrac{\pi}{4}\right) u(t)$；

（3） $\delta(4t - 2)$；（4） $\displaystyle\int_0^t \sin(\pi x)\,\mathrm{d}x$；（5） $tu(2t-1)$。

3. 求下列函数的拉普拉斯变换。

（1） $e^{-t}\sin(2t)$；（2） $e^{-at}\sinh(\beta t)$；（3） $te^{-(t-2)}u(t-1)$；（4） $\dfrac{e^{-3t} - e^{-5t}}{t}$。

4. 分别求下列函数的逆变换的初值与终值。

（1） $F(s) = \dfrac{s+1}{(s+2)(s+3)}$；（2） $F(s) = \dfrac{s(s+1)e^{-2s}}{(s+2)(s+3)}$；

（3） $F(s) = \dfrac{s}{(s-1)(s+2)}$；（4） $F(s) = \dfrac{s^3 + s + 1}{s(s+3)}$；

（5） $F(s) = \dfrac{s+1}{s^2(s+3)}$；（6） $F(s) = \dfrac{s+2}{(s^2+1)(s+1)}$。

5. 求下列函数的拉普拉斯逆变换。

（1） $\dfrac{1}{s+1}$；（2） $\dfrac{1}{s^2+1} + 1$；（3） $\dfrac{1}{s^2 - 3s + 2}$；（4） $\dfrac{(s+3)}{(s+1)^3(s+2)}$；（5） $\dfrac{s-1}{(s+1)(s+2)}$；

（6） $\dfrac{s^2 + 3s}{(s+1)(s+2)}$；（7） $\dfrac{s^3 + 5s^2 + 9s + 7}{s^2 + 3s + 2}$。

6. 求下列函数的双边拉普拉斯变换和收敛域，并画出零极点图。

(1) $e^{-at}u(t)+e^{-bt}u(-t)$；(2) $te^{-a|t|}$, $a>0$；

(3) $u(at+b)$；　　　　　　　(4) $\sin(\omega t+\theta)u(t)$。

7. 试用拉普拉斯变换分析法，求解下列微分方程。

(1) $r''(t)+3r'(t)+2r(t)=e'(t)$, $r'(0_-)=r(0_-)=0$, $e(t)=u(t)$；

(2) $r''(t)+4r'(t)+4r(t)=e'(t)+e(t)$, $r'(0_-)=1$, $r(0_-)=2$, $e(t)=e^{-t}u(t)$；

(3) $r''(t)+5r'(t)+6r(t)=2e'(t)+8e(t)$, $r'(0_-)=2$, $r(0_-)=3$, $e(t)=e^{-t}u(t)$。

8. 某线性时不变系统的起始状态在下述 $e_1(t)$、$e_2(t)$、$e_3(t)$ 三种输入信号时都相同，当输入激励 $e_1(t)=\delta(t)$ 时，系统的完全响应为 $r_1(t)=\delta(t)+e^{-t}u(t)$，当 $e_2(t)=u(t)$ 时，全响应 $r_2(t)=3e^{-t}u(t)$。求

当 $e_3(t)=\begin{cases} 0, & t<0 \\ t, & 0<t<1时, \\ 1, & t>1 \end{cases}$ 系统的全响应 $r_3(t)$。

9. 如图 6.19 所示电路，开关闭合已很长时间，当 $t=0$ 时开关打开，试求响应电流 $i(t)$，并画出其波形。

10. 求下列系统的传递函数 $h(t)\leftrightarrow H(s)=R(s)/E(s)$。

(1) $\dfrac{d^3}{dt^3}r(t)+7\dfrac{d^2}{dt^2}r(t)+10\dfrac{d}{dt}r(t)=5\dfrac{d}{dt}e(t)+5e(t)$；

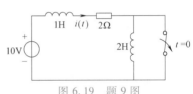

图 6.19　题 9 图

(2) $r(t)=\dfrac{p}{p+1}\cdot e(t)$；

(3) $h(t)=\{e^{-t}[u(t)-u(t-1)]-e^{-(t-1)}[u(t)-u(t-$

$2)]\}*\displaystyle\sum_{n=0}^{\infty}\delta(t-2n)$；

(4) 图 6.20a 所示系统；(5) 图 6.20b 所示系统。

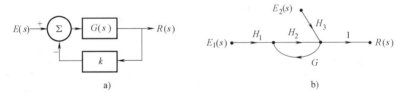

a)　　　　　　　　　　　　　　b)

图 6.20　题 10 图

11. 已知各系统函数如下，画出零极点图，求冲激响应 $h(t)$，画出波形，并说明零点分布对 $h(t)$ 的影响。

(1) $H(s)=\dfrac{s+1}{(s+1)^2+4}$；(2) $H(s)=\dfrac{s}{(s+1)^2+4}$；

(3) $H(s)=\dfrac{(s+1)^2}{(s+1)^2+4}$；(4) $H(s)=\dfrac{1-e^{-s}}{s}$；(5) $H(s)=\dfrac{1}{1-e^{-sT}}$；

(6) $H(s)=\dfrac{1-e^{-s\tau}}{1-e^{-sT}}$, $(T>\tau)$。

12. 图 6.21 所示电路，若以电压 $u(t)$ 作为输出，试求其系统函数和冲激响应。

13. 图 6.22 所示电路，若激励信号 $e(t)=(3e^{-2t}+2e^{-3t})u(t)$，求响应 $v_2(t)$，并指出响应中的强迫分量、自由分量、暂态分量与稳态分量。

14. 已知网络函数的零、极点分布如图 6.23 所示，此外 $H(\infty)=5$，写出网络函数表达式 $H(s)$。

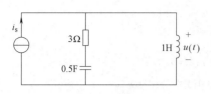
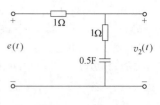

图 6.21　题 12 图　　　　　　　　　　　图 6.22　题 13 图

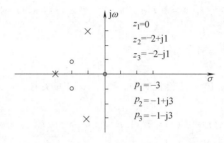

图 6.23　题 14 图

15. 如图 6.24 所示反馈系统，回答下列各问题。

（1）写出 $H(s) = \dfrac{V_2(s)}{V_1(s)}$；（2）$K$ 满足什么条件时系统稳定？

（3）在临界稳定条件下，求系统冲激响应 $h(t)$。

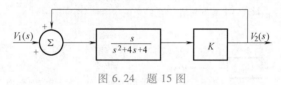

图 6.24　题 15 图

自　测　题

6-1　求下列信号的拉普拉斯变换。

（1）$\delta(t) - e^{-2t}u(t)$ 　　　　　　　　（2）$(-e^{-2t})u(t)$

（3）$(\sin t + 2\cos t)u(t)$ 　　　　　　（4）$(t^3 - 2t^2 + 1)u(t)$

（5）$e^{-t}\sin 3t\, u(t)$ 　　　　　　　　（6）$\dfrac{\mathrm{d}}{\mathrm{d}t}\left[e^{-t}\sin 3t\, u(t)\right]$

（7）$t[u(t) - u(t-T)]$ 　　　　　　　（8）$t e^{-3t}u(t)$

（9）$t e^{-(t-2)}u(t-1)$ 　　　　　　　（10）$\dfrac{1}{t}(1 - e^{-at})u(t)$

6-2　求下列信号的拉普拉斯变换。

（1）$e^{-2t}u(t)$ 　　　　　　　　　　　（2）$e^{-2t}u(t-1)$

（3）$e^{-2(t-1)}u(t)$ 　　　　　　　　　（4）$e^{-2(t-1)}u(t-1)$

6-3　求图 6.25 所示单边周期信号的拉普拉斯变换（注：图 c 为正弦全波整流脉冲）。

6-4　求下列拉普拉斯变换式的原函数的初值与终值。

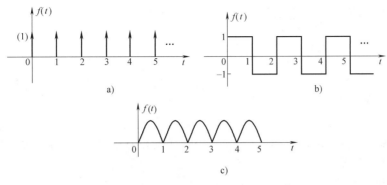

图 6.25　自测题 6-3 图

(1)　$\dfrac{(s+6)}{(s+2)(s+5)}$　　　　　　　　(2)　$\dfrac{2s^2+1}{s(s+2)}$

6-5　用部分分式法求下列函数的拉普拉斯反变换。

(1)　$\dfrac{s}{(s+1)(s+4)}$　　　　　　　　(2)　$\dfrac{4s+5}{s^2+5s+6}$

(3)　$\dfrac{1}{s(s^2+5)}$　　　　　　　　　(4)　$\dfrac{s+2}{s^2+2s+5}$

(5)　$\dfrac{s^3+6s^2+6s}{s^2+6s+8}$　　　　　　　(6)　$\dfrac{1}{(s+1)(s+2)^2}$

6-6　用留数法求下列函数的拉普拉斯反变换。

(1)　$\dfrac{2s+1}{s(s+1)(s+3)}$　　　　　　　(2)　$\dfrac{4s^2+17s+16}{(s+2)^2(s+3)}$

(3)　$\dfrac{1}{s(s^2+s+1)}$　　　　　　　　(4)　$\dfrac{2s^2+8s+4}{s(s+4)}$

6-7　求下列函数的拉普拉斯反变换。

(1)　$\dfrac{(2s+5)\mathrm{e}^{-2s}}{s^2+5s+6}$　　　　　　　(2)　$\dfrac{s\mathrm{e}^{-3s}+2}{s^2+2s+2}$

(3)　$\dfrac{\mathrm{e}^{-(s-1)}+3}{s^2-2s+5}$　　　　　　　(4)　$\dfrac{1}{s(1-\mathrm{e}^{-s})}$

6-8　用拉普拉斯变换法求下列系统的响应。

(1)　$r''(t)+3r'(t)+2r(t)=e(t)$　　　　　$r(0^-)=1, r'(0^-)=2, e(t)=0$

(2)　$r''(t)+5r'(t)+4r(t)=2e'(t)+5e(t)$　　　$r(0^-)=0, r'(0^-)=0, e(t)=\mathrm{e}^{-2t}u(t)$

(3)　$r''(t)+4r'(t)+4r(t)=3e'(t)+2e(t)$　　　$r(0^-)=-2, r'(0^-)=3, e(t)=4u(t)$

6-9　已知某系统的微分方程为 $r''(t)+4r'(t)+3r(t)=e''(t)$，系统的初始状态为 $r(0^-)=1$, $r'(0^-)=-2$。求激励为何值时系统的全响应为零。

6-10　如图 6.26 所示电路，激励为 $e(t)$，响应为 $i(t)$，求冲激响应与阶跃响应。

6-11　如图 6.27 所示电路，在 $t=0$ 以前开关 S 位于 1 端，电路已进入稳定状态；$t=0$ 时刻开关从 1 转至 2；试求 $e_1(t)$ 和 $e_2(t)$ 分别为如下信号时电容两端的电压 $v_\mathrm{C}(t)$。

(1)　$e_1(t)=1\mathrm{V}$, $e_2(t)=\mathrm{e}^{-2t}u(t)\mathrm{V}$;

(2)　$e_1(t)=1\mathrm{V}$, $e_2(t)=2\mathrm{V}$。

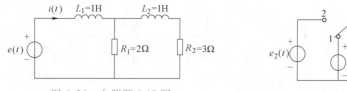

图 6.26　自测题 6-10 图

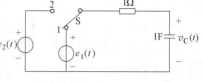

图 6.27　自测题 6-11 图

6-12　如图 6.28 所示电路，电路参数为 $R_1 = 1\Omega$，$R_2 = 2\Omega$，$L = 2H$，$C = 1F$，激励 $e(t)$ 为 2V 直流；设开关 S 在 $t = 0$ 时断开，断开前电路已达到稳定状态；求响应电压 $v(t)$ 并指出其中的零输入响应与零状态响应；受迫响应与自然响应；瞬态响应与稳态响应。

6-13　试求图 6.29 所示的并联谐振电路的零状态响应 $i(t)$，其激励为

（1）$v(t) = A\cos\dfrac{1}{\sqrt{LC}}tu(t)$　　　　　（2）$v(t) = A\sin\dfrac{1}{\sqrt{LC}}tu(t)$

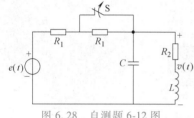

图 6.28　自测题 6-12 图

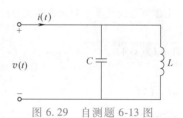

图 6.29　自测题 6-13 图

6-14　已知系统的微分方程，试求其各个系统函数。

（1）$r''(t) + 5r'(t) + 4r(t) = 2e'(t) + 5e(t)$

（2）$r''(t) + 7r'(t) + 6r(t) = 3e'(t)$

（3）$r'''(t) + 3r''(t) + 2r'(t) = e'(t) + 4e(t)$

6-15　求图 6.30 所示系统的系统函数 $H(s)$ 及冲激响应 $h(t)$，图中

$$H_1(s) = \frac{1}{s}, \quad H_2(s) = \frac{1}{s+2}, \quad H_3(s) = e^{-s}$$

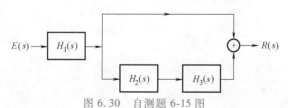

图 6.30　自测题 6-15 图

6-16　已知系统的输入 $e(t) = e^{-t}u(t)$，零状态响应为 $r_{zs}(t) = \left(\dfrac{1}{2}e^{-t} - e^{-2t} + 2e^{3t}\right)u(t)$，试求此系统的系统函数 $H(s)$ 及冲激响应 $h(t)$。

6-17　已知系统阶跃响应 $g(t) = (1 - e^{-2t})u(t)$，为使其响应为 $r_{zs}(t) = (1 - e^{-2t} - te^{-2t})u(t)$，求激励信号 $e(t)$。

6-18　已知图 6.31 所示电路。

（1）求 $H(s) = \dfrac{V_2(s)}{V_1(s)}$；

（2）画出 $H(s)$ 的零、极点分布图及系统的幅频特性曲线和相频特性曲线；

（3）已知 $v_1(t) = 10\sin tu(t)$，求零状态响应 $v_2(t)$，并指出受迫响应与自然响应；瞬态响应与稳态

响应。

6-19　已知图 6.32 所示电路。

（1）求 $H(s) = \dfrac{V_2(s)}{V_1(s)}$；

（2）求电路的幅频特性和相频特性；

（3）画出幅频特性曲线，并说明是何种滤波器。

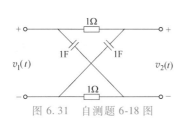

图 6.31　自测题 6-18 图

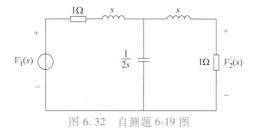

图 6.32　自测题 6-19 图

6-20　系统的零、极点分布图如图 6.33 所示，如 $H_0 = 1$，用矢量作图法粗略绘出该系统的幅频特性曲线。

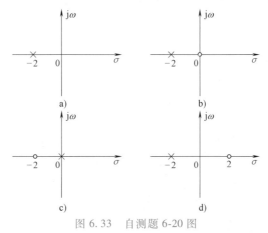

图 6.33　自测题 6-20 图

6-21　判断下列系统的稳定性。

（1）$H(s) = \dfrac{s+1}{s^2 + 7s + 10}$

（2）$H(s) = \dfrac{3s+1}{s^3 + 4s^2 - 3s + 2}$

（3）$H(s) = \dfrac{2s+4}{(s+1)(s^2 + 4s + 3)}$

6-22　如图 6.34 所示反馈系统。

图 6.34　自测题 6-22 图

（1）为使系统稳定，实系数 K 应满足什么条件；

（2）若系统为临界稳定，求 K 及单位冲激响应 $h(t)$。

MATLAB 练习

M6-1 求下列信号的拉普拉斯变换。

（1） $f(t) = \cos(2t)u(t)$

（2） $f(t) = e^{-3t}u(t)$

（3） $f(t) = \sin(\pi t)[u(t) - u(t-1)]$

（4） $f(t) = [1 - e^{-2t}]u(t)$

M6-2 已知信号的拉普拉斯变换如下所示，试用 residue 函数求出 $F(s)$ 的部分分式展开式，并写出 $f(t)$ 的表达式。

（1） $F(s) = \dfrac{s+3}{s^2+3s+2}$　　　　　　（2） $F(s) = \dfrac{s+2}{s^3+2s^2+2s+1}$

（3） $F(s) = \dfrac{s^2+5s+4}{s^3+5s^2+6s}$　　　　（4） $F(s) = \dfrac{s^3}{(s+5)(s^2+5s+25)}$

M6-3 已知系统函数 $H(s) = \dfrac{s+4}{s^3+3s^2+2s}$，画出该系统的零极点分布图，求系统的冲激响应、阶跃响应和频率响应。

第7章 离散傅里叶变换与离散系统的频域分析

本章概述： 从频域来分析离散时间信号和离散时间系统是本章需要掌握的知识点。要注意本章的分析方法与连续时间信号与系统对应的频域分析方法的联系与区别。它们之间的联系是思路上一脉相承的，区别在于时域与频域的离散与周期的对应关系导致对离散信号与系统分析时不得不考虑周期性利用的问题。

知识点： ①了解离散时间傅里叶级数的求解方法，离散时间序列傅里叶变换与离散傅里叶级数的联系与区别。②重点掌握离散傅里叶变换的求解方法，熟练掌握数值离散傅里叶变换的性质及其应用。

7.1 离散时间序列的傅里叶变换（DTFT）

所谓离散时间序列的傅里叶变换（the discrete time Fourier transform，DTFT），就是对离散时间的序列从频域来看它的表现。因为从连续时间信号的频域分析中发现过很多对信号的理解有帮助的信息，那么，离散时间的序列在频域中也一定有大家感兴趣的信息。

7.1.1 定义、收敛条件

离散时间序列 $x(n)$ 是指在时间域离散的一个序列，其傅里叶变换的定义为

$$X(e^{j\omega}) = \sum_{n=-\infty}^{+\infty} x(n) e^{-jn\omega} \tag{7-1}$$

从式（7-1）可以看出，要使该等式有意义，必须要求

$$|X(e^{j\omega})| < \infty, \quad 即 \left| \sum_{n=-\infty}^{+\infty} x(n) e^{-jn\omega} \right| < \infty$$

又由于 $|e^{-jn\omega}| = 1$，由此可以得出离散时间序列的傅里叶变换的收敛条件是

$$\left| \sum_{n=-\infty}^{+\infty} x(n) \right| < \infty \tag{7-2}$$

也就是说，离散时间序列 $x(n)$ 是一个绝对可和的序列。

而其逆变换定义为

$$x(n) = \frac{1}{2\pi} \int_{-\pi}^{\pi} X(e^{j\omega}) e^{jn\omega} d\omega \tag{7-3}$$

序列的傅里叶变换也称为离散时间傅里叶变换，通常用以下符号分别表示对 $x(n)$ 取傅里叶正变换或逆变换：

$$\text{DTFT}\{x(n)\} = X(e^{j\omega}) = \sum_{n=-\infty}^{\infty} x(n) e^{-jn\omega} \tag{7-4}$$

$$\text{IDTFT}\{X(e^{j\omega})\} = x(n) = \frac{1}{2\pi}\int_{-\pi}^{\pi} X(e^{j\omega})e^{jn\omega}d\omega \tag{7-5}$$

实际上，$X(e^{j\omega})$ 是 ω 的复函数，可描述为

$$X(e^{j\omega}) = |X(e^{j\omega})|e^{j\varphi(\omega)} = \text{Re}[X(e^{j\omega})] + j\text{Im}[X(e^{j\omega})] \tag{7-6}$$

$X(e^{j\omega})$ 表示了 $x(n)$ 的频域特性，也称为 $x(n)$ 的频谱。在式（7-6）中，$|X(e^{j\omega})|$ 为幅度谱，$\varphi(\omega)$ 为相位谱，二者都是 ω 的连续函数。

由于 $e^{j(\omega+2k\pi)} = e^{j\omega}e^{j2k\pi} = e^{j\omega}$（$k$ 为整数），显然，$e^{j\omega}$ 是变量 ω 以 2π 为周期的周期性函数，自然 $X(e^{j\omega})$ 也是以 2π 为周期的周期函数。也就是说，时域的离散序列 $x(n)$ 在频域对应着周期性。实际上，$x(n)$ 的频谱是周期性的并不奇怪，在连续时间周期信号的傅里叶级数展开时，就有过离散与周期的对应关系。

【例 7-1】 若 $x(n) = R_6(n) = u(n) - u(n-6)$，求此序列的离散时间傅里叶变换 $X(e^{j\omega})$。

解：$X(e^{j\omega}) = \text{DTFT}\{R_6(n)\} = \sum_{n=0}^{5} e^{-j\omega n} = \dfrac{1 - e^{-j6\omega}}{1 - e^{-j\omega}}$

$$= \frac{e^{-j3\omega}}{e^{-j\frac{\omega}{2}}}\left(\frac{e^{j3\omega} - e^{-j3\omega}}{e^{j\frac{\omega}{2}} - e^{-j\frac{\omega}{2}}}\right) = e^{-j\frac{5}{2}\omega}\left[\frac{\sin(3\omega)}{\sin\left(\dfrac{\omega}{2}\right)}\right] = |X(e^{j\omega})|e^{j\varphi(\omega)}$$

其中，幅频特性 $|X(e^{j\omega})| = \left|\dfrac{\sin(3\omega)}{\sin\left(\dfrac{\omega}{2}\right)}\right|$。

而相频特性为 $\varphi(\omega) = -\dfrac{5}{2}\omega + \arg\left[\dfrac{\sin(3\omega)}{\sin\left(\dfrac{\omega}{2}\right)}\right]$。

其中，$\arg[\cdot]$ 表示方框号内表达式引入的相移。此处，其值在不同 ω 区间分别为…，-2π，$-\pi$，0，π，2π，3π，4π，…不同的角度。具体的验证可以参考本章的 MATLAB 实现章节的例题。

由于离散时间序列的傅里叶变换具有周期性，注定它与连续时间信号的傅里叶变换有一些不同的地方。为了研究和记忆的方便，本节归纳出离散时间序列的傅里叶变换的以下性质。

7.1.2 基本性质

DTFT 的基本性质与后续章节中的 Z 变换的基本性质有许多相同之处，要注意区分。

1. 线性

若

$$\text{DTFT}\{x_1(n)\} = X_1(e^{j\omega}), \quad \text{DTFT}\{x_2(n)\} = X_2(e^{j\omega})$$

则 $\text{DTFT}\{ax_1(n) + bx_2(n)\} = aX_1(e^{j\omega}) + bX_2(e^{j\omega})$，式中 a、b 为任意常数。

证明：$\text{DTFT}\{ax_1(n) + bx_2(n)\} = \sum_{n=-\infty}^{\infty} [ax_1(n) + bx_2(n)]e^{-jn\omega}$

$$= a\sum_{n=-\infty}^{\infty} x_1(n)e^{-jn\omega} + b\sum_{n=-\infty}^{\infty} x_2(n)e^{-jn\omega} = aX_1(e^{j\omega}) + bX_2(e^{j\omega})$$

此性质是 LTI 系统的第一要素。

2. 序列的位移

若 $\mathrm{DTFT}\{x(n)\}=X(\mathrm{e}^{\mathrm{j}\omega})$，则 $\mathrm{DTFT}\{x(n-n_0)\}=\mathrm{e}^{-\mathrm{j}n_0\omega}X(\mathrm{e}^{\mathrm{j}\omega})$。

证明：$\mathrm{DTFT}\{x(n-n_0)\}=\sum_{n=-\infty}^{\infty}x(n-n_0)\mathrm{e}^{-\mathrm{j}n\omega}$

$$\xlongequal{\text{令 } n-n_0=k}\sum_{k=-\infty}^{\infty}x(k)\mathrm{e}^{-\mathrm{j}(k+n_0)\omega}=\mathrm{e}^{-\mathrm{j}n_0\omega}\sum_{k=-\infty}^{\infty}x(k)\mathrm{e}^{-\mathrm{j}k\omega}=\mathrm{e}^{-\mathrm{j}n_0\omega}X(\mathrm{e}^{\mathrm{j}\omega})$$

此性质说明时域位移对应着频域的相移。

3. 频域的位移

若 $\mathrm{DTFT}\{x(n)\}=X(\mathrm{e}^{\mathrm{j}\omega})$，则 $\mathrm{DTFT}\{\mathrm{e}^{\mathrm{j}n\omega_0}x(n)\}=X[\mathrm{e}^{\mathrm{j}(\omega-\omega_0)}]$。

证明：$\mathrm{DTFT}\{\mathrm{e}^{\mathrm{j}n\omega_0}x(n)\}=\sum_{n=-\infty}^{\infty}[\mathrm{e}^{-\mathrm{j}n\omega_0}x(n)]\mathrm{e}^{-\mathrm{j}n\omega}$

$$=\sum_{n=-\infty}^{\infty}x(n)\mathrm{e}^{-\mathrm{j}n(\omega-\omega_0)}\xlongequal{\text{把 }\omega-\omega_0\text{ 看作 }\omega}X[\mathrm{e}^{\mathrm{j}(\omega-\omega_0)}]$$

此性质说明频域位移对应着时域的调制。

4. 序列的线性加权

若 $\mathrm{DTFT}\{x(n)\}=X(\mathrm{e}^{\mathrm{j}\omega})$，则 $\mathrm{DTFT}\{nx(n)\}=\mathrm{j}\left[\dfrac{\mathrm{d}}{\mathrm{d}\omega}X(\mathrm{e}^{\mathrm{j}\omega})\right]$。

证明：由于 $X(\mathrm{e}^{\mathrm{j}\omega})=\sum_{n=-\infty}^{\infty}x(n)\mathrm{e}^{-\mathrm{j}n\omega}$。

对两端同时求关于 ω 的微分

$$\frac{\mathrm{d}[X(\mathrm{e}^{\mathrm{j}\omega})]}{\mathrm{d}\omega}=\frac{\mathrm{d}\left[\sum_{n=-\infty}^{\infty}x(n)\mathrm{e}^{\mathrm{j}n\omega}\right]}{\mathrm{d}\omega}$$

$$=\sum_{n=-\infty}^{\infty}x(n)\frac{\mathrm{d}[\mathrm{e}^{-\mathrm{j}n\omega}]}{\mathrm{d}\omega}=\sum_{n=-\infty}^{\infty}x(n)(-\mathrm{j}n)\mathrm{e}^{-\mathrm{j}n\omega}$$

$$=-\mathrm{j}\sum_{n=-\infty}^{\infty}[nx(n)]\mathrm{e}^{-\mathrm{j}n\omega}=-\mathrm{j}\mathrm{DTFT}\{nx(n)\}$$

两端同时乘 j，即可得出序列的线性加权。

此性质说明时域的线性加权对应着频域微分。

5. 序列的反转

若 $\mathrm{DTFT}\{x(n)\}=X(\mathrm{e}^{\mathrm{j}\omega})$，则 $\mathrm{DTFT}\{x(-n)\}=X(\mathrm{e}^{-\mathrm{j}\omega})$。

证明：$\mathrm{DTFT}\{x(-n)\}=\sum_{n=-\infty}^{\infty}x(n)\mathrm{e}^{-\mathrm{j}n\omega}\xlongequal{\text{令 }-n=k}\sum_{k=\infty}^{-\infty}x(k)\mathrm{e}^{\mathrm{j}k\omega}$

由于是序列求和，求和顺序并不重要，完全可以颠倒过来，上式可变为

$$\sum_{k=-\infty}^{\infty} x(k) e^{-jk(-\omega)} = X(e^{-j\omega})$$

该性质说明时域反转对应着频域也反转。

6. 奇偶虚实性

若 $x(n)$ 为实序列，$\text{DTFT}\{x(n)\} = X(e^{j\omega})$，它的实部和虚部分别为 $\text{Re}[X(e^{j\omega})]$ 和 $\text{Im}[X(e^{j\omega})]$，也可写作模与辐角形式：$X(e^{j\omega}) = |X(e^{j\omega})| e^{j\varphi(\omega)}$，则它们的实部和虚部、模与辐角具有以下特性：

$$\text{Re}[X(e^{j\omega})] = \text{Re}[X(e^{-j\omega})], \quad \text{Im}[X(e^{j\omega})] = -\text{Im}[X(e^{-j\omega})]$$

$$|X(e^{j\omega})| = |X(e^{-j\omega})|, \quad \varphi(\omega) = -\varphi(-\omega), X(e^{j\omega}) = X^*(e^{-j\omega})$$

证明： 由 DTFT 的定义可知

$$X(e^{j\omega}) = \sum_{n=-\infty}^{\infty} x(n) e^{-jn\omega} \tag{7-7}$$

$$X(e^{-j\omega}) = \sum_{n=-\infty}^{\infty} x(n) e^{jn\omega} \tag{7-8}$$

对式 (7-8) 求共轭，显然有 $X(e^{j\omega}) = X^*(e^{-j\omega})$，即 $X(e^{j\omega})$ 和 $X(e^{-j\omega})$ 互为共轭。

由于 $X(e^{j\omega}) = \text{Re}[X(e^{j\omega})] + j\text{Im}[X(e^{j\omega})]$，又 $X(e^{j\omega})$ 和 $X(e^{-j\omega})$ 互为共轭，即

$$X(e^{-j\omega}) = \text{Re}[X(e^{-j\omega})] + j\text{Im}[X(e^{-j\omega})] = X^*(e^{j\omega}) = \text{Re}[X(e^{j\omega})] - j\text{Im}[X(e^{j\omega})]$$

所以 $\text{Re}[X(e^{j\omega})] = \text{Re}[X(e^{-j\omega})]$，$\text{Im}[X(e^{j\omega})] = -\text{Im}[X(e^{-j\omega})]$，$|X(e^{j\omega})| = |X(e^{-j\omega})|$，$\varphi(\omega) = -\varphi(-\omega)$。

此性质说明复函数 $X(e^{j\omega})$ 的实部为偶函数，虚部为奇函数；模为偶函数，辐角是奇函数，$X(e^{j\omega})$ 与 $X(e^{-j\omega})$ 互为共轭。

与此性质相关的还有奇偶分量的问题。

已知 $x(n)$ 的偶分量 $x_e(n)$ 和奇分量 $x_o(n)$ 表达式分别为

$$x_e(n) = \frac{1}{2}[x(n) + x(-n)] \tag{7-9}$$

$$x_o(n) = \frac{1}{2}[x(n) - x(-n)] \tag{7-10}$$

它们的傅里叶变换分别为

$$\text{DTFT}[x_e(n)] = \text{Re}[X(e^{j\omega})]$$

$$\text{DTFT}[x_o(n)] = j\text{Im}[X(e^{j\omega})]$$

以上特性与连续时间信号的情况一致。

证明： $\text{DTFT}\{x_e(n)\} = \frac{1}{2}[\text{DTFT}\{x(n)\} + \text{DTFT}\{x(-n)\}]$

$$= \frac{1}{2}[X(e^{j\omega}) + X(e^{-j\omega})] = \frac{1}{2}\{\text{Re}[X(e^{j\omega})] + j\text{Im}[X(e^{j\omega})] + \text{Re}[X(e^{-j\omega})] + j\text{Im}[X(e^{-j\omega})]\}$$

$$= \frac{1}{2}\{\text{Re}[X(e^{j\omega})] + j\text{Im}[X(e^{j\omega})] + \text{Re}[X(e^{j\omega})] - j\text{Im}[X(e^{j\omega})]\} = \text{Re}[X(e^{j\omega})]。$$

同理可以证明 $\text{DTFT}[x_o(n)] = j\text{Im}[X(e^{j\omega})]$，读者可以自己推导。

7. 时域卷积定理

若 $\text{DTFT}\{x(n)\} = X(e^{j\omega})$，$\text{DTFT}\{h(n)\} = H(e^{j\omega})$，则 $\text{DTFT}\{x(n) * h(n)\} = X(e^{j\omega})H(e^{j\omega})$。

证明：
$$\text{DTFT}\{x(n) * h(n)\} = \sum_{n=-\infty}^{\infty} [x(n) * h(n)]e^{-jn\omega} = \sum_{n=-\infty}^{\infty} \left[\sum_{k=-\infty}^{\infty} x(k)h(n-k)\right]e^{-jn\omega}$$

$$= \sum_{k=-\infty}^{\infty} x(k)\left[\sum_{n=-\infty}^{\infty} h(n-k)e^{-j(n-k)\omega}\right]e^{-jk\omega} = \sum_{k=-\infty}^{\infty} x(k)H(e^{j\omega})e^{-jk\omega}$$

$$= H(e^{j\omega})X(e^{j\omega})$$

此定理说明时域卷积对应着频域相乘。该定理将时域烦琐的卷积运算变换成了简单的频域相乘运算，对求解有较大的帮助，应加以重视。

8. 频域卷积定理

若 $X(e^{j\omega}) = \text{DTFT}\{x(n)\}$，$H(e^{j\omega}) = \text{DTFT}\{h(n)\}$，则

$$\frac{1}{2\pi}[X(e^{j\omega}) * H(e^{j\omega})] = \frac{1}{2\pi}\int_{-\pi}^{\pi} X(e^{j\theta})H[e^{j(\omega-\theta)}]d\theta = \text{DTFT}\{x(n)h(n)\}$$

证明：
$$\text{IDTFT}\left\{\frac{1}{2\pi}[X(e^{j\omega}) * H(e^{j\omega})]\right\} = \frac{1}{2\pi}\int_{-\pi}^{\pi} \left\{\frac{1}{2\pi}[X(e^{j\omega}) * H(e^{j\omega})]\right\}e^{jn\omega}d\omega$$

$$= \frac{1}{2\pi}\int_{-\pi}^{\pi} \left\{\frac{1}{2\pi}\int_{-\pi}^{\pi} X(e^{j\theta})H[e^{j(\omega-\theta)}]d\theta\right\}e^{jn\omega}d\omega$$

$$= \frac{1}{2\pi}\int_{-\pi}^{\pi} X(e^{j\theta})\left\{\frac{1}{2\pi}\int_{-\pi}^{\pi} H[e^{j(\omega-\theta)}]e^{jn(\omega-\theta)}d\omega\right\}e^{jn\theta}d\theta$$

$$= \frac{1}{2\pi}\int_{-\pi}^{\pi} X(e^{j\theta})h(n)e^{jn\theta}d\theta = h(n)x(n)$$

此定理说明时域相乘对应着频域卷积。它将频域烦琐的卷积运算变换成了简单的时域相乘运算，对求解有较大的帮助，也应加以重视。

9. 帕什瓦尔定理

若 $X(e^{j\omega}) = \text{DTFT}\{x(n)\}$，则 $\sum_{n=-\infty}^{\infty} |x(n)|^2 = \frac{1}{2\pi}\int_{-\pi}^{\pi} |X(e^{j\omega})|^2 d\omega$。

证明：
$$\sum_{n=-\infty}^{\infty} |x(n)|^2 = \sum_{n=-\infty}^{\infty} x(n)[x(n)]^* = \sum_{n=-\infty}^{\infty} x(n)\left[\frac{1}{2\pi}\int_{-\pi}^{\pi} X(e^{j\omega})e^{jn\omega}d\omega\right]^*$$

$$= \sum_{n=-\infty}^{\infty} x(n)\frac{1}{2\pi}\int_{-\pi}^{\pi} X^*(e^{j\omega})e^{-jn\omega}d\omega$$

$$= \frac{1}{2\pi}\int_{-\pi}^{\pi} X^*(e^{j\omega})\left[\sum_{n=-\infty}^{\infty} x(n)e^{-jn\omega}\right]d\omega$$

$$= \frac{1}{2\pi}\int_{-\pi}^{\pi} X^*(e^{j\omega})X(e^{j\omega})d\omega = \frac{1}{2\pi}\int_{-\pi}^{\pi} |X^*(e^{j\omega})|^2 d\omega$$

此定理也称为能量定理，序列的总能量等于其离散傅里叶变换模平方在一个周期内积分后取平均，即时域总能量等于频域一个周期内总能量。

离散时间序列的傅里叶变换的性质，对分析各类离散时间序列提供方便，应用时要灵活使用。

离散时间序列的傅里叶变换由于周期性具有一些特别的性质，下面对离散时间的系统在频域的一些特性进行分析。

7.2　离散时间系统的频率响应特性

离散时间系统是对输入为离散时间序列所做出的响应。这种响应从时域来看满足卷积和的关系，如果换到频域来看，是否满足上面章节中提到的频域卷积定理性质，系统本身对应的离散时间序列在其中起什么作用，并另有什么特性，下面将分别讨论。

7.2.1　离散时间系统的频域分析

由前面章节的知识可知，如果一个离散时间系统的单位样值响应是 $h(n)$，系统的输入为 $x(n)$，系统的输出为 $y(n)$，则三者之间满足卷积和的关系，即：$y(n) = x(n) * h(n)$。

既然，$h(n)$ 是系统的单位样值响应，本身反映出了离散时间系统的完全特性。从频域来看，如果 $H(e^{j\omega})$ 是 $h(n)$ 对应的离散时间傅里叶变换，则按照式（7-1）的定义可得

$$H(e^{j\omega}) = \sum_{n=-\infty}^{\infty} h(n)e^{-jn\omega} \tag{7-11}$$

即离散时间系统的频率响应 $H(e^{j\omega})$ 与单位样值响应 $h(n)$ 是一对傅里叶变换对。

由于 $e^{j(\omega+2k\pi)} = e^{j\omega}e^{2jk\pi} = e^{j\omega}$（$k$ 为整数），显然，$e^{j\omega}$ 是变量 ω 以 2π 为周期的周期性函数，自然 $H(e^{j\omega})$ 也是以 2π 为周期的周期函数。这是离散系统有别于连续系统的一个突出的特点。

离散时间系统的频域分析，在很大程度上是对其频率响应特性的了解，因此，下面具体对离散时间系统的频率响应特性进行深入的探讨。在离散信号的频域分析结束后，将在 7.6 节结合离散系统，具体对描述离散时间系统和离散系统的差分方程频域分析的方法进行一定的研究。

7.2.2　离散时间系统的频响特性的意义

假设离散时间系统的输入为 $x(n)$，对应的离散时间序列的傅里叶变换为 $X(e^{j\omega})$，输出为 $y(n)$，对应的离散时间序列的傅里叶变换为 $Y(e^{j\omega})$，则系统的频率响应为

$$H(e^{j\omega}) = \frac{Y(e^{j\omega})}{X(e^{j\omega})} \tag{7-12}$$

由于离散时间系统的输入与输出各自对应的离散时间序列的傅里叶变换均为复数，如果将 $X(e^{j\omega})$ 和 $Y(e^{j\omega})$ 分别表示成模和相角的函数，即

$$X(e^{j\omega}) = |X(e^{j\omega})|e^{j\angle \arg X(e^{j\omega})}, \quad Y(e^{j\omega}) = |Y(e^{j\omega})|e^{j\angle \arg Y(e^{j\omega})}。$$

所以 $H(e^{j\omega}) = |H(e^{j\omega})|e^{j\angle \arg H(e^{j\omega})} = \dfrac{|Y(e^{j\omega})|e^{j\angle \arg Y(e^{j\omega})}}{|X(e^{j\omega})|e^{j\angle \arg X(e^{j\omega})}}$

$$= \frac{|Y(e^{j\omega})|}{|X(e^{j\omega})|}e^{j(\angle \arg Y(e^{j\omega}) - \angle \arg X(e^{j\omega}))}$$

即

$$|H(e^{j\omega})| = \frac{|Y(e^{j\omega})|}{|X(e^{j\omega})|}, \quad \angle \arg H(e^{j\omega}) = \angle \arg Y(e^{j\omega}) - \angle \arg X(e^{j\omega}) \tag{7-13}$$

其中 $H(e^{j\omega})$ 就是离散系统的频率响应，它表示输出序列的幅度和相位相对于输入序列的变化。这就是离散系统的频率响应的物理意义所在。

还应指出，类似于模拟滤波器，离散系统（数字滤波器）按其频率特性也有低通、高通、带通、带阻、全通之分，由于频响特性 $H(e^{j\omega})$ 的周期性，因此这些特性完全可以在 $-\pi \leqslant \omega \leqslant \pi$ 范围内得到区分，如图 7.1 所示。

从式（7-13）可以看出，离散时间系统的幅频响应对应系统的输出的幅频响应与系统的输入的幅频响应之比，离散时间系统的相频响应对应系统的输出的相频响应与系统的输入的相频响应之差。这说明，如果将它们的结果在极坐标下考虑，应该有较为快速的算法，即几何确定法。

7.2.3 频响特性的几何确定法

由于系统的频率响应往往由系统方程本身确定，所以在这里首先讨论 N 阶常系数差分方程的频率响应问题，再说明如何用几何方法确定的问题。

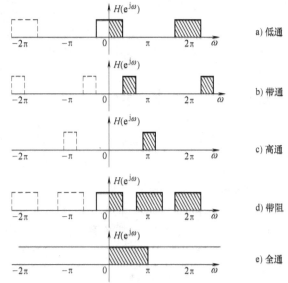

图 7.1 离散系统对应的各类理想滤波器

如果对 N 阶常系数差分方程两端直接求 DTFT，可得

$$\sum_{n=0}^{N} a_n e^{-j\omega n} Y(e^{j\omega}) = \sum_{n=0}^{M} b_n e^{-j\omega n} X(e^{j\omega}) \tag{7-14}$$

从而得到该系统的频率响应

$$H(e^{j\omega}) = \frac{Y(e^{j\omega})}{X(e^{j\omega})} = \frac{\sum_{n=0}^{M} b_n e^{-j\omega n}}{\sum_{n=0}^{N} a_n e^{-j\omega n}} = \frac{b_0 + b_1 e^{-j\omega} + \cdots + b_M e^{-j\omega M}}{a_0 + a_1 e^{-j\omega} + \cdots + a_N e^{-j\omega N}} \tag{7-15}$$

为了讨论的方便，在这里将 $e^{j\omega}$ 作为变量来看，式（7-15）可以看作关于 $e^{j\omega}$ 的有理多项式。该有理多项式的分子部分定义为 $D(e^{j\omega}) = b_0 + b_1 e^{-j\omega} + \cdots + b_M e^{-j\omega M}$，分母部分定义为 $N(e^{j\omega}) = a_0 + a_1 e^{-j\omega} + \cdots + a_N e^{-j\omega N}$。还规定，让 $D(e^{j\omega}) = 0$ 的 $e^{j\omega}$ 对应于零点，让 $N(e^{j\omega}) = 0$ 的 $e^{j\omega}$ 对应于极点，并在一种坐标系下表示出来，零点用"○"表示，极点用"×"表示。

将式（7-15）变换一下形式，得

$$H(e^{j\omega}) = \frac{\prod_{r=1}^{M} (e^{j\omega} - z_r)}{\prod_{k=1}^{N} (e^{j\omega} - p_k)} = |H(e^{j\omega})| e^{j\varphi(\omega)} \tag{7-16}$$

式（7-16）中，z_r 是 $D(\mathrm{e}^{\mathrm{j}\omega})$ 对应的零点，共 M 个；p_k 是 $N(\mathrm{e}^{\mathrm{j}\omega})$ 对应的极点，共 N 个。既然都处在同一坐标系下，可将 $\mathrm{e}^{\mathrm{j}\omega}-z_r$ 和 $\mathrm{e}^{\mathrm{j}\omega}-p_k$ 看作一个矢量，并分别用式（7-17）和式（7-18）来表示。

$$\mathrm{e}^{\mathrm{j}\omega}-z_r=A_r\mathrm{e}^{\mathrm{j}\varphi_r} \tag{7-17}$$

$$\mathrm{e}^{\mathrm{j}\omega}-p_k=B_k\mathrm{e}^{\mathrm{j}\theta_k} \tag{7-18}$$

其中，A_r、B_k 和 φ_r、θ_k 分别为 $\mathrm{e}^{\mathrm{j}\omega}-z_r$ 和 $\mathrm{e}^{\mathrm{j}\omega}-p_k$ 矢量的模和相角。结合式（7-16）可以得出幅度响应

$$|H(\mathrm{e}^{\mathrm{j}\omega})|=\frac{\prod\limits_{r=1}^{M}A_r}{\prod\limits_{k=1}^{N}B_k} \tag{7-19}$$

相位响应

$$\varphi(\omega)=\sum_{r=1}^{M}\varphi_r-\sum_{k=1}^{N}\theta_k \tag{7-20}$$

显然，由于 $|\mathrm{e}^{\mathrm{j}\omega}|=1$，对应着单位圆，所以，如果 z_r、p_k 一旦固定，式中 A_r、φ_r 也就分别表示坐标系上零点 z_r 到单位圆上某点 $\mathrm{e}^{\mathrm{j}\omega}$ 的矢量（$\mathrm{e}^{\mathrm{j}\omega}-z_r$）的长度与夹角，$B_k$、$\theta_k$ 表示极点 p_k 到 $\mathrm{e}^{\mathrm{j}\omega}$ 的矢量（$\mathrm{e}^{\mathrm{j}\omega}-p_k$）的长度与夹角，如图 7.2 所示。

如果单位圆上的点 D 不断移动，就可以得到全部的频率响应。图 7.2 中 C 点对应于 $\omega=0$，E 点对应于 $\omega=\dfrac{\pi}{2}$。由于离散系统频响是周期性的，因此只要 D 点转一周就可以了。利用这种方法可以比较方便地由 $H(\mathrm{e}^{\mathrm{j}\omega})$ 的零极点位置求出该系统的频率响应。可见频率响应的形状取决于 $H(\mathrm{e}^{\mathrm{j}\omega})$ 的零极点分布，也就是说，取决于离散系统的形式及差分方程各系数的大小。

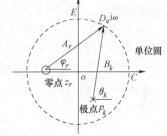

图 7.2　几何确定法对应的零极点位置示意图

【例 7-2】　求一阶系统的差分方程为 $y(n)-0.5y(n-1)=x(n)$ 的频率响应。

解：由差分方程可得 $H(\mathrm{e}^{\mathrm{j}\omega})=\dfrac{1}{1-0.5\mathrm{e}^{-\mathrm{j}\omega}}=\dfrac{1}{1-0.5\cos\omega+\mathrm{j}0.5\sin\omega}$。

则幅度响应 $|H(\mathrm{e}^{\mathrm{j}\omega})|=\dfrac{1}{\sqrt{1+0.5^2-\cos\omega}}$，相位响应 $\varphi(\omega)=-\arctan\left(\dfrac{0.5\sin\omega}{1-0.5\cos\omega}\right)$。

本例题的幅度响应和相位响应对应的图形，可以参考本章 MATLAB 实现部分的例题。

【例 7-3】　求二阶系统的差分方程为 $y(n)-0.5y(n-1)+y(n-2)=x(n)$ 的频率响应。

解：　由差分方程可得

$$H(\mathrm{e}^{\mathrm{j}\omega})=\frac{1}{1-0.5\mathrm{e}^{-\mathrm{j}\omega}+\mathrm{e}^{-\mathrm{j}2\omega}}=\frac{1}{1-0.5\cos\omega+\cos2\omega+\mathrm{j}(0.5\sin\omega-\sin2\omega)}$$

则幅度响应

$$| H(\text{e}^{\text{j}\omega}) | = \frac{1}{\sqrt{(1-0.5\cos\omega+\cos2\omega)^2+(0.5\sin\omega-\sin2\omega)^2}}$$

相位响应

$$\varphi(\omega) = -\arctan\left(\frac{0.5\sin\omega-\sin2\omega}{1-0.5\cos\omega+\cos2\omega} \right)$$

本例题的幅度响应和相位响应对应的图形可以参考本章 MATLAB 实现部分的例题。

上面的讨论可以显现出周期性在离散时间的傅里叶变换中的特殊地位。结合在连续时间的傅里叶变换的一些特点，这里再对各类傅里叶变换做一个归纳和总结，以便加以区别和掌握。

7.3　傅里叶变换的离散性与周期性

从连续时间周期信号的傅里叶级数和离散时间傅里叶变换可以看出，傅里叶变换的离散性和周期性在时域与变换域中表现出巧妙的对称关系，具体地说，就是周期性的连续时间函数，其傅里叶变换为离散的非周期频率函数（傅里叶级数、离散频谱）；而非周期性的离散时间函数，其傅里叶变换为连续的周期性函数（抽样信号的频谱呈周期性）。

为了更好地了解其对称关系，需要解决变换中的变量不取角频率 ω，而是取频率 f 时对应的表达形式。连续时间函数 $x(t)$ 的傅里叶变换 $X(f)$ 可以表示为

$$X(f) = \int_{-\infty}^{\infty} x(t)\,\text{e}^{-\text{j}2\pi ft}\,\text{d}t \tag{7-21}$$

逆变换

$$x(t) = \int_{-\infty}^{\infty} X(f)\,\text{e}^{\text{j}2\pi ft}\,\text{d}f \tag{7-22}$$

证明： 已知 $X(\omega) = \int_{-\infty}^{\infty} x(t)\text{e}^{-\text{j}\omega t}\text{d}(t)$，$\omega = 2\pi f$，将 ω 展开就得到了式（7-21）；对于逆变换 $x(t) = \dfrac{1}{2\pi}\int_{-\infty}^{\infty} X(\omega)\text{e}^{\text{j}\omega t}\text{d}\omega$，同样将 ω 展开就得到了式（7-22）。

要特别说明的是，$X(\omega)$ 和 $X(f)$ 仅仅是写法不一样而已，它们表示的意义是一致的，都是关于频率变化的函数。

根据傅里叶变换的离散性与周期性，可能出现四种类型的时域和频域组合，分别如图 7.3 所示。

下面针对以上提到的连续时间与连续频率、连续时间与离散频率、离散时间与连续频率、离散时间与离散频率四类分别进行讨论。

7.3.1　连续时间与连续频率

对于非周期连续时间信号求频谱的情况，可以利用式（7-21）和式（7-22）来求解，所对应的波形如图 7.3a 所示。

可见，由于非周期连续时间信号必定是时限信号，按照时间域有限则频率域无限的道理，在这种情况下，频域一定无限宽。至于，频率是连续的，可以从周期无穷的角度来理

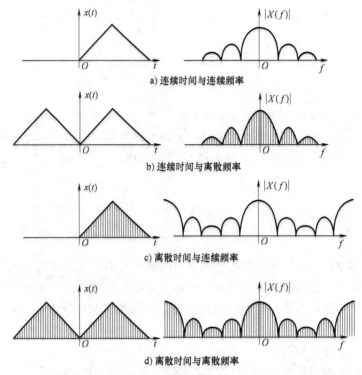

a) 连续时间与连续频率

b) 连续时间与离散频率

c) 离散时间与连续频率

d) 离散时间与离散频率

图 7.3　各种时域和频域傅里叶变换的形式

解。即周期 T 无穷大，则频率间隔 $\Delta f = \dfrac{1}{T}$ 就无穷小，频率自然就连续了。

7.3.2　连续时间与离散频率

当连续时间信号为周期函数时，其傅里叶变换具有离散特性，也称为傅里叶级数的形式。假定 $x(t)$ 代表一周期为 T_1 的周期性连续时间函数，对应图 7.3b 的波形。傅里叶级数的系数写作 $X(kf_1)$。其对应的变换对是

$$X(kf_1) = \frac{1}{T_1} \int_{T_1} x(t) \mathrm{e}^{-\mathrm{j}2\pi kf_1 t} \mathrm{d}t \tag{7-23}$$

和

$$x(t) = \sum_{k=-\infty}^{\infty} X(kf_1) \mathrm{e}^{\mathrm{j}2\pi kf_1 t} \tag{7-24}$$

在这里要特别指出的是，求解傅里叶级数的系数时所用的是其中的一个周期，求出的解都是对应着成 k 次谐波关系。基波频率由 $\dfrac{1}{T_1}$ 来决定，频率间隔也由 $\dfrac{1}{T_1}$ 来决定。至于到底有哪些谐波会出现，可参考第 5 章的内容。

7.3.3　离散时间与连续频率

非周期性的离散时间函数 $x(nT_s)$ 的离散时间傅里叶变换呈周期性的连续函数，记为 $X(\mathrm{e}^{\mathrm{i}f})$，波形图如图 7.3c 所示。其中的 T_s 表示连续两个离散时间样值的时间差（间隔）。

实际上，在 7.1 节讨论的 DTFT 就是此类情况。从表达式来看，正变换为级数求和，逆变换是求积分，表达式如下：

$$X(e^{jf}) = \sum_{n=-\infty}^{\infty} x(nT_s) e^{-j2\pi fnT_s} \qquad (7\text{-}25)$$

和

$$x(nT_s) = \frac{1}{f_s} \int_{f_s} X(e^{jf}) e^{j2\pi fnT_s} df \qquad (7\text{-}26)$$

式中，$f_s = \dfrac{1}{T_s}$。

证明：已知 $X(e^{j\omega}) = \displaystyle\sum_{n=-\infty}^{\infty} x(n) e^{-jn\omega}$，$\omega = 2\pi f$，$n = nT_s$，将 ω、n 展开就得到了式 (7-25)；对于逆变换 $x(n) = \dfrac{1}{2\pi} \displaystyle\int_{-\pi}^{\pi} X(e^{j\omega}) e^{jn\omega} d\omega$，$\omega = 2\pi f$，$n = nT_s$，是假定 $T_s = 1$ 时求得频率的周期为 2π，如果按照实际应为 $x(nT_s) = \dfrac{1}{2\pi/T_s} \displaystyle\int_{-\pi/T_s}^{\pi/T_s} X(e^{jf}) e^{jnT_s 2\pi f} d(2\pi f)$，正好得到了式 (7-26)。

可以看出，这种情况的特性与图 7.3b 的情况呈对偶关系，也就是非周期的离散时间函数对应于周期性的连续频率变换函数。

7.3.4　离散时间与离散频率

本节将从离散时间与离散频率的情况推导出离散傅里叶级数与离散傅里叶变换的关系。

周期性离散时间函数 $x(nT_s)$ 的傅里叶变换是周期性离散频率函数 $X(kf_1)$，波形图如图 7.3d 所示。对图 7.3c 对应的非周期离散时间函数进行一定的修改可导出其对应的离散傅里叶变换对。

对于式 (7-25) 和式 (7-26)，由于时间函数也是周期性的，所以级数取和只能限制在一个周期之内。假定共有 N 项，序号从 0 到 $N-1$，则式 (7-25) 变为

$$X(kf_1) = \sum_{n=0}^{N-1} x(nT_s) e^{-j2\pi kf_1 nT_s} \qquad (7\text{-}27)$$

由于 f 用 kf_1 来表示，求 $x(nT_s)$ 时只能用离散的值求和，所以 df 用 $f_1 = \dfrac{f_s}{N}$ 表示，积分用求和式子来代替，则式 (7-26) 变为

$$x(nT_s) = \frac{1}{f_s} \sum_{k=0}^{N-1} X(kf_1) e^{j2\pi kf_1 nT_s} \frac{f_s}{N} = \frac{1}{N} \sum_{k=0}^{N-1} X(kf_1) e^{j2\pi kf_1 nT_s} \qquad (7\text{-}28)$$

应注意的是，离散时间函数的时间间隔 T_s 与频率函数的重复周期 f_s 之间的关系是 $f_s = \dfrac{1}{T_s}$，而离散频率函数的间隔 f_1 与时间函数周期 T_1 的关系是 $f_1 = \dfrac{1}{T_1}$。f_s、f_1、T_s、T_1 在各自的一个周期内相互之间还满足以下关系：

$$\frac{T_1}{T_s} = N \quad \text{或} \quad \frac{f_s}{f_1} = N \qquad (7\text{-}29)$$

不难求得

$$f_1 T_s = \frac{1}{N} \tag{7-30}$$

将式（7-30）分别代入式（7-27）与式（7-28）得

$$X(kf_1) = \sum_{n=0}^{N-1} x(nT_s) e^{-j\frac{2\pi}{N}kn} \tag{7-31}$$

$$x(nT_s) = \frac{1}{N} \sum_{k=0}^{N-1} X(kf_1) e^{j\frac{2\pi}{N}kn} \tag{7-32}$$

式（7-31）和式（7-32）共同构成离散傅里叶变换对。与离散时间傅里叶变换对的最大区别在于求和的个数有限，每一个 $X(kf_1)$ 与对应的 $e^{j\frac{2\pi}{N}k}$ 建立了一定的关系，这为学习快速傅里叶变换打下了基础。

对以上四种情况讨论的结果概括于表 7-1 中，便于分析和比较。

表 7-1　傅里叶变换的四种组合形式

时域 频域	连续	离散
连续	$X(f) = \int_{-\infty}^{\infty} x(t) e^{-j2\pi ft} dt$ $x(t) = \int_{-\infty}^{\infty} X(f) e^{j2\pi ft} df$ 时域和频域都为非周期、连续	$X(kf_1) = \frac{1}{T_1} \int_{T_1} x(t) e^{-j2\pi kf_1 t} dt$ $x(t) = \sum_{k=-\infty}^{\infty} X(kf_1) e^{j2\pi kf_1 t}$ 时域非周期、离散 频域周期、连续
离散	$X(e^{jf}) = \sum_{n=-\infty}^{\infty} x(nT_s) e^{-j2\pi fnT_s}$ $x(nT_s) = \frac{1}{f_s} \int_{f_s} X(e^{jf}) e^{j2\pi fnT_s} df$ 时域周期、连续 频域非周期、离散	$X(kf_1) = \sum_{n=0}^{N-1} x(nT_s) e^{-j\frac{2\pi}{N}kn}$ $x(nT_s) = \frac{1}{N} \sum_{k=0}^{N-1} X(kf_1) e^{j\frac{2\pi}{N}kn}$ 时域和频域都为周期、离散

前面讨论了离散时间序列和系统频域分析的一些情况，得到了离散与连续间的 些对应关系。实际上，还有一类信号还没有进行讨论，那就是离散信号。离散信号作为自然界中广泛存在的一类信号，特别是现代计算机的高速发展，离散信号与系统在人类的活动中起着越来越重要的作用。下面，对离散信号与系统的频域分析做一些介绍。

7.4　从离散傅里叶级数到离散傅里叶变换

离散傅里叶级数主要用于分析周期序列，而离散傅里叶变换则主要针对有限长序列的分析。在前面分析离散时间与离散频率的关系时，曾把离散傅里叶级数作为一种过渡形式，以引出离散傅里叶变换。可见，二者之间有着重要的联系。

7.4.1　离散时间傅里叶级数（DFS）及其系数

书写时，为便于区分周期序列和有限长序列，常用带有下标 p 的符号来表示周期序列，

例如 $x_p(n)$，$y_p(n)$ 等，而没有下标 p 的序列常被看作是有限长序列。

若周期序列 $x_p(n)$ 的周期为 N，则 $x_p(n) = x_p(n+rN)$（r 为任意整数）。

连续时间周期信号可以用傅里叶级数来表达，与此相应，周期序列也可用离散傅里叶级数来表示。离散傅里叶级数变换对定义为

正变换

$$X_p(k) = \sum_{n=0}^{N-1} x_p(n) e^{-j\frac{2\pi}{N}kn} \tag{7-33}$$

反变换

$$x_p(n) = \frac{1}{N} \sum_{k=0}^{N-1} X_p(k) e^{j\frac{2\pi}{N}kn} \tag{7-34}$$

其实，式（7-33）和式（7-34）与式（7-31）和式（7-32）完全一样，只是将式（7-31）与式（7-32）的离散间隔 T_s 以及频率变量的离散间隔 f_1 都等于 1 的结果。

式（7-34）的意义在于 $e^{j\frac{2\pi}{N}n}$ 是周期序列的基频成分，$e^{j\frac{2\pi}{N}kn}$ 是指 k 次谐波分量，各次谐波的系数为 $X_p(k)$，全部谐波成分中只有 N 个不同的值，因为 $e^{j\frac{2\pi}{N}n[k+N]} = e^{j\frac{2\pi}{N}nk} e^{j\frac{2\pi}{N}nN} = e^{j\frac{2\pi}{N}nk}$。因此，级数求和的项数只需 N 项，即 $k = 0 \sim (N-1)$，共 N 个独立谐波分量。而式（7-33）正是由 $x_p(n)$ 决定系数 $X_p(k)$ 的求和公式。

由于时域和频域的双重周期性，使得两个式子具有很好的对称形式，都是 N 项级数求和后构成 N 个样点的序列。这两个表达式说明，周期序列虽然是无穷长序列，但是只要知道了一个周期的内容，其余时刻的情况即可掌握。这意味着，周期性无穷长序列实际上只有 N 个样值有信息，这就是式（7-33）与式（7-34）都只取 N 个样点值的原因。由此可以看出，周期序列与有限长序列有着本质的联系，这也正是由离散傅里叶级数向离散傅里叶变换过渡的关键所在。

为了方便，引入符号 W_N，并定义它为

$$W_N = e^{-j\frac{2\pi}{N}} \tag{7-35}$$

其意义为将圆周分成 N 等份，其中最小的那一等份为 W_N。

在讨论 W_N 时，并不涉及 N 的波动问题，即认为 N 是一个定值，则可以省略 N，式（7-35）可写为

$$W = e^{-j\frac{2\pi}{N}} \tag{7-36}$$

为了以示区别，习惯上用英文缩写字母 DFS 表示求离散傅里叶级数的正变换（求系数），用 IDFS 表示求离散傅里叶级数的逆变换（求时间函数）。这样，把式（7-33）和式（7-34）写为

$$\text{DFS}[x_p(n)] = X_p(k) = \sum_{n=0}^{N-1} x_p(n) W^{nk} \tag{7-37}$$

$$\text{IDFS}[X_p(k)] = x_p(n) = \frac{1}{N} \sum_{k=0}^{N-1} X_p(k) W^{-nk} \tag{7-38}$$

7.4.2　从离散时间傅里叶级数（DFS）到离散傅里叶变换（DFT）

下面，借助周期序列离散傅里叶级数的概念对有限长序列进行傅里叶分析。假设 $x(n)$

为有限长序列，它从 $n=0$ 到 $N-1$ 共 N 个样本值，其余各处皆为零，如图 7.4a 所示。可用表达式描述为

$$x(n)=\begin{cases} x(n), & 0 \leqslant n \leqslant N-1 \\ 0, & \text{其他} \end{cases} \tag{7-39}$$

为了借用周期序列的有关结论，先假定对该有限长序列以 N 为周期拓展成一个周期序列 $x_p(n)$，自然 $x(n)$ 与 $x_p(n)$ 之间存在以下的关系

$$x_p(n)=\sum_r x(n+rN), \quad r \text{ 取整数} \tag{7-40}$$

或

$$x(n)=\begin{cases} x_p(n), & 0 \leqslant n \leqslant N-1 \\ 0, & \text{其他} \end{cases}, \text{ 如图 7.4b 所示。}$$

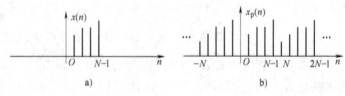

图 7.4　$x(n)$ 和 $x_p(n)$ 的对应图形

对于周期序列 $x_p(n)$，定义它的第一个周期 $n=0$ 到 $N-1$ 的范围为"主值区间"。于是，$x(n)$ 与 $x_p(n)$ 的关系可以这样认为：$x(n)$ 周期延拓成 $x_p(n)$，$x(n)$ 是 $x_p(n)$ 的主值区间序列（简称主值序列）。

为书写简便，将式（7-39）与式（7-40）改用以下符号表示：

$$x_p(n)=x((n))_N \tag{7-41}$$

$$x(n)=x_p(n)R_N(n) \tag{7-42}$$

其中，符号 $((n))_N$ 表示"n 对 N 取模值"，也叫"余数运算表达式"，$R_N(n)$ 是矩形脉冲序列，定义为 $R_N(n)=u(n)-u(n-N)$，与 $x_p(n)$ 相乘表示取 $x_p(n)$ 的主值序列，即：$x(n)$。在式（7-41）中，假定 $n=m+rN$（$0 \leqslant m \leqslant N-1$，$r$ 为整数），那么，按照"余数运算表达式"或"n 对 N 取模值"的法则，下面的运算成立：

$$((n))_N=(m), \quad x((n))_N=x(m)$$

这表明，此"余数运算表达式"运算符号是将 n 被 N 除，整数商为 r，余数是 m，此 m 就是 $((n))_N$ 的运算结果。

显然，对于周期序列满足 $x_p(m+rN)=x_p(m)$。

这里，$x_p(m)$ 是以主值区间的样值出现的，即是主值区间 N 个样值中的一个。因此 $x_p(m)=x(m)$，$x_p(n)=x((n))_N$。

【例 7-4】　对于周期 $N=7$ 的 $x_p(n)$ 序列，试求 $x_p(12)$ 对应于哪个 $x(m)$？

解：按照余数运算表达式 $((n))_N$，$((12))_7=5+1\times7=m+rN$，即此时对应的主值区间的样值为 $x(5)$，如图 7.5 所示。

在图 7.5 中，点画线框描述的是主值区间，$x_p(n)$ 是主值区间的周期扩展，很明显 $x(12)$ 和 $x(5)$ 的值是一致的。

前面讨论的是时域内有限长拓展后信号的问题，由于 $x_p(n)$ 所对应的 $X_p(k)$ 也呈周期

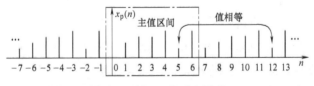

图 7.5　例 7-4 的对应图形

性，因此，也可以为它确定主值区间（$0 \leqslant k \leqslant N-1$），其主值序列 $X(k)$ 也相当于某一有限长序列。类似地，可以写为

$$X(k) = X_{\mathrm{p}}(k) R_N(k) \tag{7-43}$$

$$X_{\mathrm{p}}(k) = X((k))_N \tag{7-44}$$

由式（7-43）和式（7-44）可以看出，这两个公式的求和都只限于主值区间，因而这种变换方法可以引申到与主值序列相应的有限长序列。

设有限长序列 $x(n)$ 长度为 N（$0 \leqslant n \leqslant N-1$），它的离散傅里叶变换 $X(k)$ 仍然是一个长度为 N（$0 \leqslant k \leqslant N-1$）的频域有限长序列，正、逆变换的关系式为

正变换

$$X(k) = \sum_{n=0}^{N-1} x(n) W^{nk}, \quad 0 \leqslant k \leqslant N-1 \tag{7-45}$$

逆变换

$$x(n) = \sum_{k=0}^{N-1} X(k) W^{-nk}, \quad 0 \leqslant n \leqslant N-1 \tag{7-46}$$

与前面的描述方法一样，为了记忆的方便，正变换用符号 DFT 表示，逆变换用符号 IDFT 表示，式（7-45）和式（7-46）改写为

$$X(k) = \mathrm{DFT}\{x(n)\} = \sum_{n=0}^{N-1} x(n) W^{nk}, \quad 0 \leqslant k \leqslant N-1 \tag{7-47}$$

$$x(n) = \mathrm{IDFT}\{X(k)\} = \sum_{k=0}^{N-1} X(k) W^{-nk}, \quad 0 \leqslant n \leqslant N-1 \tag{7-48}$$

为了研究的方便，通常将式（7-47）和式（7-48）描述为矩阵的形式。

将式（7-47）改写为

$$\begin{bmatrix} X(0) \\ X(1) \\ \vdots \\ X(N-1) \end{bmatrix} = \begin{bmatrix} W^0 & W^0 & W^0 & \cdots & W^0 \\ W^0 & W^{1\times1} & W^{2\times1} & \cdots & W^{(N-1)\times1} \\ \vdots & \vdots & \vdots & \vdots & \vdots \\ W^0 & W^{1\times(N-1)} & W^{2\times(N-1)} & \cdots & W^{(N-1)\times(N-1)} \end{bmatrix} \begin{bmatrix} x(0) \\ x(1) \\ \vdots \\ x(N-1) \end{bmatrix} \tag{7-49}$$

将式（7-48）改写为

$$\begin{bmatrix} x(0) \\ x(1) \\ \vdots \\ x(N-1) \end{bmatrix} = \frac{1}{N} \begin{bmatrix} W^0 & W^0 & W^0 & \cdots & W^0 \\ W^0 & W^{-1\times1} & W^{-1\times2} & \cdots & W^{-1\times(N-1)} \\ \vdots & \vdots & \vdots & \vdots & \vdots \\ W^0 & W^{-(N-1)\times1} & W^{-(N-1)\times2} & \cdots & W^{-(N-1)\times(N-1)} \end{bmatrix} \begin{bmatrix} X(0) \\ X(1) \\ \vdots \\ X(N-1) \end{bmatrix} \tag{7-50}$$

可以简写为

$$\boldsymbol{X} = (k) = \boldsymbol{W}^{nk} \boldsymbol{x}(n) \tag{7-51}$$

$$x(n) = \frac{1}{N} \boldsymbol{W}^{-nk} \boldsymbol{X}(k) \tag{7-52}$$

式中，$\boldsymbol{X}(k)$，$\boldsymbol{x}(n)$ 均为 N 列的矩阵；$\boldsymbol{W}^{nk}$，$\boldsymbol{W}^{-nk}$ 均为 $N×N$ 的方阵，各元素的值为 W^{nk}，两个方阵均为对称方阵，满足 $\boldsymbol{W}^{nk} = [\boldsymbol{W}^{nk}]^{\mathrm{T}}$，$\boldsymbol{W}^{-nk} = [\boldsymbol{W}^{-nk}]^{\mathrm{T}}$。

下面，利用 DFT 和 IDFT 来求解前面一直使用的 $R_N(n)$ 和 $R_N(k)$。

【例 7-5】 对 $x(n) = R_N(n)$ 求解其 DFT。

解法 1：直接利用正变换的定义式（7-45）求解。

$$X(k) = \mathrm{DFT}\{x(n)\} = \sum_{n=0}^{N-1} R_N(n) W^{nk} = \sum_{n=0}^{N-1} W^{nk} = \sum_{n=0}^{N-1} \left(e^{-j\frac{2\pi k}{N}} \right)^n$$

$$= \begin{cases} \dfrac{1 - \left(e^{-j\frac{2\pi k}{N}} \right)^N}{1 - e^{-j\frac{2\pi k}{N}}} = 0, & e^{-j\frac{2\pi k}{N}} \neq 1 \\[4mm] N, & e^{-j\frac{2\pi k}{N}} = 1 \end{cases} \tag{7-53}$$

从上面的结果来看，仅当 $k = 0$ 时，$X(k) = N$；为其他 k 值时，$X(k) = 0$，它对应的图形如图 7.6 所示。

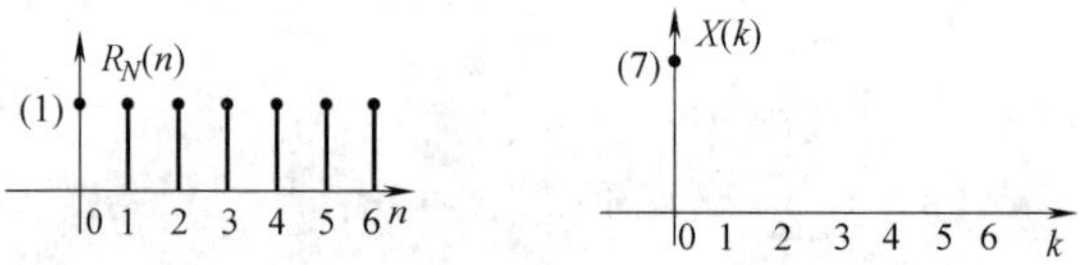

图 7.6　$N = 7$ 时 $R_N(n)$ DFT 时对应的图形

解法 2：直接利用正变换的矩阵的定义式（7-49）求解。

$$\begin{bmatrix} X(0) \\ X(1) \\ \cdots \\ X(N-1) \end{bmatrix} = \begin{bmatrix} W^0 & W^0 & W^0 & \cdots & W^0 \\ W^0 & W^{1\times1} & W^{2\times1} & \cdots & W^{(N-1)\times1} \\ \cdots & \cdots & \cdots & \cdots & \cdots \\ W^0 & W^{1\times(N-1)} & W^{2\times(N-1)} & \cdots & W^{(N-1)\times(N-1)} \end{bmatrix} \begin{bmatrix} x(0) \\ x(1) \\ \cdots \\ x(N-1) \end{bmatrix}$$

$$= \begin{bmatrix} W^0 & W^0 & W^0 & \cdots & W^0 \\ W^0 & W^{1\times1} & W^{2\times1} & \cdots & W^{(N-1)\times1} \\ \cdots & \cdots & \cdots & \cdots & \cdots \\ W^0 & W^{1\times(N-1)} & W^{2\times(N-1)} & \cdots & W^{(N-1)\times(N-1)} \end{bmatrix} \begin{bmatrix} 1 \\ 1 \\ \cdots \\ 1 \end{bmatrix} = \begin{bmatrix} N \\ \dfrac{1-W^N}{1-W} \\ \cdots \\ \dfrac{1-W^{(N-1)N}}{1-W^{(N-1)}} \end{bmatrix} \tag{7-54}$$

由于 $W^N = (e^{-j\frac{2\pi}{N}})^N = e^{-j2\pi} = 1$，$W^{(N-1)N} = (e^{-j\frac{2\pi(N-1)}{N}})^N = e^{-j2\pi(N-1)} = 1$，所以，式（7-54）

可变为 $\begin{bmatrix} X(0) \\ X(1) \\ \cdots \\ X(N-1) \end{bmatrix} = \begin{bmatrix} N \\ 0 \\ \cdots \\ 0 \end{bmatrix}$，与解法 1 的结果完全一致。

【例 7-6】 对 $X(k) = R_N(k)$ 求解其 IDFT。

解法 1：直接利用逆变换的定义式（7-46）求解。

$$x(n) = \mathrm{IDFT}\{X(k)\} = \sum_{k=0}^{N-1} R_N(k) W^{-nk} = \sum_{k=0}^{N-1} W^{-nk} = \sum_{k=0}^{N-1} (\mathrm{e}^{\mathrm{j}\frac{2\pi n}{N}})^k$$

$$= \begin{cases} \dfrac{1-(\mathrm{e}^{\mathrm{j}\frac{2\pi n}{N}})^N}{1-\mathrm{e}^{\mathrm{j}\frac{2\pi n}{N}}} = 0, & \mathrm{e}^{\mathrm{j}\frac{2\pi n}{N}} \neq 1 \\ \\ N, & \mathrm{e}^{\mathrm{j}\frac{2\pi n}{N}} = 1 \end{cases} \tag{7-55}$$

从上面的结果来看，仅当 $n=0$ 时，$x(n)=N$；而为其他 n 值时，$x(n)=0$。所对应的图形如图 7.7 所示。

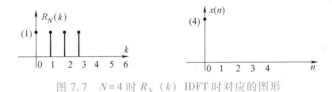

图 7.7　$N=4$ 时 $R_N(k)$ IDFT 时对应的图形

解法 2：直接利用逆变换的矩阵定义式（7-50）求解。

$$\begin{bmatrix} x(0) \\ x(1) \\ \cdots \\ x(N-1) \end{bmatrix} = \begin{bmatrix} W^0 & W^0 & W^0 & \cdots & W^0 \\ W^0 & W^{-1\times 1} & W^{-2\times 1} & \cdots & W^{-(N-1)\times 1} \\ \cdots & \cdots & \cdots & \cdots & \cdots \\ W^0 & W^{-1\times(N-1)} & W^{-2\times(N-1)} & \cdots & W^{-(N-1)\times(N-1)} \end{bmatrix} \begin{bmatrix} X(0) \\ X(1) \\ \cdots \\ X(N-1) \end{bmatrix}$$

$$= \begin{bmatrix} \begin{bmatrix} W^0 & W^0 & W^0 & \cdots & W^0 \\ W^0 & W^{-1\times 1} & W^{-2\times 1} & \cdots & W^{-(N-1)\times 1} \\ \cdots & \cdots & \cdots & \cdots & \cdots \\ W^0 & W^{-1\times(N-1)} & W^{-2\times(N-1)} & \cdots & W^{-(N-1)\times(N-1)} \end{bmatrix} \begin{bmatrix} 1 \\ 1 \\ \cdots \\ 1 \end{bmatrix} \end{bmatrix} = \begin{bmatrix} N \\ \dfrac{1-W^{-N}}{1-W^{-1}} \\ \cdots \\ \dfrac{1-W^{-(N-1)N}}{1-W^{-(N-1)}} \end{bmatrix} \tag{7-56}$$

由于 $W^{-N} = (\mathrm{e}^{-\mathrm{j}\frac{2\pi}{N}})^{-N} = \mathrm{e}^{\mathrm{j}2\pi} = 1$，$W^{-(N-1)N} = (\mathrm{e}^{-\mathrm{j}\frac{2\pi(N-1)}{N}})^{-N} = \mathrm{e}^{\mathrm{j}2\pi(N-1)} = 1$，所以，式（7-56）

可写为 $\begin{bmatrix} x(0) \\ x(1) \\ \cdots \\ x(N-1) \end{bmatrix} = \begin{bmatrix} N \\ 0 \\ \cdots \\ 0 \end{bmatrix}$，与解法 1 的结果完全一致。

7.4.3　离散傅里叶变换（DFT）与频率抽样的关系

有限长序列 $x(n)$ 是非周期性的，故其傅里叶变换应当是连续、周期性的频率函数；这里把 $x(n)$ 周期延拓构成 $x_\mathrm{p}(n)$，使 $x(n)$ 充当其主值序列，于是 $x_\mathrm{p}(n)$ 的变换式 $X_\mathrm{p}(k)$ 就成为离散、周期性的频率函数。这就相当于在原来连续、周期性的频率函数的基础上，在其一个周期内按频率抽样 N 个样本值，就像例 7-5 中，本来 DFT 求取的图形应如图 7.8 所示才满足前面讨论定理的内容。正因为受 k 值范围的影响，才画作图 7.7 所示的情况。

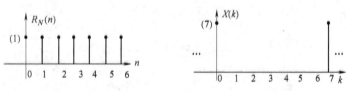

图 7.8　　$N=7$ 时 $R_N(n)$ 实际 DFT 时对应的周期性图形

由于 DTFT 的频率具有周期性，所以它的变换具有一系列的性质。上面讨论过，DFT 和 IDFT 不仅在时域的值仅有 N 个，在频域也仅有 N 个。下面分析对 DFT 和 IDFT 的性质会产生的影响。

7.5　离散傅里叶变换的性质

由 DFT 和 IDFT 的定义式可以看出，在时域的样本值仅有 N 个，在频域得出的样本值也仅有 N 个。在讨论它们的性质时，必须时刻考虑它们的样本值的个数问题。

1. 线性性质

若 $X_1(k) = \text{DFT}\{x_1(n)\}$，$X_2(k) = \text{DFT}\{x_2(n)\}$，则 $\text{DFT}\{ax_1(n)+bx_2(n)\} = aX_1(k)+bX_2(k)$，式中，$a$、$b$ 为任意常数。

证明：假设 $x_1(n)$ 的长度为 N_1，$x_2(n)$ 的长度为 N_2，则 $ax_1(n)+bx_2(n)$ 的最大长度为 $N=\max(N_1,N_2)$。这时，它们的 DFT 必须按照 $N \geqslant \max(N_1,N_2)$ 来计算，通常取 $N=\max(N_1,N_2)$ 即可。

现假定 $N_1 < N_2$，那么 $x_1(n)$ 的 DFT 必须按照 $N=N_2$ 来求解 $X_1(k)$，也就是要对 $x_1(n)$ 增加 (N_2-N_1) 个零样本值后再求解，记作

$$X_1(k) = \sum_{n=0}^{N_2-1} x_1(n) W_{N_2}^{nk}, \quad 0 \leqslant k \leqslant N_2 - 1 \tag{7-57}$$

而 $x_2(n)$ 的 DFT 可记作

$$X_2(k) = \sum_{n=0}^{N_2-1} x_2(n) W_{N_2}^{nk}, \quad 0 \leqslant k \leqslant N_2 - 1 \tag{7-58}$$

这时 $ax_1(n)+bx_2(n)$ 的长度也为 N_2，它们对应的 DFT 记作

$$\begin{aligned}
\text{DFT}\{ax_1(n) + bx_2(n)\} &= \sum_{n=0}^{N_2-1} [ax_1(n) + bx_2(n)] W_{N_2}^{nk} \\
&= a\sum_{n=0}^{N_2-1} x_1(n) W_{N_2}^{nk} + b\sum_{n=0}^{N_2-1} x_2(n) W_{N_2}^{nk} \\
&= aX_1(k)+bX_2(k), \quad 0 \leqslant k \leqslant N_2-1
\end{aligned} \tag{7-59}$$

2. 时移特性（圆周移位）

为便于分析有限长序列的时移特性，先建立"圆周移位"的概念。

若有限长序列 $x(n)$ 位于 $(0 \leqslant n \leqslant N-1)$ 区间，经位移 m 位，序列 $x(n-m)$ 仍为有限长，但其位置移至 $m \leqslant n \leqslant N+m-1$，其图形如图 7.9 所示。

若将这两个序列分别取 DFT，应分别写为

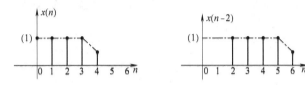

图 7.9　$x(n)$ 及移位后对应的图形

$$\mathrm{DFT}\{x(n)\} = \sum_{n=0}^{N-1} x_1(n) W^{nk}, \quad 0 \leqslant k \leqslant N-1$$

$$\mathrm{DFT}\{x(n-2)\} = \sum_{n=2}^{N+2-1} x_1(n-2) W^{nk}, \quad 0 \leqslant k \leqslant N-1$$

当时移位数不同时，DFT 取值范围要随之改变。这种现象给位移序列 DFT 的分析带来不便。为解决此矛盾，这里对有限长序列的位移赋予一种新的解释：先将 $x(n)$ 周期延拓构成 $x_p(n)$，然后移 m 位得到 $x_p(n-m)$，如图 7.10b 所示，最后，取 $x_p(n-m)$ 的主值区间（见图中的点画线框所示），这样就得到了 $x(n)$ 的所谓圆周移位序列 $x_p(n-m)\ R_N(n)$。

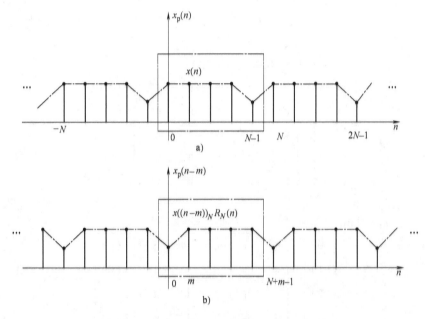

图 7.10　$x(n)$ 的圆周移位对应的图形

有限长序列 $x(n)$ 的圆周移位序列一般记作 $x((n-m))_N R_N(n)$。

从图 7.10b 可以看出，$N=5$ 的有限长序列 $x(n)$，经圆周移位得到 $x((n-1))_5 R_5(n)$ 的情形（相当于图中 $m=1$ 的情况，见图中的点画线框）。当序列 $x(n)$ 向右移 m 位时，超出 $N-1$ 以外的 m 个样值又从左边依次填补了进来。可以想象，相当于序列 $x(n)$ 排列在一个 N 等分的圆周上，N 个样点首尾相接，圆周移 m 个单位表示 $x(n)$ 在圆周旋转 m 位，这就是有限长序列的圆周移位过程，也称为循环移位。当有限长序列进行任意位数的圆移位时，它们的 DFT 取值范围始终保持从 0 到 $N-1$ 不改变。

有了上述的说明后，下面来讨论该性质。

若 $\mathrm{DFT}\{x(n)\}=X(k)$，$y(n)=x((n-m))_N R_N(n)$（即圆周移 m 位），则

$$\mathrm{DFT}\{y(n)\} = W^{mk}X(k)$$

证明：$\mathrm{DFT}\{y(n)\}=\mathrm{DFT}\{x((n-m))_N R_N(n)\}=\mathrm{DFT}\{x_p(n-m)R_N(n)\}$

$$= \sum_{n=0}^{N-1} x_p(n-m)W^{nk} \xrightarrow{\ \text{令}\ i=n-m\ } \sum_{i=-m}^{N-m-1} x_p(i)W^{(i+m)k}$$

$$= \Big[\sum_{i=-m}^{N-m-1} x_p(i)W^{ik}\Big]W^{mk} \tag{7-60}$$

由于 $x_p(i)$ 和 W^{ik} 都是以 N 为周期的周期性函数，因而，式（7-60）中方括号内求和范围可改写为从 $i=0$ 到（$N-1$）。

例如：在图 7.10 中，$N=5$ 时，从 $i=0$ 到（$N-1$）求和时可看作式（7-61）：

$$\begin{bmatrix} X(0) \\ X(1) \\ X(2) \\ X(3) \\ X(4) \end{bmatrix} = \begin{bmatrix} W^0 & W^0 & W^0 & W^0 & W^0 \\ W^0 & W^1 & W^2 & W^3 & W^4 \\ W^0 & W^2 & W^4 & W^6 & W^8 \\ W^0 & W^3 & W^6 & W^9 & W^{12} \\ W^0 & W^4 & W^8 & W^{12} & W^{16} \end{bmatrix}\begin{bmatrix} x(0) \\ x(1) \\ x(2) \\ x(3) \\ x(4) \end{bmatrix} = \begin{bmatrix} W^0 & W^0 & W^0 & W^0 & W^0 \\ W^0 & W^1 & W^2 & W^3 & W^4 \\ W^0 & W^2 & W^4 & W^1 & W^3 \\ W^0 & W^3 & W^1 & W^4 & W^2 \\ W^0 & W^4 & W^3 & W^2 & W^1 \end{bmatrix}\begin{bmatrix} x(0) \\ x(1) \\ x(2) \\ x(3) \\ x(4) \end{bmatrix} \tag{7-61}$$

当从 $i=-1$ 到（$N-2$）求和时可看作式（7-62）：

$$\begin{bmatrix} X(0) \\ X(1) \\ X(2) \\ X(3) \\ X(4) \end{bmatrix} = \begin{bmatrix} W^0 & W^0 & W^0 & W^0 & W^0 \\ W^{-1} & W^0 & W^1 & W^2 & W^3 \\ W^{-2} & W^0 & W^2 & W^4 & W^6 \\ W^{-3} & W^0 & W^3 & W^6 & W^9 \\ W^{-4} & W^0 & W^4 & W^8 & W^{12} \end{bmatrix}\begin{bmatrix} x(-1) \\ x(0) \\ x(1) \\ x(2) \\ x(3) \end{bmatrix} \tag{7-62}$$

式（7-62）可改写为

$$\begin{bmatrix} X(0) \\ X(1) \\ X(2) \\ X(3) \\ X(4) \end{bmatrix} = \begin{bmatrix} W^0 & W^0 & W^0 & W^0 & W^0 \\ W^4 & W^0 & W^1 & W^2 & W^3 \\ W^3 & W^0 & W^2 & W^4 & W^1 \\ W^2 & W^0 & W^3 & W^1 & W^4 \\ W^1 & W^0 & W^4 & W^3 & W^2 \end{bmatrix}\begin{bmatrix} x(4) \\ x(0) \\ x(1) \\ x(2) \\ x(3) \end{bmatrix} \tag{7-63}$$

很明显，根据矩阵相乘的有关的结果，例如：在式（7-61）中，$X(4)$ 可表示为

$$X(4) = W^0 x(0)+W^4 x(1)+W^3 x(2)+W^2 x(3)+W^1 x(4)$$

在式（7-63）中，$X(4)$ 可表示为

$$X(4) = W^1 x(4)+W^0 x(0)+W^4 x(1)+W^3 x(2)+W^2 x(3)$$

它们相乘时摆放的次序尽管不一样，但是结果完全一致。显然，式（7-61）和式（7-63）是完全相等的，表明式（7-60）可写为

$$\Big[\sum_{i=0}^{N-1} x_p(i)W^{ik}\Big]W^{mk} = X(k)W^{mk} \tag{7-64}$$

3. 频移特性

若 $\mathrm{DFT}\{x(n)\} = X(k)$，$Y(k) = X((k-l))_N R_N(k)$，则 $\mathrm{IDFT}\{Y(k)\} = W^{-nl} x(n)$

证明：$\mathrm{IDFT}\{Y(k)\} = \mathrm{IDFT}\{X((k-l))_N R_N(k)\} = \mathrm{IDFT}\{X_\mathrm{p}(k-l) R_N(k)\}$

$$= \sum_{k=0}^{N-1} X_\mathrm{p}(k-l) W^{-nk} \xlongequal{\ 令\ i=k-l\ } \sum_{i=-l}^{N-l-1} X_\mathrm{p}(i) W^{-n(i+l)}$$

$$= \left[\sum_{i=-m}^{N-m-1} X_\mathrm{p}(i) W^{-ni} \right] W^{-nl} \tag{7-65}$$

由上一性质证明中用到的同样的结论：$X_\mathrm{p}(i)$ 和 W^{-ni} 都是以 N 为周期的周期性函数，因而，式（7-65）中方括号内求和范围可改写为从 $i=0$ 到（$N-1$）。表明式（7-65）可写为

$$\left[\sum_{i=0}^{N-1} X_\mathrm{p}(i) W^{-ni} \right] W^{-nl} = x(n) W^{-nl} \tag{7-66}$$

4. 圆周卷积

若 $Y(k) = X(k) H(k)$，则

$$y(n) = \mathrm{IDFT}\{Y(k)\} = \sum_{m=0}^{N-1} x(m) h((n-m))_N R_N(n) = \sum_{m=0}^{N-1} h(m) x((n-m))_N R_N(n)$$

其中 $Y(k)$、$X(k)$、$H(k)$ 的 IDFT 分别为 $y(n)$、$x(n)$、$h(n)$。

证明：$\mathrm{IDFT}\{Y(k)\} = \mathrm{IDFT}\{H(k) X(k)\}$

$$= \frac{1}{N} \sum_{k=0}^{N-1} X(k) H(k) W^{-nk} = \frac{1}{N} \sum_{k=0}^{N-1} \left[\sum_{m=0}^{N-1} x(m) W^{mk} \right] H(k) W^{-nk}$$

$$= \sum_{m=0}^{N-1} x(m) \left[\frac{1}{N} \sum_{k=0}^{N-1} H(k) W^{mk} W^{-nk} \right]$$

其实 $\dfrac{1}{N} \sum\limits_{k=0}^{N-1} H(k) W^{-nk}$ 就是 $H(k)$ 的逆变换，$\dfrac{1}{N} \sum\limits_{k=0}^{N-1} H(k) W^{mk} W^{-nk}$ 就相当于时移特性里引入了 W^{mk}，对应有 m 位的时移，利用式（7-64）可得

$$\mathrm{IDFT}\{H(k) X(k)\} = \sum_{m=0}^{N-1} x(m) h((n-m))_N R_N(n)$$

同理可得

$$\mathrm{IDFT}\{H(k) X(k)\} = \sum_{m=0}^{N-1} h(m) x((n-m))_N R_N(n)$$

从此分析可以看出，$h(m) x((n-m))_N$ 的过程对应的就是卷积过程。而此卷积过程只在 $0 \leqslant m \leqslant N-1$ 内进行，若 $x(m)$ 保持不移动，则 $h((n-m))_N$ 相当于 $h(-m)$ 在圆周上移 n 位，也把这种卷积称作"圆周卷积"或"圆卷积"。为了与前面介绍的只作平行移动的卷积区分开，将只作平行移动的卷积称为"线卷积"。圆周卷积用特殊的符号"⊛"来表示

$$x(n) ⊛ h(n) = \sum_{m=0}^{N-1} x(m) h((n-m))_N R_N(n)$$

或

$$x(n) ⊛ h(n) = \sum_{m=0}^{N-1} h(m) x((n-m))_N R_N(n) \tag{7-67}$$

5. 有限长序列的圆周卷积与线卷积

先建立圆周移位的模型。由于 $x_p(n)$、$h_p(n)$ 为周期的，这里将主值区间的值提取出来，均匀地摆放在单位圆上。摆放原则是根据周期的大小 N，将圆周分成 N 等份，每一区间的角度相差 $\frac{2\pi}{N}$，选定 0 度角在圆的正东方向，同时让它对应主值区间的第一个值，其他的值按照逆时针方向排列，即第二个值在 $\frac{2\pi}{N}$ 方向，第三个值在 $\frac{2\pi}{N} \times 2$ 方向，依次类推。显然，N 个主值区间的值正好在圆周上摆放完。自然，如果序列反转，主值区间的第一个值不变，其他的值将按照顺时针方向排列，即第二个值在 $-\frac{2\pi}{N}$ 方向，第三个值在 $-\frac{2\pi}{N} \times 2$ 方向，依次类推。这时，对于 $h_p(n-m)$（其中自变量为 n），如果 $m>0$，相当于 $x_p(n)$ 逆时针旋转 $\frac{2\pi}{N} \times m$；如果 $m<0$，相当于 $x_p(n)$ 顺时针旋转 $\frac{2\pi}{N} \times |m|$。对于 $x_p(m-n)$（其中自变量为 n），如果 $m>0$，相当于 $h_p(-n)$ 逆时针旋转 $\frac{2\pi}{N} \times m$；如果 $m<0$，相当于 $h_p(-n)$ 顺时针旋转 $\frac{2\pi}{N} \times |m|$。此过程的对应图形如图 7.11 所示。

假定 $x_p(n) = \{3,2,3,4\}_4$（此时 $N=4$），如图 7.11a 所示；$h_p(n) = \{1,2,3,4\}_4$（此时 $N=4$），如图 7.11b 所示，相当于将圆周分成 4 等份。图 7.11c 表示 $x_p(n-1)$，图 7.11d 表示 $h_p(-1-n)$。

有了上面的基础，下面具体介绍圆周卷积的运算。从表达式 $x(n) \circledast h(n) = \sum\limits_{m=1}^{N-1} x(m)h(n-m))_N R_N(n)$ 可以看出，是对于某一个具体的 n，要让 m 在圆周上绕一圈，并让对应时刻的 $x(m)$、$h(n-m)$ 相乘后相加的运算，下面对照图 7.12 来描述。

现假定 $x(m) = \{1,2,3,4\}_4$（此时 $N=4$），如图 7.12a 所示；$h(-m) = \{4,3,2,1\}_4$（此时 $N=4$），如图 7.12b 所示，相当于将圆周分成 4 等份。图 7.12c 表示 $h(1-m)$，图 7.12d 表示 $h(2-m)$，图 7.12e 表示 $h(3-m)$，图 7.12f 表示 $h(4-m)$。

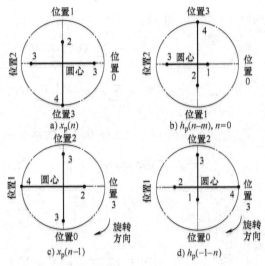

图 7.11　$N=4$ 的各类圆周移位对应的图形

有了上面的圆周移位，下面分别来计算图 7.10 中不同 n 值时的 $x(n) \circledast h(n)$ 值。

$$x(0) \circledast h(0) = \sum_{m=0}^{4-1} x(m)h(0-m)_4 R_4(n) = 1 \times 4 + 2 \times 1 + 3 \times 2 + 4 \times 3 = 24$$

对照上面的表达式和图 7.12。实际上就相当于把图 7.12a 和图 7.12b 直接拿过来，前后扣到一起（不要再旋转），前后对应幅度相乘后再相加。按照以上的规则，可分别计算 $x(1) \circledast h(1)$、$x(2) \circledast h(2)$ 和 $x(3) \circledast h(3)$。

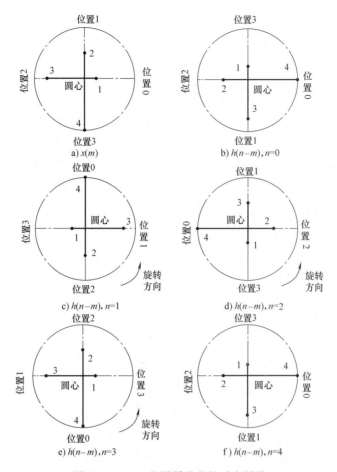

图 7.12　$N = 4$ 的圆周卷积的对应图形

将图 7.12a 和图 7.12c 扣到一起，可以计算出 $x(1)\circledast h(1)$。

$$x(1)\circledast h(1) = 1 \times 3 + 2 \times 4 + 3 \times 1 + 4 \times 2 = 22$$

将图 7.12a 和图 7.12d 扣到一起，可以计算出 $x(2)\circledast h(2)$。

$$x(2)\circledast h(2) = 1 \times 2 + 2 \times 3 + 3 \times 4 + 4 \times 1 = 24$$

再将图 7.12a 和图 7.12e 扣到一起，可以计算出 $x(3)\circledast h(3)$。

$$x(3)\circledast h(3) = 1 \times 1 + 2 \times 2 + 3 \times 3 + 4 \times 4 = 30$$

在圆周上继续旋转，以上的结果又会重复出现，即 $h(0-m) = h(4-m)$，正好以 $N = 4$ 为周期出现。

要说明的是，如果两个有限长序列不等长时，必须按最长的序列来测算，否则，由于两个圆周不是等分的，会导致数据对不齐，没法进行计算。

如果将此类方法进行推广，还可以进行"线卷积"，只是数据的摆放法则有所改变，具体描述如下。

先建立扇形移位的模型，将 $x(n)$、$h(n)$ 的值，分别等间隔地摆放在两个扇形圆上。摆放原则是根据相同的间隔角度 φ，选定 0 度角在圆的正北方向，同时让它对应第一个值，其他的值按照逆时针方向排列，即第二个值在 φ 度角方向，第三个值在 $\varphi \times 2$ 度角方向，依

次类推，最好所有的值摆放完后不超过一个半圆。自然，如果序列反转，第一个值不变，其他的值将按照顺时针方向排列，即第二个值在 $-\varphi$ 度角方向，第三个值在 $-\varphi\times2$ 度角方向，依次类推，也最好保证所有的值摆放完后不超过一个半圆。注意，两者选用的间隔角度 φ 必须一致。对于 $x(m-a)$，如果 $a>0$，相当于 $x(m)$ 逆时针旋转 $\varphi\times a$ 度；如果 $a<0$，相当于 $x(m)$ 顺时针旋转 $\varphi\times|a|$ 度。对于 $x(a-m)$，如果 $a>0$，相当于 $x(-m)$ 逆时针旋转 $\varphi\times a$ 度；如果 $a<0$，相当于 $x(-m)$ 顺时针旋转 $\varphi\times|a|$ 度。此过程所对应的图形如图 7.13 所示。

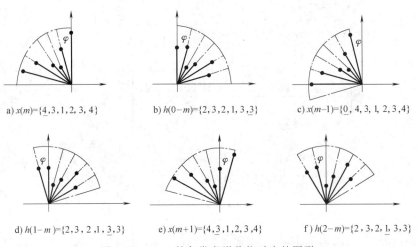

a) $x(m)=\{\underline{4},3,1,2,3,4\}$　　b) $h(0-m)=\{2,3,2,1,3,\underline{3}\}$　　c) $x(m-1)=\{\underline{0},4,3,1,2,3,4\}$

d) $h(1-m)=\{2,3,2,1,\underline{3},3\}$　　e) $x(m+1)=\{4,\underline{3},1,2,3,4\}$　　f) $h(2-m)=\{2,3,2,1,3,3\}$

图 7.13　$N=4$ 的各类扇形移位对应的图形

现假定 $x(m)=\{4,3,1,2,3,4\}$（下画线表示位置 0），如图 7.13a 所示；$h(m)=\{3,3,1,2,3,2\}$，如图 7.13b 所示。图 7.13d 表示 $h(1-m)$，图 7.13f 表示 $h(2-m)$。下面分别来计算图 7.13 中不同 n 值时的 $x(n)*h(n)$（卷积和或者线卷积）值。

$$x(0)*h(0)=\sum_{m=-\infty}^{\infty}x(m)h(0-m)=\underset{h(-5)\times x(-5)}{0\times2}+0\times3+0\times2+0\times1+0\times3+\underset{h(0)\times x(0)}{4\times3}+3\times0+1\times0+2\times0+3\times0+\underset{h(5)\times x(5)}{4\times0}=12$$

对照上面的表达式和图 7.13。实际上就相当于把图 7.13a 和图 7.13b 直接拿过来，原点对齐，纵坐标重合（不要再旋转），前后重叠部分相乘后再相加。按照以上的规则，可分别计算 $x(1)*h(1)$ 和 $x(2)*h(2)$。

将图 7.13a 和图 7.13d 纵坐标重合，可以计算出 $x(1)*h(1)$。

$$x(1)*h(1)=\underset{h(-4)\times x(-4)}{0\times2}+0\times3+0\times2+0\times1+\underset{h(0)\times x(0)}{4\times3}+\underset{h(1)\times x(1)}{3\times3}+1\times0+2\times0+3\times0+\underset{h(5)\times x(5)}{4\times0}=21$$

将图 7.13a 和图 7.13f 纵坐标重合，可以计算出 $x(2)*h(2)$。

$$x(2)*h(2)=\underset{h(-3)\times x(-3)}{0\times2}+0\times3+0\times2+\underset{h(0)\times x(0)}{4\times1}+\underset{h(1)\times x(1)}{3\times3}+\underset{h(2)\times x(2)}{1\times3}+2\times0+3\times0+4\times\underset{h(5)\times x(5)}{0}=16$$

6. 共轭对称性

设 $x(n)$ 为实序列，$\mathrm{DFT}\{x(n)\}=X(k)$，一般情况下，$X(k)$ 为复数，可以将 $X(k)$ 按照实部和虚部的方式展开，表示为

$$X(k)=X_r(k)+\mathrm{j}X_i(k) \tag{7-68}$$

按照 DFT 的定义，式（7-68）展开为

$$X(k) = X_r(k) + jX_i(k) = \sum_{n=0}^{N-1} x(n) e^{-j\frac{2\pi}{N}nk}$$

将 $\displaystyle\sum_{n=0}^{N-1} x(n) e^{-j\frac{2\pi}{N}nk}$ 按照欧拉公式展开，上式可改写为

$$X_r(k) + jX_i(k) = \sum_{n=0}^{N-1} x(n) e^{-j\frac{2\pi}{N}nk} = \sum_{n=0}^{N-1} x(n)\cos\left(\frac{2\pi}{N}nk\right) - j\sum_{n=0}^{N-1} x(n)\sin\left(\frac{2\pi}{N}nk\right) \quad (7\text{-}69)$$

由等式（7-69）两端必须相等，要求实部、虚部对应相等，可以得出

$$\begin{cases} X_r(k) = \displaystyle\sum_{n=0}^{N-1} x(n)\cos\left(\frac{2\pi}{N}nk\right) \\ X_i(k) = -\displaystyle\sum_{n=0}^{N-1} x(n)\sin\left(\frac{2\pi}{N}nk\right) \end{cases} \quad (7\text{-}70)$$

由于 $X_r(k) = \displaystyle\sum_{n=0}^{N-1} x(n)\cos\left(\frac{2\pi}{N}nk\right)$ 是一个关于 k 的余弦函数，表明是一个关于 k 的偶函数；$X_i(k) = -\displaystyle\sum_{n=0}^{N-1} x(n)\sin\left(\frac{2\pi}{N}nk\right)$ 是一个关于 k 的正弦函数，表明是一个关于 k 的奇函数。根据时域离散、频域周期的特点，$X_r(k)$、$X_i(k)$ 既然具有整体的奇偶函数的特点，就必然在一个周期内也具有奇偶函数的特点。这样，如果界定在一个周期内，则必定是关于 $\dfrac{N}{2}$ 的对称关系。这些表明实数序列的离散傅里叶变换为复数，其实部是偶函数，虚部为奇函数。

如果 $x(n)$ 为纯虚序列，则它的离散傅里叶变换也可分解为实部、虚部之和，仍以式（7-68）来表示，式（7-69）可写为

$$X_r(k) + jX_i(k) = \sum_{n=0}^{N-1} jx(n) e^{-j\frac{2\pi}{N}nk} = \sum_{n=0}^{N-1} jx(n)\cos\left(\frac{2\pi}{N}nk\right) + \sum_{n=0}^{N-1} x(n)\sin\left(\frac{2\pi}{N}nk\right) \quad (7\text{-}71)$$

由式（7-71）两端相等，要求实部、虚部也对应相等，可以得出

$$\begin{cases} X_r(k) = \displaystyle\sum_{n=0}^{N-1} x(n)\sin\left(\frac{2\pi}{N}nk\right) \\ X_i(k) = \displaystyle\sum_{n=0}^{N-1} x(n)\cos\left(\frac{2\pi}{N}nk\right) \end{cases} \quad (7\text{-}72)$$

此时，由于 $X_r(k) = \displaystyle\sum_{n=0}^{N-1} x(n)\sin\left(\frac{2\pi}{N}nk\right)$ 是一个关于 k 的正弦函数，表明是一个关于 k 的奇函数；$X_r(k) = \displaystyle\sum_{n=0}^{N-1} x(n)\cos\left(\frac{2\pi}{N}nk\right)$ 是一个关于 k 的余弦函数，表明是一个关于 k 的偶函数。

综上讨论，容易得出实序列的离散傅里叶变换为复数，其实部是偶函数，虚部为奇函数；纯虚数序列的离散傅里叶变换也为复数，其实部是奇函数，虚部为偶函数，体现着一种共轭对称性的关系。离散傅里叶变换的相关共轭对称性的关系如图 7.14 和表 7-2 所示。

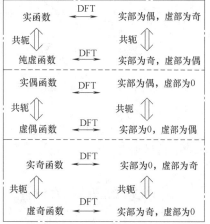

图 7.14　DFT 的共轭对称性

表 7-2　离散傅里叶变换的相关共轭对称性的关系

$x(n)$	$X(k)$	$x(n)$	$X(k)$
实序列	实部为偶函数、虚部为奇函数	纯虚偶序列	实部为0,虚部为虚偶函数
纯虚序列	实部为奇函数、虚部为偶函数	实奇序列	实部为0,虚部为虚奇函数
实偶序列	实部为偶函数,虚部为0	纯虚奇序列	实部为实奇函数,虚部为0

为了便于证明，这里只证明纯虚偶序列的情况，其他可自行证明。

证明：由式（7-71）可知，$X_r(k) = \sum\limits_{n=0}^{N-1} x(n)\sin\left(\dfrac{2\pi}{N}nk\right)$ 本来是 k 的奇函数，但现在 $x(n)$

本身是一个偶函数，这样一个周期内 $x(n)\sin\left(\dfrac{2\pi}{N}nk\right)$ 是 k 的奇函数，$\sum\limits_{n=0}^{N-1} x(n)\sin\left(\dfrac{2\pi}{N}nk\right)$ 的结

果自然为零，所以 $X_r(k) = 0$；而 $X_i(k) = \sum\limits_{n=0}^{N-1} x(n)\cos\left(\dfrac{2\pi}{N}nk\right)$ 本来是 k 的偶函数，但现在

$x(n)$ 也是一个偶函数，这样一个周期内 $x(n)\cos\left(\dfrac{2\pi}{N}nk\right)$ 是 k 的偶函数，$\sum\limits_{n=0}^{N-1} x(n)\cos\left(\dfrac{2\pi}{N}nk\right)$ 的

结果自然不为零且为偶函数，所以 $X_i(k)$ 为虚偶函数。

7. 帕什瓦尔定理

若 $\text{DFT}\{x(n)\} = X(k)$，则

$$\sum_{n=0}^{N-1} |x(n)|^2 = \frac{1}{N}\sum_{k=0}^{N-1} |X(k)|^2 \tag{7-73}$$

如果 $x(n)$ 为实序列，则有

$$\sum_{n=0}^{N-1} x^2(n) = \frac{1}{N}\sum_{k=0}^{N-1} |X(k)|^2 \tag{7-74}$$

证明：
$$\sum_{n=0}^{N-1} |x(n)|^2 = \sum_{n=0}^{N-1} x(n)[x(n)]^* = \sum_{n=0}^{N-1} x(n)\left[\frac{1}{N}\sum_{k=0}^{N-1} X(k)W^{-nk}\right]^*$$

$$= \sum_{n=0}^{N-1} x(n)\frac{1}{N}\sum_{k=0}^{N-1} X^*(k)W^{nk} = \frac{1}{N}\sum_{k=0}^{N-1} X^*(k)\left[\sum_{k=0}^{N-1} x(n)W^{nk}\right]$$

$$= \frac{1}{N}\sum_{k=0}^{N-1} X^*(k)X(k) = \frac{1}{N}\sum_{k=0}^{N-1} |X(k)|^2$$

显然，对于式（7-74）来说，因为实序列的共轭就是它本身，所以可以将式（7-73）中的绝对值符号去掉。

以上涉及的 DFT 的性质都是在信号分析过程中经常利用的部分性质，其他的可参考相关的数字信号处理方面的书籍。

7.6　离散系统的频域分析

在分析离散系统的频域之前，先讨论离散时间系统和离散系统的问题。从某种程度上来

说，由于系统都必须有一定的数学模型才能进行分析，而在数学模型的建立方面，大家已经知道，连续时间系统是通过微分方程来反映的，离散时间系统是通过差分方程来反映的。实际上，离散系统也是通过差分方程来反映的，这说明在分析差分方程时，同时对离散时间系统和离散系统进行了分析。也就是说，离散系统的频域分析同时涵盖了离散系统和离散时间系统的频域分析，它们是一致的。

设离散 LTI 系统的单位样值响应为 $h(n)$，当系统的输入是纯虚指数信号 $f(n) = \mathrm{e}^{\mathrm{j}\omega n}$（$-\infty < n < \infty$）时，按照前面学过的知识，系统地零状态响应 $y(n)$ 可以通过 $h(n)$ 和 $f(n)$ 的卷积和求出，即

$$y(n) = f(n) * h(n) = \mathrm{e}^{\mathrm{j}\omega n} * h(n) = \sum_{k=-\infty}^{\infty} \mathrm{e}^{\mathrm{j}\omega(n-k)} h(k)$$

$$= \mathrm{e}^{\mathrm{j}\omega n} \sum_{k=-\infty}^{\infty} \mathrm{e}^{-\mathrm{j}\omega k} h(k) = \mathrm{e}^{\mathrm{j}\omega n} H(\mathrm{e}^{\mathrm{j}\omega}) \tag{7-75}$$

其中 $H(\mathrm{e}^{\mathrm{j}\omega}) = \sum\limits_{n=-\infty}^{\infty} \mathrm{e}^{-\mathrm{j}\omega n} h(n) = \mathrm{DTFT}\{h(n)\}$，自然，$h(n) = \mathrm{IDTFT}\{H(\mathrm{e}^{\mathrm{j}\omega})\}$。

$H(\mathrm{e}^{\mathrm{j}\omega})$ 定义为离散系统的频率响应。由式（7-75）可知，纯虚指数信号通过离散 LTI 系统后信号的频率不变，信号的幅度由系统的频率响应 $H(\mathrm{e}^{\mathrm{j}\omega})$ 在 ω 点的幅度值决定，即 $H(\mathrm{e}^{\mathrm{j}\omega})$ 描述了系统对不同的频率信号的衰减量。

一般情况下，离散系统的频率响应 $H(\mathrm{e}^{\mathrm{j}\omega})$ 是一个复数，自然可以用幅度和相位来表示，即

$$H(\mathrm{e}^{\mathrm{j}\omega}) = |H(\mathrm{e}^{\mathrm{j}\omega})| \mathrm{e}^{\mathrm{j}\varphi(\omega)} \tag{7-76}$$

称 $|H(\mathrm{e}^{\mathrm{j}\omega})|$ 为系统的幅度响应，$\varphi(\omega)$ 为系统的相位响应。当 $h(n)$ 为实函数时，由 DTFT 的性质可知，$|H(\mathrm{e}^{\mathrm{j}\omega})|$ 是 ω 的偶函数，$\varphi(\omega)$ 是 ω 的奇函数。

由 DTFT 的时域卷积定理可知，如果系统的输入信号为 $x(n)$，离散 LTI 系统的单位样值响应为 $h(n)$，那么输出序列 $y(n)$ 的 DTFT 应为

$$Y(\mathrm{e}^{\mathrm{j}\omega}) = X(\mathrm{e}^{\mathrm{j}\omega}) H(\mathrm{e}^{\mathrm{j}\omega}) \tag{7-77}$$

即零状态响应 $y(n)$ 的频谱等于输入信号的频谱 $X(\mathrm{e}^{\mathrm{j}\omega})$ 与系统的频率响应 $H(\mathrm{e}^{\mathrm{j}\omega})$ 之积。如果要计算零状态响应 $y(n)$ 本身，只需要将 $Y(\mathrm{e}^{\mathrm{j}\omega})$ 进行 IDTFT 变换即可。

【例 7-7】　已知某离散系统对应的差分方程为

$$y(n-2) + 5y(n-1) + 6y(n) = 3x(n) + 4x(n-1) \tag{7-78}$$

试求该系统的频率响应 $H(\mathrm{e}^{\mathrm{j}\omega})$ 和单位样值响应 $h(n)$。

解：由 DTFT 的时域位移特性，对式（7-78）两端同时进行 DTFT 变换得

$$(\mathrm{e}^{-\mathrm{j}2\omega} + 5\mathrm{e}^{-\mathrm{j}\omega} + 6) Y(\mathrm{e}^{\mathrm{j}\omega}) = (3 + 4\mathrm{e}^{-\mathrm{j}\omega}) X(\mathrm{e}^{\mathrm{j}\omega})$$

所以

$$H(\mathrm{e}^{\mathrm{j}\omega}) = \frac{Y(\mathrm{e}^{\mathrm{j}\omega})}{X(\mathrm{e}^{\mathrm{j}\omega})} = \frac{3 + 4\mathrm{e}^{-\mathrm{j}\omega}}{\mathrm{e}^{-\mathrm{j}2\omega} + 5\mathrm{e}^{-\mathrm{j}\omega} + 6} = \frac{3}{(1/3)\mathrm{e}^{-\mathrm{j}\omega} + 1} - \frac{2.5}{0.5\mathrm{e}^{-\mathrm{j}\omega} + 1} \tag{7-79}$$

对式（7-79）进行 IDTFT 可得

$$h(n) = 3\left(-\frac{1}{3}\right)^n u(n) - 2.5\left(-\frac{1}{2}\right)^n u(n)$$

【例 7-8】　某差分方程为 $y(n) + 0.5y(n-1) = x(n-1)$，若输入信号序列为 $10\cos\left(\dfrac{n\pi}{2} + \dfrac{2\pi}{3}\right)$，求系统的零状态响应。

解：先求出 $H(\mathrm{e}^{\mathrm{j}\omega}) = \dfrac{\mathrm{e}^{-\mathrm{j}\omega}}{1 + 0.5\mathrm{e}^{-\mathrm{j}\omega}} = \dfrac{1}{\mathrm{e}^{\mathrm{j}\omega} + 0.5} = \dfrac{1}{\sqrt{1.25 + \cos\omega}}\mathrm{e}^{-\mathrm{jarctan}\frac{\sin\omega}{\cos\omega + 0.5}}$

由输入信号序列可知，$\omega = \dfrac{\pi}{2}$，所以 $H(\mathrm{e}^{\mathrm{j}\omega}) = \dfrac{2}{\sqrt{5}}\mathrm{e}^{-\mathrm{jarctan}2}$，则

$$y_{zs}(n) = \frac{20}{\sqrt{5}}\cos\left(\frac{\pi}{2}n + \frac{2\pi}{3} - \arctan 2\right)$$

上面对离散信号与系统的频域分析完整地做了介绍，下面将简要地介绍离散傅里叶变换的应用，以及利用 MATLAB 对上面提到的各类方法进行辅助分析的方法。

7.7　离散信号与系统频域分析的 MATLAB 实现

由于信号在时域与频域之间存在着一定的对应关系，例如时域的周期性对应于频域的离散性，所以在利用 MATLAB 对离散信号或离散系统进行分析时，要掌握它们对应的关系，并选择对应的 MATLAB 函数。

7.7.1　周期信号频域分析的 MATLAB 实现

对于周期性离散时间信号，设定离散时间傅里叶级数和它的逆变换的求和范围是从 0 到 $(N-1)$，则式（7-33）和式（7-34）完全可以改写为以下的形式：

$$X_{\mathrm{p}}(k) = \sum_{n=0}^{N-1} x_{\mathrm{p}}(n) W^{nk} \tag{7-80}$$

$$x_{\mathrm{p}}(k) = \frac{1}{N}\sum_{k=0}^{N-1} X_{\mathrm{p}}(k) W^{-nk} \tag{7-81}$$

其中的 W 与前面定义的一致，即 $W = \mathrm{e}^{-\mathrm{j}\frac{2\pi}{N}}$。周期性序列实际上只有一个周期的 N 个序列值有用。在 MATLAB 中提供了 fft（ ）函数可用来计算式（7-80），提供了 ifft（ ）函数可用来计算式（7-81）。

【例 7-9】　对如图 7.15 所示的周期性锯齿波序列分别求离散傅里叶级数和逆变换，并绘出其图形。

解：由前面的讨论已知，实际上 fft（ ）运算和 DFT（ ）是一致的，对图 7.15 中一个周期求 fft（ ）完全可以利用式（7-45）和式（7-46）来求解，表达式如下：

$$\mathrm{fft}\{x(n)\} = X(k) = \sum_{n=0}^{5} n W^{nk}, \quad \mathrm{ifft}\{X(k)\} = x(n) = \sum_{n=0}^{5} X(k) W^{-nk}$$

利用 MATLAB 软件编写该离散时间傅里叶变换的程序如下：

```
% prog7.1   离散时间傅里叶级数和逆变换
N=6;
nun=linspace(0,5,6);
```

```
F=fft(nun);
rf=ifft(F);
hold on;
subplot(221);
stem(0:5,nun);
grid;
text(-0.57,0.76,'0\leq n \leq 5');text(0.09,0.76,'(a)nu(n)');
subplot(222);
stem(nun,real(F));
grid;
text(0.48,0.37,'0\leq k \leq 5');
text(0.09,0.47,'(b)Re{F(k)');
subplot(224);stem(nun,imag(F));grid;
text(0.48,0.37,'0\leq k \leq 5');
text(0.09,0.47,'(d)Im{F(k)');
subplot(223);
stem(nun,rf);grid;
text(0.48,0.37,'0\leq n \leq 5');
text(0.09,0.47,'(c)ifft{F(k)');
```

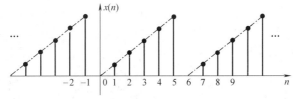

图 7.15　锯齿波序列图

运行该程序，相应的图形如图 7.16 所示。

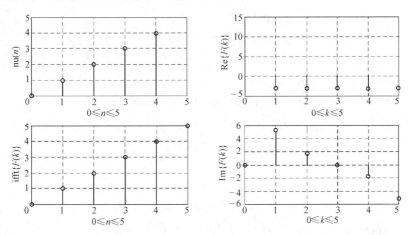

图 7.16　周期性锯齿波序列图的 DFT 后对应的实部和虚部图

7.7.2　非周期信号频域分析的 MATLAB 实现

对于非周期性离散时间信号，本章在例 7-1 中已经给出了完整的例子。MATLAB 提供了如 abs（）、angle（）、real（）和 imag（）等基本函数用来计算 DTFT 的幅度、相位、实部和虚部。通常 DTFT 计算的结果是复数。这里只介绍 real（）和 imag（）的用法。

【例 7-10】　对图 7.17 所示锯齿波序列分别求 DTFT 的实部和虚部，并绘出其频谱图。

解：$X(e^{j\omega}) = DTFT\{x(n)\} = \sum_{n=0}^{5} n e^{-j\omega n}$

$$= e^{-j\omega} + 2e^{-j\omega 2} + 3e^{-j\omega 3} + 4e^{-j\omega 4} + 5e^{-j\omega 5}$$

其中，实部特性 $Re\{X(e^{j\omega})\} = real\{e^{-j\omega} + 2e^{-j\omega 2} + 3e^{-j\omega 3} + 4e^{-j\omega 4} + 5e^{-j\omega 5}\}$，虚部特性 $Im\{X(e^{j\omega})\} = imag\{e^{-j\omega} + 2e^{-j\omega 2} + 3e^{-j\omega 3} + 4e^{-j\omega 4} + 5e^{-j\omega 5}\}$。

利用 MATLAB 软件编写该离散时间傅里叶变换的程序如下：

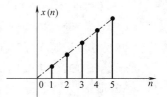

图 7.17　锯齿波序列图

```
% prog7.2　离散时间傅里叶变换的实部和虚部
w=-2* pi:pi/100:2* pi;
nun=linspace(0,5,6);
Xw=exp(-j* w)+2* exp(-j* w* 2)+3* exp(-j* w* 3)+4* exp(-j* w* 4)+5
* exp(-j* w* 5);
reXw=real(Xw);
imXw=imag(Xw);
hold on;
subplot(311);
stem(0:5,nun);
axis([-2 8 0 6]);grid;
text(-0.57,0.76,'-2\leq n \leq 8');
text(0.09,0.76,'(a)nu(n)');
subplot(312);plot(w,reXw);
set(gca,'XTick',-2* pi:pi/2:2* pi)
set(gca,'XTickLabel',{'-2pi','-3pi/2','-pi','-pi/2','0','pi/2',
'pi','3pi/2','2pi'});grid;
text(0.48,0.37,'-2\pi\leq \omega \leq 2\pi');
text(0.09,0.47,'(b)Re{X(e^{j\omega})}');subplot(313);plot(w,imXw);
set(gca,'XTick',-2* pi:pi/2:2* pi);
set(gca,'XTickLabel',{'-2pi','-3pi/2','-pi','-pi/2','0','pi/2',
'pi','3pi/2','2pi'});grid;
text(-0.76,-28.24,'-2\pi\leq \omega \leq 2\pi');
text(0.09,0.19,'(c)Im{X(e^{j\omega})}');
```

运行该程序，相应频谱图如图 7.18 所示。

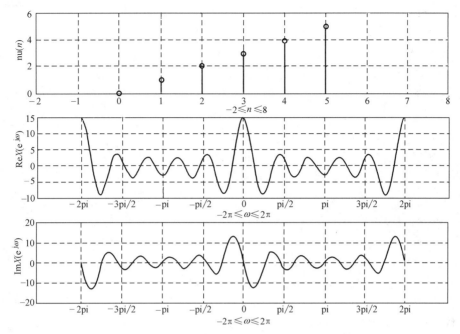

图 7.18　锯齿波序列，实部频谱和虚部频谱图

从图 7.18 可以得出，原序列（见图 7.18a）是离散的，但是幅度频谱（见图 7.18b）和相位频谱（见图 7.18c）是周期的。

7.7.3　离散系统频域分析的 MATLAB 实现

如果将 DTFT 的结果写成 $e^{j\omega}$ 的有理多项式的形式，实际上就对应着离散系统的频率分析问题。因为离散系统是利用差分方程来描述的，即下列形式：

$$\sum_{i=0}^{N} a_i y(n-i) = \sum_{i=0}^{N} b_i x(n-i) \tag{7-82}$$

如果对其两端求 DTFT，可以用式（7-83）的形式来描述：

$$H(e^{j\omega}) = \frac{Y(e^{j\omega})}{X(e^{j\omega})} = \frac{b_0 + b_1 e^{-j\omega} + \cdots + b_M e^{-j\omega M}}{a_0 + a_1 e^{-j\omega} + \cdots + a_N e^{-j\omega N}} \tag{7-83}$$

在 MATLAB 中，有专门的 freqz（　）函数来求解。具体调用形式为 h = freqz(b,a,w)。

需要注意的是，函数中有理多项式的系数是从 1 开始的，而式（7-82）和式（7-83）都是从 0 开始的。实际上，这对解题没有任何影响，只需要它们的次序一致就可以了。

【例 7-11】　求差分方程 $y(k)+3y(k-1)+2y(k-2)=x(k)$ 所构成的系统本身的幅度频谱和相位频谱。

解：由式（7-12）可知 $H(e^{j\omega}) = \dfrac{1}{1+3e^{-j\omega}+2e^{-j\omega 2}}$

利用 MATLAB 软件编写该离散时间傅里叶变换的程序如下：

```
% prog7.3  离散系统求频谱
B=[1];A=[1 3 2];
```

```
w=linspace(0,2* pi,512);
Hw=freqz(B,A,w);hold on;
subplot(211);plot(w,abs(Hw));
set(gca,'XTick',0:pi/4:2* pi);
set(gca,'XTickLabel',{'0','pi/4','pi/2','3pi/4','pi','5pi/4',
'3pi/2','7pi/4','2pi'});grid;
text(-0.76,-2,'0\leq \omega \leq 2\pi');
text(0.09,1.19,'(a) |H(e^{j\omega}) |');
subplot(212);
plot(w,angle(Hw));
set(gca,'XTick',0:pi/4:2* pi);
set(gca,'XTickLabel',{'0','pi/4','pi/2','3pi/4','pi','5pi/4',
'3pi/2','7pi/4','2pi'});grid;
text(-0.76,-1,'0\leq \omega \leq 2\pi');
text(0.09,0.19,'(b) \psi(\omega)');
```

运行该程序，相应的频谱图如图 7.19 所示。

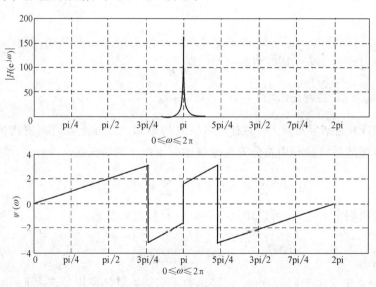

图 7.19　系统本身的幅度频谱和相位频谱图

7.7.4　对部分例题的 MATLAB 实现

【例 7-12】　利用 MATLAB 软件编写离散时间傅里叶变换的程序，并对例 7-1 的结果进行验证。

```
% prog7.4　对例 7-1 进行验证
w=-2* pi:pi/100:2* pi;
Rn=ones(1,6);Xw=(sin(3* w)./(sin(w/2))).* exp(-j* 5* w/2);
absXw=abs(Xw);
```

```
argXw=angle(Xw);hold on;
subplot(311);
stem(0:5,Rn);
axis([-2 8 0 1.5]);grid;
title('(a)      Rn');
subplot(312);
plot(w,absXw);
set(gca,'XTick',-2* pi:pi/2:2* pi);
set(gca,'XTickLabel',{'-2pi','-3pi/2','-pi','-pi/2','0','pi/2',
'pi','3pi/2','2pi'});
grid;title('(b)      |X(e^{j\omega})|');subplot(313);
plot(w,argXw);
set(gca,'XTick',-2* pi:pi/2:2* pi);
set(gca,'XTickLabel',{'-2pi','-3pi/2','-pi','-pi/2','0','pi/2',
'pi','3pi/2','2pi'});
set(gca,'YTick',-pi:pi/2:pi);
set(gca,'YTickLabel',{'-pi','-pi/2','0','pi/2','pi'});grid;
title('(c)      \psi(\omega)')
```

运行该程序，其相应的频谱图形如图 7.20 所示。

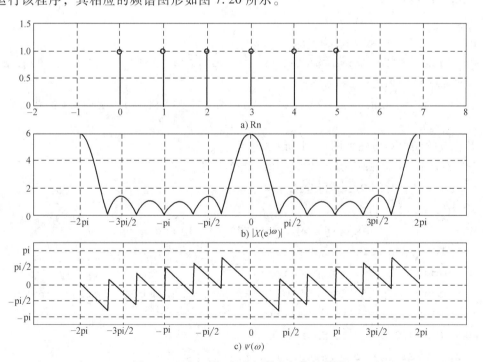

图 7.20　原序列，幅度频谱和相位频谱图

从图 7.20 可以得出，原序列（见图 a）是离散的，但是幅度频谱（见图 b）和相位频谱（见图 c）是周期的。

【**例 7-13**】 利用 MATLAB 软件，验证例 7-2 的结果。

```
% prog7.5  对例 7-2 进行验证
w=-2* pi:pi/100:2* pi;
n=linspace(0,4,5);
hn=0.5.^n;
Hw=1./(1-0.5* exp(-j* w));
hold on;
subplot(311);
stem(n,hn);
axis([-2 8 0 1.1]);grid;
text(-0.57,0.76,'-2\leq n \leq 8');
text(0.09,0.76,'(a)hn');
subplot(312);
plot(w,abs(Hw));set(gca,'XTick',-2* pi:pi/2:2* pi);
set(gca,'XTickLabel',{'-2pi','-3pi/2','-pi','-pi/2','0','pi/2',
'pi','3pi/2','2pi'});grid;
text(0.48,0.37,'-2\pi\leq\omega\leq2\pi');text(0.09,0.47,'(b) |X(e^
{j\omega}) |');
subplot(313);
plot(w,angle(Hw));
set(gca,'XTick',-2* pi:pi/2:2* pi);
set(gca,'XTickLabel',{'-2pi','-3pi/2','-pi','-pi/2','0','pi/2',
'pi','3pi/2','2pi'});grid;
text(-0.76,-28.24,'-2\pi\leq\omega\leq2\pi');text(0.09,0.19,'(c)\
psi(\omega)');
```

其相应的频率响应图如图 7.21 所示。

【**例 7-14**】 利用 MATLAB 软件，验证例 7-3 的结果。

```
% prog7.6  对例 7-3 进行验证
w=-pi:pi/100:pi;
Hw=1./(1-0.5* exp(-j* w)+exp(-j* 2* w));hold on;
subplot(211);plot(w,abs(Hw));
set(gca,'XTick',-pi:pi/2:pi);
set(gca,'XTickLabel',{'-pi','-pi/2','0','pi/2','pi'});grid;
text(0.48,0.37,'-\pi\leq \omega \leq \pi');
text(0.09,0.47,'(a) |X(e^{j\omega}) |');
subplot(212);plot(w,angle(Hw));
set(gca,'XTick',-pi:pi/2:pi);
set(gca,'XTickLabel',{'-pi','-pi/2','0','pi/2','pi'});grid;
text(-0.76,-1.24,'-\pi\leq\omega\leq\pi');text(0.09,0.19,'(b)\psi(\omega)');
```

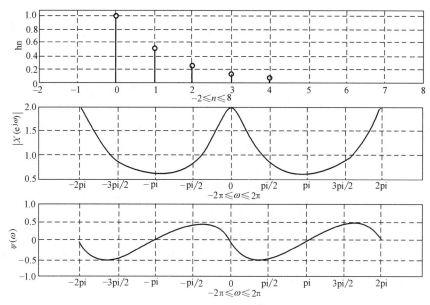

图 7.21　一阶系统的频率响应图

其相应的频率响应图如图 7.22 所示。

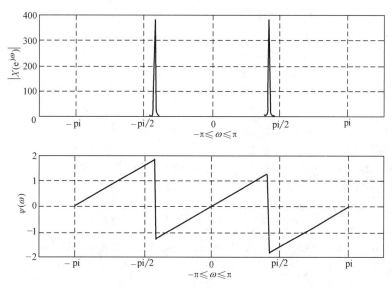

图 7.22　二阶系统的频率响应图

习　　题

一、填空题

1. $x(n)$ 存在傅里叶变换的充分必要条件是_____。

2. 共轭对称序列的实部是_____，虚部是_____。

3. 设 $X(e^{j\omega}) = FT[x(n)]$，则 $FT[x(n-n_0)] = $_____。

4. 设 $X_1(e^{j\omega}) = FT[x_1(n)]$，$X_2(e^{j\omega}) = FT[x_2(n)]$，则 $FT[ax_1(n)+bx_2(n)] =$ _____。

5. 对于序列的傅里叶变换而言，时域是离散非周期信号，频域是_____。

二、单项选择题

1. $x_1(n) = \delta(n-3)$ 的傅里叶变换为 （　　）。

A. $X(e^{j\omega}) = e^{-j3\omega}$　　　　B. $X(e^{j\omega}) = e^{j3\omega}$　　　　C. $X(e^{j\omega}) = 3e^{-j3\omega}$　　　　D. $X(e^{j\omega}) = \frac{1}{3}e^{-j3\omega}$

2. $x_2(n) = \frac{1}{2}\delta(n+1)+\delta(n)+\frac{1}{2}\delta(n-1)$ 的傅里叶变换为 （　　）。

A. $X(e^{j\omega}) = 1+\sin\omega$　　　　　　　　　　B. $X(e^{j\omega}) = 1+\cos\omega$

C. $X(e^{j\omega}) = \frac{1}{2}(1+\cos\omega)$　　　　　　　D. $X(e^{j\omega}) = \frac{1}{2}(1+\sin\omega)$

3. $x_3(n) = a^n u(n), 0<a<1$ 的傅里叶变换为 （　　）。

A. $X(e^{j\omega}) = \dfrac{1}{1-ae^{j\omega}}$　　　　　　　　　B. $X(e^{j\omega}) = \dfrac{1}{1-ae^{-j\omega}}$

C. $X(e^{j\omega}) = \dfrac{1}{1-ae^{-2j\omega}}$　　　　　　　D. $X(e^{j\omega}) = \dfrac{1}{1+ae^{-j\omega}}$

4. $x_4(n) = u(n+3)-u(n-4)$ 的傅里叶变换为 （　　）。

A. $\dfrac{1-a^7 e^{-j7\omega}}{1-ae^{-j\omega}}$　　　　　B. $\dfrac{1+a^7 e^{-j7\omega}}{1-ae^{-j\omega}}$　　　　C. $\dfrac{1-a^7 e^{j7\omega}}{1-ae^{-j\omega}}$　　　　D. $\dfrac{1-a^7 e^{-j7\omega}}{1+ae^{-j\omega}}$

5. 若 $x(n)$ 为实序列，$X(e^{j\omega})$ 是其傅里叶变换，则 （　　）。

A. $X(e^{j\omega})$ 的幅度和辐角都是 ω 的偶函数。

B. $X(e^{j\omega})$ 的幅度是 ω 的奇函数，辐角是 ω 的偶函数。

C. $X(e^{j\omega})$ 的幅度是 ω 的偶函数，辐角是 ω 的奇函数。

D. $X(e^{j\omega})$ 的幅度和辐角都是 ω 的奇函数。

三、判断题

1. 离散信号经过单位延迟器后，其幅度频谱也相应延迟。（　　　）

2. 实序列的傅里叶变换必是共轭对称函数。（　　　）

3. 序列共轭对称分量的傅里叶变换等于序列傅里叶变换的实部。（　　　）

4. 离散非周期信号的频谱为非周期连续函数。（　　　）

5. 离散周期信号的频谱为非周期连续函数。（　　　）

四、综合题

1. 设 $X(e^{j\omega})$ 是序列 $x(n)$ 的离散时间傅里叶变换，利用离散时间傅里叶变换的定义与性质，求下列各序列的离散时间傅里叶变换。

（1）$g(n) = x(n)-x(n-1)$

（2）$g(n) = x*(n)$

（3）$g(n) = x*(-n)$

（4）$g(n) = x(2n)$

（5）$g(n) = nx(n)$

（6）$g(n) = x^2(n)$

（7）$g(n) = \begin{cases} x\left(\dfrac{n}{2}\right), & n \text{ 为偶数} \\ 0, & n \text{ 为奇数} \end{cases}$

2. 试求以下各序列的时间傅里叶变换

(1) $x_1(n) = a^n u(n)$, $|a| < 1$

(2) $x_2(n) = a^n u(-n)$, $|a| > 1$

(3) $x_3(n) = \begin{cases} a^{|n|}, & |n| \leqslant M \\ 0, & n \text{ 为其他} \end{cases}$

(4) $x_4(n) = a^n u(n+3)$, $|a| < 1$

(5) $x_5(n) = \sum_{m=0}^{\infty} \left(\dfrac{1}{4} \right)^n \delta(n-3m)$

(6) $x_6(n) = \left[\dfrac{\sin(n\pi/3)}{n\pi} \right] \left[\dfrac{\sin(n\pi/4)}{n\pi} \right]$

3. 设 $x(n)$ 是一有限长序列，已知

$$x(n) = \begin{cases} -1, 2, 0, -3, 2, 1, & n = 0, 1, 2, 3, 4, 5 \\ 0, & n \text{ 为其他} \end{cases}$$

它的离散傅里叶变换为 $X(e^{j\omega})$。不具体计算 $X(e^{j\omega})$，试直接确定下列表达式的值。

(1) $X(e^{j0})$

(2) $X(e^{j\pi})$

(3) $\displaystyle\int_{-\pi}^{\pi} X(e^{j\omega}) \,d\omega$

(4) $\displaystyle\int_{-\pi}^{\pi} |X(e^{j\omega})|^2 \,d\omega$

(5) $\displaystyle\int_{-\pi}^{\pi} \left| \dfrac{dX(e^{j\omega})}{d\omega} \right|^2 \,d\omega$

自　测　题

7-1　试求下列序列的离散时间傅里叶变换。

(1) $f(n) = \{\underset{\uparrow}{1} \ \ 1 \ \ 1 \ \ 1 \ \ 1\}$　　　　　(2) $f(n) = \left(\dfrac{1}{4} \right)^n u(n+2)$

(3) $f(n) = \left(\dfrac{1}{2} \right)^n [u(n+3) - u(n-2)]$　　　(4) $f(n) = n[u(n) - u(n-7)]$

(5) $f(n) = (\sin n)[u(n+2) - u(n-2)]$　　　(6) $f(n) = (\cos n)[u(n+5) - u(n-2)]$

7-2　已知离散系统激励 $x(n) = \left(\dfrac{1}{2} \right)^n u(n) - \left(\dfrac{1}{4} \right)^{n-1} u(n-1)$，零状态响应 $y(n) = \left(\dfrac{1}{3} \right)^n u(n)$，试求该系统的频响特性 $H(e^{j\omega})$。

7-3　某有限长序列 $x(n) = \{\underset{\uparrow}{1} \ \ 2 \ \ -1 \ \ -3 \ \ 1\}$，试求其离散傅里叶变换 $X(k)$，再由所得的 $X(k)$ 求其离散傅里叶逆变换，验证结果的正确性。

7-4　求下列有限序列的离散傅里叶变换。

(1) $f(n) = \{B, B, \cdots, B\}$, N 点　　　　　(2) $f(n) = (0.9)^n$, $0 \leqslant n < 16$

(3) $f(n) = (2)^n [u(n+3) - u(n-2)]$　　　(4) $f(n) = n[u(n) - u(n-7)]$

(5) $f(n) = n^2 [u(n+2) - u(n-2)]$　　　(6) $f(n) = \dfrac{1}{n} [u(n-1) - u(n-8)]$

7-5　试求序列 $x_1(n) = \{\underset{\uparrow}{5} \ \ 2 \ \ 7 \ \ -3 \ \ 1\}$ 和序列 $x_2(n) = \{\underset{\uparrow}{1} \ \ 2 \ \ 3 \ \ 4\}$ 的线性卷积。

7-6　试求序列 $x_1(n) = \{\underset{\uparrow}{5} \ \ 2 \ \ 7 \ \ -3 \ \ 1\}$ 和序列 $x_2(n) = \{\underset{\uparrow}{1} \ \ 2 \ \ 3 \ \ 4\}$ 的圆周卷积。

7-7　试分别利用扇形移位和圆周移位的方法对序列 $x_1(n) = \{\underset{\uparrow}{9} \ \ 0 \ \ 7 \ \ -3 \ \ 1\}$、序列 $x_2(n) = \{\underset{\uparrow}{1} \ \ 2$

3 4¦ 求线性卷积和圆周卷积。

7-8 某离散 LTI 系统的差分方程为 $y(n-2)+3y(n-1)+2y(n)=u(n)-u(n-2)$，试求系统的频响特性 $H(e^{j\omega})$、单位响应 $h(n)$ 和零状态响应。

7-9 利用几何确定法分别画出 7-8 题的频响特性 $H(e^{j\omega})$ 的幅频响应和相频响应。

7-10 试证明 $W_N = e^{-j\frac{2\pi}{N}}$ 具有如下的性质

(1) $W_N^{2N+k} = W_N^k$
(2) $W_{2N}^N = -1$

(3) $W_N^2 = W_{N/2}^1$
(4) $W_N^k = \left[W_N^{N-k}\right]^*$

(5) $W_N^{2k} = W_{N/2}^k$
(6) $W_N^{\frac{N}{2}+k} = -W_N^k$

MATLAB 练习

M7-1 某方波信号的周期为 T_0，幅度为 A，一个周期内的持续时间为 τ，试分别求其幅度谱和相位谱。并分别讨论 $T_0 = 2\tau$、$T_0 = 4\tau$ 和 $T_0 = 8\tau$ 的情况。

M7-2 某三角波信号的周期为 T_0，幅度为 A，试分别求其幅度谱和相位谱。并分别讨论 T_0 变化、A 变化时有效带宽内的帕什瓦尔定理。

第8章 Z变换、离散时间系统的Z域分析

本章概述：拉普拉斯变换是作为连续时间系统傅里叶变换的一种推广，Z 变换是在离散时间情况下与拉普拉斯变换相对应的，在引入 Z 变换以及 Z 变换的性质等方面都是与拉普拉斯变换十分相似的。Z 变换和拉普拉斯变换重要的不同是来自连续时间和离散时间信号与系统的基本差异。在利用 Z 变换分析离散时间系统时，应充分体会到一个系统的很多性质都能够直接与系统函数的零极点和收敛域的性质相联系。

知识点：①掌握 Z 变换及收敛域、逆 Z 变换与 Z 变换的基本性质；弄清楚 Z 变换与拉普拉斯变换的关系；会利用单边 Z 变换分析离散时间系统。②会用不同的方法求解离散时间系统的系统函数及根据系统函数判断系统的因果性和稳定性。③掌握利用 MATLAB 进行离散系统的 Z 域分析的基本方法。

8.1 Z变换的定义、常用序列的 Z 变换

在连续时间信号与系统的分析中，信号的拉普拉斯变换起着重要的作用。与此相对应，序列 Z 变换在离散时间信号与系统的分析中起着同样重要的作用。Z 变换的数学理论很早就形成了，但直到 20 世纪 60 年代随着计算机的应用与发展，才真正得到广泛的实际应用。作为一种重要的数学工具，它把描述离散系统的差分方程，变换成代数方程，使其求解过程得到简化。还可以利用系统函数的零、极点分布，定性分析系统的时域特性、频率响应、稳定性等，是离散系统分析的重要方法。

8.1.1 Z变换的定义

Z 变换的定义可由抽样信号的拉普拉斯变换引出。连续信号的理想抽样信号为

$$x_s(t) = x(t) \cdot \delta_T(t) = \sum_{n=-\infty}^{\infty} x(nT)\delta(t - nT)$$

式中，T 为抽样间隔。对上式取双边拉普拉斯变换得

$$X_s(S) = L\{x_s(t)\} = \int_{-\infty}^{\infty} x_s(t)\mathrm{e}^{-st}\mathrm{d}t = \int_{-\infty}^{\infty}\left[\sum_{n=-\infty}^{\infty} x(nT)\delta(t - nT)\right]\mathrm{e}^{-st}\mathrm{d}t$$

交换运算次序，并利用冲激函数的抽样性质，得到抽样信号的拉普拉斯变换为

$$X_s(S) = \sum_{n=-\infty}^{\infty}\int_{-\infty}^{\infty}\left[x(nT)\delta(t - nt)\right]\mathrm{e}^{-st}\mathrm{d}t = \sum_{n=-\infty}^{\infty} x(nT)\mathrm{e}^{-snT} \tag{8-1}$$

令 $z = \mathrm{e}^{sT}$ 或 $s = \dfrac{1}{T}\ln z$，引入新的复变量，式（8-1）可写为

$$X_s(S) = \sum_{n=-\infty}^{\infty} x(nT)z^{-n} \tag{8-2}$$

式（8-2）是复变量 z 的函数（T 是常数），可写成

$$X(Z) = \sum_{n=-\infty}^{\infty} x(n) z^{-n}$$
$$= \cdots + x(-2) z^2 + x(-1) z + x(0) + x(1) z^{-1} + x(2) z^{-2} + \cdots \tag{8-3}$$

式（8-3）是双边 Z 变换的定义。

与拉普拉斯变换的定义类似，Z 变换也有单边和双边之分。如果 $x(n)$ 是因果序列，则式（8-3）变为

$$X(z) = Z[x(n)] = x(0) + x(1) z^{-1} + x(2) z^{-2} + \cdots$$
$$= \sum_{n=0}^{\infty} x(n) z^{-n} \tag{8-4}$$

式（8-4）称为单边 Z 变换，其中符号 Z 表示取 Z 变换，z 是复变量。

式（8-3）、式（8-4）表明，如果 $x(n)$ 为因果序列，则双边 Z 变换与单边 Z 变换是等同的。显然，单边 Z 变换是双边 Z 变换的特例。

序列的 Z 变换是复变量 z^{-1} 的幂级数（亦称洛朗级数），其系数是序列 $x(n)$ 值。在有些数学文献中，也把 $X(z)$ 称为序列 $x(n)$ 的生成函数。在拉普拉斯变换分析中着重讨论单边拉普拉斯变换，这是由于在连续时间系统中，非因果信号的应用较少。对于离散时间系统，非因果序列也有一定的应用范围，因此，将着重单边适当兼顾双边 Z 变换分析。

8.1.2　常用序列的 Z 变换

1. 单位样值函数

单位样值函数 $\delta(n)$ 定义为

$$\delta(n) = \begin{cases} 1, & n=0 \\ 0, & n \neq 0 \end{cases}$$

单位样值函数如图 8.1 所示。

取其 Z 变换，得到

$$Z[\delta(n)] = \sum_{n=0}^{\infty} \delta(n) z^{-n} = 1 \tag{8-5}$$

可见，与连续系统单位冲激函数 $\delta(t)$ 的拉普拉斯变换类似，单位样值函数 $\delta(n)$ 的 Z 变换等于 1。

2. 单位阶跃序列

单位阶跃序列 $u(n)$ 定义为

$$u(n) = \begin{cases} 1, & n \geq 0 \\ 0, & n < 0 \end{cases}$$

单位阶跃序列如图 8.2 所示。

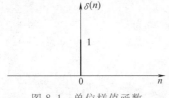

图 8.1　单位样值函数

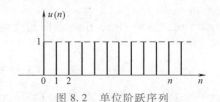

图 8.2　单位阶跃序列

取其 Z 变换得到

$$Z[u(n)] = \sum_{n=0}^{\infty} u(n)z^{-n} = \sum_{n=0}^{\infty} z^{-n}$$

若 $|z| > 1$，该几何级数收敛，它等于

$$Z[u(n)] = \frac{z}{z-1} = \frac{1}{1-z^{-1}} \tag{8-6}$$

3. 斜变序列

斜变序列为

$$x(n) = nu(n)$$

斜变序列如图 8.3 所示。

其 Z 变换为

$$Z[x(n)] = \sum_{n=0}^{\infty} nz^{-n}$$

该 Z 变换可以用下面方法间接求得。

由式（8-6），已知

$$\sum_{n=0}^{\infty} z^{-n} = \frac{1}{1-z^{-1}} , \quad |z| > 1$$

将上式两边分别对 z^{-1} 求导，得到

$$\sum_{n=0}^{\infty} n(z^{-1})^{n-1} = \frac{1}{(1-z^{-1})^2}$$

两边各乘 z^{-1}，便得到了斜变序列的 Z 变换，它等于

$$Z[nu(n)] = \sum_{n=0}^{\infty} nz^{-n} = \frac{z}{(z-1)^2} , \quad |z| > 1 \tag{8-7}$$

同样，若式（8-7）两边再对 z^{-1} 取导数，还可得到

$$Z[n^2 u(n)] = \frac{z(z+1)}{(z-1)^3} \tag{8-8}$$

$$Z[n^3 u(n)] = \frac{z(z^2+4z+1)}{(z-1)^4} \tag{8-9}$$

……

4. 指数序列

单边指数序列的表示式为

$$x(n) = a^n u(n)$$

单边指数序列如图 8.4 所示。由式（8-4）可求出它的 Z 变换为

$$Z[a^n u(n)] = \sum_{n=0}^{\infty} a^n z^{-n} = \sum_{n=0}^{\infty} (az^{-1})^n$$

显然，对此级数若满足 $|z| > |a|$，则可收敛为

$$Z[a^n u(n)] = \frac{1}{1-(az^{-1})} = \frac{z}{z-a}, \quad |z| > |a| \tag{8-10}$$

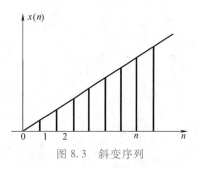

图 8.3 斜变序列

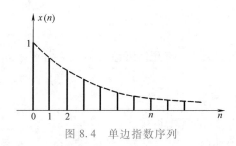

图 8.4 单边指数序列

若令 $a = e^b$，当 $|z| > |e^b|$，则

$$Z[e^{bn}u(n)] = \frac{z}{z - e^b}$$

同样，若将式（8-10）两边对 z^{-1} 求导，可以推出

$$Z[na^n u(n)] = \frac{az^{-1}}{(1 - az^{-1})^2} = \frac{az}{(z-a)^2} \tag{8-11}$$

$$Z[n^2 a^n u(n)] = \frac{az(z+a)}{(z-a)^3} \tag{8-12}$$

5. 正弦与余弦序列

单边余弦序列 $\cos(\omega_0 n)$ 如图 8.5 所示。

因

$$Z[e^{bn}u(n)] = \frac{z}{z - e^b}, \quad |z| > |e^b|$$

令 $b = j\omega_0$，则当 $|z| > |e^{j\omega_0}| = 1$ 时，得

$$Z[e^{j\omega_0 n}u(n)] = \frac{z}{z - e^{j\omega_0}}$$

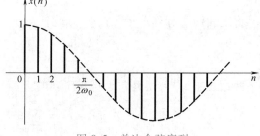

图 8.5 单边余弦序列

同样，令 $b = -j\omega_0$，则得

$$Z[e^{j\omega_0 n}u(n)] = \frac{z}{z - e^{-j\omega_0}}$$

将上两式相加，得

$$Z[e^{j\omega_0 n}u(n)] + Z[e^{-j\omega_0 n}u(n)] = \frac{z}{z - e^{j\omega_0}} + \frac{z}{z - e^{-j\omega_0}}$$

由 Z 变换的定义可知，两序列之和的 Z 变换等于各序列 Z 变换的和。这样，根据欧拉公式，从上式可以直接得到余弦序列的 Z 变换，即

$$Z[\cos(\omega_0 n)u(n)] = \frac{1}{2}\left(\frac{z}{z - e^{j\omega_0}} + \frac{z}{z - e^{-j\omega_0}}\right)$$

$$= \frac{z(z - \cos\omega_0)}{z^2 - 2z\cos\omega_0 + 1} \tag{8-13}$$

同理可得正弦序列的 Z 变换

$$Z[\sin(\omega_0 n)u(n)] = \frac{1}{2j}\left(\frac{z}{z-e^{j\omega_0}} - \frac{z}{z-e^{-j\omega_0}}\right)$$

$$= \frac{z\sin\omega_0}{z^2 - 2z\cos\omega_0 + 1} \tag{8-14}$$

以上两式的收敛域都为 $|z|>1$。注意到 $\cos(\omega_0 n)u(n)$ 与 $\sin(\omega_0 n)u(n)$ 的 Z 变换式分母相同。

在式（8-10）中，若令 $a = \beta e^{j\omega_0}$，则式（8-10）变为

$$Z[a^n u(n)] = Z[\beta^n e^{jn\omega_0}u(n)] = \frac{1}{1-\beta e^{j\omega_0}z^{-1}}$$

同样

$$Z[\beta^n e^{-jn\omega_0}u(n)] = \frac{1}{1-\beta e^{-j\omega_0}z^{-1}}$$

借助欧拉公式，由上两式可以得到

$$Z[\beta^n \cos(n\omega_0)u(n)] = \frac{1-\beta z^{-1}\cos\omega_0}{1-2\beta z^{-1}\cos\omega_0 + \beta^2 z^{-2}}$$

$$= \frac{z(z-\beta\cos\omega_0)}{z^2 - 2\beta z\cos\omega_0 + \beta^2} \tag{8-15}$$

及

$$Z[\beta^n \sin(n\omega_0)u(n)] = \frac{\beta z^{-1}\sin\omega_0}{1-2\beta z^{-1}\cos\omega_0 + \beta^2 z^{-2}}$$

$$= \frac{\beta z\sin\omega_0}{z^2 - 2\beta z\cos\omega_0 + \beta^2} \tag{8-16}$$

上两式是单边指数衰减（$\beta<1$）及增幅（$\beta>1$）的余弦、正弦序列的 Z 变换。其收敛域为 $|z|>|\beta|$。

一些典型序列的单边 Z 变换列于附录 A。

8.2　Z 变换的收敛域

从求解各序列 Z 变换的过程可以看到，只有当级数收敛时，Z 变换才有意义。对于任意给定的有界序列 $x(n)$，使 Z 变换定义式级数收敛的所有 z 值的集合，称为 Z 变换 $X(z)$ 的收敛域（region of convergence，ROC）。

与拉普拉斯变换的情况类似，对于单边变换，序列与变换式唯一对应，同时也有唯一的收敛域。而在双边变换时，不同的序列在不同的收敛域条件下可能映射为同一个变换式。下面举例说明这种情况。

若两序列分别为

$$x_1(n) = a^n u(n)$$

$$x_2(n) = -a^n u(-n-1)$$

容易求得它们的 Z 变换分别为

$$X_1(z) = Z[x_1(n)] = \sum_{n=0}^{\infty} a^n z^{-n} = \frac{z}{z-a}, \quad |z| > |a| \tag{8-17}$$

$$X_2(z) = Z[x_2(n)] = \sum_{n=-\infty}^{-1} (-a^n) z^{-n} = -\sum_{n=0}^{\infty} (a^{-1}z)^n + 1$$

对 $X_2(z)$ 而言，只有当 $|z| < |a|$ 时级数才收敛，于是有

$$X_2(z) = \frac{z}{z-a}, \quad |z| < |a| \tag{8-18}$$

上述结果说明，两个不同的序列由于收敛域不同，可能对应于相同的 Z 变换。因此，为了单值地确定 Z 变换所对应的序列，不仅要给出序列的 Z 变换式，而且必须同时说明它的收敛域。在收敛域内，Z 变换及它的导数是 z 的连续函数，也就是说，Z 变换函数是收敛域内每一点上的解析函数。

根据级数的理论，式（8-3）所示级数收敛的充分条件是满足绝对可和条件，即要求

$$\sum_{n=-\infty}^{\infty} |x(n)z^{-n}| < \infty \tag{8-19}$$

式（8-19）的左边构成正项级数，通常可以利用两种方法——比值判定法和根值判定法，判别正项级数的收敛性。所谓比值判定法就是说若有一个正项级数 $\sum_{n=-\infty}^{\infty} |a_n|$，令它的后项与前项比值的极限等于 ρ，即

$$\lim_{n \to \infty} \left| \frac{a_{n+1}}{a_n} \right| = \rho \tag{8-20}$$

则当 $\rho < 1$ 时级数收敛，$\rho > 1$ 时级数发散，$\rho = 1$ 时级数可能收敛也可能发散。所谓根值判定法，是令正项级数一般项 $|a_n|$ 的 n 次根的极限等于 ρ，即

$$\lim_{n \to \infty} \sqrt[n]{|a_n|} = \rho \tag{8-21}$$

则当 $\rho < 1$ 时级数收敛，$\rho > 1$ 时级数发散，$\rho = 1$ 时级数可能收敛也可能发散。

下面利用上述判定法讨论几类序列的 Z 变换收敛域问题。

1. 有限长序列的收敛域

这类序列只在有限的区间 $n_1 \leqslant n \leqslant n_2$ 具有非零的有限值，此时 Z 变换为

$$X(z) = \sum_{n=n_1}^{n_2} x(n) z^{-n}$$

由于 n_1、n_2 是有限整数，因而上式是一个有限项级数。由该级数可以看出，当 $n_1 < 0$，$n_2 > 0$ 时，除 $z = \infty$ 及 $z = 0$ 外，$X(z)$ 在 z 平面上处处收敛，即收敛域为 $0 < |z| < \infty$。当 $n_1 < 0$，$n_2 \leqslant 0$ 时，$X(z)$ 的收敛域为 $|z| < \infty$。当 $n_1 \geqslant 0$，$n_2 > 0$ 时，$X(z)$ 的收敛域为 $|z| > 0$。所以有限长序列的 Z 变换收敛域至少为 $0 < |z| < \infty$，且可能还包括 $z = 0$ 或 $z = \infty$，由序列 $x(n)$ 的形式所决定。

2. 右边序列的收敛域

这类序列是有始无终的序列，即当，$n < n_1$ 时 $x(n) = 0$。此时 Z 变换为

$$X(z) = \sum_{n=n_1}^{\infty} x(n) z^{-n}$$

由式（8-21），若满足

$$\lim_{n \to \infty} \sqrt[n]{|x(n) z^{-n}|} < 1$$

即

$$|z| > \lim_{n \to \infty} \sqrt[n]{|x(n)|} = R_{x1} \qquad (8-22)$$

则该级数收敛。其中 R_{x1} 是级数的收敛半径。可见，右边序列的收敛域是半径为 R_{x1} 的圆外部分。如果 $n_1 \geqslant 0$，则收敛域包括 $z = \infty$，即 $|z| > R_{x1}$；如果 $n_1 < 0$，则收敛域不包括 $z = \infty$，即 $R_{x1} < |z| < \infty$。显然，当 $n_1 = 0$ 时，右边序列变成因果序列，也就是说，因果序列是右边序列的一种特殊情况，它的收敛域是 $|z| > R_{x1}$。

3. 左边序列的收敛域

这类序列是无始有终序列，即当 $n > n_2$ 时，$x(n) = 0$。此时 Z 变换为

$$X(z) = \sum_{n=-\infty}^{n_2} x(n) z^{-n}$$

若令 $m = -n$，上式变为

$$X(z) = \sum_{m=-n_2}^{\infty} x(-m) z^{m}$$

如果将变量 m 再改为 n，则

$$X(z) = \sum_{n=-n_2}^{\infty} x(-n) z^{n}$$

根据式（8-21），若满足

$$\lim_{n \to \infty} \sqrt[n]{|x(-n) z^{n}|} < 1$$

即

$$|z| < \frac{1}{\lim\limits_{n \to \infty} \sqrt[n]{|x(-n)|}} = R_{x2} \qquad (8-23)$$

则该级数收敛。可见，左边序列的收敛域是半径 R_{x2} 的圆内部分。如果 $n_2 > 0$，则收敛域不包括 $z = 0$，即 $0 < |z| < R_{x2}$。如果 $n_2 \leqslant 0$，则收敛域包括 $z = 0$，即 $|z| < R_{x2}$。

4. 双边序列的收敛域

双边序列是从 $n = -\infty$ 延伸到 $n = +\infty$ 的序列，一般可写作

$$X(z) = \sum_{n=-\infty}^{\infty} x(n) z^{-n} = \sum_{n=0}^{\infty} x(n) z^{-n} + \sum_{n=-\infty}^{-1} x(n) z^{-n}$$

显然，可以把它看成右边序列和左边序列的 Z 变换叠加。上式右边第一个级数是右边序列，其收敛域为 $|z| > R_{x1}$；第二个级数是左边序列，其收敛域为 $|z| < R_{x2}$。如果 $R_{x2} > R_{x1}$，则 $X(z)$ 的收敛域是两个级数收敛域的重叠部分，即

$$R_{x1} < |z| < R_{x2}$$

其中 $R_{x1} > 0$，$R_{x2} < \infty$。所以，双边序列的收敛域通常是环形。如果 $R_{x1} > R_{x2}$，则两个级数不

存在公共收敛域，此时 $X(z)$ 不收敛。

上面讨论了各种序列的双边 Z 变换的收敛域，显然，收敛域取决于序列的形式。为便于对比，将上述几类序列的双边 Z 变换收敛域列于表 8-1。

表 8-1　序列的形式与双边 Z 变换收敛域的关系

序列形式			Z 变换收敛域
有限长序列 ① $n_1 < 0$ $n_2 > 0$			$\infty > |z| > 0$
② $n_1 \geq 0$ $n_2 > 0$			$|z| > 0$
③ $n_1 < 0$ $n_2 \leq 0$			$\infty > |z|$
右边序列 ① $n_1 < 0$ $n_2 = \infty$			$\infty > |z| > R_{x1}$
② $n_1 \geq 0$ $n_2 = \infty$ （因果序列）			$|z| > R_{x1}$
左边序列 ① $n_1 = -\infty$ $n_2 > 0$			$R_{x2} > |z| > 0$
② $n_1 = -\infty$ $n_2 \leq 0$			$R_{x2} > |z|$
双边序列 $n_1 = -\infty$ $n_2 = \infty$			$R_{x2} > |z| > R_{x1}$

应当指出，任何序列的单边 Z 变换收敛域和因果序列的收敛域类同，它们都是 $|z|>R_{x1}$。

【例 8-1】　求序列 $x(n)=a^n u(n)-b^n u(-n-1)$ 的 Z 变换，并确定它的收敛域（其中 $b>a$，$b>0$，$a>0$）。

解：

这是一个双边序列，假若求单边 Z 变换，它等于

$$X(z) = \sum_{n=0}^{\infty} x(n)z^{-n}$$

$$= \sum_{n=0}^{\infty} [a^n u(n) - b^n u(-n-1)] z^{-n}$$

$$= \sum_{n=0}^{\infty} a^n z^{-n}$$

如果 $|z|>a$，则上面的级数收敛，这样得到

$$X(z) = \sum_{n=0}^{\infty} a^n z^{-n} = \frac{z}{z-a}$$

其零点位于 $z=0$，极点位于 $z=a$，收敛域为 $|z|>a$。

假若求序列的双边 Z 变换，它等于

$$X(z) = \sum_{n=-\infty}^{\infty} x(n)z^{-n}$$

$$= \sum_{n=\infty}^{\infty} [a^n u(n) - b^n u(-n-1)] z^{-n}$$

$$= \sum_{n=0}^{\infty} a^n z^{-n} - \sum_{n=-\infty}^{-1} b^n z^{-n}$$

$$= \sum_{n=0}^{\infty} a^n z^{-n} + 1 - \sum_{n=0}^{\infty} b^{-n} z^n$$

如果 $|z|>a$，$|z|<b$，则上面的级数收敛，得到

$$X(z) = \frac{z}{z-a} + 1 + \frac{b}{z-b}$$

$$= \frac{z}{z-a} + \frac{z}{z-b}$$

显然，该序列的双边 Z 变换的零点位于 $z=0$ 及 $z=\dfrac{a+b}{2}$，极点位于 $z=a$ 与 $z=b$，收敛域为 $b>|z|>a$，如图 8.6 所示。由该例可以看出，由于 $X(z)$ 在收敛域内是解析的，因此收敛域内不应该包含任何极点。通常，收敛域以极点为边界。对于多个极点的情况，右边序列的收敛域是从 $X(z)$ 最外面（最大值）有限极点向外延伸至 $z\to\infty$（可能包括 ∞）；左边序列的收敛域是从 $X(z)$ 最里边（最小值）非零极点向内延伸至 $z=0$（可能包括 $z=0$）。

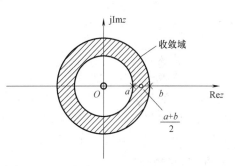

图 8.6　双边指数序列 $a^n u(n)-b^n u(-n-1)$ 的 Z 变换零极点与收敛域

8.3　逆 Z 变换

若已知序列 $x(n)$ 的 Z 变换为

$$X(z) = Z[x(n)]$$

则 $X(z)$ 的逆变换记作 $Z^{-1}[X(z)]$，并由以下围线积分得

$$x(n) = Z^{-1}[X(z)] = \frac{1}{2\pi \mathrm{j}} \oint_C X(z) z^{n-1} \mathrm{d}z \qquad (8\text{-}24)$$

C 是包围 $X(z)z^{n-1}$ 所有极点的逆时针闭合积分路线，通常选择 z 平面收敛域内以原点为中心的圆，如图 8.7 所示。

下面从 Z 变换定义表达式导出逆变换式（8-24）。已知

$$X(z) = \sum_{n=-\infty}^{\infty} x(n) z^{-n}$$

对此式两端分别乘以 z^{m-1}，然后沿围线 C 积分，得到

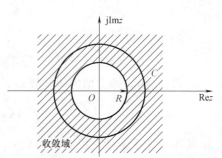

图 8.7　逆 Z 变换积分围线的选择

$$\oint_C z^{m-1} X(z) \mathrm{d}z = \oint_C \left[\sum_{n=0}^{\infty} x(n) z^{-n} \right] z^{m-1} \mathrm{d}z$$

将积分与求和的次序互换，上式变成

$$\oint_C X(z) z^{m-1} \mathrm{d}z = \sum_{n=0}^{\infty} x(n) \oint_C z^{m-n-1} \mathrm{d}z \qquad (8\text{-}25)$$

根据复变函数中的柯西定理，已知

$$\oint_C z^{k-1} \mathrm{d}z = \begin{cases} 2\pi \mathrm{j}, & k = 0 \\ 0, & k \neq 0 \end{cases}$$

这样，式（8-25）的右边只存在 $m=n$ 一项，其余均等于零。于是式（8-25）变成

$$\oint_C X(z) z^{n-1} \mathrm{d}z = 2\pi \mathrm{j} x(n)$$

即

$$x(n) = \frac{1}{2\pi \mathrm{j}} \oint_C X(z) z^{n-1} \mathrm{d}z \qquad (8\text{-}26)$$

逆变换式（8-24）得证。

求逆变换的计算方法有三种：对式（8-24）作围线积分（也称留数法），或仿照拉普拉斯变换的方法将 $X(z)$ 函数式用部分分式展开，经查表求出逐项的逆变换再取和，此外，还可借助长除法将 $X(z)$ 展开幂级数得到 $x(n)$。显然，部分分式展开法比较简便，因此应用最多，对于另外两种方法仅作简要说明，下面分别介绍。

1. 围线积分法（留数法）

由于围线 C 在 $X(z)$ 的收敛域内，且包围坐标原点，而 $X(z)$ 又在 $|z|>R$ 的区域内收敛，因此 C 包围了 $X(z)$ 的奇点。通常 $X(z)z^{n-1}$ 是 z 的有理函数，其奇点都是孤立奇点（极

点）。这样，借助于复变函数的留数定理，可以把式（8-26）的积分表示为围线 C 内所包含 $X(z)z^{n-1}$ 的各极点留数之和，即

$$x(n) = \frac{1}{2\pi j} \oint_C X(z)z^{n-1} dz$$

或简写为

$$x(n) = \sum_m \text{Res}[X(z)z^{n-1} \quad \text{在 } C \text{ 内极点的留数}]_{z=z_m} \qquad (8\text{-}27)$$

式中，Res 表示极点的留数；z_m 为 $X(z)z^{n-1}$ 的极点。

如果 $X(z)z^{n-1}$ 在 $z=z_m$ 处有 s 阶极点，此时它的留数由下式确定

$$\text{Res}[X(z)z^{n-1}]_{z=z_m} = \frac{1}{(s-1)!}\left\{\frac{d^{s-1}}{dz^{s-1}}[(z-z_m)^s X(z)z^{n-1}]\right\}_{z=z_m} \qquad (8\text{-}28)$$

若只含有一阶极点，即 $s=1$，此时式（8-28）可以简化为

$$\text{Res}[X(z)z^{n-1}]_{z=z_m} = [(z-z_m)X(z)z^{n-1}]_{z=z_m} \qquad (8\text{-}29)$$

在利用式（8-28）~式（8-29）的时候，应当注意收敛域内围线所包围的极点情况，特别要关注对于不同 n 值，在 $z=0$ 处的极点可能具有不同阶次。

【例 8-2】　已知 $F(z) = \dfrac{4z}{(z-1)^2(z-3)}$，$1 < |z| < 3$，求 $F(z)$ 的原函数 $f(n)$。

解： $F(z)$ 的原函数为双边序列。$F(z)z^{n-1}$ 为

$$F(z)z^{n-1} = \frac{4z^n}{(z-1)^2(z-3)}$$

由于围线积分路径 C 在收敛域 $1 < |z| < 3$ 内，所以 $F(z)z^{n-1}$ 在 C 内有二重极点 $z_1 = 1$，在 C 外有一阶极点 $z_2 = 3$。极点 z_1 和 z_2 的留数分别为

$$\text{Res}_{z_1}[F(z)z^{n-1}] = \frac{d}{dz}[(z-1)^2 F(z)z^{n-1}]\big|_{z=1}$$

$$= \frac{d}{dz}\left[\frac{4z^n}{(z-3)}\right]\Big|_{z=1}$$

$$= -(2n+1)$$

$$\text{Res}_{z_2}[F(z)z^{n-1}] = (z-3)F(z)z^{n-1}\big|_{z=3} = 3^n$$

于是有

$$f(n) = \begin{cases} -\text{Res}_{z_2}[F(z)z^{n-1}], & n < 0 \\ \text{Res}_{z_1}[F(z)z^{n-1}], & n \geq 0 \end{cases}$$

$$= \begin{cases} -3^n, & n < 0 \\ -(2n+1), & n \geq 0 \end{cases}$$

$$= -(2n+1)u(n) - 3^n u(-n-1)$$

2. 幂级数展开法（长除法）

因为 $x(n)$ 的 Z 变换定义为 Z^{-1} 的幂级数

$$X(z) = \sum_{n=-\infty}^{\infty} x(n)z^{-n}$$

所以，只要在给定的收敛域内把 $X(z)$ 展成幂级数，级数的系数就是序列 $x(n)$。

在一般情况下，$X(z)$ 是有理函数，令分子多项式为 $N(z)$，分母多项式为 $D(z)$。如果 $X(z)$ 的收敛域是 $|z|>R_{x1}$，则 $x(n)$ 必然是因果序列，此时 $N(z)$ 和 $D(z)$ 按 z 的降幂（或 z^{-1} 的升幂）次序进行排列。如果收敛域是 $|z|<R_{x2}$，则 $x(n)$ 必然是左边序列，此时 $N(z)$ 和 $D(z)$ 按 z 的升幂（或 z^{-1} 的降幂）次序进行排列。然后利用长除法，便可将 $X(z)$ 展成幂级数，从而得到 $x(n)$。

【例 8-3】 已知 $X(z) = \dfrac{z^2+z}{(z-1)^2}$，$|z|>1$，求 $X(z)$ 的逆变换 $x(n)$。

解：由于 $X(z)$ 的收敛域是 $|z|>1$，因而 $x(n)$ 必然是因果序列。此时 $X(z)$ 按 z 的降幂排列成下列形式

$$X(z) = \frac{z^2+z}{z^2-2z+1}$$

$$
\begin{array}{r}
1+3z^{-1}+5z^{-2}+\cdots \\
z^2-2z+1\overline{\smash{\big)}\,z^2+z} \\
\underline{z^2-2z+1} \\
3z-1 \\
\underline{3z-6+3z^{-1}} \\
5-3z^{-1} \\
\underline{5-10z^{-1}+5z^{-2}} \\
7z^{-1}-5z^{-2} \\
\cdots
\end{array}
$$

进行长除
所以

$$X(z) = \frac{z^2+z}{z^2-2z+1} = 1+3z^{-1}+5z^{-2}+\cdots - \sum_{n=0}^{\infty}(2n+1)z^{-n}$$

于是得

$$n<0, x(n)=0$$
$$n\geq 0, x(0)=1, x(1)=3, x(2)=5, \cdots, x(n)=2n+1$$

或

$$x(n)=(2n+1)u(n)$$

【例 8-4】 求收敛域分别为 $|z|>1$ 和 $|z|<1$ 两种情况下，$X(z) = \dfrac{1+2z^{-1}}{1-2z^{-1}+z^{-2}}$ 的逆变换 $x(n)$。

解：对于收敛域 $|z|>1$，$X(z)$ 相应的序列 $x(n)$ 是因果序列，这时 $X(z)$ 写成

$$X(z) = \frac{1+2z^{-1}}{1-2z^{-1}+z^{-2}}$$

进行长除，展成级数

$$X(z) = 1 + 4z^{-1} + 7z^{-2} + \cdots = \sum_{n=0}^{\infty} (3n + 1) z^{-n}$$

得到

$$x(n) = (3n+1) u(n)$$

若收敛域为 $|z|<1$，则 $X(z)$ 相对应的序列 $x(n)$ 是左边序列。此时 $X(z)$ 写为

$$X(z) = \frac{2z^{-1}+1}{z^{-2}-2z^{-1}+1}$$

进行长除，展成级数

$$\begin{aligned}
X(z) &= 2z+5z^2+\cdots \\
&= \sum_{n=1}^{\infty} (3n - 1) z^n \\
&= -\sum_{n=-\infty}^{-1} (3n + 1) z^{-n}
\end{aligned}$$

得到

$$x(n) = -(3n+1) u(-n-1)$$

3. 部分分式展开法

序列的 Z 变换通常是 z 的有理函数，可表示为有理分式形式。类似于拉普拉斯变换中部分分式展开法，在这里，也可以先将 $X(z)$ 展成一些简单而常见的部分分式之和，然后分别求出各部分分式的逆变换，把各逆变换相加即可得到 $x(n)$。

Z 变换的基本形式为 $\dfrac{z}{z-z_m}$，在利用 Z 变换的部分分式展开法的时候，通常先将 $\dfrac{X(z)}{z}$ 展开，然后每个分式乘以 z，这样对于一阶极点，$X(z)$ 便可展成 $\dfrac{z}{z-z_m}$ 形式。

下面先给出一个简单的例题，然后讨论部分分式展开法的一般公式。

【例 8-5】　已知 $X(z) = \dfrac{z^2}{z^2+5z+6}$，$|z|<2$，用部分分式展开法求解 $X(z)$ 的原函数 $x(n)$。

解：因为 $X(z)$ 的收敛域为 $|z|<2$，所以 $x(n)$ 为反因果序列。对 $\dfrac{X(z)}{z}$ 进行部分分式展开，得

$$\frac{X(z)}{z} = \frac{z}{(z+2)(z+3)} = \frac{3}{z+3} - \frac{2}{z+2}$$

于是得

$$X(z) = \frac{3z}{z+3} - \frac{2z}{z+2}, \quad |z|<2$$

只包含一阶极点 $z_1 = -3$，$z_2 = -2$。所以上式两项的逆变换式分别为

$$\frac{z}{z+3} \leftrightarrow -(-3)^n u(-n-1), \quad |z|<3$$

$$\frac{z}{z+2} \leftrightarrow -(-2)^n u(-n-1), \quad |z|<2$$

以上两个 Z 变换的收敛域的公共部分为 $|z|<2$。因此得

$$f(n) = [2(-2)^n - 3(-3)^n] u(-n-1) = [(-3)^{n+1} - (-2)^{n+1}] u(-n-1)$$

一般情况下，$X(z)$ 的表达式为

$$X(z) = \frac{N(z)}{D(z)} = \frac{b_0 + b_1 z + \cdots + b_{r-1} z^{r-1} + b_r z^r}{a_0 + a_1 z + \cdots + a_{k-1} z^{k-1} + a_k z^k} \tag{8-30}$$

对于因果序列，它的 Z 变换收敛域为 $|z| > r$，为保证在 $z = \infty$ 处收敛，其分母多项式的阶次不低于分子多项式的阶次，即满足 $k \geq r$。

如果 $X(z)$ 只含有一阶极点，则 $\frac{X(z)}{z}$ 可以展为 $\frac{X(z)}{z} = \sum\limits_{m=0}^{K} \frac{A_m}{z - z_m}$

即

$$X(z) = \sum_{m=0}^{K} \frac{A_m z}{z - z_m} \tag{8-31}$$

式中，z_m 是 $\frac{X(z)}{z}$ 的极点；A_m 是 z_m 的留数，它等于

$$A_m = \text{Res}\left[\frac{X(z)}{z}\right]_{z=z_m} = \left[(z - z_m)\frac{X(z)}{z}\right]_{z=z_m}$$

或者把式（8-31）表示成

$$X(z) = A_0 + \sum_{m=1}^{K} \frac{A_m z}{z - z_m} \tag{8-32}$$

在这里，z_m 是 $X(z)$ 的极点，而 A_0 是

$$A_0 = [X(z)]_{z=0} = \frac{b_0}{a_0}$$

如果 $X(z)$ 中含有高阶极点，则式（8-31）、式（8-32）应当加以修正，若 $X(z)$ 除含有 M 个一阶极点外，在 $z = z_i$ 处还有一个 s 阶极点，此时 $X(z)$ 应展成

$$X(z) = \sum_{m=0}^{M} \frac{A_m z}{z - z_m} + \sum_{j=1}^{s} \frac{B_j z}{(z - z_i)^j}$$

$$= A_0 + \sum_{m=1}^{M} \frac{A_m z}{z - z_m} + \sum_{j=1}^{s} \frac{B_j z}{(z - z_i)^j}$$

式中，A_m 确定方法与前相同，而 $B_j = \frac{1}{(s-j)!}\left[\frac{\mathrm{d}^{s-j}}{\mathrm{d}z^{s-j}}(z - z_i)^s \frac{X(z)}{z}\right]_{z=z_i}$。

在这种情况下，$X(z)$ 也可展为下列形式

$$X(z) = A_0 + \sum_{m=1}^{M} \frac{A_m z}{z - z_m} + \sum_{j=1}^{s} \frac{C_j z^j}{(z - z_i)^j}$$

其中，对于 $j = s$ 项系数 $C_s = \left[\left(\frac{z - z_i}{z}\right)^s X(z)\right]_{z=z_i}$，其他各 C_j 系数由待定系数法求出。

在这两种展开式中，部分分式的基本形式是 $\frac{z}{(z - z_i)^j}$ 或 $\frac{z^j}{(z - z_i)^j}$。在表 8-2 至表 8-4 中给出了相应的逆变换。其中，表 8-2 是 $|z| > a$ 对应右边序列的情况，而表 8-3 是 $|z| < a$ 对应左边序列的情况。由表 8-2 利用延时定理容易导出补充表 8-4。作为练习，读者还可由表 8-3 导出

类似的补充表。在查表时应注意收敛域条件。

表 8-2 逆 Z 变换表 (一)

Z 变换($|z|>|a|$)	序　列
$\dfrac{z}{(z-1)}$	$u(n)$
$\dfrac{z}{(z-a)}$	$a^n u(n)$
$\dfrac{z^2}{(z-a)^2}$	$(n+1)a^n u(n)$
$\dfrac{z^3}{(z-a)^3}$	$\dfrac{(n+1)(n+2)}{2!}a^n u(n)$
$\dfrac{z^4}{(z-a)^4}$	$\dfrac{(n+1)(n+2)(n+3)}{3!}a^n u(n)$
$\dfrac{z^{m+1}}{(z-a)^{m+1}}$	$\dfrac{(n+1)(n+2)\cdots(n+m)}{m!}a^n u(n)$

表 8-3 逆 Z 变换表 (二)

Z 变换($|z|<|a|$)	序　列
$\dfrac{z}{(z-1)}$	$-u(-n-1)$
$\dfrac{z}{(z-a)}$	$-a^n u(-n-1)$
$\dfrac{z^2}{(z-a)^2}$	$-(n+1)a^n u(-n-1)$
$\dfrac{z^3}{(z-a)^3}$	$-\dfrac{(n+1)(n+2)}{2!}a^n u(-n-1)$
$\dfrac{z^4}{(z-a)^4}$	$-\dfrac{(n+1)(n+2)(n+3)}{3!}a^n u(-n-1)$
$\dfrac{z^{m+1}}{(z-a)^{m+1}}$	$-\dfrac{(n+1)(n+2)\cdots(n+m)}{m!}a^n u(-n-1)$

表 8-4 逆 Z 变换表 (三)

Z 变换($|z|>|a|$)	序　列
$\dfrac{z}{(z-1)^2}$	$nu(n)$
$\dfrac{az}{(z-a)^2}$	$na^n u(n)$
$\dfrac{z}{(z-1)^3}$	$\dfrac{n(n-1)}{2!}u(n)$
$\dfrac{z}{(z-1)^4}$	$\dfrac{n(n-1)(n-2)}{3!}u(n)$
$\dfrac{z}{(z-1)^{m+1}}$	$\dfrac{n(n-1)\cdots(n-m+1)}{m!}u(n)$

8.4 Z 变换的基本性质

1. 线性

Z 变换的线性表现在它的叠加性与均匀性，若

$$Z[x(n)] = X(z), \quad R_{x1} < |z| < R_{x2}$$
$$Z[y(n)] = Y(z), \quad R_{y1} < |z| < R_{y2}$$

则

$$Z[ax(n) + by(n)] = aX(z) + bY(z), \quad R_1 < |z| < R_2 \tag{8-33}$$

式中，a，b 为任意常数。

相加后序列的 Z 变换收敛域一般为两个收敛域的重叠部分，即 R_1 取 R_{x1} 与 R_{y1} 中较大者，而 R_2 取 R_{x2} 与 R_{y2} 中较小者，记作 $\max(R_{x1}, R_{y1}) < |z| < \min(R_{x2}, R_{y2})$。然而，如果在这些线性组合中某些零点与极点相抵消，则收敛域可能扩大。

【例 8-6】 求序列 $a^n u(n) - a^n u(n-1)$ 的 Z 变换。

解：已知 $x(n) = a^n u(n)$，$y(n) = a^n u(n-1)$

由式（8-10）可知

$$X(z) = \frac{z}{z-a}, \quad |z| > |a|$$

而

$$Y(z) = \sum_{n=0}^{\infty} y(n) z^{-n}$$
$$= \sum_{n=1}^{\infty} a^n z^{-n}$$
$$= \frac{a}{z-a}, \quad |z| > |a|$$

所以

$$Z[a^n u(n) - a^n u(n-1)] = X(z) - Y(z) = 1$$

可见，线性叠加后序列的 Z 变换收敛域可能扩大，在此例中由 $|z| > |a|$ 扩展到 z 全平面。

2. 位移性

位移性表示序列位移后的 Z 变换与原序列 Z 变换的关系。在实际中可能遇到序列的左移（超前）或右移（延迟）两种不同情况，所取的变换形式又可能有单边 Z 变换与双边 Z 变换，它们的位移性基本相同，但又各具不同的特点。下面分几种情况进行讨论。

（1）双边 Z 变换

若序列 $x(n)$ 的双边 Z 变换为

$$Z[x(n)] = X(z)$$

则序列右移后，它的双边 Z 变换等于

$$Z[x(n-m)] = z^{-m} X(z)$$

证明：

根据双边 Z 变换的定义，可得

$$Z[x(n-m)] = \sum_{n=-\infty}^{\infty} x(n-m)z^{-n}$$

$$= z^{-m} \sum_{k=-\infty}^{\infty} x(k)z^{-k}$$

$$= z^{-m}X(z) \tag{8-34}$$

同样，可得左移序列的双边 Z 变换

$$Z[x(n+m)] = z^m X(z) \tag{8-35}$$

式中，m 为任意正整数。由式（8-34）和式（8-35）可以看出，序列位移只会使 Z 变换在 $z=0$ 或 $z=\infty$ 处的零极点情况发生变化。如果 $x(n)$ 是双边序列，$X(z)$ 的收敛域为环形区域（即 $R_{x1} < |z| < R_{x2}$），在这种情况下序列位移并不会使 Z 变换收敛域发生变化。

（2）单边 Z 变换

若 $x(n)$ 是双边序列，其单边 Z 变换为

$$Z[x(n)u(n)] = X(z)$$

则序列左移后，它的单边 Z 变换等于

$$Z[x(n+m)u(n)] = z^m \left[X(z) - \sum_{k=0}^{m-1} x(k)z^{-k} \right] \tag{8-36}$$

证明：

根据单边 Z 变换的定义，可得

$$Z[x(n+m)u(n)] = \sum_{n=0}^{\infty} x(n+m)z^{-n}$$

$$= z^m \sum_{n=0}^{\infty} x(n+m)z^{-(n+m)}$$

$$= z^m \sum_{k=m}^{\infty} x(k)z^{-k}$$

$$= z^m \left[\sum_{k=0}^{\infty} x(k)z^{-k} - \sum_{k=0}^{m-1} x(k)z^{-k} \right]$$

$$= z^m \left[X(z) - \sum_{k=0}^{m-1} x(k)z^{-k} \right]$$

同样，可以得到右移序列的单边 Z 变换

$$Z[x(n-m)u(n)] = z^{-m} \left[X(z) + \sum_{k=-m}^{-1} x(k)z^{-k} \right] \tag{8-37}$$

式中，m 为正整数。对于 $m=1,2$ 的情况，式（8-36）、式（8-37）可以写作

$$Z[x(n+1)u(n)] = zX(z) - zx(0)$$

$$Z[x(n+2)u(n)] = z^2 X(z) - z^2 x(0) - zx(1)$$

$$Z[x(n-1)u(n)] = z^{-1}X(z) + x(-1)$$

$$Z[x(n-2)u(n)] = z^{-2}X(z) + z^{-1}x(-1) + x(-2)$$

如果 $x(n)$ 是因果序列，则式（8-37）右边的 $\sum_{k=-m}^{-1} x(k)z^{-k}$ 项都等于零。于是右移序列的单边 Z 变换变为

$$Z[x(n-m)u(n)] = z^{-m}X(z) \tag{8-38}$$

而左移序列的单边 Z 变换仍为

$$Z[x(n+m)u(n)] = z^m\left[X(z) - \sum_{k=0}^{m-1}x(k)z^{-k}\right] \tag{8-39}$$

【例 8-7】 已知差分方程表示式

$$y(n) - 2y(n-1) = 0.5u(n)$$

边界条件 $y(-1)=0$，用 Z 变换方法求系统响应 $y(n)$。

解： 对方程式两端分别取 Z 变换，注意用到位移性定理。

$$Y(z) - 2z^{-1}Y(z) = \frac{0.5z}{z-1}$$

$$Y(z) = \frac{0.5z^2}{(z-2)(z-1)}$$

为求得逆变换，令

$$\frac{Y(z)}{z} = \frac{A_1}{z-2} + \frac{A_2}{z-1}$$

容易求得

$$A_1 = \left(\frac{0.5z}{z-1}\right)_{z=2} = 1$$

$$A_2 = \left(\frac{0.5z}{z-2}\right)_{z=1} = -0.5$$

$$Y(z) = \frac{z}{z-2} - \frac{0.5z}{z-1}$$

$$y(n) = [2^n - 0.5]u(n)$$

本例初步说明如何用 Z 变换方法求解差分方程。这里，只需利用 Z 变换的两个性质：线性和位移性。用 Z 变换求解差分方程的详细讨论将在 8.5 节给出。

3. 序列线性加权（Z 域微分）

若已知 $X(z) = Z[x(n)]$，则

$$Z[nx(n)] = -z\frac{\mathrm{d}}{\mathrm{d}z}X(z)$$

证明： 因为

$$X(z) = \sum_{n=0}^{\infty}x(n)z^{-n}$$

将上式两边对 z 求导数，得

$$\frac{\mathrm{d}X(z)}{\mathrm{d}z} = \frac{\mathrm{d}}{\mathrm{d}z}\sum_{n=0}^{\infty}x(n)z^{-n} \tag{8-40}$$

交换求导与求和的次序，式（8-40）变为

$$\frac{\mathrm{d}X(z)}{\mathrm{d}z} = \sum_{n=0}^{\infty}x(n)\frac{\mathrm{d}}{\mathrm{d}z}(z^{-n})$$

$$= -z^{-1}\sum_{n=0}^{\infty}nx(n)z^{-n}$$

$$= -z^{-1}Z[nx(n)]$$

所以

$$Z[nx(n)] = -z\frac{\mathrm{d}X(z)}{\mathrm{d}z} \tag{8-41}$$

可见序列线性加权（乘 n）等效于其 Z 变换取导数且乘以（$-z$）。

如果将 $nx(n)$ 再乘以 n，利用式（8-41）可得

$$Z[n^2x(n)] = Z[n \cdot nx(n)]$$

$$= -z\frac{\mathrm{d}}{\mathrm{d}z}Z[nx(n)]$$

$$= -z\frac{\mathrm{d}}{\mathrm{d}z}\left[-z\frac{\mathrm{d}}{\mathrm{d}z}X(z)\right]$$

即

$$Z[n^2x(n)] = z^2\frac{\mathrm{d}^2X(z)}{\mathrm{d}z^2} + z\frac{\mathrm{d}X(z)}{\mathrm{d}z} \tag{8-42}$$

用同样的方法，可以得到

$$Z[n^mx(n)] = \left[-z\frac{\mathrm{d}}{\mathrm{d}z}\right]^m X(z) \tag{8-43}$$

式中，符号 $\left[-z\dfrac{\mathrm{d}}{\mathrm{d}z}\right]^m$ 表示

$$-z\frac{\mathrm{d}}{\mathrm{d}z}\left\{-z\frac{\mathrm{d}}{\mathrm{d}z}\left[-z\frac{\mathrm{d}}{\mathrm{d}z}\cdots\left(-z\frac{\mathrm{d}}{\mathrm{d}z}X(z)\right)\right]\right\}$$

共求导 m 次。

【例 8-8】　若已知 $Z[u(n)] = \dfrac{z}{z-1}$，求斜变序列 $nu(n)$ 的 Z 变换。

解：由式（8-41）可得

$$Z[nu(n)] = -z\frac{\mathrm{d}}{\mathrm{d}z}Z[u(n)]$$

$$= -z\frac{\mathrm{d}}{\mathrm{d}z}\left(\frac{z}{z-1}\right)$$

$$= \frac{z}{(z-1)^2}$$

显然与式（8-7）的结果完全一致。

4. 序列指数加权（Z 域尺度变换）

若已知

$$X(z) = Z[x(n)], R_{x1} < |z| < R_{x2}$$

则

$$Z[a^nx(n)] = X\left(\frac{z}{a}\right), R_{x1} < \left|\frac{z}{a}\right| < R_{x2}$$

（a 为非零常数）

证明： 因为

$$Z[a^n x(n)] = \sum_{n=0}^{\infty} a^n x(n) z^{-n} = \sum_{n=0}^{\infty} x(n) \left(\frac{z}{a}\right)^{-n}$$

所以

$$Z[a^n x(n)] = X\left(\frac{z}{a}\right) \tag{8-44}$$

可见，$x(n)$ 乘以指数序列等效于 z 平面尺度展缩。同样可以得到下列关系：

$$Z[a^{-n} x(n)] = X(az), \quad R_{x1} < |az| < R_{x2} \tag{8-45}$$

$$Z[(-1)^n x(n)] = X(-z), \quad R_{x1} < |z| < R_{x2} \tag{8-46}$$

【例 8-9】 求序列 $(-1)^n u(n)$ 的单边 Z 变换。

解： $Z[(-1)^n u(n)] = \dfrac{z}{z+1} \quad |z| > 1$

5. 初值定理

若 $x(n)$ 是因果序列，已知

$$X(z) = Z[x(n)] = \sum_{n=0}^{\infty} x(n) z^{-n}$$

则

$$x(0) = \lim_{z \to \infty} X(z) \tag{8-47}$$

证明： 因为

$$X(z) = \sum_{n=0}^{\infty} x(n) z^{-n} = x(0) + x(1) z^{-1} + x(2) z^{-2} + \cdots$$

当 $z \to \infty$，在上式的级数中除了第一项 $x(0)$ 外，其他各项都趋近于零，所以

$$\lim_{z \to \infty} X(z) = \lim_{z \to \infty} \sum_{n=0}^{\infty} x(n) z^{-n} = x(0)$$

6. 终值定理

若 $x(n)$ 是因果序列，已知

$$X(z) = Z[x(n)] = \sum_{n=0}^{\infty} x(n) z^{-n}$$

则

$$\lim_{n \to \infty} x(n) = \lim_{z \to 1} [(z-1) X(z)] \tag{8-48}$$

证明： 因为

$$Z[x(n+1) - x(n)] = zX(z) - zx(0) - X(z)$$
$$= (z-1) X(z) - zx(0)$$

取极限得

$$\lim_{z \to 1} (z-1) X(z) = x(0) + \lim_{z \to 1} \sum_{n=0}^{\infty} [x(n+1) - x(n)] z^{-n}$$
$$= x(0) + [x(1) - x(0)] + [x(2) - x(1)] + [x(3) - x(2)] + \cdots$$
$$= x(0) - x(0) + x(\infty)$$

所以 $\lim\limits_{z\to 1}(z-1)X(z)=x(\infty)$。

从推导中可以看出，终值定理只有当 $n\to\infty$ 时 $x(n)$ 收敛才可应用，也就是说，要求 $X(z)$ 的极点必须处在单位圆内（在单位圆上只能位于 $z=+1$ 点且是一阶极点）。

以上两个定理的应用类似于拉普拉斯变换，如果已知序列 $x(n)$ 的 Z 变换 $X(z)$，在不求逆变换的情况下，可以利用这两个定理很方便地求出序列的初值 $x(0)$ 和终值 $x(\infty)$。

7. 时域卷积定理

已知两序列 $x(n)$ 和 $h(n)$，其 Z 变换为

$$X(z)=Z[x(n)],\ R_{x1}<|z|<R_{x2}$$
$$H(z)=Z[h(n)],\ R_{h1}<|z|<R_{h2}$$

则

$$Z[x(n)*h(n)]=X(z)H(z) \tag{8-49}$$

在一般情况下，其收敛域是 $X(z)$ 与 $H(z)$ 收敛域的重叠部分，即 $\max(R_{x1},R_{h1})<|z|<\min(R_{x2},R_{h2})$。若位于某一 Z 变换收敛域边缘上的极点被另一 Z 变换的零点抵消，则收敛域将会扩大。

证明：因为

$$
\begin{aligned}
Z[x(n)*h(n)] &= \sum_{n=-\infty}^{\infty}[x(n)*h(n)]z^{-n}\\
&= \sum_{n=-\infty}^{\infty}\sum_{m=-\infty}^{\infty}x(m)h(n-m)z^{-n}\\
&= \sum_{m=-\infty}^{\infty}x(m)\sum_{n=-\infty}^{\infty}h(n-m)z^{-(n-m)}z^{-m}\\
&= \sum_{m=-\infty}^{\infty}x(m)z^{-m}H(z)
\end{aligned}
$$

所以

$$Z[x(n)*h(n)]=X(z)H(z)$$

或者写作

$$x(n)*h(n)=Z^{-1}[X(z)H(z)] \tag{8-50}$$

可见两序列在时域中的卷积等效于在 Z 域中两序列 Z 变换的乘积。若 $x(n)$ 与 $h(n)$ 分别为线性时不变离散系统的激励序列和单位样值响应，那么在求系统的响应序列 $y(n)$ 时，可以避免卷积运算，而借助于式（8-50）通过 $X(z)H(z)$ 的逆变换求出 $y(n)$，在很多情况下这样会更方便些。

【例 8-10】　已知两单边指数序列 $x(n)=a^n u(n)$，$h(n)=b^n u(n)$，求其卷积 $y(n)$。

解：因为

$$X(z)=\frac{z}{z-a},\ |z|>|a|$$

$$H(z)=\frac{z}{z-b},\ |z|>|b|$$

由式（8-49）得

$$Y(z) = X(z)H(z) = \frac{z^2}{(z-a)(z-b)}$$

显然，其收敛域为 $|z| > |a|$ 与 $|z| > |b|$ 的重叠部分，如图 8.8 所示。

把 $Y(z)$ 展成部分分式，得

$$Y(z) = \frac{1}{a-b}\left(\frac{az}{z-a} - \frac{bz}{z-b}\right)$$

其逆变换为

$$y(n) = x(n) * h(n) = z^{-1}[Y(z)]$$
$$= \frac{1}{a-b}(a^{n+1} - b^{n+1})u(n)$$

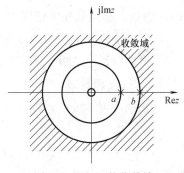

图 8.8 $Y(z)$ 的收敛域

8. Z 域卷积定理（序列相乘）

已知两序列 $x(n)$，$h(n)$，其 Z 变换为

$$X(z) = Z[x(n)],\quad R_{x1} < |z| < R_{x2}$$
$$H(z) = Z[h(n)],\quad R_{h1} < |z| < R_{h2}$$

则

$$Z[x(n)h(n)] = \frac{1}{2\pi j}\oint_{C_1} X\left(\frac{z}{v}\right) H(v) v^{-1} dv \tag{8-51}$$

$$Z[x(n)h(n)] = \frac{1}{2\pi j}\oint_{C_2} X(v) H\left(\frac{z}{v}\right) v^{-1} dv \tag{8-52}$$

式中，C_1 和 C_2 分别为 $X\left(\frac{z}{v}\right)$ 与 $H(v)$ 和 $X(v)$ 与 $H\left(\frac{z}{v}\right)$ 收敛域重叠部分内逆时针旋转的围线。而 $Z[x(n)h(n)]$ 的收敛域一般为 $X(v)$ 与 $H\left(\frac{z}{v}\right)$ 或 $H(v)$ 与 $X\left(\frac{z}{v}\right)$ 的重叠部分，即

$$R_{x1}R_{h1} < |z| < R_{x2}R_{h2}$$

证明：

$$Z[x(n)h(n)] = \sum_{n=-\infty}^{\infty} [x(n)h(n)]z^{-n}$$

$$= \sum_{n=-\infty}^{\infty} \left[\frac{1}{2\pi j}\oint_{C_2} X(z)z^{n-1}dz\right] h(n)z^{-n}$$

$$= \frac{1}{2\pi j}\sum_{n=-\infty}^{\infty} \left[\oint_{C_2} X(v)v^n \frac{dv}{v}\right] h(n)z^{-n}$$

$$= \frac{1}{2\pi j}\oint_{C_2}\left[X(v)\sum_{n=-\infty}^{\infty} h(n)\left(\frac{z}{v}\right)^{-n}\right]\frac{dv}{v}$$

$$= \frac{1}{2\pi j}\oint_{C_2} X(v) H\left(\frac{z}{v}\right) v^{-1} dv$$

同样可以证明式（8-51）成立。

从前面的证明过程可以看出，$X(v)$ 的收敛域与 $X(z)$ 相同，$H\left(\frac{z}{v}\right)$ 的收敛域与 $H(z)$

相同，即

$$R_{x1} < |v| < R_{x2}$$

$$R_{h1} < \left| \frac{z}{v} \right| < R_{h2}$$

合并该两式，得到 $Z[x(n)h(n)]$ 的收敛域，它至少为

$$R_{x1}R_{h1} < |z| < R_{x2}R_{h2}$$

下面研究式（8-52）的卷积意义，假设围线是一个圆，圆心在原点，即令

$$v = \rho e^{j\theta}$$

$$z = r e^{j\varphi}$$

代入式（8-52），得到

$$Z[x(n)h(n)] = \frac{1}{2\pi j} \oint_{C_2} X(\rho e^{j\theta}) H\left(\frac{r e^{j\varphi}}{\rho e^{j\theta}} \right) \frac{d(\rho e^{j\theta})}{\rho e^{j\theta}}$$

$$= \frac{1}{2\pi} \oint_{C_2} X(\rho e^{j\theta}) H\left(\frac{r}{\rho} e^{j(\varphi - \theta)} \right) d\theta$$

由于 C_2 是圆，故 θ 的积分限为 $-\pi \sim +\pi$，这样上式变成

$$Z[x(n)h(n)] = \frac{1}{2\pi} \int_{-\pi}^{\pi} X(\rho e^{j\theta}) H\left(\frac{r}{\rho} e^{j(\varphi - \theta)} \right) d\theta \tag{8-53}$$

所以可以把它看作以 θ 为变量的 $X(\rho e^{j\theta})$ 与 $H(\rho e^{j\theta})$ 的卷积，又称为周期卷积，并且可在一个周期内进行卷积。

在应用 Z 域卷积公式（8-51）、式（8-52）时，通常可以利用留数定理，这时应当注意围线 C 在收敛域内的正确选择。下面举例说明。

【例 8-11】　利用 Z 域卷积定理求 $na^n u(n)$ 序列的 Z 变换（$0 < a < 1$）。

解：若已知

$$X(z) = Z[nu(n)] = \frac{z}{(z-1)^2}, \quad |z| > 1$$

$$H(z) = Z[a^n u(n)] = \frac{z}{z-a}, \quad |z| > |a|$$

那么由 Z 域卷积定理知

$$Z[na^n u(n)] = \frac{1}{2\pi j} \oint_C X(v) H\left(\frac{z}{v} \right) \frac{dv}{v}$$

$$= \frac{1}{2\pi j} \oint_C \frac{v}{(v-1)^2} \cdot \frac{\left(\dfrac{z}{v} \right)}{\left(\dfrac{z}{v} - a \right)} \cdot \frac{dv}{v}$$

$$= \frac{1}{2\pi j} \oint_C \frac{z}{(v-1)^2 (z - av)} dv$$

其收敛域为 $|v| > 1$ 与 $\left| \dfrac{z}{v} \right| > a$ 的重叠区域，即要求 $1 < |v| < \left| \dfrac{z}{v} \right|$。因为 $|z| > 1$，$|a| < 1$，所以围线 C 只包围一个二阶极点 $v = 1$，如图 8.9 所示。

这样

$$Z[na^n u(n)] = \frac{1}{2\pi j}\oint_C \frac{z}{(v-1)^2(z-av)}\mathrm{d}v$$

$$= \mathrm{Res}\left[\frac{z}{(v-1)^2(z-av)}\right]_{v=1}$$

$$= \left[\frac{\mathrm{d}}{\mathrm{d}v}\left(\frac{z}{z-av}\right)\right]_{v=1}$$

$$= \frac{az}{(z-a)^2}, \quad |z| > |a|$$

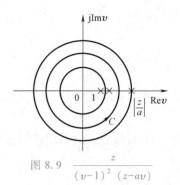

图 8.9 $\dfrac{z}{(v-1)^2\,(z-av)}$

在 v 平面上的零极点分布

其结果与式（8-11）完全一致。

Z 变换的主要性质（定理）见表 8-5。

表 8-5　Z 变换的主要性质（定理）

序号	序列	Z 变换	收敛域
1	$x(n)$	$X(z)$	$R_{x1} < |z| < R_{x2}$
	$h(n)$	$H(z)$	$R_{h1} < |z| < R_{h2}$
2	$ax(n)+bh(n)$	$aX(z)+bH(z)$	$\max(R_{x1}, R_{h1}) < |z| < \min(R_{x2}, R_{h2})$
3	$\mathrm{Re}[x(n)]$	$\dfrac{1}{2}[X(z)+X^*(z^*)]$	$R_{x1} < |z| < R_{x2}$
4	$\mathrm{Im}[x(n)]$	$\dfrac{1}{2j}[X(z)-X^*(z^*)]$	$R_{x1} < |z| < R_{x2}$
5	$x^*(n)$	$X^*(z^*)$	$R_{x1} < |z| < R_{x2}$
6	$x(-n)$	$X(z^{-1})$	$R_{x1} < |z^{-1}| < R_{x2}$
7	$a^n x(n)$	$X(a^{-1}z)$	$|a|R_{x1} < |z| < |a|R_{x2}$
8	$(-1)^n x(n)$	$X(-z)$	$R_{x1} < |z| < R_{x2}$
9	$nx(n)$	$-z\dfrac{\mathrm{d}X(z)}{\mathrm{d}z}$	$R_{x1} < |z| < R_{x2}$
10	$x(n-m)$	$z^{-m}X(z)$	$R_{x1} < |z| < R_{x2}$
11	$x(n)*h(n)$	$X(z)\cdot H(z)$	$\max(R_{x1}, R_{h1}) < |z| < \min(R_{x2}, R_{h2})$
12	$x(n)\cdot h(n)$	$\dfrac{1}{2\pi j}\oint_C X(v)H\left(\dfrac{z}{v}\right)\dfrac{\mathrm{d}v}{v}$	$R_{x1}\cdot R_{h1} < |z| < R_{x2}\cdot R_{h2}$
13	$\displaystyle\sum_{k=0}^n x(k)$	$\dfrac{z}{z-1}X(z)$	
14	$\dfrac{1}{n+a}x(n)$	$-z^a\displaystyle\int_0^z \dfrac{X(v)}{v^{a+1}}\mathrm{d}v$	
15	$\dfrac{1}{n}x(n)$	$-\displaystyle\int_0^z X(v)v^{-1}\mathrm{d}v$	
16	$x(0) = \displaystyle\lim_{z\to\infty} X(z)$		$x(n)$ 为因果序列，$|z|>R_{x1}$
17	$x(\infty) = \displaystyle\lim_{z\to1}(z-1)X(z)$		$x(n)$ 为因果序列，且当 $|z|\geq 1$ 时，$(z-1)X(z)$ 收敛

8.5　离散时间 LTI 系统的 Z 域分析

8.5.1　利用 Z 变换求解差分方程

N 阶 LTI 离散系统的差分方程一般形式为

$$\sum_{k=0}^{N} a_k y(n-k) = \sum_{r=0}^{M} b_r x(n-r) \tag{8-54}$$

已知初始（边界）条件为 $y(-1)$、$y(-2)$、$\cdots$、$y(-N)$ 时，可利用 Z 变换求解式（8-54），对式（8-54）两边取 Z 变换，利用单边 Z 变换的位移性，得到

$$\sum_{k=0}^{N} a_k z^{-k} \left[Y(z) + \sum_{l=-k}^{-1} y(l) z^{-l} \right] = \sum_{r=0}^{M} b_r z^{-r} \left[X(z) + \sum_{m=-r}^{-1} x(m) z^{-m} \right] \tag{8-55}$$

式中，$y(l)$ 是初始条件。

1. 零状态响应

零状态响应是仅由激励引起的响应。当激励 $x(n)$ 是因果序列时，并且系统初始条件为零（$y(l)=0$，$-N \leqslant l \leqslant -1$），则式（8-55）为

$$\sum_{k=0}^{N} a_k z^{-k} Y_{zs}(z) = \sum_{r=0}^{M} b_r z^{-r} X(z) \tag{8-56}$$

由式（8-56）得零状态响应为

$$Y_{zs}(z) = \frac{\displaystyle\sum_{r=0}^{M} b_r z^{-r} X(z)}{\displaystyle\sum_{k=0}^{N} a_k z^{-k}} \tag{8-57}$$

令

$$H(z) = \frac{\displaystyle\sum_{r=0}^{M} b_r z^{-r}}{\displaystyle\sum_{k=0}^{N} a_k z^{-k}} \tag{8-58}$$

式中，$H(z)$ 为系统（传输）函数，零状态响应还可表示为

$$Y_{zs}(z) = H(z) X(z) \tag{8-59}$$

$$y_{zs}(n) = Z^{-1}[Y_{zs}(z)] = Z^{-1}[H(z) X(z)] \tag{8-60}$$

【例 8-12】　已知一离散系统的差分方程为 $y(n) - by(n-1) = x(n)$，求 $y(n)$。其中 $x(n) = a^n u(n)$，$y(-1) = 0$。

解：因为 $y(-1) = 0$，是零状态响应。对方程两边取 Z 变换

$$Y(z) - bz^{-1} Y(z) = X(z)$$

$$(1 - bz^{-1}) Y(z) = X(z)$$

$$Y(z) = \frac{1}{1 - bz^{-1}} X(z) = \frac{1}{1 - bz^{-1}} \cdot \frac{1}{1 - az^{-1}}$$

$$= \frac{z}{z-b} \cdot \frac{z}{z-a}$$

$$= \frac{1}{a-b} \left(\frac{az}{z-a} - \frac{bz}{z-b} \right)$$

进行 Z 逆变换得　　　　　　　　$y(n) = \frac{1}{a-b} (a^{n+1} - b^{n+1}) u(n)$

2. 零输入响应

零输入响应是仅由系统初始储能引起的响应，与初始（边界）条件 $y(-1)$、$y(-2)$、$\cdots$、$y(-N)$ 密切相关。此时激励 $x(n) = 0$，差分方程式（8-54）右边等于零，故式（8-55）变为

$$\sum_{k=0}^{N} a_k z^{-k} \left[Y_{zi}(z) + \sum_{l=-k}^{-1} y(l) z^{-l} \right] = 0$$

$$\sum_{k=0}^{N} a_k z^{-k} Y_{zi}(z) = - \sum_{k=0}^{N} \left[a_k z^{-k} \sum_{l=-k}^{-1} y(l) z^{-l} \right] \tag{8-61}$$

$$Y_{zi}(z) = \frac{- \sum_{k=0}^{N} \left[a_k z^{-k} \sum_{l=-k}^{-1} y(l) z^{-l} \right]}{\sum_{k=0}^{N} a_k z^{-k}} \tag{8-62}$$

式中，$y(l)$ 为系统的初始（边界）条件，$-N \leqslant l \leqslant -1$，则

$$y_{zi}(n) = Z^{-1} [Y_{zi}(z)] \tag{8-63}$$

【例 8-13】 已知一离散系统的差分方程为 $y(n) - by(n-1) = x(n)$，求 $y(n)$。其中 $x(n) = 0$，$y(-1) = -1/b$。

解： 因为 $x(n) = 0$，是零输入响应。对方程两边取 Z 变换

$$Y(z) - b [z^{-1} Y(z) + y(-1)] = 0$$

$$Y(z) - b \left[z^{-1} Y(z) - \frac{1}{b} \right] = 0$$

$$(1 - bz^{-1}) Y(z) = -1$$

$$Y(z) = \frac{1}{1 - bz^{-1}}$$

进行 Z 逆变换得　　　　　　　　$y(n) = -b^n u(n)$

3. 全响应

利用 Z 变换，不需要分别求零状态响应与零输入响应，可以直接求解差分方程的全响应。

$$y(n) = y_{zs}(n) + y_{zi}(n)$$

$$= Z^{-1} \left[\frac{\sum_{r=0}^{M} b_r z^{-r} X(z)}{\sum_{k=0}^{N} a_k z^{-k}} + \frac{- \sum_{k=0}^{N} \left[a_k z^{-k} \sum_{l=-k}^{-1} y(l) z^{-l} \right]}{\sum_{k=0}^{N} a_k z^{-k}} \right] \tag{8-64}$$

【例 8-14】 已知一离散系统的差分方程为 $y(n) - by(n-1) = x(n)$，求 $y(n)$。其中 $x(n) =$

$a^n u(n)$，$y(0)=0$。

解： 先求出边界条件 $y(-1)$，将 $n=0$ 代入原方程进行迭代

$$y(0)-by(-1)=x(0)=1$$

解出 $y(-1)=-1/b$，此时的 $y(n)$ 是全响应。方程两边取 Z 变换

$$Y(z)-b\left[z^{-1}Y(z)+y(-1)\right]=X(z)$$

$$Y(z)-b\left[z^{-1}Y(z)-\frac{1}{b}\right]=X(z)$$

$$(1-bz^{-1})Y(z)=X(z)-1$$

$$Y(z)=\frac{X(z)-1}{1-bz^{-1}}=\frac{1}{1-bz^{-1}}\cdot\frac{1}{1-az^{-1}}-\frac{1}{1-bz^{-1}}$$

$$=\frac{az}{(z-a)(z-b)}=\frac{a}{a-b}\left(\frac{z}{z-a}-\frac{z}{z-b}\right)$$

求 Z 逆变换得

$$y(n)=\frac{a}{a-b}(a^n-b^n)u(n)$$

【例 8-15】 已知二阶离散系统的差分方程为

$$y(n)-5y(n-1)+6y(n-2)=f(n-1)$$

其中，$f(n)=2^n u(n)$，$y(-1)=y(-2)=1$。求系统的完全响应 $y(n)$、零输入响应 $y_{zi}(n)$、零状态响应 $y_{zs}(n)$。

解：方法 1　输入 $f(n)$ 的单边 Z 变换为

$$F(z)=Z\left[2^n u(n)\right]=\frac{z}{z-2},\quad |z|>2$$

对系统差分方程两端取单边 Z 变换，得

$$Y(z)-5\left[z^{-1}Y(z)+y(-1)\right]+6\left[z^{-2}Y(z)+y(-1)z^{-1}+y(-2)\right]=z^{-1}F(z) \tag{8-65}$$

把 $F(z)$ 和初始条件 $y(-1)$、$y(-2)$ 代入式（8-65），得

$$Y(z)=\frac{(5-6z^{-1})y(-1)-6y(-2)}{1-5z^{-1}+6z^{-2}}+\frac{z^{-1}}{1-5z^{-1}+6z^{-2}}F(z)$$

$$=\frac{5z}{z-2}-\frac{6z}{z-3}-\frac{2z}{(z-2)^2},\quad |z|>3$$

$$Y_{zi}(z)=\frac{(5-6z^{-1})y(-1)-6y(-2)}{1-5z^{-1}+6z^{-2}}=\frac{8z}{z-2}-\frac{9z}{z-3},\quad |z|>3$$

$$Y_{zs}(z)=\frac{z^{-1}}{1-5z^{-1}+6z^{-2}}F(z)=\frac{3z}{z-3}-\frac{3z}{z-2}-\frac{2z}{(z-2)^2},\quad |z|>3$$

分别求 $Y(z)$、$Y_{zi}(z)$、$Y_{zs}(z)$ 的 Z 逆变换，得

$$y(n)=Z^{-1}\left[Y(z)\right]=5(2)^n-2(3)^{n+1}-n(2)^n,\quad n\geq 0$$

$$y_{zi}(n)=Z^{-1}\left[Y_{zi}(z)\right]=2^{n+3}-3^{n+2},\quad n\geq 0$$

$$y_{zs}(n)=Z^{-1}\left[Y_{zs}(z)\right]=3^{n+1}-(3+n)2^n,\quad n\geq 0$$

方法 2　分别根据 $y_{zi}(n)$ 满足的方程和 $y_{zs}(n)$ 满足的方程求 $Y_{zi}(z)$、$Y_{zs}(z)$。

$y_{zi}(n)$ 满足的方程为

$$y_{zi}(n) - 5y_{zi}(n-1) + 6y_{zi}(n-2) = 0 \qquad (8\text{-}66)$$

$y_{zi}(n)$ 的初始条件为

$$y_{zi}(-1) = y(-1) = 1, \quad y_{zi}(-2) = y(-2) = 1$$

$y_{zi}(n)$ 满足的方程为

$$y_{zs}(n) - 5y_{zs}(n-1) + 6y_{zs}(n-2) = f(n-1) \qquad (8\text{-}67)$$

$y_{zs}(n)$ 的初始条件为　$y_{zs}(-1) = y_{zs}(-2) = 0$。

分别对式（8-66）、式（8-67）两边取单边 Z 变换，就可求得 $Y_{zi}(z)$、$Y_{zs}(z)$。然后求 Z 逆变换，得到 $y_{zi}(n)$、$y_{zs}(n)$ 和 $y(n)$。

8.5.2　Z 域与 S 域的关系

在 8.1 节的分析中曾经指出，复变量 z 和 s 的关系为

$$z = \mathrm{e}^{sT} \qquad (8\text{-}68)$$

$$s = \frac{1}{T}\ln z \qquad (8\text{-}69)$$

式中，T 是实常数，为取样周期。将 z 和 s 分别表示为

$$s = \sigma + \mathrm{j}\omega \qquad (8\text{-}70)$$

$$z = r\mathrm{e}^{\mathrm{j}\theta} \qquad (8\text{-}71)$$

将式（8-70）代入式（8-68），得

$$r = \mathrm{e}^{\sigma T} \qquad (8\text{-}72)$$

$$\theta = \omega T \qquad (8\text{-}73)$$

由式（8-72）可知，当 $\sigma < 0$ 时，$r < 1$，即 s 平面的左半平面映射为 z 平面的单位圆（$|z| = 1$）的内部；当 $\sigma > 0$ 时，$r > 1$，即 s 平面的右半平面映射为 z 平面单位圆的外部；当 $\sigma = 0$ 时，$r = 1$，即 s 平面的 $\mathrm{j}\omega$ 映射为 z 平面的单位圆。映射关系如图 8.10 所示。

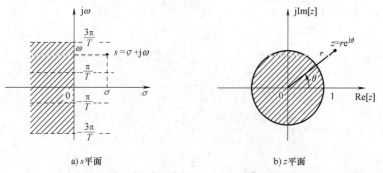

a) s 平面　　　　　　　　　　b) z 平面

图 8.10　s 平面与 z 平面的映射关系

式（8-72）、式（8-73）还表明，s 平面上的实轴（$\mathrm{j}\omega = 0$，$s = \sigma$）映射为 z 平面的正实轴（$\theta = 0$，$z = r$）；s 平面上的原点（$\sigma = 0$，$\mathrm{j}\omega = 0$）映射为 z 平面上的 $z = 1$ 的点（$\theta = 0$，$r = 1$）；s 平面上任一点 s_i 映射为 z 平面上的点 $z_i = \mathrm{e}^{s_i T}$。

式（8-73）表示，当 ω 从 $-\dfrac{\pi}{T}$ 增大到 $\dfrac{\pi}{T}$ 时，θ 从 $-\pi$ 增大到 π，即在 z 平面上，θ 每变化

2π，相应于 s 平面上 ω 变化 $\dfrac{2\pi}{T}$。因此，从 z 平面到 s 平面的映射是多值的，z 平面上一点 $z = re^{j\theta}$ 映射到 s 平面将是无穷多个点。由式（8-69）得

$$s = \frac{1}{T}\ln z = \frac{1}{T}\ln re^{j\theta} = \frac{1}{T}\ln re^{j(\theta+2m\pi)} = \frac{1}{T}\ln r + j\frac{\theta+2m\pi}{T} \tag{8-74}$$

式中，m 为整数。

8.5.3　$H(z)$ 与离散系统的频率响应

1. 离散系统的频率响应

连续系统的频率特性是指连续系统对不同频率的正弦信号响应特性。离散系统的频率响应（频率特性）是指系统对不同频率的正弦序列的响应特性。若离散系统的系统函数 $H(z)$ 的极点全部在单位圆内，则 $H(e^{j\Omega T})$ 称为离散系统的频率响应或频率特性。$H(e^{j\Omega T})$ 为

$$H(e^{j\Omega T}) = H(z)\big|_{z=e^{j\Omega T}} \tag{8-75}$$

$$H(e^{j\Omega T}) = |H(e^{j\Omega T})|e^{j\varphi(\Omega T)} \tag{8-76}$$

$|H(e^{j\Omega T})|$ 称为幅频响应或幅频特性，$\varphi(\Omega T)$ 称为相频响应或相频特性。

因为 $e^{j\Omega T}$ 是 ΩT 的周期函数，所以 $H(e^{j\Omega T})$ 也是 ΩT 的周期函数，周期为 2π。

2. $H(z)$ 与离散系统的频率响应

离散系统的系统函数 $H(z)$ 通常为有理分式，可以表示为 z^{-1} 的有理分式，也可以表示为 z 的有理分式，即

$$H(z) = \frac{B(z)}{A(z)} = \frac{b_m z^m + b_{m-1} z^{m-1} + \cdots + b_1 z + b_0}{a_n z^n + a_{n-1} z^{n-1} + \cdots + a_1 z + a_0} \tag{8-77}$$

式中，$m \le n$，$a_i(i=0,1,2,\cdots,n)$、$b_j(j=0,1,2,\cdots,m)$ 为实常数，$a_n = 1$。$A(z) = 0$ 的根 $p_i(i=0,1,2,\cdots,n)$ 称为 $H(z)$ 的极点，$B(z) = 0$ 的根 $z_j(j=0,1,2,\cdots,m)$ 称为 $H(z)$ 的零点。因此，$H(z)$ 又可表示为

$$H(z) = \frac{b_m(z-z_1)(z-z_2)\cdots(z-z_m)}{(z-p_1)(z-p_2)\cdots(z-p_n)} = \frac{b_m \prod\limits_{j=1}^{m}(z-z_j)}{\prod\limits_{i=1}^{n}(z-p_i)} \tag{8-78}$$

$H(z)$ 的极点和零点可能是实数、虚数或复数。由于 $A(z)$、$B(z)$ 的系数 a_i、b_j 都是实数，所以，若极点（零点）为虚数或复数时，则必然共轭成对出现。

若系统函数 $H(z)$ 的极点全部在单位圆内，则 $H(z)$ 在单位圆 $|z|=1$ 上收敛，$H(e^{j\Omega T})$ 称为离散系统的频率响应。若 n 阶离散系统的系统函数 $H(z)$ 的极点全部在单位圆内，根据式（8-78），则 n 阶离散系统的频率响应为

$$H(e^{j\Omega T}) = H(z)\big|_{z=e^{j\Omega T}} = \frac{b_m \prod\limits_{j=1}^{m}(e^{j\Omega T}-z_i)}{\prod\limits_{i=1}^{n}(e^{j\Omega T}-p_i)} \tag{8-79}$$

由于 $(e^{j\Omega T}-z_i)$ 和 $(e^{j\Omega T}-p_i)$ 为复数，故令

$$e^{j\Omega T} - z_i = B_i e^{j\varphi_i} \tag{8-80}$$

$$e^{j\Omega T} - p_i = A_i e^{j\theta_i} \tag{8-81}$$

则 $H(e^{j\Omega T})$ 又可表示为

$$H(e^{j\Omega T}) = \frac{b_m \prod\limits_{j=1}^{m} B_i e^{j\varphi_i}}{\prod\limits_{i=1}^{n} A_i e^{j\theta_i}} = |H(e^{j\Omega T})| e^{j\varphi(\Omega T)} \tag{8-82}$$

式 (8-82) 中, $b_m > 0$。幅频响应和相频响应分别为

$$|H(e^{j\Omega T})| = \frac{b_m B_1 B_2 \cdots B_m}{A_1 A_2 \cdots A_m} \tag{8-83}$$

$$\varphi(\Omega T) = (\varphi_1 + \varphi_2 + \cdots + \varphi_m) - (\theta_1 + \theta_2 + \cdots + \theta_n) \tag{8-84}$$

由以上推导可知, 离散系统的频率响应取决于 $H(z)$ 的零、极点在复平面上的分布。

8.6 数字滤波器的一般概念

通过对系统频响特性的分析表明, 信号通过系统后, 信号频谱将发生变化。因此, 从信号处理的观点来看, 系统本身就是一个滤波器。与模拟滤波器相对应, 在离散系统中广泛地应用数字滤波器。所谓数字滤波器就是一个离散时间系统, 它的作用是利用离散系统的频响特性对输入信号频谱进行处理, 或者对信号进行变换, 使其转换成预期的输出信号, 从而达到改变信号频谱的目的。因此, 从广义上讲, 数字滤波器是具有某种"算法"的数字处理过程。

8.6.1 数字滤波器原理

为了说明数字滤波器的滤波作用, 先来看图 8.11 所示的模拟滤波器的滤波原理。图中, $h(t)$ 为模拟滤波器的冲激响应, $x(t)$、$y(t)$ 分别为系统的激励与响应。在时域分析中, 响应 $y(t)$ 可通过卷积积分得到, 即

$$y(t) = h(t) * x(t)$$

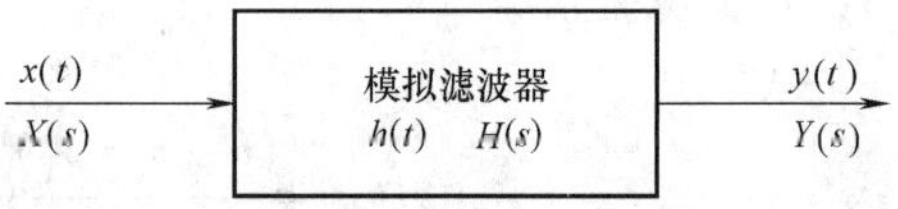

在变换域分析法中, 则有

图 8.11 模拟滤波器

$$Y(s) = H(s)X(s)$$

令 $s = j\omega$, 上式则变为

$$Y(j\omega) = H(j\omega)X(j\omega)$$

其中, $X(j\omega)$、$Y(j\omega)$ 分别为 $x(t)$ 和 $y(t)$ 的频谱, $H(j\omega)$ 是 $h(t)$ 的傅里叶变换, 也就是系统的频响特性。这说明, 在频谱关系上, 一个输入信号的频谱 $X(j\omega)$, 经过滤波器的作用后, 被变换成了 $H(j\omega)X(j\omega)$。因此, 根据不同的滤波要求来选定 $H(j\omega)$ 就可以得到不同的模拟滤波器。

在数字滤波器中, 输入和输出都是离散时间序列, 输出序列 $y(n)$ 可以表示为输入序列 $x(n)$ 与单位样值响应 $h(n)$ 的卷积和

$$y(n) = h(n) * x(n)$$

在 Z 域分析中，则可改用乘积关系表示

$$Y(z) = H(z)X(z)$$

令 $z = e^{j\omega T} = e^{j\Omega}$（其中 T 为取样间隔），代入上式则得到

$$Y(e^{j\Omega}) = H(e^{j\Omega})X(e^{j\Omega}) \tag{8-85}$$

式中，$X(e^{j\Omega})$ 和 $Y(e^{j\Omega})$ 分别是数字滤波器的输入序列和输出序列的频谱；$H(e^{j\Omega})$ 为单位样值响应 $h(n)$ 的频谱，也就是离散系统的频响特性。

由此可见，输入序列 $x(n)$ 的频谱 $X(e^{j\Omega})$ 经过滤波后变为输出序列 $y(n)$ 的频谱 $Y(e^{j\Omega})$。按照 $X(e^{j\Omega})$ 的特点和处理信号的目的，选取适当的 $H(e^{j\Omega})$，使滤波后的 $H(e^{j\Omega})$、$X(e^{j\Omega})$ 符合我们的要求，这就是数字滤波器所起的滤波作用。

如果待处理的信号是连续信号，为了进行数字滤波，须对连续信号进行取样后得到离散信号 $x(n)$，$x(n)$ 经数字滤波后得到输出信号 $y(n)$，再经过模拟低通滤波器，将离散信号转变成满足要求的模拟信号，如图 8.12a 所示。

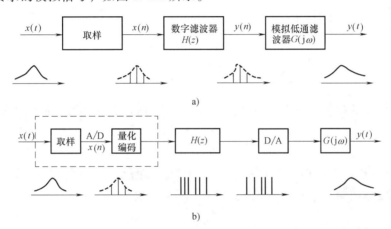

图 8.12　含有数字滤波器的信号处理系统

但在实际应用中，对 $x(t)$ 进行取样后的信号还需进行量化和编码转化成二进制数表示的数字信号，模拟信号的取样、量化和编码的过程总称为模/数转换（A/D 转换），$x(n)$ 经数字滤波器加工后的输出序列 $y(n)$，还需经数/模转换器（D/A 转换器）将数码转换成模拟电压（或电流），最后，经模拟滤波器滤除不需要的高频成分，从而得到系统输出的模拟信号 $y(t)$，如图 8.12b 所示。

为了说明数字滤波器的滤波作用，我们从频域上来研究图 8.12a 所示系统对信号的滤波过程。

设输入的连续信号 $x(t)$ 为带宽受限信号，其频谱 $X(j\omega) = F[x(t)]$ 限制在 $\pm\omega_m$ 之间，如图 8.13a 所示。如果在满足取样定理的条件下对 $x(t)$ 进行取样（取样间隔为 T_s）得到 $x(kT_s) = x(k)$，这样，$x(k)$ 的频谱 $X(e^{j\omega T})$ 是 $X(j\omega)$ 以 $\omega_s = \dfrac{2\pi}{T_s}$ 为周期周期性延拓而成

[注：此处 $x(k)$ 的频谱采用 $X(e^{j\omega T})$ 的形式，目的是使连续信号与离散信号的频谱均采用相同的频率 ω，即横坐标均为 ω，下面出现的 $H(e^{j\omega T})$ 和 $Y(e^{j\omega T})$ 其目的与 $X(e^{j\omega T})$ 相同]，即

$$X(e^{j\omega T}) = \frac{1}{T_s} \sum_{m=-\infty}^{\infty} X[j(\omega - m\omega_s)] \qquad (8\text{-}86)$$

如图 8.13b 所示。

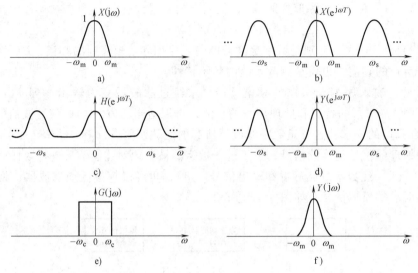

图 8.13　数字滤波器对信号的滤波过程

设数字滤波器的频率响应为 $H(e^{j\omega T})$，如图 8.13c 所示，这样数字滤波器输出 $y(n)$ 的频谱为

$$Y(e^{j\omega T}) = H(e^{j\omega T})X(e^{j\omega T}) \qquad (8\text{-}87)$$

如图 8.23d 所示，显然 $x(n)$ 的频谱经过 $H(e^{j\omega T})$ 的滤波得到了 $y(n)$ 的频谱。

若模拟低通滤波器是一个理想低通滤波器，其频率特性 $G(j\omega)$ 为

$$G(j\omega) = \begin{cases} 1, & |\omega| \leqslant \omega_c \\ 0, & |\omega| > \omega_c \end{cases} \qquad (8\text{-}88)$$

式中，$\omega_m \leqslant \omega_c \leqslant \omega_s - \omega_m$，如图 8.13e 所示，则输出 $y(t)$ 的频谱为

$$Y(j\omega) = G(j\omega)H(e^{j\omega T})X(e^{j\omega T}) \qquad (8\text{-}89)$$

将式（8-86）和式（8-87）代入式（8-88），得

$$Y(j\omega) = \frac{1}{T_s} G(j\omega)H(e^{j\omega T}) \sum_{m=-\infty}^{\infty} X[j(\omega - m\omega_s)]$$

$$= \frac{1}{T_s} H(e^{j\omega T})X(j\omega) \qquad (8\text{-}90)$$

$Y(j\omega)$ 如图 8.13f 所示。这样，可以从 $y(n)$ 的周期性频谱 $y(e^{j\omega T})$ 中选出频谱 $Y(j\omega)$，即恢复出连续信号 $y(t)$。

8.6.2　数字滤波器的结构

数字滤波器既可以利用软件，也可以利用硬件来实现。如果利用软件，则需要编出计算机程序，由计算机或微处理器去完成滤波功能；如果利用硬件，则滤波器由加法器、数乘器及延时器等数字部件连接而成。由于目前大规模集成电路的价格降低，使得用硬件实现的数

字滤波器的应用更为广泛，它具有速度快且能实现实时处理等优点。

这里主要研究如何根据已知的系统函数（或差分方程）来实现数字滤波器，介绍数字滤波器的基本构成形式，给出各种结构的框图。至于数字滤波器的具体设计方法，将在"数字信号处理"课程中介绍。

由于离散系统的系统函数 $H(z)$ 的形式与连续系统的系统函数 $H(s)$ 的形式相同（仅是复变量 z 和 s 的区别），因而若不考虑它们各自的物理含义，其分析方法也相同。在第 4.4 节中，已介绍了离散系统的直接形式、级联形式和并联形式三种结构图（框图），为了使读者对数字滤波器的结构有进一步的了解，这里再详细讨论如下。

1. 直接形式

设系统函数 $H(z)$ 为

$$H(z) = \frac{Y(z)}{X(z)} = \frac{\displaystyle\sum_{r=0}^{M} b_r z^{-r}}{1 + \displaystyle\sum_{m=1}^{N} a_m z^{-m}} \tag{8-91}$$

令

$$H(z) = \frac{W(z)}{X(z)} \cdot \frac{Y(z)}{W(z)} = H_1(z) H_2(z)$$

其中

$$H_1(z) = \frac{W(z)}{X(z)} = \frac{1}{1 + \displaystyle\sum_{m=1}^{N} a_m z^{-m}}$$

$$H_2(z) = \frac{Y(z)}{W(z)} = \sum_{r=0}^{M} b_r z^{-r}$$

所以

$$W(z) = \frac{X(z)}{1 + \displaystyle\sum_{m=1}^{N} a_m z^{-m}}$$

即

$$W(z) = X(z) - \sum_{m=1}^{N} W(z) a_m z^{-m}$$

则 $W(z)$ 的逆变换 $\omega(n)$ 为

$$\omega(n) = x(n) - \sum_{m=1}^{N} a_m \omega(n-m) \tag{8-92}$$

同样，因为

$$Y(z) = W(z) \sum_{r=0}^{M} b_r z^{-r}$$

所以

$$y(n) = \sum_{r=0}^{M} b_r \omega(n-r) \tag{8-93}$$

由式（8-92）和式（8-93）可以画出直接形式结构的框图，如图 8.14 所示（图中画的是 $N = M$ 的情况）。对于实际系统的结构图，其中的某些系数 a_m、b_r 可能为零。

由于直接形式中系统函数 $H(z)$ 的零极点是由差分方程的各个系数 a_m、b_r 决定的，因此当滤波器的阶数较高时，它的特性随系数的变化必然是很敏感的，所以要求系数 a_m、b_r 具有较高的精度和稳定度。在一般情况下，直接形式的结构多用于低阶（一阶或二阶）滤波器。对于高阶系统，通常利用下列方法分解成低阶的组合，然后分别加以实现。

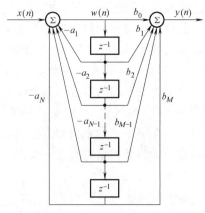

图 8.14　数字滤波器的直接形式结构

2. 级联形式（或称串联形式）

级联形式就是将 $H(z)$ 分解为几个子系统函数的乘积形式，即

$$H(z) = A_0 H_1(z) H_2(z) \cdots H_k(z) = A_0 \prod_{i=1}^{k} H_i(z) \qquad (8-94)$$

式中，A_0 为系数，$H_i(z)$ 为子滤波器的系统函数。通常各子滤波器选用一阶或二阶形式，称为一阶节或二阶节。它们的形式为

$$H_i(z) = \frac{1 + b_{1i} z^{-1}}{1 + a_{1i} z^{-1}} \qquad （一阶节）$$

或

$$H_i(z) = \frac{1 + b_{1i} z^{-1} + b_{2i} z^{-2}}{1 + a_{1i} z^{-1} + a_{2i} z^{-2}} \qquad （二阶节）$$

各个子滤波器 $H_i(z)$ 可采用直接形式实现，如图 8.15 所示。

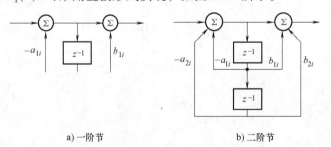

a) 一阶节　　　　　　　　　　　b) 二阶节

图 8.15　级联形式中子数字滤波器的结构

这样，根据式（8-94），可以由各子滤波器得到整个数字滤波器的结构，如图 8.16 所示。

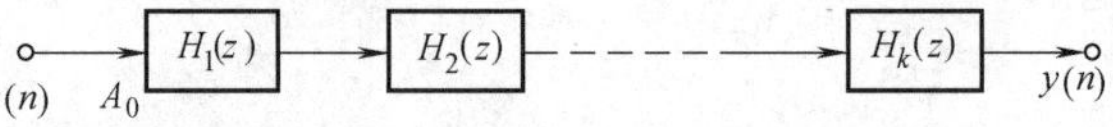

图 8.16　数字滤波器的级联形式

3. 并联形式

并联形式是将 $H(z)$ 分解为几个子系统函数与常数 C 之和，即

$$H(z) = C + H_1(z) + H_2(z) + \cdots + H_k(z)$$

$$= C + \sum_{i=1}^{k} H_i(z) \tag{8-95}$$

式中，C 为常数，通常各子滤波器也选用一阶或二阶形式，其形式一般为

$$H_i(z) = \frac{b_{0i}}{1+a_{1i}z^{-1}} \qquad （一阶节）$$

或

$$H_i(z) = \frac{b_{0i}+b_{1i}z^{-1}}{1+a_{1i}z^{-1}+z_{2i}z^{-2}} \qquad （二阶节）$$

子滤波器 $H_i(z)$ 的结构如图 8.17 所示。

这样，根据式（8-95），可以由各子滤波器并联得到整个数字滤波器的结构，如图 8.18 所示。

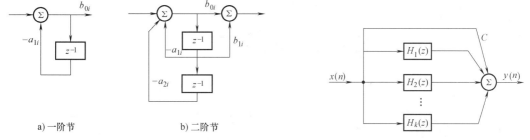

a) 一阶节　　　　　　b) 二阶节

图 8.17　并联形式中子滤波器的结构　　　　　图 8.18　数字滤波器的并联形式

由于进行了上述分解，把高阶差分方程变成低阶差分方程，因而降低了对系数 a_m、b_r 的精度要求。在实际中常常采用级联形式或并联形式。

需要指出，与连续系统类似，数字滤波器无论采用级联形式还是并联形式，都需要将 $H(z)$ 的分母多项式（对于级联还有分子多项式）分解为一次因式或二次因式的乘积，这些因式的系数必须是实数。就是说，$H(z)$ 的实极点可构成一阶节的分母，而一对复共轭极点可构成二阶节的分母。对于级联形式其分子也如此。

【例 8-16】　已知某数字滤波器的系统函数

$$H(z) = \frac{2z^{-2}+4z^{-3}}{1+3z^{-1}+5z^{-2}+3z^{-3}}$$

试分别画出直接形式、级联形式和并联形式的结构图。

解：（1）直接形式

根据所给的 $H(z)$ 的形式，其相应的结构图如图 8.19 所示。

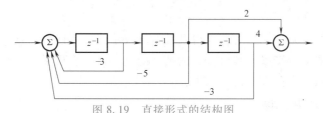

图 8.19　直接形式的结构图

（2）级联形式

将 $H(z)$ 分解，由于 $H(z)$ 有一实数极点 $p_1 = -1$ 和一对共轭极点 $p_{2,3} = -1 \pm \mathrm{j}\sqrt{2}$，所以，

可将 $H(z)$ 分解成如下形式

$$H(z) = \frac{2z^{-1}(z^{-1}+2z^{-2})}{(1+z^{-1})(1+2z^{-1}+3z^{-2})}$$

将上式分解为一阶节和二阶节的级联，例如，令

$$H_1(z) = \frac{2z^{-1}}{1+z^{-1}}, \quad H_2(z) = \frac{z^{-1}+2z^{-2}}{1+2z^{-1}+3z^{-2}}$$

其相应的结构图如图 8.20 所示。

（3）并联形式

将 $H(z)$ 展开成部分分式

$$H(z) = \frac{z^{-1}}{1+z^{-1}} + \frac{-z^{-1}+z^{-2}}{1+2z^{-1}+3z^{-2}}$$

令

$$H_1(z) = \frac{z^{-1}}{1+z^{-1}}, H_2(z) = \frac{-z^{-1}+z^{-2}}{1+2z^{-1}+3z^{-2}}$$

其相应的结构图如图 8.21 所示。

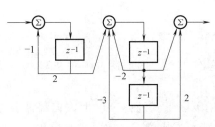

图 8.20　级联形式的结构图

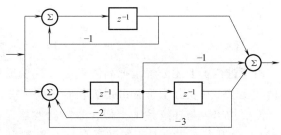

图 8.21　并联形式的结构图

8.7　利用 MATLAB 进行离散系统的 Z 域分析

8.7.1　部分分式展开式的 MATLAB 实现

信号的 Z 域表示式通常可用下面的有理分式表示

$$F(z) = \frac{b_0+b_1z+b_2z^2+\cdots+b_mz^m}{1+a_1z+a_2z^2+\cdots+a_nz^n} = \frac{B(z)}{A(z)} \tag{8-96}$$

为了能从系统的 Z 域表示式方便地得到其时域表示式，可以将 $F(z)$ 展开成部分分式之和的形式，再对其取 Z 逆变换。MATLAB 的信号处理工具箱提供了一个对 $F(z)$ 进行部分分式展开的函数 residue，它的调用形式如下：

　　$[r,p,k] = residue(B,A)$

式中，B，A 分别表示 $F(z)$ 的分子和分母多项式的系数向量，r 为部分分式的系数，p 为极点，k 为多项式的系数。若 $F(z)$ 为真分式，则 k 为零。也就是说，借助 residue 函数可以将式（8-96）展开成

$$\frac{B(z)}{A(z)}=\frac{r(1)}{1-p(1)z}+\cdots+\frac{r(n)}{1-p(n)z^2}+k(1)+k(2)z+\cdots+k(n-m+1)z^{n-m} \qquad (8\text{-}97)$$

【例 8-17】 试用 MATLAB 计算 $F(z)=\dfrac{z^2+2}{z^3+2z^2-4z+1}$ 的部分分式展开。

解：计算部分分式展开的 MATLAB 程序如下：

```
A=[1 2 -4 1];
B=[1 0 2];
[r,p,k]=residue(B,A)
```

程序运行的结果为

```
r =  0.8321      1.0000     -0.8321
p = -3.3028    1.0000     0.3028
k = [ ]
```

从运行的结果可以看出，系统有三阶极点，$r(1)$ 表示一阶极点前的系数，$r(2)$ 表示二阶极点前的系数，$r(3)$ 表示三阶极点前的系数。由上述结果可得 $F(z)$ 的部分分式展开为

$$F(z)=\frac{0.8321}{z+3.3028}+\frac{1}{z-1}+\frac{-0.8321}{z-0.3028}$$

8.7.2 利用 MATLAB 计算 $H(z)$ 的零极点与系统特性

如果系统函数 $H(z)$ 的有理函数表示形式为

$$H(z)=\frac{b(1)z^m+b(2)z^{m-1}+\cdots+b(m+1)}{a(1)z^n+a(2)z^{n-1}+\cdots+a(n+1)} \qquad (8\text{-}98)$$

那么系统函数的零点和极点可以通过 MATLAB 函数 roots 得到，也可以借助 tf2zp 函数得到，tf2zp 函数的调用形式为

```
[r,p,k]=tf2zp(b,a)
```

式中，b 和 a 分别为式（8-98）中 $H(z)$ 分子多项式和分母多项式的系数向量。它的作用是将式（8-98）的有理函数表示式转换为用零点、极点和增益常数表示式，即

$$H(z)=k\frac{[z-z(1)][z-z(2)]\cdots[z-z(m)]}{[z-p(1)][z-p(2)]\cdots[z-p(n)]} \qquad (8\text{-}99)$$

【例 8-18】 已知一离散因果 LTI 系统的系统函数为

$$H(z)=\frac{3z^3-5z^2+10z}{z^3-3z^2+7z-5}$$

求该系统的零极点。

解：用 tf2zp 函数求系统的零极点，程序如下：

```
b=[3 -5 10 0];
a=[1 -3 7 -5];
[r,p,k]=tf2zp(b,a)
```

程序运行结果为

```
r =    0       0.8333 + 1.6245i      0.8333 -1.6245i
p = 1.0000 + 2.0000i    1.0000 -2.0000i  1.0000
```

```
k = 3
```

若要获得系统函数 $H(z)$ 的零极点分布图，可以直接应用 zplane 函数，其调用形式为

```
zplane(b,a)
```

式中，b 和 a 分别为式（8-98）中 $H(z)$ 分子多项式和分母多项式的系数向量。它的作用是在 z 平面画出单位圆、零点与极点。

若已知系统函数 $H(z)$，求系统的单位脉冲响应 $h(n)$ 和频率响应 $H(e^{j\Omega})$，则可以应用 impz 函数和 freqz 函数。下面举例说明。

【例 8-19】 已知一离散因果 LTI 系统的系统函数

$$H(z) = \frac{z^2 + 2z + 1}{3z^5 - z^4 + 1}$$

试用 MATLAB 画出零极点分布图，求系统的单位脉冲响应 $h(n)$ 和频率响应 $H(e^{j\Omega})$，并判断系统是否稳定。

解：根据已知的 $H(z)$，用 zplane 函数即可画出系统的零极点分布图，利用 impz 函数和 freqz 函数求系统的单位脉冲响应和频率响应。程序如下：

```
a=[3 -1 0 0 0 1];
b=[1 2 1];
figure(1);zplane(b,a);
num=[0 1 2 1];
den=[3 -1 0 0 0 1];
h=impz(num,den);
figure(2);stem(h)
[H,w]=freqz(num,den);
figure(3);plot(w/pi,abs(H))
```

程序运行结果如图 8.22 所示。

图 8.22a 为系统函数的零极点分布图，图中符号"○"表示零点，符号"○"旁的数字表示零点的阶数。符号"×"表示极点。图中的虚线画的是单位圆。由图可知，该系统的极点全在单位圆内，故系统是稳定的。

8.7.3 利用 MATLAB 计算 Z 正变换和 Z 逆变换

MATLAB 的符号数学工具箱提供了计算 Z 正变换的函数 ztrans 和 Z 逆变换的函数 iztrans，其调用形式为

```
F=ztrans(f)
F=iztrans(F)
```

以上两式右端的 f 和 F 分别为时域和 z 域表示式的符号表示，可以应用函数 sym 实现，其调用形式为

```
S=sym(A);
```

式中，A 为待分析表示式的字符串，S 为符号化的数字或变量。

【例 8-20】 试用 ztrans 函数求 $f(n) = 5u(n)$ 的 Z 变换。

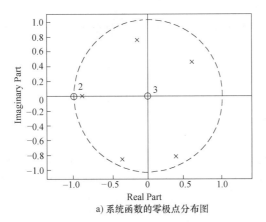

a) 系统函数的零极点分布图

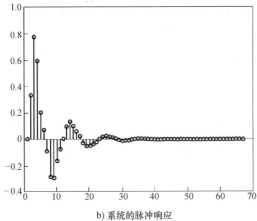

b) 系统的脉冲响应

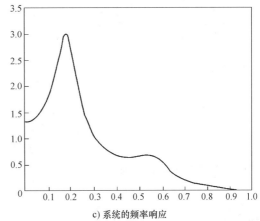

c) 系统的频率响应

图 8.22　例 8-19 题图

解：求 $f(n)$ 的 Z 变换的程序如下：

```
f=sym(5);
F=ztrans(f)
```

程序的运行结果为

```
F =5* z/(z-1)
```

即

$$Z\left[5u(n)\right]=\frac{5z}{z-1}$$

【**例 8-21**】　已知某序列的 Z 变换为

$$F(z)=\frac{z^2+z}{z^3-2z^2+2z-1}$$

试用 MATLAB 求 $F(z)$ 的逆变换 $f(n)$。

解：首先利用 MATLAB 对 $\dfrac{F(z)}{z}$ 进行部分分式展开，即先考虑

$$\frac{F(z)}{z}=\frac{z+1}{z^3-2z^2+2z-1}$$

　　然后调用 residue 函数求出 $\dfrac{F(z)}{z}$ 部分分式展开的系数和极点，对应的 MATLAB 命令如下：

```
A=[1 -2 2 -1];
B=[1 1];
[r,p,k]=residue(B,A)
```

运行结果为

```
r =   2.0000      -1.0000 + 0.0000i      -1.0000 -0.0000i
p =   1.0000       0.5000 + 0.8660i       0.5000 -0.8660i
k =   []
```

可见，$\dfrac{F(z)}{z}$ 包含一对共轭极点，用 abs（）和 angle（）函数即可求出共轭极点的模和相角，命令如下：

```
p1=abs(p')
a1=angle(p')/pi
```

运行结果为

```
p1 =      1.0000     1.0000     1.0000
a1 =         0     -0.3333     0.3333
```

由上述结果可得共轭极点为

$$p_{1,2} = \mathrm{e}^{\pm j\frac{\pi}{3}}$$

则

$$F(z) = \frac{-z}{z-\mathrm{e}^{-j\frac{\pi}{3}}} + \frac{-z}{z-\mathrm{e}^{j\frac{\pi}{3}}} + \frac{2z}{z-1}$$

故

$$f(n) = \left[-2\cos\left(\frac{k\pi}{3}\right) + 2 \right] u(n)$$

习　　题

一、填空题

1. 已知 $X(z) = \dfrac{-1.5z}{z^2 - 2.5z + 1}$，若收敛域 $|z| > 2$，则逆变换为 $x(n) =$ _____；若收敛域 $0.5 < |z| < 2$，则逆变换为 $x(n) =$ _____。

2. 已知变换 $Z[x(n)] = \dfrac{z}{(z-1)(z-2)}$，若收敛域 $|z| > 2$，则逆变换为 $x(n) =$ _____；若收敛域 $|z| < 1$，则逆变换为 $x(n) =$ _____；若收敛域 $1 < |z| < 2$；则逆变换为 $x(n) =$ _____。

3. 已知 Z 变换 $Z[x(n)] = \dfrac{1}{1 - 3z^{-1}}$，若收敛域 $|z| > 3$，则逆变换为 $x(n) =$ _____；若收敛域 $|z| < 3$，则逆变换为 $x(n) =$ _____。

4. 已知 $X(z) = \dfrac{z}{z-1}$，若收敛域 $|z|>1$；则逆变换为 $x(n) =$ _____；若收敛域 $|z|<1$，则逆变换为

$x(n) =$ _____。

5. 设某因果离散系统的系统函数为 $H(z) = \dfrac{z}{z+a}$，要使系统稳定，则 a 应满足_____。

二、单项选择题

1. 一个因果稳定的离散时间系统，其 $H(z)$ 的全部极点须分布在复平面的（　　）。

A. 单位圆内　　　　　　B. 单位圆外　　　　　　C. 左半平面　　　　　　D. 右半平面

2. 序列 $x(n) = a^n u(n-1)$ 的 Z 变换为（　　）。

A. $\dfrac{1}{z-a}$，$|z|>\alpha$ 　　B. $\dfrac{a}{z-a}$，$|z|>\alpha$ 　　C. $\dfrac{z}{z-a}$，$|z|>\alpha$ 　　D. $\dfrac{z}{z-a}$，$|z|<\alpha$

3. 若离散时间系统的系统函数 $H(z)$ 只有在单位圆上值为 1 的单极点，则它的 $h(n) =$（　　）。

A. $u(n)$ 　　　　　　B. $-u(n)$ 　　　　　　C. $(-1)^n u(n)$ 　　　　　　D. 1

4. 已知 Z 变换 $ZT[x(n)] = \dfrac{1}{1-3z^{-1}}$，收敛域 $|z|>3$，则逆变换 $x(n)$ 为（　　）。

A. $3^n u(n)$ 　　　　　　B. $3^n u(n-1)$ 　　　　　　C. $-3^n u(-n)$ 　　　　　　D. $-3^{-n} u(-n-1)$

5. 已知 Z 变换 $Z[x(n)] = \dfrac{1}{1-3z^{-1}}$，收敛域 $|z|<3$，则逆变换 $x(n)$ 为（　　）。

A. $3^n u(n)$ 　　　　　　B. $3^{-n} u(-n)$ 　　　　　　C. $-3^n u(-n)$ 　　　　　　D. $-3^n u(-n-1)$

6. 已知 $x(n)$ 的 Z 变换 $X(z) = \dfrac{1}{\left(z+\dfrac{1}{2}\right)(z+2)}$，$X(z)$ 的收敛域为（　　）时，$x(n)$ 为因果信号。

A. $|z|>0.5$ 　　　　　　B. $|z|<0.5$ 　　　　　　C. $|z|>2$ 　　　　　　D. $0.5<|z|<2$

7. 已知 $x(n)$ 的 Z 变换 $X(z) = \dfrac{1}{(z+1)(z+2)}$，$X(z)$ 的收敛域为（　　）时，$x(n)$ 为因果信号。

A. $|z|>1$ 　　　　　　B. $|z|<1$ 　　　　　　C. $|z|>2$ 　　　　　　D. $1<|z|<2$

8. $nu(n)-(n-1)u(n-1)$ 的 Z 变换为（　　）。

A. $\dfrac{1}{z-1}$ 　　　　　　B. $\dfrac{1}{z(z-1)}$ 　　　　　　C. $\dfrac{z}{z-1}$ 　　　　　　D. $\dfrac{z^2}{z-1}$

9. Z 变换 $F(z) = \dfrac{1}{z-1}$（$|z|>1$）的原函数为（　　）。

A. $u(n)$ 　　　　　　B. $u(n-1)$ 　　　　　　C. $nu(n)$ 　　　　　　D. $(n-1)u(n-1)$

10. $\delta(n)$ 序列的 Z 变换和收敛域为（　　）。

A. 1，$|z|>0$ 　　　　　　B. -1，$|z|>0$ 　　　　　　C. 1，$|z|<0$ 　　　　　　D. 1，整个 Z 平面

三、判断题

1. 对稳定的离散时间系统，其系统函数 $H(z)$ 极点必须均在单位圆内。（　　）

2. 离散因果系统，若 $H(z)$ 的所有极点在单位圆外，则系统稳定。（　　）

3. 离散时间系统 $H(z)$ 的收敛域如果不包含单位圆（$|z|=1$），则系统不稳定。（　　）

4. 若离散因果系统 $H(z)$ 的所有极点在单位圆外，则系统稳定。（　　）

5. 单位样值响应 $h(n)$ 的 Z 变换就是系统函数 $H(z)$。（　　）

6. 离散因果系统，若系统函数 $H(z)$ 的全部极点在 Z 平面的左半平面，则系统稳定。（　　）

7. 离散系统的零状态响应是激励信号 $x(n)$ 与单位样值响应 $h(n)$ 的卷积。（　　）

8. 序列在单位圆上的 Z 变换就是序列的傅里叶变换。（　　）

9. 由系统的单位样值响应和收敛域可以判断系统是否为稳定系统。（　　）

10. 系统结构框图可画出直接型、并联型、串联型结构。（　　　）

四、综合题

1. 已知某离散系统的差分方程为 $2y(n+2)-3y(n+1)+y(n)=x(n+1)$，其初始状态为 $y_{zi}(-1)=-2$，$y_{zi}(-2)=-6$，激励 $x(n)=u(n)$，求：

（1）零输入响应 $y_{zi}(n)$、零状态响应 $y_{zs}(n)$ 及全响应 $y(n)$；

（2）判断该系统的稳定性。

2. 表示离散系统的差分方程为：$y(n)+0.2y(n-1)-0.24y(n-2)=x(n)+x(n-1)$

（1）求系统函数 $H(z)$，并讨论此因果系统 $H(z)$ 的收敛域和稳定性；

（2）求单位样值响应 $h(n)$；

（3）当激励 $x(n)$ 为单位阶跃序列时，求零状态响应 $y(n)$。

3. 某离散系统的差分方程为 $y(n)-by(n-1)=x(n)$，若激励 $x(n)=a^n u(n)$，$y(-1)=2$，求系统的响应 $y(n)$。

4. 对差分方程 $y(n)+y(n-1)=x(n)$ 所表示的离散系统：

（1）求系统函数 $H(z)$ 及单位样值响应 $h(n)$，并说明稳定性；

（2）若系统起始状态为零，如果 $x(n)=10u(n)$，求系统的响应。

5. 已知线性非时变离散系统的差分方程为：$y(n)-5y(n-1)+6y(n-2)=x(n)$，且 $x(n)=2u(n)$，$y(-1)=1$，$y(-2)=0$ 要求：

（1）画出此系统的框图；

（2）试用 Z 域分析法求出差分方程的解 $y(n)$；

（3）求系统函数 $H(z)$ 及其单位样值响应 $h(n)$。

6. 表示某离散系统的差分方程为 $y(n)+0.2y(n-1)-0.24y(n-2)=x(n)+x(n-1)$。

（1）求系统函数 $H(z)$；

（2）讨论此因果系统 $H(z)$ 的收敛域和稳定性；

（3）求单位样值响应 $h(n)$；

（4）当系统激励为单位阶跃序列时，求零状态响应 $y(n)$。

7. 已知二阶离散系统的差分方程为

$$y(n)-5y(n-1)+6y(n-2)=f(n-1)$$

已知 $f(n)=2^n u(n)$，$y(-1)=y(-2)=1$。求系统的完全响应 $y(n)$、零输入响应 $y_{zi}(n)$、零状态响应 $y_{zs}(n)$。

自 测 题

8-1　求下列序列的 Z 变换 $X(z)$，并标明收敛域，绘出 $X(z)$ 的零极点图。

（1）$\left(\dfrac{1}{2}\right)^n u(n)$

（2）$\left(-\dfrac{1}{4}\right)^n u(n)$

（3）$\left(\dfrac{1}{3}\right)^{-n} u(n)$

（4）$\left(\dfrac{1}{3}\right)^n u(-n)$

（5）$-\left(\dfrac{1}{2}\right)^n u(-n-1)$

（6）$\delta(n+1)$

（7）$\left(\dfrac{1}{2}\right)^n [u(n)-u(n-10)]$

（8）$\left(\dfrac{1}{2}\right)^n u(n)+\left(\dfrac{1}{3}\right)^n u(n)$

（9）$\delta(n)-\dfrac{1}{8}\delta(n-3)$

8-2　直接从下列 Z 变换看出它们所对应的序列。

（1）$X(z)=1,\ |z|\le\infty$　　　　　　　（4）$X(z)=-2z^{-2}+2z+1,\ 0<|z|<\infty$

（2）$X(z)=z^{3},\ |z|<\infty$　　　　　　　（5）$X(z)=\dfrac{1}{1-az^{-1}},\ |z|>a$

（3）$X(z)=z^{-1},\ 0<|z|\le\infty$　　　　　（6）$X(z)=\dfrac{1}{1-az^{-1}},\ |z|<a$

8-3　利用 Z 变换的性质求下列 $x(n)$ 的 Z 变换 $X(z)$。

（1）$(-1)^{n}nu(n)$　　　　　　　　　　（3）$\dfrac{a^{n}}{n+1}u(n)$

（2）$(n-1)^{2}u(n-1)$　　　　　　　　　（4）$\displaystyle\sum_{i=0}^{n}(-1)^{i}$

（5）$(n+1)\big[u(n)-u(n-3)\big]*\big[u(n)-u(n-4)\big]$

8-4　已知 $Z[f(n)]=F(z)=\dfrac{z}{(1+z^{2})^{2}},\ |z|>1$，利用 Z 变换的性质，求下列各式的单边 Z 变换及其收敛域。

（1）$f_{1}(n)=f(n-2)$　　　　　　　　　（3）$f_{3}(n)=(n-2)f(n)$

（2）$f_{2}(n)=\left(\dfrac{1}{2}\right)^{n}f(n-2)$　　　　　　（4）$f_{4}(n)=\displaystyle\sum_{i=0}^{n}f(n-i)$

8-5　求下列 $X(z)$ 的逆变换 $x(n)$。

（1）$X(z)=\dfrac{1}{1+0.5z^{-1}},\ |z|>0.5$　　（3）$X(z)=\dfrac{1-\dfrac{1}{2}z^{-1}}{1-\dfrac{1}{4}z^{-2}},\ |z|>\dfrac{1}{2}$

（2）$X(z)=\dfrac{1-0.5z^{-1}}{1+\dfrac{3}{4}z^{-1}+\dfrac{1}{8}z^{-2}},\ |z|>\dfrac{1}{2}$　　（4）$X(z)=\dfrac{1-az^{-1}}{z^{-1}-a},\ |z|>\left|\dfrac{1}{a}\right|$

8-6　利用三种逆变换方法求下列 $X(z)$ 的逆变换 $x(n)$。

$$X(z)=\dfrac{10z}{(z-1)(z-2)},\ |z|>2$$

8-7　用幂级数展开法，求下列各式的 Z 反变换 $f(n)$。

（1）$F(z)=\dfrac{1}{1-az^{-1}},\ |z|>|a|$　　　　（3）$F(z)=\dfrac{z^{-1}}{1-3z^{-1}+2z^{-2}},\ |z|>2$

（2）$F(z)=\dfrac{1}{1-az^{-1}},\ |z|<|a|$　　　　（4）$F(z)=\dfrac{z^{-1}}{1-3z^{-1}+2z^{-2}},\ |z|<1$

8-8　利用幂级数展开法，求 $X(z)=e^{z}$（$|z|<\infty$）所对应的序列 $x(n)$。

8-9　画出 $X(z)=\dfrac{-3z^{-1}}{2-5z^{-1}+2z^{-2}}$ 的零极点图，在下列三种收敛域下，哪种情况对应左边序列、右边序列、双边序列？并求各对应序列。

（1）$|z|>2$　　　　　　　（2）$|z|<0.5$　　　　　　　（3）$0.5<|z|<2$

8-10　已知因果序列 $f(n)$ 的 Z 变换式 $F(z)$，试求 $f(n)$ 的初值和终值 $f(0)$、$f(1)$、$f(\infty)$。

（1）$F(z)=\dfrac{z(z+1)}{(z^{2}-1)(z+0.5)}$　　　　（2）$F(z)=\dfrac{2z^{2}}{\left(z-\dfrac{1}{2}\right)\left(z+\dfrac{1}{3}\right)}$

8-11　已知因果序列的 Z 变换 $X(z)$，求序列的初值 $x(0)$ 与终值 $x(\infty)$。

（1）$X(z) = \dfrac{1+z^{-1}+z^{-2}}{(1-z^{-1})(1-2z^{-1})}$ 　　（2）$X(z) = \dfrac{1}{(1-0.5z^{-1})(1+0.5z^{-1})}$

（3）$X(z) = \dfrac{z^{-1}}{1-1.5z^{-1}+0.5z^{-2}}$

8-12　利用卷积定理求 $y(n) = x(n) * h(n)$，已知

（1）$x(n) = a^n u(n)$，$h(n) = b^n u(-n)$

（2）$x(n) = a^n u(n)$，$h(n) = \delta(n-2)$

（3）$x(n) = a^n u(n)$，$h(n) = u(n-1)$

8-13　用单边 Z 变换解下列差分方程。

（1）$y(n+2)+y(n+1)+y(n) = u(n)$，$y(0)=1, y(1)=2$

（2）$y(n)+0.1y(n-1)-0.02y(n-2) = 10u(n)$，$y(-1)=4, y(-2)=6$

（3）$y(n)-0.9y(n-1) = 0.05u(n)$，$y(-1)=0$

（4）$y(n)-0.9y(n-1) = 0.05u(n)$，$y(-1)=1$

（5）$y(n) = -5y(n-1)+nu(n)$，$y(-1)=0$

（6）$y(n)+2y(n-1) = (n-2)u(n)$，$y(0)=1$

8-14　由下列差分方程画出离散系统的结构图，并求系统函数 $H(z)$ 及单位样值响应 $h(n)$。

（1）$3y(n)-6y(n-1) = x(n)$

（2）$y(n) = x(n)-5x(n-1)+8x(n-3)$

（3）$y(n)-\dfrac{1}{2}y(n-1) = x(n)$

（4）$y(n)-3y(n-1)+3y(n-2)-y(n-3) = x(n)$

（5）$y(n)-5y(n-1)+6y(n-2) = x(n)-3x(n-2)$

8-15　已知离散时间因果系统的模拟框图如图 8.23 所示，求系统函数 $H(z)$ 并确定系统稳定时 K 的取值范围。

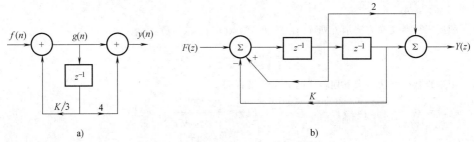

a)　　　　　　　　　b)

图 8.23　自测题 8-15 图

8-16　对于下列差分方程所表示的离散系统

$$y(n)+y(n-1) = x(n)$$

（1）求系统函数 $H(z)$ 及单位样值响应 $h(n)$，并说明系统的稳定性。

（2）若系统起始状态为零，如果 $x(n) = 10u(n)$，求系统的响应。

8-17　已知离散时间系统的差分方程，求系统的单位冲激响应、描述系统的差分方程、系统的模拟框图，并判断系统是否稳定。

（1）$H(z) = \dfrac{1-z^{-1}}{6+5z^{-1}+z^{-2}}$

（2）$H(z) = 3+8z^{-1}+14z^{-2}+8z^{-3}+3z^{-4}$

8-18　已知离散系统差分方程为

$$y(n+2)+6y(n+1)+8y(n)=x(n+2)+5x(n+1)+12x(n)$$

若 $x(n)=u(n)$ 时系统响应为 $y(n)=[1.2+(-2)^{n+1}+2.8(-4)^n]u(n)$。

（1）试判断系统的稳定性；

（2）计算该系统的零输入初始值 $y_{zi}(0)$、$y_{zi}(1)$ 及激励引起的初始值 $y_{zs}(0)$、$y_{zs}(1)$。

8-19 已知二阶离散系统零输入初始条件为 $y_{zi}(0)=2$，$y_{zi}(1)=1$。当输入 $x(n)=u(n)$ 时，输出响应为 $y(n)=\left[\frac{1}{2}+4\cdot 2^n-\frac{5}{2}\cdot 3^n\right]u(n)$。求此系统的差分方程。

8-20 已知横向数字滤波器的结构如图 8.24 所示。试以 $M=8$ 为例：

（1）写出差分方程；

（2）求系统函数 $H(z)$；

（3）求单位样值响应 $h(n)$；

（4）画出 $H(z)$ 的零、极点图；

（5）粗略画出系统的幅度响应。

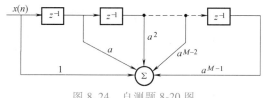

图 8.24 自测题 8-20 图

MATLAB 练习

M8-1 已知离散系统的系统函数分别如下所示：

（1）$H(z)=\dfrac{z^2-2z-1}{2z^3-1}$

（2）$H(z)=\dfrac{z+1}{z^3-1}$

（3）$H(z)=\dfrac{z^2+2}{z^3+2z^2-4z+1}$

（4）$H(z)=\dfrac{z^3}{z^3+0.2z^2+0.3z+0.4}$

试用 MATLAB 分别实现下列分析过程：

（1）求出系统的零、极点位置；

（2）绘出系统的零、极点图，根据零、极点图判断系统的稳定性；

（3）绘出系统单位响应的时域波形，并分析系统稳定性与系统单位响应时域特性的关系。

M8-2 已知描述离散系统的差分方程为

$$y(n)-y(n-1)-y(n-2)=4f(n)-f(n-1)-f(n-2)$$

试用 MATLAB 绘出该系统的零、极点分布图，并绘出系统的幅频特性和相频特性曲线，分析该系统的作用。

M8-3 已知离散时间系统的差分方程为

$$2y(n)-y(-1)-3y(n-2)=2f(n)-f(n-1)$$

$f(n)=(0.5)^n u(n)$，$y(-1)=1$，$y(-2)=3$，试用 filter 函数求系统的零输入响应、零状态响应和完全响应。

M8-4 已知因果（单边）离散序列的 Z 变换如下所示，试用 MATLAB 求出其 Z 逆变换。

（1）$H(z)=\dfrac{z^2+z+1}{z^2+z-2}$

（2）$H(z)=\dfrac{2z^2-z+1}{z^3+z^2+\dfrac{1}{2}z}$

（3）$H(z) = \dfrac{z^2}{z^2 + \sqrt{2}z + 1}$ （4）$H(z) = \dfrac{z^3 + 2z^2 + z + 1}{3z^4 + 2z^3 + 3z^2 + 2z + 1}$

M8-5 已知某离散时间系统的系统函数如下所示，现令 $\alpha = 2$、$\beta = \dfrac{\pi}{4}$，试用 MATLAB 实现下列分析过程：

$$H(z) = \frac{z^2 - 2\alpha\cos(\beta)z + \alpha^2}{z^2 - 2\alpha^{-1}\cos(\beta)z + \alpha^{-2}}$$

（1）绘出系统的零、极点图，并判断系统的稳定性；

（2）绘出系统的幅频特性及相频特性曲线，并分析系统的频率特性，说明该系统的作用；

（3）绘出系统的单位响应时域波形；

（4）改变 α 和 β 的取值，重复上述分析过程，分析 α 和 β 的取值对系统频率特性的影响。

第9章 系统的状态变量分析

本章概述：本章介绍系统状态和状态空间的概念以及状态变量描述的方法，简述了连续和离散系统状态方程的建立和求解的方法，以及如何用 MATLAB 软件计算状态方程数值解的方法。

知识点：①深刻理解系统状态、状态变量、状态方程、输出方程的定义与意义。②掌握根据系统的微分方程和差分方程、系统的模拟图、系统的信号流图和电路图来建立系统的状态方程和输出方程的方法，并能利用状态变量分析法求解系统的状态方程和输出方程以及系统函数。③掌握利用 MATLAB 软件计算状态方程数值解的方法。

常用的系统描述方法有输入-输出描述法和状态变量描述法两大类。

前面讨论的信号与系统的各种分析均属于输入-输出描述法（input-output description），又称端口分析法，也称外部描述法。它强调用系统的输入、输出变量之间的关系来描述系统的特性。一旦系统的数学模型建立以后，就不再关心系统内部的情况，而只考虑系统的时间特性和频率特性对输出物理量的影响。其相应的数学模型是 n 阶微分方程（或差分方程）。

随着系统的复杂化，往往要遇到非线性、时变、多输入、多输出系统的情况。此外，在许多情况下研究其外部特性的同时，还需要研究与系统内部情况有关的问题，如复杂系统的稳定性分析最佳控制最优设计等。这时，就需要采用以系统内部变量为基础的状态变量描述法（state variable description），这是一种内部法。它用状态变量描述系统内部变量的特性，并通过状态变量将系统的输入和输出变量联系起来，用于描述系统的外部特性。

9.1 状态与状态空间

为了方便建立状态方程，下面先给出连续系统状态变量分析法中常用的几个名词的定义。

（1）状态（state）

状态可理解为事物的某种特性。状态发生变化意味着事物有了发展和改变，所以，状态是研究事物的一类依据。系统的状态就是系统的过去、现在和将来的状况。从本质上来说，系统的状态是指系统的储能状况。

（2）状态变量（state variable）

用来描述系统状态的数目最少的一组变量。显然，状态变量实质上反映了系统内部储能状态的变化。

状态变量通常用 $x_1(t), x_2(t), \cdots, x_n(t)$ 来表示。起始时刻 $t = t_0$ 时的一组取值 $x_1(t_0)$，$x_2(t_0), \cdots, x_n(t_0)$ 表示了系统 $t = t_0$ 时的状态，称为初始状态，它反映了 $t = t_0$ 以前系统的工作情况，并以储能的方式表现出来的结果。而 $t \geq t_0$ 时输入和初始状态一旦确定，这组状态变量便可以完全唯一地确定系统 $t \geqslant t_0$ 任意时刻的运动状况，从而确定 $t \geqslant t_0$ 时系统的响应。

上述所谓"完全"表示反映了系统的全部状况，"最少"表示确定系统的状态没有多余的信息。

（3）状态矢量（state vector）

能够完全描述一个系统行为的 n 个状态变量，可以看成一个矢量 $\boldsymbol{x}(t)$ 的各个分量的坐标，此时矢量 $\boldsymbol{x}(t)$ 称为状态矢量，并可以写成矩阵的形式

$$\boldsymbol{x}(t) = \begin{bmatrix} x_1(t) \\ x_2(t) \\ \vdots \\ x_n(t) \end{bmatrix} \text{ 或 } \boldsymbol{x}(t) = \left[x_1(t), x_2(t), \cdots, x_n(t) \right]^{\mathrm{T}} \tag{9-1}$$

（4）状态空间（state space）

状态矢量所在的空间称为状态空间。状态矢量所包含的状态变量的个数就是状态空间的维数，也称系统的复杂度阶数（order of complexity），简称系统的阶数。

（5）状态轨迹（state orbit）

在状态空间中，系统在任意时刻的状态都可以用状态空间中的一点（端点）来表示。状态矢量的端点随时间变化而描述的路径，称为状态轨迹。

用状态变量来描述和分析系统的方法称为状态变量分析法。当已知系统的模型及激励，用状态变量分析法时，一般分两步进行：一是选定状态变量，并列写出用状态变量描述系统特性的方程，一般是一阶微分（或差分）方程组，它建立了状态变量与激励之间的关系；同时，还要建立有关响应与激励、状态变量关系的输出方程，一般是一组代数方程；二是利用系统的初始条件求取状态方程和输出方程的解。

可见，建立状态方程遇到的一个问题是选定状态变量。若已知电路，最习惯选取的状态变量是电感的电流和电容的电压，因为它们直接与系统的储能状态相联系。但也可以选择电感中的磁链或电容上的电荷。必要时还可以选择间接反映系统储能状态的物理量，甚至有时可以选用不是系统中实际存在的物理量。但是状态变量必须是一组独立的变量，即所谓动态独立变量（dynamically independent variable），即系统复杂度的阶数 n。由于受 KCL 和 KVL 的限制，n 的一般表示式为

$$n = b_{\mathrm{LC}} - n_{\mathrm{C}} - n_{\mathrm{L}} \tag{9-2}$$

式中，b_{LC} 为电路中储能元件的个数；n_{C} 为仅有电容（或电压源）组成的独立回路（常称为全电容回路）的总数；n_{L} 为仅有电感（或电流源）组成的独立割集（常称为全感割集）的总数。例如图 9.1 所示的电路中有 5 个储能元件，1 个全电容回路，1 个全电感割集。故

$$n = 5 - 1 - 1 = 3$$

可见此电路只有 3 个状态变量是独立的，只需用 3 个状态变量来描述系统就可以了。由此可以得到结论。系统的复杂度的阶数 n 是唯一确定的，而这 n 个状态变量的选择通常不是唯一的（如此例中，可以选择 v_{C1}、v_{C3}、i_{L1} 为一组状态变量，也可以选择 v_{C2}、v_{C3}、i_{L2} 为一组状态变量）。

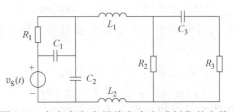

图 9.1　含有全电容回路和全电感割集的电路

9.2　连续时间系统状态方程的建立

　　状态方程的建立主要有两种方法：直接法和间接法。直接法是依据给定系统结构直接编写出系统的状态方程。间接法常利用系统的输入-输出方程、系统模拟图或信号流图编写状态方程。

9.2.1　连续时间系统状态方程的一般形式

　　连续时间系统状态方程是状态变量的一阶微分方程组，即

$$\begin{cases} \dot{x}_1(t) = g_1[x_1(t), x_2(t), \cdots, x_n(t), f_1(t), f_2(t), \cdots, f_m(t), t] \\ \dot{x}_2(t) = g_2[x_1(t), x_2(t), \cdots, x_n(t), f_1(t), f_2(t), \cdots, f_m(t), t] \\ \qquad \vdots \qquad\qquad\qquad\qquad\qquad \vdots \\ \dot{x}_n(t) = g_n[x_1(t), x_2(t), \cdots, x_n(t), f_1(t), f_2(t), \cdots, f_m(t), t] \end{cases} \tag{9-3}$$

　　输出方程是状态变量的代数方程组，即

$$\begin{cases} y_1(t) = w_1[x_1(t), x_2(t), \cdots, x_n(t), f_1(t), f_2(t), \cdots, f_m(t), t] \\ y_2(t) = w_2[x_1(t), x_2(t), \cdots, x_n(t), f_1(t), f_2(t), \cdots, f_m(t), t] \\ \qquad \vdots \qquad\qquad\qquad\qquad\qquad \vdots \\ y_r(t) = w_r[x_1(t), x_2(t), \cdots, x_n(t), f_1(t), f_2(t), \cdots, f_m(t), t] \end{cases} \tag{9-4}$$

式中，$x_1(t), x_2(t), \cdots, x_n(t)$ 为系统的 n 个状态变量；$\dot{x}_i(t) = \dfrac{\mathrm{d}x_i(t)}{\mathrm{d}t}(i=1,2,\cdots,n)$ 是状态变量的一阶导数；$f_1(t), f_2(t), \cdots, f_m(t)$ 为系统的 m 个输入信号；$y_1(t), y_2(t), \cdots, y_r(t)$ 为系统的 r 个输出信号。

　　如果系统是线性时不变系统，则状态方程和输出方程均为状态变量和输入信号的线性组合，即

$$\begin{cases} \dot{x}_1(t) = a_{11}x_1(t) + a_{12}x_2(t) + \cdots + a_{1n}x_n(t) + b_{11}f_1(t) + b_{12}f_2(t) + \cdots + b_{1m}f_m(t) \\ \dot{x}_2(t) = a_{21}x_2(t) + a_{22}x_2(t) + \cdots + a_{2n}x_n(t) + b_{21}f_1(t) + b_{22}f_2(t) + \cdots + b_{2m}f_m(t) \\ \qquad \vdots \qquad\qquad\qquad \vdots \\ \dot{x}_n(t) = a_{n1}x_1(t) + a_{n2}x_2(t) + \cdots + a_{nn}x_n(t) + b_{n1}f_1(t) + b_{n2}f_2(t) + \cdots + b_{nm}f_m(t) \end{cases} \tag{9-5}$$

和

$$\begin{cases} y_1(t) = c_{11}x_1(t) + c_{12}x_2(t) + \cdots + c_{1n}x_n(t) + d_{11}f_1(t) + d_{12}f_2(t) + \cdots + d_{1m}f_m(t) \\ y_2(t) = c_{21}x_2(t) + c_{22}x_2(t) + \cdots + c_{2n}x_n(t) + d_{21}f_1(t) + d_{22}f_2(t) + \cdots + d_{2m}f_m(t) \\ \qquad \vdots \qquad\qquad\qquad \vdots \\ y_r(t) = c_{r1}x_1(t) + c_{r2}x_2(t) + \cdots + c_{rn}x_n(t) + d_{r1}f_1(t) + d_{r2}f_2(t) + \cdots + d_{rm}f_m(t) \end{cases} \tag{9-6}$$

式中，各系数由系统的结构和参数决定，对于线性时不变系统，这些系数为常数。

　　式（9-5）称为状态变量方程或状态空间方程，简称为状态方程，式（9-6）称为输出方程。它们可以用矩阵形式来表示，若记

$$x = \begin{bmatrix} x_1 \\ x_2 \\ \vdots \\ x_n \end{bmatrix}, f = \begin{bmatrix} f_1 \\ f_2 \\ \vdots \\ f_m \end{bmatrix}, y = \begin{bmatrix} y_1 \\ y_2 \\ \vdots \\ y_n \end{bmatrix}$$

$$A = \begin{bmatrix} a_{11} & a_{12} & \cdots & a_{1n} \\ a_{21} & a_{22} & \cdots & a_{2n} \\ \vdots & \vdots & & \vdots \\ a_{n1} & a_{n2} & \cdots & a_{nn} \end{bmatrix}, B = \begin{bmatrix} b_{11} & b_{12} & \cdots & b_{1m} \\ b_{21} & b_{22} & \cdots & b_{2m} \\ \vdots & \vdots & & \vdots \\ b_{n1} & b_{n2} & \cdots & b_{nm} \end{bmatrix}$$

$$C = \begin{bmatrix} c_{11} & c_{12} & \cdots & c_{1n} \\ c_{21} & c_{22} & \cdots & c_{2n} \\ \vdots & \vdots & & \vdots \\ c_{r1} & c_{r2} & \cdots & c_{rn} \end{bmatrix}, D = \begin{bmatrix} d_{11} & d_{12} & \cdots & d_{1m} \\ d_{21} & d_{22} & \cdots & d_{2m} \\ \vdots & \vdots & & \vdots \\ d_{r1} & d_{r2} & \cdots & d_{rm} \end{bmatrix}$$

则状态方程式（9-5）和输出方程式（9-6）可以分别表示为如下的标准形式

$$\begin{cases} \dot{x}(t) = Ax(t) + Bf(t) \\ y(t) = Cx(t) + Df(t) \end{cases} \tag{9-7}$$

式（9-7）中，系数矩阵 A 为 $n×n$ 方阵，称为系统矩阵；系数矩阵 B 为 $n×m$ 矩阵，称为控制矩阵；系数矩阵 C 为 $r×n$ 矩阵，称为输出矩阵；系数矩阵 D 为 $r×m$ 矩阵。对于线性时不变系统，这些矩阵都是常数矩阵。

以上描述的状态模型可用图 9.2 所示的框图表示，其形象地表明了状态变量描述系统的内部特性。

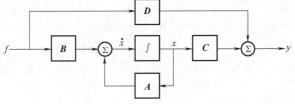

图 9.2　式（9-7）状态模型框图

9.2.2　由电路图建立状态方程

为建立电路的状态方程，首先要选择状态变量，其中，电容和电感元件在电压、电流关联参考方向下的电压、电流关系为：$i_C = C \dfrac{dv_C}{dt}$，$v_L = L \dfrac{di_L}{dt}$。可见，若选择电容的电压和电感的电流作为状态变量，则很容易满足状态方程的形式。实际上，电容的电压和电感的电流反映了电容和电感的储能状态。一般地说，由电路图建立状态方程的步骤如下：

1）选择独立的电容电压和电感电流作为状态变量。

2）对于电容 C 应用 KCL 写出该电容的电流 $i_C = C \dfrac{dv_C}{dt}$ 与其他状态变量和输入变量的关系式。

3）对于电感 L 应用 KVL 写出该电感的电压 $v_L = L \dfrac{di_L}{dt}$ 与其他状态变量和输入变量的关系式。

4）消除非状态变量（称为中间变量）。

5）整理成状态方程和输出方程的标准形式。

下面通过几个实际例子说明状态方程的建立过程。

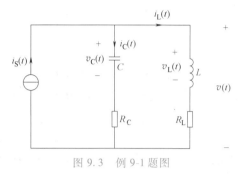

图 9.3　例 9-1 题图

【例 9-1】　电路如图 9.3 所示，试列写该系统的状态方程和输出方程。

解：图 9.3 是含有两个动态元件的二阶系统。

首先选取 $v_C(t)$ 和 $i_L(t)$ 为状态变量，且它们都是独立的状态变量。

由 KCL，得

$$i_S(t) = i_C(t) + i_L(t) = C \frac{dv_C(t)}{dt} + i_L(t)$$

由 KVL，得

$$v_C(t) + R_C C \frac{dv_C(t)}{dt} = L \frac{di_L(t)}{dt} + R_L i_L(t)$$

本例无中间变量，仅需将上述第一式中的 $\dfrac{dv_C(t)}{dt}$ 代入第二式中，即得状态方程为

$$\begin{cases} \dfrac{dv_C(t)}{dt} = -\dfrac{1}{C} i_L(t) + \dfrac{1}{C} i_S(t) \\[3mm] \dfrac{di_L(t)}{dt} = \dfrac{1}{L} v_C(t) - \dfrac{R_C + R_L}{L} i_L(t) + \dfrac{R_C}{L} i_S(t) \end{cases} \tag{9-8}$$

若给定电路中的电压 $v(t)$ 和电流 $i_C(t)$ 为输出，则方程为

$$\begin{cases} v(t) = v_C(t) - R_C i_L(t) + R_C i_S(t) \\ i_C(t) = -i_L(t) + i_S(t) \end{cases} \tag{9-9}$$

若令状态变量 $v_C(t) = x_1(t)$，$i_L(t) = x_2(t)$，输入 $i_S(t) = f(t)$，输出 $v(t) = y_1(t)$，$i_C(t) = y_2(t)$，并写成矩阵形式，即

$$\begin{bmatrix} \dot{x}_1(t) \\ \dot{x}_2(t) \end{bmatrix} = \begin{bmatrix} 0 & -\dfrac{1}{C} \\[3mm] \dfrac{1}{L} & -\dfrac{R_C + R_L}{L} \end{bmatrix} \cdot \begin{bmatrix} x_1(t) \\ x_2(t) \end{bmatrix} + \begin{bmatrix} \dfrac{1}{C} \\[3mm] \dfrac{R_C}{L} \end{bmatrix} \cdot \begin{bmatrix} f(t) \end{bmatrix} \tag{9-10}$$

$$\begin{bmatrix} y_1(t) \\ y_2(t) \end{bmatrix} = \begin{bmatrix} 1 & -R_C \\ 0 & -1 \end{bmatrix} \cdot \begin{bmatrix} x_1(t) \\ x_2(t) \end{bmatrix} + \begin{bmatrix} R_C \\ 1 \end{bmatrix} \cdot \begin{bmatrix} f(t) \end{bmatrix} \tag{9-11}$$

若已知电容的初始电压 $v_C(t_0)$ 和电感的初始电流 $i_L(t_0)$，则根据 $t \geq t_0$ 时的输入电流 $i_S(t)$，就可以唯一地确定状态方程式（9-8）或式（9-10）的解 $v_C(t)$ 和 $i_L(t)$。同样，相应地由输出方程唯一地确定输出 $v(t)$ 和 $i_C(t)$ 的解。

如果将状态变量作为分量构成状态矢量，则状态矢量所有的可能值构成该系统的状态空间。本例组成二维状态空间。系统在任意时刻的状态都可以用状态空间中的一点来表示。本例如设 $L = \dfrac{1}{2}$H，$C = \dfrac{1}{2}$F，$R_C = R_L = 0$；$v(0^-) = 0$，$i_L(0^-) = 0$；$i_S(t) = \varepsilon(t)$。则相应状态方程

式（9-8）的解为

$$\begin{cases} v_C(t) = \sin 2t \\ i_L(t) = 1 - \cos 2t \end{cases}$$

以 i_L 为横坐标，v_C 为纵坐标，则本例的状态轨迹如图 9.4 所示。状态轨迹形象地表明了状态随时间的变化规律。

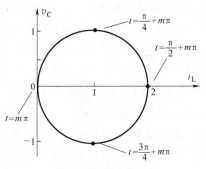

图 9.4　状态轨迹

【例 9-2】　写出图 9.5a 所示电路的状态方程，若以电阻 R_5 上的电压 v_5 和电源 v_S 中的电流 i_L 为输出，试列写其输出方程。

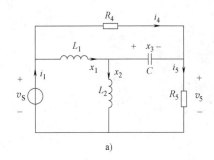 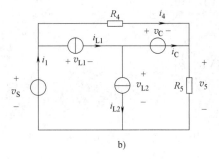

a) 　　　　　　　　　　　b)

图 9.5　例 9-2 题图

解： 选取电感电流 i_{L1}、i_{L2} 和电容电压 v_C 为状态变量，并令

$$\begin{cases} x_1 = i_{L1} \\ x_2 = i_{L2} \\ x_3 = v_C \\ f = v_S \end{cases}$$

若将电容用电压源替代，电感用电流源替代，得如图 9.5b 所示的直流电路。分别在此直流电路中求取 v_{L1}、v_{L2}、i_C。为了方便，列写直流电路的节点方程，为

$$\left(\frac{1}{R_4} + \frac{1}{R_5} \right) v_5 - \frac{1}{R_4} v_S = i_{L1} - i_{L2}$$

得

$$v_5 = \frac{R_4 R_5}{R_4 + R_5} \left(i_{L1} - i_{L2} + \frac{1}{R_4} v_S \right)$$

于是有

$$\begin{cases} L_1 \dfrac{di_{L1}}{dt} = v_{L1} = v_S - v_{L2} \\[2mm] L_2 \dfrac{di_{L2}}{dt} = v_{L2} = v_C + v_5 \\[2mm] C \dfrac{dv_C}{dt} = i_C = i_{L1} - i_{L2} \end{cases}$$

联立上述四个方程，解得

$$\begin{cases} L_1 \dfrac{\mathrm{d}i_{L1}}{\mathrm{d}t} = v_{L1} = -\dfrac{R_4 R_5}{R_4+R_5} i_{L1} + \dfrac{R_4 R_5}{R_4+R_5} i_{L2} - v_C - \dfrac{R_5}{R_4+R_5} v_S + v_S \\[4mm] L_2 \dfrac{\mathrm{d}i_{L2}}{\mathrm{d}t} = v_{L2} = \dfrac{R_4 R_5}{R_4+R_5} i_{L1} - \dfrac{R_4 R_5}{R_4+R_5} i_{L2} + v_C + \dfrac{R_5}{R_4+R_5} v_S \\[4mm] C \dfrac{\mathrm{d}v_C}{\mathrm{d}t} = i_C = i_{L1} - i_{L2} \end{cases}$$

整理，并写出标准的矩阵形式，得

$$\begin{bmatrix} \dot{x}_1 \\ \dot{x}_2 \\ \dot{x}_3 \end{bmatrix} = \begin{bmatrix} -\dfrac{R_4 R_5}{L_1(R_4+R_5)} & \dfrac{R_4 R_5}{L_1(R_4+R_5)} & -\dfrac{1}{L_1} \\[4mm] \dfrac{R_4 R_5}{L_2(R_4+R_5)} & -\dfrac{R_4 R_5}{L_2(R_4+R_5)} & \dfrac{1}{L_2} \\[4mm] \dfrac{1}{C} & -\dfrac{1}{C} & 0 \end{bmatrix} \cdot \begin{bmatrix} x_1 \\ x_2 \\ x_3 \end{bmatrix} + \begin{bmatrix} \dfrac{R_4}{L_1(R_4+R_5)} \\[4mm] \dfrac{R_5}{L_2(R_4+R_5)} \\[4mm] 0 \end{bmatrix} \cdot [f]$$

输出为

$$y_1 = v_5$$

$$y_2 = i_1 = i_{L1} + i_4$$

将 v_5 的结果代入，并考虑到 $v_5 = v_S - R_4 i_4$，稍加整理，得输出方程为

$$\begin{bmatrix} y_1 \\ y_2 \end{bmatrix} = \begin{bmatrix} \dfrac{R_4 R_5}{(R_4+R_5)} & -\dfrac{R_4 R_5}{(R_4+R_5)} & 0 \\[4mm] \dfrac{R_4}{(R_4+R_5)} & \dfrac{R_5}{(R_4+R_5)} & 0 \end{bmatrix} \cdot \begin{bmatrix} x_1 \\ x_2 \\ x_3 \end{bmatrix} + \begin{bmatrix} \dfrac{R_5}{(R_4+R_5)} \\[4mm] \dfrac{1}{(R_4+R_5)} \end{bmatrix} \cdot [f]$$

由此例可以看出，若采用直流电路的方法列写状态方程和输出方程，简化了不少看似繁杂的东西，使最后的计算归结为对电阻电路的计算。

9.2.3　由微分方程建立状态方程

输入-输出方程和状态方程是对同一系统的两种不同的描述方法。两者之间必然存在着一定的联系。如果已知描述连续时间系统的微分方程，则可以直接从微分方程得出系统的状态方程。

【例 9-3】　已知一个三阶微分方程

$$\frac{\mathrm{d}^3 y(t)}{\mathrm{d}t^3} + 5\frac{\mathrm{d}^2 y(t)}{\mathrm{d}t^2} + 7\frac{\mathrm{d}y(t)}{\mathrm{d}t} + 3y(t) = f(t) \tag{9-12}$$

试导出其状态方程和输出方程。其中，$f(t)$ 为输入，$y(t)$ 为输出。

解： 在这种情况下，可把状态变量选取为

$$\begin{cases} x_1 = y \\[2mm] x_2 = \dfrac{\mathrm{d}y}{\mathrm{d}t} = \dfrac{\mathrm{d}x_1}{\mathrm{d}t} \\[2mm] x_3 = \dfrac{\mathrm{d}^2 y}{\mathrm{d}t^2} = \dfrac{\mathrm{d}x_2}{\mathrm{d}t} \end{cases} \tag{9-13}$$

即状态矢量为

$$\boldsymbol{x} = \begin{bmatrix} x_1 \\ x_2 \\ x_3 \end{bmatrix} = \begin{bmatrix} y \\ \dfrac{\mathrm{d}y}{\mathrm{d}t} \\ \dfrac{\mathrm{d}^2 y}{\mathrm{d}t^2} \end{bmatrix}$$

将式（9-12）写成如下形式

$$\frac{\mathrm{d}^3 y(t)}{\mathrm{d}t^3} = -5\frac{\mathrm{d}^2 y(t)}{\mathrm{d}t^2} - 7\frac{\mathrm{d}y(t)}{\mathrm{d}t} - 3y(t) + f(t) \tag{9-14}$$

由此得到三个一阶微分方程，即状态方程，为

$$\begin{cases} \dfrac{\mathrm{d}x_1}{\mathrm{d}t} = x_2 \\[2mm] \dfrac{\mathrm{d}x_2}{\mathrm{d}t} = x_3 \\[2mm] \dfrac{\mathrm{d}x_3}{\mathrm{d}t} = -3x_1 - 7x_2 - 5x_3 + f \end{cases}$$

写成标准的矩阵形式，则为

$$\begin{bmatrix} \dot{x}_1 \\ \dot{x}_2 \\ \dot{x}_3 \end{bmatrix} = \begin{bmatrix} 0 & 1 & 0 \\ 0 & 0 & 1 \\ -3 & -7 & -5 \end{bmatrix} \begin{bmatrix} x_1 \\ x_2 \\ x_3 \end{bmatrix} + \begin{bmatrix} 0 \\ 0 \\ 1 \end{bmatrix} [f] \tag{9-15}$$

显然，输出方程为

$$[y] = \begin{bmatrix} 1 & 0 & 0 \end{bmatrix} \begin{bmatrix} x_1 \\ x_2 \\ x_3 \end{bmatrix} + [0][f]$$

9.2.4 由系统模拟框图建立状态方程

根据系统的输入-输出微分方程或系统函数可以作出系统的模拟图或信号流图，然后依此选择每一个积分器的输出端信号为状态变量，最后得到状态方程和输出方程。由于系统函数可以写成不同的形式，所以模拟图或信号流图也可以有不同的结构，于是状态变量也可以有不同的描述方式，因而状态方程和输出方程也具有不同的参数。

设已知三阶系统的微分方程为

$$\frac{\mathrm{d}^3 y(t)}{\mathrm{d}t^3} + 8\frac{\mathrm{d}^2 y(t)}{\mathrm{d}t^2} + 19\frac{\mathrm{d}y(t)}{\mathrm{d}t} + 12y(t) = 4\frac{\mathrm{d}f(t)}{\mathrm{d}t} + 10f(t) \tag{9-16}$$

则该系统的系统函数显然为

$$H(s) = \frac{4s+10}{s^3 + 8s^2 + 19s + 12} \tag{9-17}$$

当然，系统函数还可以写成如下形式：

$$H(s) = \frac{1}{s+1} + \frac{1}{s+3} - \frac{2}{s+4} \tag{9-18}$$

或

$$H(s) = \frac{4}{s+1} \cdot \frac{1}{s+3} \cdot \frac{s+\dfrac{5}{2}}{s+4} \tag{9-19}$$

所以，可分别画出级联、并联和串联三类模拟图或信号流图。

1. 级联模拟

级联模拟又称直接模拟，共有两种不同的形式。由式（9-17），第一种直接模拟如图 9.6 所示。

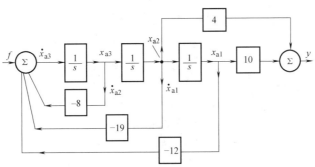

图 9.6　第一种直接模拟

选取三个积分器输出 x_{a1}，x_{a2}，x_{a3} 为状态变量，则有

$$\dot{x}_{a1} = x_{a2}$$

$$\dot{x}_{a2} = x_{a3}$$

$$\dot{x}_{a3} = -12x_{a1} - 19x_{a2} - 8x_{a3} + f$$

$$y = 10x_{a1} + 4x_{a2}$$

写成矩阵形式，状态方程为

$$\underbrace{\begin{bmatrix} \dot{x}_{a1} \\ \dot{x}_{a2} \\ \dot{x}_{a3} \end{bmatrix}}_{\dot{x}_a} = \underbrace{\begin{bmatrix} 0 & 1 & 0 \\ 0 & 0 & 1 \\ -12 & -19 & -8 \end{bmatrix}}_{A_a} \underbrace{\begin{bmatrix} x_{a1} \\ x_{a2} \\ x_{a3} \end{bmatrix}}_{x_a} + \underbrace{\begin{bmatrix} 0 \\ 0 \\ 1 \end{bmatrix}}_{B_a} \underbrace{[f]}_{f} \tag{9-20}$$

输出方程为

$$[y] = \underbrace{\begin{bmatrix} 10 & 4 & 0 \end{bmatrix}}_{C_a} \cdot \underbrace{\begin{bmatrix} x_1 \\ x_2 \\ x_3 \end{bmatrix}}_{x_a} + \underbrace{[0]}_{D_a} \cdot \underbrace{[f]}_{f} \tag{9-21}$$

第二种直接模拟如图 9.7 所示。

选取三个积分器输出 x_{b1}，x_{b2}，x_{b3} 为状态变量，则有

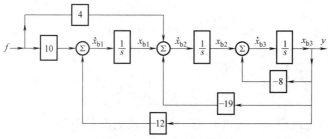

图 9.7　第二种直接模拟

$$\dot{x}_{b1} = -12x_{b3} + 10f$$

$$\dot{x}_{b2} = x_{b1} - 19x_{b3} + 4f$$

$$\dot{x}_{b3} = x_{b2} - 8x_{b3}$$

$$y = x_{b3}$$

写成矩阵形式，状态方程为

$$\underbrace{\begin{bmatrix} \dot{x}_{b1} \\ \dot{x}_{b2} \\ \dot{x}_{b3} \end{bmatrix}}_{\dot{x}_b} = \underbrace{\begin{bmatrix} 0 & 0 & -12 \\ 1 & 0 & -19 \\ 0 & 1 & -8 \end{bmatrix}}_{A_b} \underbrace{\begin{bmatrix} x_{b1} \\ x_{b2} \\ x_{b3} \end{bmatrix}}_{x_b} + \underbrace{\begin{bmatrix} 10 \\ 4 \\ 0 \end{bmatrix}}_{B_b} \underbrace{[f]}_{f} \tag{9-22}$$

输出方程为

$$[y] = \underbrace{\begin{bmatrix} 0 & 0 & 1 \end{bmatrix}}_{C_b} \underbrace{\begin{bmatrix} x_{b1} \\ x_{b2} \\ x_{b3} \end{bmatrix}}_{x_b} + \underbrace{[0]}_{D_b} \underbrace{[f]}_{f} \tag{9-23}$$

从式（9-20）、式（9-22）以及式（9-21）或式（9-23）不难看出，$A_a = A_b^T$，$B_a = C_b^T$，$C_a = B_b^T$，可见，直接模拟的两种方法之间具有对偶的特性。

2. 并联模拟

由式（9-18），可知此复杂系统可以用三个简单的子系统的并联来表示，其中，每一个简单子系统的系统函数 $\dfrac{1}{s+a} = \dfrac{\dfrac{1}{s}}{1+\dfrac{a}{s}}$，其模拟图如图 9.8a 和 b 所示。于是整个系统的模拟图如

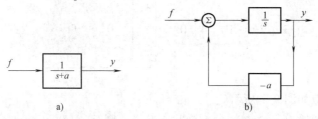

图 9.8　简单一阶子系统及其模拟图

图 9.9 所示。

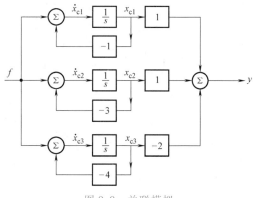

图 9.9　并联模拟

选取三个积分器输出 x_{c1}，x_{c2}，x_{c3} 为状态变量，则有

$$\dot{x}_{c1} = -x_{c1} + f$$

$$\dot{x}_{c2} = -3x_{c2} + f$$

$$\dot{x}_{c3} = -4x_{c3} + f$$

$$y = x_{c1} + x_{c2} - 2x_{c3}$$

写成矩阵形式，状态方程为

$$
\underbrace{\begin{bmatrix} \dot{x}_{c1} \\ \dot{x}_{c2} \\ \dot{x}_{c3} \end{bmatrix}}_{\dot{x}_c} = \underbrace{\begin{bmatrix} -1 & 0 & 0 \\ 0 & -3 & 0 \\ 0 & 0 & -4 \end{bmatrix}}_{A_c} \cdot \underbrace{\begin{bmatrix} x_{c1} \\ x_{c2} \\ x_{c3} \end{bmatrix}}_{x_c} + \underbrace{\begin{bmatrix} 1 \\ 1 \\ 1 \end{bmatrix}}_{B_c} \cdot \underbrace{[f]}_{f}
\qquad (9\text{-}24)
$$

输出方程为

$$
[y] = \underbrace{\begin{bmatrix} 0 & 0 & 1 \end{bmatrix}}_{C_b} \underbrace{\begin{bmatrix} x_{b1} \\ x_{b2} \\ x_{b3} \end{bmatrix}}_{x_b} + \underbrace{[0]}_{D_b} \underbrace{[f]}_{f}
\qquad (9\text{-}25)
$$

应该注意到，系数矩阵 A_c 是由系统的特征根 -1、-3、-4 所构成的对角阵，所以，称这种状态变量为对角状态变量。

3. 串联模拟

由式（9-19），串联模拟图如图 9.10a 所示，相应的信号流图如图 9.10b 所示。

选取三个积分器输出 x_{d1}，x_{d2}，x_{d3} 为状态变量，则有

$$\dot{x}_{d1} = -4x_{d1} + x_{d2}$$

$$\dot{x}_{d2} = -3x_{d2} + x_{d3}$$

$$\dot{x}_{d3} = -x_{d3} + 4f$$

$$y = 2.5x_{d1} + \dot{x}_{d1} = -1.5x_{d1} + x_{d2}$$

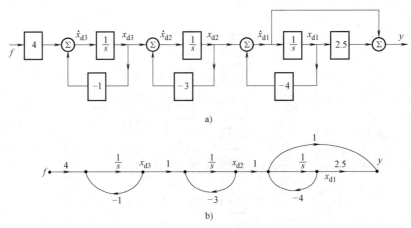

图 9.10　串联模拟

写成矩阵形式，状态方程为

$$
\underbrace{\begin{bmatrix} \dot{x}_{d1} \\ \dot{x}_{d2} \\ \dot{x}_{d3} \end{bmatrix}}_{\dot{x}_d} = \underbrace{\begin{bmatrix} -4 & 1 & 0 \\ 0 & -3 & 1 \\ 0 & 0 & -1 \end{bmatrix}}_{A_d} \cdot \underbrace{\begin{bmatrix} x_{d1} \\ x_{d2} \\ x_{d3} \end{bmatrix}}_{x_d} + \underbrace{\begin{bmatrix} 0 \\ 0 \\ 4 \end{bmatrix}}_{B_d} \cdot \underbrace{[f]}_{f}
\tag{9-26}
$$

输出方程为

$$
[y] = \underbrace{[-1.5 \quad 1 \quad 0]}_{C_d} \underbrace{\begin{bmatrix} x_{d1} \\ x_{d2} \\ x_{d3} \end{bmatrix}}_{x_d} + \underbrace{[0]}_{D_d} \underbrace{[f]}_{f}
\tag{9-27}
$$

从上面的讨论可知，状态变量是可以在系统内部选取的，也可以人为地虚设。对于同一个系统，状态变量的选取不同，系统的状态方程和输出方程也将不同，但它们所描述的系统的输入-输出关系没有改变。

当系统的输入和输出都不止一个时，只要分别画出其相应的模拟图或信号流图，仍然能方便地列写出状态方程和输出方程。

【例 9-4】　设某线性时不变系统有两个输入和两个输出，描述系统的微分方程组为

$$
\begin{cases}
\dfrac{dy_1(t)}{dt} + 2y_1(t) - 3y_2(t) = f_1(t) \\[2mm]
\dfrac{d^2 y_2(t)}{dt^2} + 3\dfrac{dy_2(t)}{dt} + y_2(t) - 2\dfrac{dy_1(t)}{dt} = 3f_2(t)
\end{cases}
$$

试列写该系统的状态方程和输出方程。

解： 将原方程组改写成

$$
\begin{cases}
\dfrac{dy_1(t)}{dt} = -2y_1(t) + 3y_2(t) + f_1(t) \\[2mm]
\dfrac{d^2 y_2(t)}{dt^2} = -3\dfrac{dy_2(t)}{dt} - y_2(t) + 2\dfrac{dy_1(t)}{dt} + 3f_2(t)
\end{cases}
$$

不难画出其信号流图如图 9.11 所示。

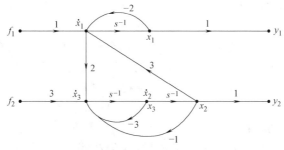

图 9.11　例 9-4 题图

选取积分器输出 x_1，x_2，x_3 为状态变量，则有

$$\dot{x}_1 = -2x_1 + 3x_2 + f_1 \tag{9-28}$$

$$\dot{x}_2 = x_3 \tag{9-29}$$

$$\dot{x}_3 = -3x_3 - x_2 + 2\dot{x}_1 + 3f_2 \tag{9-30}$$

将式（9-28）代入式（9-30），消去 $\dot{x}_1$ 即得

$$\dot{x}_3 = -4x_1 + 5x_2 - 3x_3 + 2f_1 + 3f_2 \tag{9-31}$$

最后，写成矩阵形式，状态方程为

$$\underbrace{\begin{bmatrix} \dot{x}_1 \\ \dot{x}_2 \\ \dot{x}_3 \end{bmatrix}}_{\dot{x}} = \underbrace{\begin{bmatrix} -2 & 3 & 0 \\ 0 & 0 & 1 \\ -4 & 5 & -3 \end{bmatrix}}_{A} \cdot \underbrace{\begin{bmatrix} x_1 \\ x_2 \\ x_3 \end{bmatrix}}_{x} + \underbrace{\begin{bmatrix} 1 & 0 \\ 0 & 0 \\ 2 & 3 \end{bmatrix}}_{B} \cdot \underbrace{\begin{bmatrix} f_1 \\ f_2 \end{bmatrix}}_{f}$$

输出方程为

$$\begin{bmatrix} y_1 \\ y_2 \end{bmatrix} = \underbrace{\begin{bmatrix} 1 & 0 & 0 \\ 0 & 1 & 0 \end{bmatrix}}_{C} \underbrace{\begin{bmatrix} x_1 \\ x_2 \\ x_3 \end{bmatrix}}_{x} + \underbrace{\begin{bmatrix} 0 & 0 \\ 0 & 0 \end{bmatrix}}_{D} \cdot \underbrace{\begin{bmatrix} f_1 \\ f_2 \end{bmatrix}}_{f}$$

9.3　连续时间系统状态方程的求解

求解状态方程有两种方法：一种是基于拉普拉斯变换的复频域求解；另一种是采用时域法求解。

9.3.1　状态方程的复频域解

如前所述，连续系统状态方程的标准形式

$$\dot{x}(t) = Ax(t) + Bf(t)$$

为一阶常系数线性矢量微分方程，输出方程的标准形式

$$y(t) = Cx(t) + Df(t)$$

为矢量代数方程。一般地，对于一个 n 阶线性时不变系统，它有 n 个状态变量，m 个输入，r 个输出，显然，系数矩阵 $\boldsymbol{A}$ 为 $n \times n$ 方阵，$\boldsymbol{B}$ 为 $n \times m$ 矩阵，$\boldsymbol{C}$ 为 $r \times n$ 方阵，$\boldsymbol{D}$ 为 $r \times m$ 矩阵。

用拉普拉斯变换求解一阶微分方程组与求解单个标量微分方程没有什么本质上的差异。对状态方程两边取拉普拉斯变换，根据拉普拉斯变换的微分性质，得

$$sX(s) - x(0^-) = AX(s) + BF(s) \tag{9-32}$$

式中，$\boldsymbol{X}(s)$ 和 $\boldsymbol{F}(s)$ 分别表示状态矢量 $\boldsymbol{x}(t)$ 和输入矢量 $\boldsymbol{f}(t)$ 的单边拉普拉斯变换；$\boldsymbol{x}(0^-)$ 表示状态矢量的初始状态。

需要说明的是，一个矢量函数的拉普拉斯变换仍然是一个矢量函数。它的各元素是原矢量函数相应的拉普拉斯变换，式（9-32）所表示的具体内容是

$$s\begin{bmatrix} X_1(s) \\ X_2(s) \\ \vdots \\ X_n(s) \end{bmatrix} - \begin{bmatrix} x_1(0^-) \\ x_2(0^-) \\ \vdots \\ x_n(0^-) \end{bmatrix} = \begin{bmatrix} a_{11} & a_{12} & \cdots & a_{1n} \\ a_{21} & a_{22} & \cdots & a_{2n} \\ \vdots & \vdots & & \vdots \\ a_{n1} & a_{n2} & \cdots & a_{nn} \end{bmatrix} \cdot \begin{bmatrix} X_1(s) \\ X_2(s) \\ \vdots \\ X_n(s) \end{bmatrix} + \begin{bmatrix} b_{11} & b_{12} & \cdots & b_{1m} \\ b_{21} & b_{22} & \cdots & b_{2m} \\ \vdots & \vdots & & \vdots \\ b_{n1} & b_{n2} & \cdots & b_{nm} \end{bmatrix} \cdot \begin{bmatrix} F_1(s) \\ F_2(s) \\ \vdots \\ F_n(s) \end{bmatrix}$$

$$\tag{9-33}$$

将式（9-32）改写为

$$(sI - A)X(s) = x(0^-) + BF(s) \tag{9-34}$$

式中，$\boldsymbol{I}$ 为 $n \times n$ 单位矩阵。为了方便，定义

$$\boldsymbol{\phi}(s) = (sI - A)^{-1} = \frac{\text{adj}(sI - A)}{|sI - A|} \tag{9-35}$$

矩阵 $\boldsymbol{\phi}(s)$ 称为系统的分解矩阵（resolvent matrix），显然，这是一个由系统参数 $\boldsymbol{A}$ 完全决定了的矩阵，它在状态方程的求解过程中起着非常重要的作用。这时式（9-34）可表示为

$$X(s) = \boldsymbol{\phi}(s)[x(0^-) + BF(s)] \tag{9-36}$$

这就是状态矢量的复频域解。对式（9-36）取拉普拉斯反变换，有

$$x(t) = \underbrace{L^{-1}[\boldsymbol{\phi}(s)x(0^-)]}_{\text{零输入响应}} + \underbrace{L^{-1}[\boldsymbol{\phi}(s)BF(s)]}_{\text{零状态响应}} \tag{9-37}$$

式（9-37）就是状态矢量的时域解。式中第一部分仅由系统的初始状态决定，故为零输入响应；第二部分是激励的函数，故为零状态响应。

在求得状态矢量的复频域解后，代入输出方程，即可得到响应的复频域解。由输出方程得到其拉普拉斯变换的表达式为

$$Y(s) = CX(s) + DF(s)$$

将式（9-37）代入，可得

$$Y(s) = C\boldsymbol{\phi}(s)[x(0^-) + BF(s)] + DF(s) \tag{9-38}$$

对式（9-38）取拉普拉斯反变换，即可得到响应 $y(t)$，为

$$y(t) = \underbrace{L^{-1}[C\boldsymbol{\phi}(s)x(0^-)]}_{\text{零输入响应}} + \underbrace{L^{-1}[C\boldsymbol{\phi}(s)B + D]F(s)}_{\text{零状态响应}} \tag{9-39}$$

【例 9-5】 已知某连续时间系统的状态方程和输入方程分别为

$$\begin{bmatrix} \dot{x}_1(t) \\ \dot{x}_2(t) \end{bmatrix} = \begin{bmatrix} 2 & 3 \\ 0 & -1 \end{bmatrix} \begin{bmatrix} x_1(t) \\ x_2(t) \end{bmatrix} + \begin{bmatrix} 0 & 1 \\ 1 & 0 \end{bmatrix} \begin{bmatrix} f_1(t) \\ f_2(t) \end{bmatrix}$$

$$\begin{bmatrix} y_1(t) \\ y_2(t) \end{bmatrix} = \begin{bmatrix} 1 & 1 \\ 0 & -1 \end{bmatrix} \begin{bmatrix} x_1(t) \\ x_2(t) \end{bmatrix} + \begin{bmatrix} 1 & 0 \\ 1 & 0 \end{bmatrix} \begin{bmatrix} f_1(t) \\ f_2(t) \end{bmatrix}$$

其初始状态和输入分别为

$$\begin{bmatrix} x_1(0^-) \\ x_2(0^-) \end{bmatrix} = \begin{bmatrix} 2 \\ -1 \end{bmatrix}, \begin{bmatrix} f_1(t) \\ f_2(t) \end{bmatrix} = \begin{bmatrix} \varepsilon(t) \\ \delta(t) \end{bmatrix}$$

试求该系统的状态和输出。

解：由已知条件，可得

$$(s\boldsymbol{I}-\boldsymbol{A}) = s\begin{bmatrix} 1 & 0 \\ 0 & 1 \end{bmatrix} + \begin{bmatrix} 2 & 3 \\ 0 & -1 \end{bmatrix} = \begin{bmatrix} s-2 & -3 \\ 0 & s+1 \end{bmatrix}$$

分解矩阵为

$$\boldsymbol{\Phi}(s) = (s\boldsymbol{I}-\boldsymbol{A})^{-1} = \frac{\mathrm{adj}(s\boldsymbol{I}-\boldsymbol{A})}{|s\boldsymbol{I}-\boldsymbol{A}|} = \frac{1}{(s-2)(s+1)}\begin{bmatrix} s+1 & 3 \\ 0 & s-2 \end{bmatrix} = \begin{bmatrix} \dfrac{1}{s-2} & \dfrac{3}{(s-2)(s+1)} \\ 0 & \dfrac{1}{s+1} \end{bmatrix}$$

输入的拉普拉斯变换为

$$\boldsymbol{F}(s) = \begin{bmatrix} \dfrac{1}{s} \\ 1 \end{bmatrix}$$

将上面的结果代入式（9-36），从而得

$$\begin{bmatrix} X_1(s) \\ X_2(s) \end{bmatrix} = \begin{bmatrix} \dfrac{1}{s-2} & \dfrac{3}{(s-2)(s+1)} \\ 0 & \dfrac{1}{s+1} \end{bmatrix} \cdot \begin{bmatrix} 2 \\ -1 \end{bmatrix} + \begin{bmatrix} \dfrac{1}{s-2} & \dfrac{3}{(s-2)(s+1)} \\ 0 & \dfrac{1}{s+1} \end{bmatrix} \cdot \begin{bmatrix} 0 & 1 \\ 1 & 0 \end{bmatrix}\begin{bmatrix} \dfrac{1}{s} \\ 1 \end{bmatrix}$$

$$= \begin{bmatrix} \dfrac{1}{s-2}+\dfrac{1}{s+1} \\ -\dfrac{1}{s+1} \end{bmatrix} + \begin{bmatrix} \dfrac{3}{2}\cdot\dfrac{1}{s-2}+\dfrac{1}{s+1}-\dfrac{3}{2}\cdot\dfrac{1}{s} \\ \dfrac{1}{s}-\dfrac{1}{s+1} \end{bmatrix}$$

由输出方程的拉普拉斯变换，得

$$\begin{bmatrix} Y_1(s) \\ Y_2(s) \end{bmatrix} = \begin{bmatrix} 1 & 1 \\ 0 & -1 \end{bmatrix}\left\{ \begin{bmatrix} \dfrac{1}{s-2}+\dfrac{1}{s+1} \\ -\dfrac{1}{s+1} \end{bmatrix} + \begin{bmatrix} \dfrac{3}{2}\cdot\dfrac{1}{s-2}+\dfrac{1}{s+1}-\dfrac{3}{2}\cdot\dfrac{1}{s} \\ \dfrac{1}{s}-\dfrac{1}{s+1} \end{bmatrix} \right\} + \begin{bmatrix} 1 & 0 \\ 1 & 0 \end{bmatrix}\begin{bmatrix} \dfrac{1}{s} \\ 1 \end{bmatrix}$$

$$= \begin{bmatrix} \dfrac{1}{s-2} \\ \dfrac{1}{s+1} \end{bmatrix} + \begin{bmatrix} \dfrac{3}{2}\cdot\dfrac{1}{s-2}+\dfrac{1}{s} \\ \dfrac{1}{s+1} \end{bmatrix}$$

对上面两式取拉普拉斯反变换，最后得到该系统的状态和输出响应分别为

$$\begin{bmatrix} x_1(t) \\ x_2(t) \end{bmatrix} = \begin{bmatrix} e^{2t}+e^{-t} \\ -e^{-t} \end{bmatrix} + \begin{bmatrix} \dfrac{3}{2}e^{2t}+e^{-t}-\dfrac{3}{2} \\ 1-e^{-t} \end{bmatrix} = \begin{bmatrix} \dfrac{5}{2}e^{2t}+2e^{-t}-\dfrac{3}{2} \\ 1-2e^{-t} \end{bmatrix}, \quad t>0$$

$$\underbrace{\begin{bmatrix} y_1(t) \\ y_2(t) \end{bmatrix}}_{} = \underbrace{\begin{bmatrix} e^{2t} \\ e^{-t} \end{bmatrix}}_{\text{零输入响应}} + \underbrace{\begin{bmatrix} \dfrac{3}{2}e^{2t}+\dfrac{1}{2} \\ e^{-t} \end{bmatrix}}_{\text{零状态响应}} = \underbrace{\begin{bmatrix} \dfrac{5}{2}e^{2t}+\dfrac{1}{2} \\ 2e^{-t} \end{bmatrix}}_{\text{全响应}}, \quad t>0$$

在零状态条件下系统输出的拉普拉斯变换与输入的拉普拉斯变换之比定义为系统函数。由式(9-38)可得,系统的零状态响应为

$$Y_{zs}(s) = [C\boldsymbol{\Phi}(s)B+D]F(s) \tag{9-40}$$

系统函数矩阵或称转移函数为

$$H(s) = C\boldsymbol{\Phi}(s)B+D \tag{9-41}$$

因此,零状态响应也可表示为

$$Y_{zs}(s) = H(s)X(s) \tag{9-42}$$

可见,系统函数矩阵 $H(s)$ 仅由系统的 A、B、C、D 矩阵确定,它是 $r×m$ 矩阵(r 为输出的数目,m 为输入的数目)。矩阵元素 H_{ij} 建立了状态方程中第 i 个输出 $y_i(t)$ 与第 j 个输出 $x_j(t)$ 之间的联系。

对于线性时不变系统,B、C、D 都是常数矩阵,从式(9-41)中还能看出,系统函数矩阵 $H(s)$ 中只有矩阵 $\boldsymbol{\Phi}(s)$ 含有变量 s。一般情况下,$H(s)$ 与 $\boldsymbol{\Phi}(s)$ 具有相同的分母,即行列式 $|sI-A|$,它是一个 s 的 n 次多项式。方程

$$|sI-A| = 0 \tag{9-43}$$

的根是 $H(s)$ 的极点,即系统的固有频率。因此,式(9-43)称为系统的特征方程,它的根是特征根,或称矩阵 A 的特征根。

由式(9-36)可得状态矢量零输入响应的拉普拉斯变换,为

$$X_{zi}(t) = \boldsymbol{\Phi}(s)x(0^-) \tag{9-44}$$

对上式取拉普拉斯反变换,可得状态矢量的零输入响应,为

$$x_{zi}(t) = x(0^-) \cdot L^{-1}[\boldsymbol{\Phi}(s)] = x(0^-) \cdot \boldsymbol{\varphi}(t) \tag{9-45}$$

式中

$$\boldsymbol{\varphi}(t) = L^{-1}[\boldsymbol{\Phi}(s)] = L^{-1}[(sI-A)^{-1}] = L^{-1}\left[\frac{\text{adj}(sI-A)}{|sI-A|}\right] \tag{9-46}$$

式(9-45)说明,零输入系统在 $t=0^-$ 时的状态与矩阵 $\boldsymbol{\varphi}(t)$ 相乘而转变到任意 $t≥0$ 时的状态。由于 $\boldsymbol{\varphi}(t)$ 起着从系统的一个状态过渡到另一个状态的联系作用,故称 $\boldsymbol{\varphi}(t)$ 为状态过渡矩阵,或状态转移矩阵(state-transition matrix)。从式(9-46)可知,状态转移矩阵 $\boldsymbol{\varphi}(t)$ 是分解矩阵 $\boldsymbol{\Phi}(s)$ 的拉普拉斯反变换,它在状态方程的时域求解中将会起重要的作用。

【例9-6】 描述某系统的状态方程是

$$\begin{bmatrix} \dot{x}_1(t) \\ \dot{x}_2(t) \end{bmatrix} = \begin{bmatrix} 0 & 1 \\ -2 & 3 \end{bmatrix}\begin{bmatrix} x_1(t) \\ x_2(t) \end{bmatrix} + \begin{bmatrix} 1 & 0 \\ 1 & 1 \end{bmatrix}\begin{bmatrix} f_1(t) \\ f_2(t) \end{bmatrix}$$

输出方程是

$$\begin{bmatrix} y_1(t) \\ y_2(t) \\ y_3(t) \end{bmatrix} = \begin{bmatrix} 1 & 0 \\ 1 & 1 \\ 0 & 2 \end{bmatrix} \begin{bmatrix} x_1(t) \\ x_2(t) \end{bmatrix} + \begin{bmatrix} 0 & 0 \\ 1 & 0 \\ 0 & 1 \end{bmatrix} \begin{bmatrix} f_1(t) \\ f_2(t) \end{bmatrix}$$

试求系统函数矩阵 $\boldsymbol{H}(s)$ 和状态转移矩阵 $\boldsymbol{\varphi}(t)$。

解： 首先求得

$$\boldsymbol{\Phi}(s) = (s\boldsymbol{I}-\boldsymbol{A})^{-1} = \begin{bmatrix} s & -1 \\ 2 & s+3 \end{bmatrix} = \begin{bmatrix} \dfrac{s+3}{(s+1)(s+2)} & \dfrac{1}{(s+1)(s+2)} \\ \dfrac{-2}{(s+1)(s+2)} & \dfrac{s}{(s+1)(s+2)} \end{bmatrix}$$

可得系统函数矩阵 $\boldsymbol{H}(s)$ 为

$$\boldsymbol{H}(s) = \boldsymbol{C}\boldsymbol{\Phi}(s)\boldsymbol{B}+\boldsymbol{D}$$

$$= \begin{bmatrix} 1 & 0 \\ 1 & 1 \\ 0 & 2 \end{bmatrix} \begin{bmatrix} \dfrac{s+3}{(s+1)(s+2)} & \dfrac{1}{(s+1)(s+2)} \\ \dfrac{-2}{(s+1)(s+2)} & \dfrac{s}{(s+1)(s+2)} \end{bmatrix} \begin{bmatrix} 1 & 0 \\ 1 & 1 \end{bmatrix} + \begin{bmatrix} 0 & 0 \\ 1 & 0 \\ 0 & 1 \end{bmatrix}$$

$$= \begin{bmatrix} \dfrac{s+4}{(s+1)(s+2)} & \dfrac{1}{(s+1)(s+2)} \\ \dfrac{s+4}{s+2} & \dfrac{1}{s+2} \\ \dfrac{2(s-2)}{(s+1)(s+2)} & \dfrac{s^2+5s+2}{(s+2)(s+2)} \end{bmatrix}$$

$\boldsymbol{H}(s)$ 为 3×2 矩阵。联系零状态输出 $Y_3(s)$ 与输入 $X_2(s)$ 的系统函数为矩阵 $\boldsymbol{H}(s)$ 的

元素 $H_{32}(s) = \dfrac{s^2+5s+2}{(s+1)(s+2)}$。同样，也可得联系其他输出与输入的系统函数。

状态转移矩阵为

$$\boldsymbol{\varphi}(t) = L^{-1}[\boldsymbol{\Phi}(s)] = L^{-1}\left\{ \begin{bmatrix} \dfrac{s+3}{(s+1)(s+2)} & \dfrac{1}{(s+1)(s+2)} \\ \dfrac{-2}{(s+1)(s+2)} & \dfrac{s}{(s+1)(s+2)} \end{bmatrix} \right\} \begin{bmatrix} 2e^{-t}-e^{-2t} & e^{-t}-e^{-2t} \\ -2e^{-t}+2e^{-2t} & -e^{-t}+2e^{-2t} \end{bmatrix}$$

9.3.2　状态方程的时域解

连续时间系统状态方程的一般形式可写成

$$\dot{\boldsymbol{x}}(t) = \boldsymbol{A}\boldsymbol{x}(t)+\boldsymbol{B}f(t) \tag{9-47}$$

状态方程的初始状态为 $\boldsymbol{x}(0^-) = [\, x_1(0^-) \quad x_2(0^-) \quad \cdots \quad x_n(0^-) \,]^{\mathrm{T}}$

为求出系统状态方程解的一般表示式，定义矩阵指数 e^{At} 为

$$e^{At} = \boldsymbol{I}+\boldsymbol{A}t+\frac{1}{2!}\boldsymbol{A}^2t^2+\cdots+\frac{1}{k!}\boldsymbol{A}^kt^k+\cdots = \sum_{k=0}^{n} \frac{1}{k!}\boldsymbol{A}^kt^k \tag{9-48}$$

式中，$\boldsymbol{I}$ 是 $n \times n$ 的单位矩阵。由定义式（9-48）可知，矩阵指数 e^{At} 是一个 $n \times n$ 矩阵函数。

由矩阵指数 e^{At} 的定义式（9-48）易证得，对任意实数 t 和 τ

$$e^{A(t+\tau)} = e^{At}e^{A\tau} \tag{9-49}$$

取 $\tau = -t$，则由式（9-49）得

$$e^{At}e^{-At} = e^{A(t-\tau)} = I \tag{9-50}$$

式（9-50）表明矩阵 e^{At} 是可逆的，e^{At} 的逆阵为 e^{-At}。对矩阵函数的求导定义为对矩阵函数中的每一个元素求导，由式（9-48）可得矩阵指数 e^{At} 的导数为

$$\frac{d}{dt}e^{At} = A + A^2 t + \frac{1}{2!}A^3 t^2 + \frac{1}{3!}A^4 t^3 + \cdots$$

$$= A\left(I + At + \frac{1}{2!}A^2 t^2 + \frac{1}{3!}A^3 t^3 + \cdots\right)$$

$$= \left(I + At + \frac{1}{2!}A^2 t^2 + \frac{1}{3!}A^3 t^3 + \cdots\right)A$$

即

$$\frac{d}{dt}e^{At} = Ae^{At} = e^{At}A \tag{9-51}$$

由矩阵函数的求导公式

$$\frac{d}{dt}(PQ) = \frac{dP}{dt}Q + P\frac{dQ}{dt} \tag{9-52}$$

可得

$$\frac{d}{dt}(e^{-At}x(t)) = \left(\frac{d}{dt}e^{-At}\right)x(t) + e^{-At}\dot{x}(t) = -e^{-At}Ax(t) + e^{-At}\dot{x}(t) \tag{9-53}$$

将式（9-47）两边同乘以 e^{-At}，移项后得 $e^{-At}\dot{x}(t) - e^{-At}Ax(t) = e^{-At}Bf(t)$

可写为 $\dfrac{d}{dt}[e^{-At}x(t)] = e^{-At}Bf(t)$

将上式等号两边取 t_0 到 t 的积分，得

$$e^{-At}x(t) - e^{-At_0}x(t_0) = \int_{t_0}^{t} e^{-A\tau}Bf(\tau)d\tau$$

再将上式等号两边乘以 e^{At}，并移项，得

$$x(t) = e^{At}e^{-At_0}x(t_0) + e^{At} \cdot \int_{t_0}^{t} e^{-A\tau}Bf(\tau)d\tau$$

$$= e^{A(t-t_0)}x(t_0) + \int_{t_0}^{t} e^{A(t-\tau)}Bf(\tau)d\tau \tag{9-54}$$

若初始观察时刻为 $t_0 = 0^-$，式（9-54）可写为

$$x(t) = e^{At}x(0^-) + \int_{t_0}^{t} e^{A(t-\tau)}Bf(\tau)d\tau, \quad t \geq 0 \tag{9-55}$$

将式（9-55）与式（9-37）、式（9-44）、式（9-46）对比，可以得到连续系统状态转移矩阵 $\varphi(t)$ 的时域表示，为

$$\varphi(t) = e^{At} \tag{9-56}$$

显然，$\varphi(t) = e^{At}$ 与 $\Phi(s) = (sI-A)^{-1}$ 是一对拉普拉斯变换对，即

$$e^{At} \overset{L}{\longleftrightarrow} (sI-A)^{-1} \tag{9-57}$$

则式（9-55）又可表示为

$$x(t) = \boldsymbol{\varphi}(t)x(0^-) + \int_0^t \boldsymbol{\varphi}(t-\tau)\boldsymbol{B}f(\tau)\mathrm{d}\tau , \quad t \geqslant 0 \tag{9-58}$$

其中，零输入响应为

$$\boldsymbol{x}_{zi}(t) = \mathrm{e}^{At}\boldsymbol{x}(0^-) = \boldsymbol{\varphi}(t)\boldsymbol{x}(0^-) , \quad t \geqslant 0 \tag{9-59}$$

零状态响应为

$$\boldsymbol{x}_{zs}(t) = \int_{0^-}^t \mathrm{e}^{A(t-\tau)}\boldsymbol{B}f(\tau)\mathrm{d}\tau , \quad t \geqslant 0 \tag{9-60}$$

可以用类似矩阵乘法的运算规则来定义两个函数矩阵的卷积积分，只是将其中的乘法运算符换成卷积运算符（注意矩阵卷积不满足交换律）。例如

$$\begin{bmatrix} g_{11} & g_{12} \\ g_{21} & g_{22} \\ g_{31} & g_{32} \end{bmatrix} * \begin{bmatrix} f_{11} & f_{12} \\ f_{21} & f_{22} \end{bmatrix} = \begin{bmatrix} g_{11}*f_{11}+g_{12}*f_{21} & g_{11}*f_{12}+g_{12}*f_{22} \\ g_{21}*f_{11}+g_{22}*f_{21} & g_{21}*f_{12}+g_{22}*f_{22} \\ g_{31}*f_{11}+g_{32}*f_{21} & g_{31}*f_{12}+g_{32}*f_{22} \end{bmatrix}$$

利用函数矩阵卷积的定义，又考虑到 $\boldsymbol{B}$ 矩阵是常数矩阵，式（9-58）的状态方程的解可写成更为简洁的形式，即

$$\boldsymbol{x}(t) = \boldsymbol{\varphi}(t)\boldsymbol{x}(0^-) + \boldsymbol{\varphi}(t)\boldsymbol{B}*f(t) , \quad t \geqslant 0 \tag{9-61}$$

将式（9-61）代入输出方程，可得系统输出为

$$\boldsymbol{y}(t) = \boldsymbol{C}[\boldsymbol{\varphi}(t)\boldsymbol{x}(0^-) + \boldsymbol{\varphi}(t)\boldsymbol{B}*f(t)] + \boldsymbol{D}f(t) , \quad t \geqslant 0 \tag{9-62}$$

若定义一个 $m \times m$ 阶的对角矩阵 $\boldsymbol{\delta}(t)$ 为主对角线上的元素都是单位冲激函数 $\delta(t)$，即

$$\boldsymbol{\delta}(t) = \begin{bmatrix} \delta(t) & 0 & \cdots & 0 \\ 0 & \delta(t) & \cdots & 0 \\ \vdots & \vdots & & 0 \\ 0 & 0 & \cdots & \delta(t) \end{bmatrix} \tag{9-63}$$

由卷积的重现性，显然有

$$\boldsymbol{\delta}(t)*f(t) = f(t) \tag{9-64}$$

于是，式（9-62）可写成

$$\boldsymbol{y}(t) = \boldsymbol{C}[\boldsymbol{\varphi}(t)\boldsymbol{x}(0^-) + \boldsymbol{\varphi}(t)\boldsymbol{B}*f(t)] + \boldsymbol{D}\boldsymbol{\delta}(t)*f(t) , \quad t \geqslant 0$$

即

$$\boldsymbol{y}(t) = \boldsymbol{C}\boldsymbol{\varphi}(t)\boldsymbol{x}(0^-) + \boldsymbol{C}[\boldsymbol{\varphi}(t)\boldsymbol{B} + \boldsymbol{D}\boldsymbol{\delta}(t)]*f(t) , \quad t \geqslant 0 \tag{9-65}$$

式中，第一项是系统的零输入响应，第二项是系统的零状态响应，分别为

$$\boldsymbol{y}_{zi}(t) = \boldsymbol{C}\boldsymbol{\varphi}(t)\boldsymbol{x}(0^-) , \quad t \geqslant 0 \tag{9-66}$$

和

$$\boldsymbol{y}_{zs}(t) = \boldsymbol{C}[\boldsymbol{\varphi}(t)\boldsymbol{B} + \boldsymbol{D}\boldsymbol{\delta}(t)]*f(t) , \quad t \geqslant 0 \tag{9-67}$$

将式（9-67）与式（9-38）、式（9-39）对比，可以更清楚地理解时域解和复频域解之间的关系。

若定义

$$\boldsymbol{h}(t) = \boldsymbol{C}[\boldsymbol{\varphi}(t)\boldsymbol{B} + \boldsymbol{D}\boldsymbol{\delta}(t)] , \quad t \geqslant 0 \tag{9-68}$$

则 $\boldsymbol{h}(t)$ 称为单位冲激响应矩阵，简称冲激响应矩阵。它是个 $r \times m$ 阶矩阵。对比式（9-41）可得，冲激响应矩阵和系统函数矩阵是一对拉普拉斯变换对。

利用冲激响应矩阵，系统输出可表示为

$$\boldsymbol{y}(t) = \boldsymbol{C}\boldsymbol{\varphi}(t)\boldsymbol{x}(0^-) + \boldsymbol{h}(t) * \boldsymbol{f}(t), \quad t \geq 0 \tag{9-69}$$

9.4　离散系统的状态方程

与连续系统一样，可以利用状态变量分析法来分析离散系统。离散系统是用差分方程来描述的，选择适当的状态变量可以把高阶差分方程化为关于状态变量的一阶差分方程组，这个差分方程组就是该离散系统的状态方程。输出方程是关于变量 k 的代数方程组。

9.4.1　离散系统状态方程的一般形式

如果是线性时不变系统，则状态方程是状态变量和输入序列的一阶线性常系数差分方程组，即

$$x_1(n+1) = a_{11}x_1(n) + a_{12}x_2(n) + \cdots + a_{1n}x_n(n) + b_{11}f_1(n) + b_{12}f_2(n) + \cdots + b_{1m}f_m(n)$$
$$x_2(n+1) = a_{21}x_1(n) + a_{22}x_2(n) + \cdots + a_{2n}x_n(n) + b_{21}f_1(n) + b_{22}f_2(n) + \cdots + b_{2m}f_m(n)$$
$$\vdots \qquad\qquad\qquad\qquad \vdots \tag{9-70}$$
$$x_n(n+1) = a_{n1}x_1(n) + a_{n2}x_2(n) + \cdots + a_{nm}x_n(n) + b_{n1}f_1(n) + b_{n2}f_2(n) + \cdots + b_{nm}f_m(n)$$

输出方程是状态变量和输入序列的代数方程组，即

$$y_1(n) = c_{11}x_1(n) + c_{12}x_2(n) + \cdots + c_{1n}x_n(n) + b_{11}f_1(n) + b_{12}f_2(n) + \cdots + b_{1m}f_m(n)$$
$$y_2(n) = c_{21}x_1(n) + c_{22}x_2(n) + \cdots + c_{2n}x_n(n) + b_{21}f_1(n) + b_{22}f_2(n) + \cdots + b_{2m}f_m(n)$$
$$\vdots \qquad\qquad\qquad\qquad \vdots \tag{9-71}$$
$$y_r(n) = c_{r1}x_1(n) + c_{r2}x_2(n) + \cdots + c_{rm}x_n(n) + b_{r1}f_1(n) + b_{r2}f_2(n) + \cdots + b_{rm}f_m(n)$$

式中，$x_1(n)$，$x_2(n)$，$\cdots$，$x_n(n)$ 为系统的 n 个状态变量；$f_1(k)$，$f_2(k)$，$\cdots$，$f_m(k)$ 为系统的 m 个输入序列；$y_1(n)$，$y_2(n)$，$\cdots$，$y_r(n)$ 为系统的 r 个输出序列。各系数由系统的结构和参数决定，对于线性时不变系统，这些系数为常数。

式（9-70）称为状态变量方程或状态空间方程，简称状态方程，式（9-71）称为输出方程。它们同样可以用矩阵形式来表示，若记

$$\boldsymbol{x}(n) = \begin{bmatrix} x_1(n) \\ x_2(n) \\ \vdots \\ x_2(n) \end{bmatrix}, \boldsymbol{f}(n) = \begin{bmatrix} f_1(n) \\ f_2(n) \\ \vdots \\ f_m(n) \end{bmatrix}, \boldsymbol{y}(n) = \begin{bmatrix} y_1(n) \\ y_2(n) \\ \vdots \\ y_2(n) \end{bmatrix}$$

$$\boldsymbol{A} = \begin{bmatrix} a_{11} & a_{12} & \cdots & a_{1n} \\ a_{21} & a_{22} & \cdots & a_{2n} \\ \vdots & \vdots & & \vdots \\ a_{n1} & a_{n2} & \cdots & a_{nn} \end{bmatrix}, \boldsymbol{B} = \begin{bmatrix} b_{11} & b_{12} & \cdots & b_{1m} \\ b_{21} & b_{22} & \cdots & b_{2m} \\ \vdots & \vdots & & \vdots \\ b_{n1} & b_{n2} & \cdots & b_{nm} \end{bmatrix}$$

$$\boldsymbol{C} = \begin{bmatrix} c_{11} & c_{12} & \cdots & c_{1n} \\ c_{21} & c_{22} & \cdots & c_{2n} \\ \vdots & \vdots & & \vdots \\ c_{r1} & c_{r2} & \cdots & c_{rn} \end{bmatrix}, \boldsymbol{D} = \begin{bmatrix} d_{11} & d_{12} & \cdots & d_{1m} \\ d_{21} & d_{22} & \cdots & d_{2m} \\ \vdots & \vdots & & \vdots \\ d_{r1} & d_{r2} & \cdots & d_{rm} \end{bmatrix}$$

则状态方程式（9-70）可以表示为如下的标准形式

$$x(n+1)=Ax(n)+Bf(n) \tag{9-72}$$

为一阶常系数线性矢量差分方程，输出方程式（9-71）的标准形式为

$$y(n)=Cx(n)+Df(n) \tag{9-73}$$

为变量 n 的矢量代数方程。

上式中，系数矩阵 A 为 $n×n$ 方阵，称为系统矩阵；系数矩阵 B 为 $n×m$ 矩阵，称为控制矩阵；系数矩阵 C 为 $r×n$ 矩阵，称为输出矩阵；系数矩阵 D 为 $r×m$ 矩阵。对于线性时不变系统，这些矩阵都是常数矩阵。

9.4.2　离散系统状态方程的建立

建立离散系统的状态方程有多种方法。利用系统模拟图或信号流图建立状态方程是一种实用的方法，其建立过程与连续系统类似。首先，选取离散系统模拟图（或信号流图）中的延时器输出端（延时支路输出节点）信号作为状态变量；然后，用延时器的输入端（延时支路输入节点）写出相应的状态方程；最后，在系统的输出端（输出节点）列写系统的输出方程。

【例 9-7】　描述某离散系统的差分方程为

$$y(n)+2y(n-1)-(n-2)+6y(n-3)=f(n-1)+2f(n-2)-3f(n-3)$$

试写出其状态方程和输出方程。其中，$f(n)$ 为输入，$y(n)$ 为输出。

解：该离散系统的系统函数显然为

$$H(z)=\frac{z^{-1}+2z^{-2}-3z^{-3}}{1+2z^{-1}-z^{-2}+6z^{-3}}$$

根据系统函数可画出第一种直接 n 域模拟图和 Z 域信号流图，分别如图 9.12a 和 b 所示。

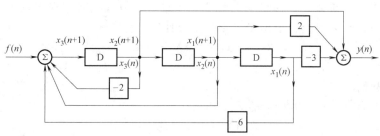

a) n 域模拟图

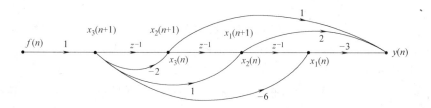

b) Z 域信号流图

图 9.12　第一种直接模拟

选取三个延时器输出 $x_1(n)$，$x_2(n)$，$x_3(n)$ 为状态变量，则有

$$x_1(n+1) = x_2(n)$$

$$x_2(n+1) = x_3(n)$$

$$x_3(n+1) = -6x_1(n) + x_2(n) - 2x(n) + f(n)$$

$$y(n) = -3x_1(n) + 2x_2(n) + x_3(n)$$

写成矩阵形式，状态方程为

$$\underbrace{\begin{bmatrix} x_1(n+1) \\ x_2(n+1) \\ x_3(n+1) \end{bmatrix}}_{x(n+1)} = \underbrace{\begin{bmatrix} 0 & 1 & 0 \\ 0 & 0 & 1 \\ -6 & 1 & -2 \end{bmatrix}}_{A} \underbrace{\begin{bmatrix} x_1(n) \\ x_2(n) \\ x_3(n) \end{bmatrix}}_{x(n)} + \underbrace{\begin{bmatrix} 0 \\ 0 \\ 1 \end{bmatrix}}_{B} \underbrace{\begin{bmatrix} f(n) \end{bmatrix}}_{f(n)}$$

输出方程为

$$\begin{bmatrix} y(n) \end{bmatrix} = \underbrace{\begin{bmatrix} -3 & 2 & 1 \end{bmatrix}}_{C} \cdot \underbrace{\begin{bmatrix} x_1(n) \\ x_2(n) \\ x_3(n) \end{bmatrix}}_{x(n)} + \underbrace{\begin{bmatrix} 0 \end{bmatrix}}_{D} \cdot \underbrace{\begin{bmatrix} f(n) \end{bmatrix}}_{f(n)}$$

与连续系统的情况类似，相应地，也有第二种直接模拟、并联模拟和串联模拟，这里不多赘述。

9.4.3 离散系统状态方程的解

求解状态方程仍然有两种方法：一种是基于 Z 变换的变换域求解；另一种是采用时域法求解。下面分别加以叙述。

1. 离散系统状态方程的 Z 域解

用 Z 变换求解一阶差分方程组与求解单个标量差分方程没有本质上的差异。对状态方程式（9-72）两边取 Z 变换，根据 Z 变换的微分性质，得

$$zX(z) - zx(0) = AX(z) + BF(z) \tag{9-74}$$

式中，$X(z)$ 和 $F(z)$ 分别表示状态矢量 $x(n)$ 和输入矢量 $f(n)$ 的单边 Z 变换；$x(0)$ 表示状态矢量的初始状态。

相应地，输出方程式（9-73）的 Z 变换为

$$Y(z) = CX(z) + DF(z) \tag{9-75}$$

需要说明的是，一个矢量函数的 Z 变换仍然是一个矢量函数。它的各元素是原矢量函数相应元素的 Z 变换。

将式（9-74）改写为

$$(zI - A)X(z) = zx(0) + BF(z)$$

式中，I 为 $n \times n$ 单位矩阵。

上式等号两端同乘以 $(zI - A)^{-1}$ 得

$$X(z) = (zI - A)^{-1}zx(0) + (zI - A)^{-1}BF(z) \tag{9-76}$$

为了方便，定义

$$\Phi(z) = (zI - A)^{-1}z = \frac{\text{adj}(zI - A)}{|zI - A|}z \tag{9-77}$$

矩阵为系统的分解矩阵。显然，这是一个由系统参数 $\boldsymbol{A}$ 完全决定了的矩阵。这时式 (9-76) 可表示为

$$X(z) = \boldsymbol{\Phi}(z) [x(0) + z^{-1} \boldsymbol{B} F(z)] \tag{9-78}$$

这就是状态矢量的 Z 域解。对式 (9-78) 取 Z 反变换，有

$$x(n) = Z^{-1} [\boldsymbol{\Phi}(z) x(0)] + Z^{-1} [z^{-1} \boldsymbol{\Phi}(z) \boldsymbol{B} F(z)] \tag{9-79}$$

式中，第一项为状态矢量的零输入响应；第二项为零状态响应。

在求得状态矢量的 Z 域解后，代入输出方程式 (9-75)，即可得到输出矢量的 Z 域解，为

$$Y(z) = \boldsymbol{C} \boldsymbol{\Phi}(z) [x(0) + z^{-1} \boldsymbol{B} F(z)] + \boldsymbol{D} F(z) \tag{9-80}$$

对式 (9-80) 取 Z 反变换，即可得到响应 $y(n)$，为

$$y(n) = \underbrace{Z^{-1} [\boldsymbol{C} \boldsymbol{\Phi}(z) x(0)]}_{\text{零输入响应}} + \underbrace{Z^{-1} [\boldsymbol{C} z^{-1} \boldsymbol{\Phi}(z) \boldsymbol{B} + \boldsymbol{D}] F(z)}_{\text{零状态响应}} \tag{9-81}$$

在零状态条件下系统输出的 Z 变换与输入的 Z 变换之比定义为离散系统函数。由式 (9-80) 可得系统函数矩阵或称转移函数矩阵为

$$H(z) = \boldsymbol{C} z^{-1} \boldsymbol{\Phi}(z) \boldsymbol{B} + \boldsymbol{D} = \boldsymbol{C} (z\boldsymbol{I} - \boldsymbol{A})^{-1} \boldsymbol{B} + \boldsymbol{D} \tag{9-82}$$

系统函数矩阵的 Z 反变换是离散系统的单位函数响应矩阵 $h(n)$。

可见，零状态响应的 Z 变换也可以表示为

$$Y_{zs}(z) = H(z) X(z) \tag{9-83}$$

从式 (9-83) 中可以看到，系统函数矩阵 $H(z)$ 仅由系统的 $\boldsymbol{A}$、$\boldsymbol{B}$、$\boldsymbol{C}$、$\boldsymbol{D}$ 矩阵确定，它是 $r \times m$ 矩阵（r 为输出的数目，m 为输入的数目）。矩阵元素 H_{ij} 建立了状态方程中的第 i 个输出 $y_i(n)$ 与第 j 个输入 $x_j(n)$ 之间的联系。

对于线性时不变系统，都是常数矩阵，从式 (9-82) 中可以看到，系统函数矩阵 $H(z)$ 中只有矩阵 $\boldsymbol{\Phi}(z)$ 含有变量 z。一般情况下，$H(z)$ 与 $\boldsymbol{\Phi}(z)$ 具有相同的分母，即行列式 $|z\boldsymbol{I} - \boldsymbol{A}|$，它是 z 的 n 次多项式。方程

$$|z\boldsymbol{I} - \boldsymbol{A}| = 0 \tag{9-84}$$

的根是 $H(z)$ 的极点，即系统的固有频率。因此，式 (9-84) 称为系统的特征方程，它的根是特征根，或称矩阵 $\boldsymbol{A}$ 的特征根。

由式 (9-80) 可得状态变量零输入响应的 Z 变换，为

$$X_{zi}(z) = \boldsymbol{\Phi}(z) x(0) \tag{9-85}$$

对式 (9-85) 取 Z 的反变换，可得状态变量的零输入响应，为

$$x_{zi}(n) = x(0) \cdot Z^{-1} [\boldsymbol{\Phi}(z)] = x(0) \cdot \boldsymbol{\varphi}(n) \tag{9-86}$$

式中　　　$$\boldsymbol{\varphi}(n) = Z^{-1} [\boldsymbol{\Phi}(z)] = Z^{-1} [(z\boldsymbol{I} - \boldsymbol{A})^{-1} z] = Z^{-1} \left[\frac{\operatorname{adj}(z\boldsymbol{I} - \boldsymbol{A})}{|z\boldsymbol{I} - \boldsymbol{A}|} z \right] \tag{9-87}$$

式 (9-86) 说明，零输入系统在 $n = 0$ 时的状态与矩阵 $\boldsymbol{\varphi}(n)$ 相乘而转变到任意 $t \geq 0$ 时的状态，故也称 $\boldsymbol{\varphi}(n)$ 为状态过渡矩阵，或状态转移矩阵。

【例 9-8】　描述某离散系统的状态方程是

$$\begin{bmatrix} x_1(n+1) \\ x_2(n+1) \end{bmatrix} = \begin{bmatrix} 0 & 1 \\ 2 & 1 \end{bmatrix} \begin{bmatrix} x_1(n) \\ x_2(n) \end{bmatrix} + \begin{bmatrix} 0 \\ 1 \end{bmatrix} [f(n)]$$

输出方程是

$$[y(n)] = [4 \quad 1]\begin{bmatrix} x_1(n) \\ x_2(n) \end{bmatrix} + [1][f(n)]$$

系统输入 $f(n) = \delta(n)$。初始状态 $\begin{bmatrix} x_1(0) \\ x_2(0) \end{bmatrix} = \begin{bmatrix} 0 \\ 1 \end{bmatrix}$。试求过渡矩阵 $\boldsymbol{\Phi}(z)$、系统函数矩阵 $\boldsymbol{H}(z)$ 和输出 $y(n)$。

解：首先求得过渡矩阵 $\boldsymbol{\Phi}(z)$

$$\boldsymbol{\Phi}(z) = (z\boldsymbol{I}-\boldsymbol{A})^{-1}z = \begin{bmatrix} z & -1 \\ -2 & z-1 \end{bmatrix}^{-1}z = \frac{1}{(z+1)(z-2)}\begin{bmatrix} z-1 & 1 \\ 2 & z \end{bmatrix}z$$

可得系统函数矩阵 $\boldsymbol{H}(z)$ 为

$$\boldsymbol{H}(z) = \boldsymbol{C}z^{-1}\boldsymbol{\Phi}(z)\boldsymbol{B}+\boldsymbol{D}$$

$$= [4 \quad 1]z^{-1}\frac{1}{(z+1)(z-2)}\begin{bmatrix} z-1 & 1 \\ 2 & z \end{bmatrix}z\begin{bmatrix} 0 \\ 1 \end{bmatrix} + [1] = 1 + \frac{z+4}{(z+1)(z-2)}$$

系统响应为

$$y(n) = \boldsymbol{C}Z^{-1}[\boldsymbol{\Phi}(z)]x(0) + Z^{-1}[H(z)F(z)]$$

$$= [4 \quad 1]Z^{-1}\left\{\frac{1}{(z+1)(z-2)}\begin{bmatrix} z-2 & 1 \\ 2 & z \end{bmatrix}z\right\}\begin{bmatrix} 0 \\ 1 \end{bmatrix} + Z^{-1}\left\{\left[1+\frac{z+4}{(z+1)(z-2)}\right]\times 1\right\}$$

$$= [4 \quad 1]Z^{-1}\begin{bmatrix} \dfrac{z}{(z+1)(z-2)} \\ \dfrac{z^2}{(z+1)(z-2)} \end{bmatrix} + Z^{-1}\left[1+\frac{z+4}{(z+1)(z-2)}\right]$$

$$= [4 \quad 1]\begin{bmatrix} \dfrac{1}{3}2^n - \dfrac{1}{3}(-1)^n \\ \dfrac{2}{3}2^n - \dfrac{1}{3}(-1)^n \end{bmatrix}\varepsilon(n) + \delta(n) + [2\cdot 2^{n-1}-(-1)^{n-1}]\varepsilon(n-1)$$

$$= [2^{n+1}-(-1)^n]\varepsilon(n) + \delta(n) + [2\cdot 2^{n-1}-(-1)^{n-1}]\varepsilon(n-1)$$

$$= \begin{cases} 2, & n=0 \\ 3\cdot 2^n, & n\geq 1 \end{cases}$$

2. 状态方程的时域解

矢量差分方程和标量差分方程的时域求解本质上同样是相同的。由于是一阶差分方程，只需采用迭代法求解就可以了。

对于离散系统状态方程式（9-72），当给定 $n=0$ 时的初始状态矢量 $\boldsymbol{x}(0)$ 以及 $n\geq 0$ 时的输入矢量 $\boldsymbol{f}(n)$ 后，依次令状态方程中的 $n=0，1，2，\cdots$，就可以得到相应状态矢量的解，为

$$\boldsymbol{x}(1) = \boldsymbol{A}\boldsymbol{x}(0)+\boldsymbol{B}\boldsymbol{f}(0)$$

$$\boldsymbol{x}(2) = \boldsymbol{A}\boldsymbol{x}(1)+\boldsymbol{B}\boldsymbol{f}(1) = \boldsymbol{A}[\boldsymbol{A}\boldsymbol{x}(0)+\boldsymbol{B}\boldsymbol{f}(0)]+\boldsymbol{B}\boldsymbol{f}(1) = \boldsymbol{A}^2\boldsymbol{x}(0)+\boldsymbol{A}\boldsymbol{B}\boldsymbol{f}(0)+\boldsymbol{B}\boldsymbol{f}(1)$$

$$\boldsymbol{x}(3) = \boldsymbol{A}\boldsymbol{x}(2)+\boldsymbol{B}\boldsymbol{f}(2) = \boldsymbol{A}[\boldsymbol{A}^2\boldsymbol{x}(0)+\boldsymbol{A}\boldsymbol{B}\boldsymbol{f}(0)+\boldsymbol{B}\boldsymbol{f}(1)]+\boldsymbol{B}\boldsymbol{f}(2)$$

$$= \boldsymbol{A}^{-3}\boldsymbol{x}(0)+\boldsymbol{A}^2\boldsymbol{B}\boldsymbol{f}(0)+\boldsymbol{A}\boldsymbol{B}\boldsymbol{f}(1)+\boldsymbol{B}\boldsymbol{f}(2)$$

$$\vdots$$

从而可以写出状态矢量的时域解的表达式，为

$$x(n) = A^n x(0) + A^{n-1} Bf(0) + A^{n-2} Bf(1) + \cdots + ABf(n-2) + Bf(n-1)$$

即

$$x(n) = A^n x(0) + \sum_{i=0}^{n-1} A^{n-1-i} Bf(i) \tag{9-88}$$

式中，第一项是输入 $f(n) = 0$ 的解，即零输入响应；第二项是初始状态 $x(0) = 0$ 的解，即零状态响应。

根据卷积和的定义，式（9-88）可以写成

$$x(n) = A^n x(0) + A^{n-1} B * f(n) \tag{9-89}$$

对照式（9-79）可以得到状态转移矩阵 $\varphi(n)$ 的时域表达，为

$$\varphi(n) = A^n, \quad n \geq 0 \tag{9-90}$$

显然，$\varphi(n) = A^n$ 与 $\Phi(z) = (zI - A)^{-1} z$ 是一对 Z 变换对，即

$$\varphi(n) = A^n \leftrightarrow \Phi(z) = (zI - A)^{-1} z \tag{9-91}$$

这提供了由 $\Phi(z)$ 求状态转移矩阵 A^n 的方法。

将式（9-89）代入式（9-73）的输入方程，可得到系统的输出响应为

$$y(n) = C\varphi(n)x(0) + C\varphi(n-1)B * f(n) + Df(n), \quad n \geq 0 \tag{9-92}$$

若定义一个 $m \times m$ 阶的对角矩阵 $\delta(n)$ 为主对角线上的元素都是单位冲激函数 $\delta(n)$，即

$$\delta(n) = \begin{bmatrix} \delta(n) & 0 & \cdots & 0 \\ 0 & \delta(n) & \cdots & 0 \\ \vdots & \vdots & & 0 \\ 0 & 0 & \cdots & \delta(n) \end{bmatrix} \tag{9-93}$$

于是，式（9-92）可写成

$$\begin{aligned} y(n) &= C\varphi(n)x(0) + C[\varphi(n-1)B + D\delta(n)] * f(n) \\ &= C\varphi(n)x(0) + h(n) * f(n), \quad n \geq 0 \end{aligned} \tag{9-94}$$

式中，第一项是系统的零输入响应，第二项是系统的零状态响应。

定义

$$h(n) = C[\varphi(n-1)B + D\delta(n)], \quad n \geq 0 \tag{9-95}$$

为单位函数响应矩阵，简称单位响应矩阵。它是个 $r \times m$ 阶矩阵。对比式（9-82）可得，单位响应矩阵和系统函数矩阵是一对 Z 变换对。

由上面离散系统状态变量分析法变换域和时域的讨论中可以看到，它与连续时间系统变换域和时域法是非常类似的。

9.5　MATLAB 在系统状态变量分析中的应用

9.5.1　系统微分方程到状态方程的转换

MATLAB 提供了一个 tf2ss 函数，它能把描述系统的微分方程转换为等价的状态方程，调用形式如下

|A,B,C,D|=tf2ss(num,den)

其中 num，den 分别表示系统函数 $H(s)$ 的分子和分母多项式，A，B，C，D 分别为状态方程的矩阵。

【例 9-9】　一系统的微分方程为 $y''(t)+5y'(t)+10y(t)=f(t)$

则该系统的 $H(s)$ 为

$$H(s)=\frac{1}{s^2+5s+10}$$

由 $[A,B,C,D]=\mathrm{tf2ss}([1],[1\ \ 5\ \ \ 10])$ 可得

$$A=\begin{bmatrix}-5 & 10\\ 1 & 0\end{bmatrix}\quad B=\begin{bmatrix}1\\ 0\end{bmatrix}\quad C=\begin{bmatrix}0 & 1\end{bmatrix}\quad D=0$$

所以系统的状态方程为

$$\begin{bmatrix}\dot{x}_1\\ \dot{x}_2\end{bmatrix}=\begin{bmatrix}-5 & -10\\ 1 & 0\end{bmatrix}\begin{bmatrix}x_1\\ x_2\end{bmatrix}+\begin{bmatrix}1\\ 0\end{bmatrix}f(t)$$

$$y(t)=\begin{bmatrix}0 & 1\end{bmatrix}\begin{bmatrix}x_1\\ x_2\end{bmatrix}$$

9.5.2　系统函数矩阵 $H(s)$ 的计算

利用 MATLAB 提供的函数 ss2tf，可以计算出由状态方程得出的系统函数矩阵 $\boldsymbol{H}(s)$，调用形式如下

[num,den]=ss2tf(A,B,C,D,n);

其中 A、B、C、D 分别表示状态方程的矩阵；n 表示由函数 ss2tf 计算的与第 n 个输入相关的系统函数，即 $\boldsymbol{H}(s)$ 的第 n 列。num 表示 $\boldsymbol{H}(s)$ 第 n 列的 m 个元素的分子多项式，den 表示 $\boldsymbol{H}(s)$ 公共的分母多项式。

【例 9-10】　已知某连续时间系统的状态方程和输出方程为

$$\begin{bmatrix}\dot{x}_1(t)\\ \dot{x}_2(t)\end{bmatrix}=\begin{bmatrix}2 & 3\\ 0 & 1\end{bmatrix}\begin{bmatrix}x_1(t)\\ x_2(t)\end{bmatrix}+\begin{bmatrix}0 & 1\\ 1 & 0\end{bmatrix}\begin{bmatrix}f_1(t)\\ f_2(t)\end{bmatrix}$$

$$\begin{bmatrix}y_1(t)\\ y_2(t)\end{bmatrix}=\begin{bmatrix}1 & 1\\ 0 & -1\end{bmatrix}\begin{bmatrix}x_1(t)\\ x_2(t)\end{bmatrix}+\begin{bmatrix}1 & 0\\ 1 & 0\end{bmatrix}\begin{bmatrix}f_1(t)\\ f_2(t)\end{bmatrix}$$

其初始状态和输入分别为

$$\begin{bmatrix}x_1(0^-)\\ x_2(0^-)\end{bmatrix}=\begin{bmatrix}2\\ -1\end{bmatrix},\begin{bmatrix}f_1(t)\\ f_2(t)\end{bmatrix}=\begin{bmatrix}u(t)\\ e^{-3t}u(t)\end{bmatrix}$$

用 MATLAB 计算该系统的函数矩阵 $\boldsymbol{H}(s)$。

解：由

A=[2 3; 0 -1];B=[0 1; 1 0];

C=[1 1; 0 -1];D=[1 0; 1 0];

```
[B1,  A1]=ss2tf(A,B,C,D,1);
[B2,  A2]=ss2tf(A,B,C,D,2);
```
可得
```
num1 =
1   0   -1
1   -2   0
den1 =
1   -1   -2
num2 =
0   1   1
0   0   0
den2 =
1   -1   -2
```
所以系统函数矩阵 $\boldsymbol{H}(s)$ 为

$$\boldsymbol{H}(s)=\frac{1}{s^2-2s-2}\begin{bmatrix}s^2-1 & s+1 \\ s^2-2s & 0\end{bmatrix}=\begin{bmatrix}\dfrac{s+1}{s-2} & \dfrac{1}{s-2} \\[3mm] \dfrac{s}{s+1} & 0\end{bmatrix}$$

9.5.3　用 MATLAB 求解连续时间系统的状态方程

连续时间系统的状态方程的一般形式为

$$\dot{\boldsymbol{x}}(t)=\boldsymbol{A}\boldsymbol{x}(t)+\boldsymbol{B}\boldsymbol{f}(t)$$
$$\boldsymbol{y}(t)=\boldsymbol{C}\boldsymbol{x}(t)+\boldsymbol{D}\boldsymbol{f}(t)$$

首先由 sys=ss($\boldsymbol{A}$,$\boldsymbol{B}$,$\boldsymbol{C}$,$\boldsymbol{D}$) 获得状态方程的计算机表示模型，然后再由 lsim 函数获得其状态方程的数值解。lsim 函数的调用形式为

```
[y, to  x]=lsim(sys,  f,  t,  x0)
```

sys 表示由函数 ss 构造的状态方程模型；t 表示需计算的输出样本点，t=0:dt:tfinal;f(:, n) 表示系统第 n 个输入在 t 上的抽样值；x0 表示系统的初始状态（可缺省）；y(:,   n) 表示系统的第 n 个输出；to 表示实际计算时所用的样本点；x 表示系统的状态。

【**例 9-11**】　用 MATLAB 计算例 9-10 的数值解。

解：
```
A=[2  3;  0  -1];  B=[0  1;  1  0];
C=[1  1;  0  -1];  D=[1  0;  1  0];
x0=[2  -1];
dt=0.01;
t=0:dt:2;
f(:,1)=ones(length(t),1);
f(:,2)=exp(-3* t)';
```

```
sys=ss(A,B,C,D);
y=1sim(sys,f,t,x0);
subplot(2,1,1);
plot(t,y(:,1),'r');
ylabel('y1(t)');
xlabel('t');
subplot(2,1,2);
plot(t,f(:,2));
ylabel('y2(t)');
xlabel('t');
```

其数值解如图 9.13 所示。

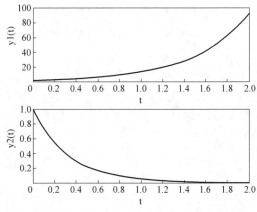

图 9.13　例 9-11 连续时间系统状态方程的数值

9.5.4　用 MATLAB 求解离散时间系统的状态方程

离散时间系统的状态方程一般形式为

$$x(n+1) = Ax(n) + Bf(n)$$
$$y(n) = Cx(n) + Df(n)$$

首先由 sys=ss(A,B,C,D,[ ]) 获得离散时间系统状态方程的计算机表示模型，然后再由 lsim 函数获得其状态方程的解。lsim 函数的调用形式为

[y,　n,x]=lsim(sys,　f,　[ ],　x0);

sys 表示由函数 ss 构造的状态方程模型；f (:,　n) 表示系统第 n 个输入序列；x0 表示系统的初始状态（可缺省）；y (:,　n) 表示系统的第 n 个输出；n 表示序列的下标；x 表示系统的状态。

【例 9-12】　已知一离散时间系统的状态方程和输出方程为

$$\begin{bmatrix} x_1(n+1) \\ x_2(n+1) \end{bmatrix} = \begin{bmatrix} 0 & 1 \\ -2 & 3 \end{bmatrix} \begin{bmatrix} x_1(n) \\ x_2(n) \end{bmatrix} + \begin{bmatrix} 0 \\ 1 \end{bmatrix} f(n)$$

$$\begin{bmatrix} y_1(n) \\ y_2(n) \end{bmatrix} = \begin{bmatrix} 1 & 1 \\ 2 & -1 \end{bmatrix} \begin{bmatrix} x_1(n) \\ x_2(n) \end{bmatrix}$$

初始状态及输入为

$$\begin{bmatrix} x_1(0) \\ x_2(0) \end{bmatrix} = \begin{bmatrix} 1 \\ -1 \end{bmatrix}, f(n) = u(n)$$

用 MATLAB 计算该系统输出响应的数值解。

解：

```
A=[0  1;  -2  3];B=[0;  1];
C=[1  1;  2  -1];D=zeros(2,  1);
X0=[1;  -1];
N=10;
f=ones (1,  N);
```

```
sys=ss(A,B,C,D,[]);
y=lsim (sys,f,[],x0);
subplot (2,1,1);
y1=y (:,  1)';
stem((0:  N-1),y1);
xlabel ('n');
ylabel ('y1');
subplot (2, 1, 2);
y2=y (:, 2)';
stem((0:  N-1),y2);
xlabel ('n');
ylabel ('y2')
```

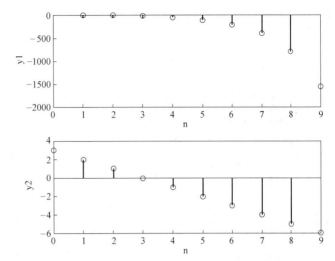

其数值解如图 9.14 所示。

图 9.14　例 9-12 离散时间系统状态方程的数值解

习　　题

一、填空题

1. 能够表示系统状态的那些变量称为_____。

2. 用状态变量法分析系统适用于_____系统。

3. 系统的分析方法可以划分为两大类，即输入-输出分析方法和_____。

4. 状态矢量所在的空间称为_____。

5. 在状态空间中状态矢量端点随时间变化而描绘出的路径称为_____。

二、单项选择题

1. 已知某系统的状态方程为

$$\begin{bmatrix} \dot{x}_1 \\ \dot{x}_2 \end{bmatrix} = \begin{bmatrix} 3 & 4 \\ 6 & 5 \end{bmatrix} \begin{bmatrix} x_1 \\ x_2 \end{bmatrix} + \begin{bmatrix} 0 \\ 1 \end{bmatrix} f(t)$$

则下列选项中不可能是该系统的零状态响应的是（　　　）。

A. $e^{-t}u(t)$　　　　　　　　B. 0　　　　　　　　C. $e^{9t}u(t)$　　　　　　　　D. $e^{-9t}u(t)$

2. 一连续时间系统如图 9.15 所示，则系统的状态变量方程为（　　　）。

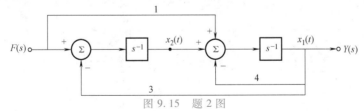

图 9.15　题 2 图

A. $\begin{bmatrix} \dot{x}_1 \\ \dot{x}_2 \end{bmatrix} = \begin{bmatrix} -3 & 1 \\ -4 & 0 \end{bmatrix} \begin{bmatrix} x_1 \\ x_2 \end{bmatrix} + \begin{bmatrix} 1 \\ 1 \end{bmatrix} [f]$　　　　　　B. $\begin{bmatrix} \dot{x}_1 \\ \dot{x}_2 \end{bmatrix} = \begin{bmatrix} -4 & 1 \\ -3 & 0 \end{bmatrix} \begin{bmatrix} x_1 \\ x_2 \end{bmatrix} + \begin{bmatrix} 1 \\ 1 \end{bmatrix} [f]$

C. $\begin{bmatrix} \dot{x}_1 \\ \dot{x}_2 \end{bmatrix} = \begin{bmatrix} -4 & 0 \\ -3 & 1 \end{bmatrix} \begin{bmatrix} x_1 \\ x_2 \end{bmatrix} + \begin{bmatrix} 1 \\ 1 \end{bmatrix} [f]$　　　　　　D. $\begin{bmatrix} \dot{x}_1 \\ \dot{x}_2 \end{bmatrix} = \begin{bmatrix} -4 & 1 \\ 3 & 0 \end{bmatrix} \begin{bmatrix} x_1 \\ x_2 \end{bmatrix} + \begin{bmatrix} 1 \\ 1 \end{bmatrix} [f]$

3. 如 2 题连续时间系统图，其输出方程为（　　）。

A. $y(t) = x_2(t) = \begin{bmatrix} 0 & 1 \end{bmatrix} \begin{bmatrix} x_1 \\ x_2 \end{bmatrix}$

B. $y(t) = x_1(t) = \begin{bmatrix} 0 & 1 \end{bmatrix} \begin{bmatrix} x_1 \\ x_2 \end{bmatrix}$

C. $y(t) = x_1(t) = \begin{bmatrix} 1 & 0 \end{bmatrix} \begin{bmatrix} x_1 \\ x_2 \end{bmatrix}$

D. $y(t) = 2x_1(t) = \begin{bmatrix} 2 & 0 \end{bmatrix} \begin{bmatrix} x_1 \\ x_2 \end{bmatrix}$

4. 如 2 题连续时间系统图，其系统函数为（　　）。

A. $H(s) = \dfrac{s+1}{s^2+2s-3}$

B. $H(s) = \dfrac{s+2}{s^2+4s+3}$

C. $H(s) = \dfrac{1}{s+1}$

D. $H(s) = \dfrac{s+1}{s^2+4s+3}$

5. 如 2 题连续时间系统图，其系统的微分方程为（　　）。

A. $y''(t) + 2y'(t) + 3y(t) = f'(t) + f(t)$

B. $y''(t) + 4y'(t) + 3y(t) = f'(t) + f(t)$

C. $y''(t) + 4y'(t) + 5y(t) = f'(t) + f(t)$

D. $y''(t) + 4y'(t) + 3y(t) = 2f'(t) + f(t)$

三、判断题

1. 状态变量在某一时刻 t_0 的值即是系统在时刻 t_0 的状态。（　　）

2. 状态方程和输出方程共同构成了描述系统的完整方程，共同称为系统方程。（　　）

3. 由状态方程判断系统的稳定性，对于离散系统只要系统的特征根位于单位圆内，系统就是稳定的。（　　）

4. 对于同一系统，不同状态变量的选择，系统转移函数是不变的。（　　）

5. 若系统不完全可控或完全可观，则 s 域上表现为 $H(s)$ 必有零极点相消的现象。（　　）

四、综合题

1. 电路如图 9.16 所示，若以 $i_{L1}(t)$、$i_{L2}(t)$、$u_c(t)$ 为状态变量，以 $u_{L1}(t)$ 和 $u_{L2}(t)$ 为输出，试列出电路的状态方程和输出方程，图中 $R_1 = R_2 = 1\Omega$，$C_1 = C_2 = 1\mathrm{H}$，$C = 1\mathrm{F}$。

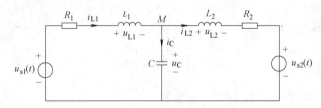

图 9.16　综合题 1 图

2. 已知如图 9.17 所示线性系统，取积分器输为状态变量（x_1，x_2）。

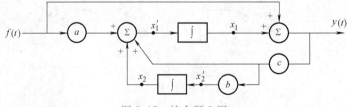

图 9.17　综合题 2 图

（1）列出系统的状态方程；

（2）若在激励 $f(t) = \delta(t)$ 时，有零状态响应 $\begin{bmatrix} x_1(t) \\ x_2(t) \end{bmatrix} = \begin{bmatrix} -8\mathrm{e}^{-2t}+3\mathrm{e}^{-t} \\ -8\mathrm{e}^{-2t}+6\mathrm{e}^{-t} \end{bmatrix} \varepsilon(t)$，求图中 a、b、c 各参数值。

3. 某因果系统的状态方程和输出方程为

$$\begin{bmatrix} \dfrac{\mathrm{d}x_1}{\mathrm{d}t} \\[2mm] \dfrac{\mathrm{d}x_2}{\mathrm{d}t} \end{bmatrix} = \begin{bmatrix} 0 & -2 \\ 1 & -3 \end{bmatrix} \begin{bmatrix} x_1 \\ x_2 \end{bmatrix} + \begin{bmatrix} 0 & 1 \\ 1 & 0 \end{bmatrix} \begin{bmatrix} f_1 \\ f_2 \end{bmatrix}$$

$$y(t) = \begin{bmatrix} 1 & 0 \end{bmatrix} \begin{bmatrix} x_1 \\ x_2 \end{bmatrix}$$

求：（1）系统的状态转移矩阵 e^{At}；（2）判断系统是否稳定；（3）画出系统框图。

4. 已知一离散时间线性时不变因果系统如图 9.18 所示。

（1）列出系统的状态方程和输出方程；

（2）系统是否稳定？

（3）求该系统的系统函数 $H(z)$。

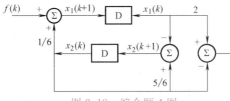

图 9.18　综合题 4 图

5. 如图 9.19 所示系统，如果以图中 $x_1(t)$、$x_2(t)$、$x_3(t)$ 为状态变量，以 $y(t)$ 为响应，试列出系统的状态方程和输出方程。

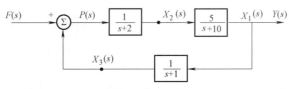

图 9.19　综合题 5 图

6. 某二阶离散 LTI 系统流图如图 9.20 所示。

（1）列出系统的状态方程和输出方程（矩阵形式）；

（2）求系统函数 $H(z)$（用矩阵方法求解）；

（3）根据 $H(z)$ 列出系统的差分方程（后向）；

（4）若 $H_1(z)$ 为 $H(z)$ 中的零点和单位圆内的极点构成的子系统，画出 $H_1(z)$ 的幅频特性曲线。

7. 已知某连续系统的系统方程为

$$\frac{\mathrm{d}^3 y(t)}{\mathrm{d}t^3} + 6\frac{\mathrm{d}^2 y(t)}{\mathrm{d}t^2} + 11\frac{\mathrm{d}y(t)}{\mathrm{d}t} + 6y(t) = 2\frac{\mathrm{d}^2 f(t)}{\mathrm{d}t^2} + 10\frac{\mathrm{d}f(t)}{\mathrm{d}t} + 14f(t)$$

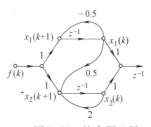

图 9.20　综合题 6 图

试求：

（1）该系统的系统函数 $H(s)$；

（2）绘出系统的时域上的直接模拟框图；

（3）列出系统的状态方程和输出方程。

8. 如图 9.21 所示的复合系统由两个线性时不变子系统 S_a 和 S_b 组成，其状态方程和输出方程分别为

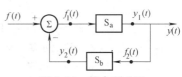

图 9.21　综合题 8 图

对于子系统 S_a：$\begin{bmatrix} \dot{x}_{a1}(t) \\ \dot{x}_{a2}(t) \end{bmatrix} = \begin{bmatrix} 1 & -2 \\ 2 & 1 \end{bmatrix} \begin{bmatrix} x_{a1} \\ x_{a2} \end{bmatrix} + \begin{bmatrix} 1 \\ 0 \end{bmatrix} f_1(t)$，$y_1(t) = \begin{bmatrix} 1 & -1 \end{bmatrix} \begin{bmatrix} x_{a1} \\ x_{a2} \end{bmatrix}$

对于子系统 S_b：$\begin{bmatrix} \dot{x}_{b1}(t) \\ \dot{x}_{b2}(t) \end{bmatrix} = \begin{bmatrix} 2 & -1 \\ -2 & 1 \end{bmatrix} \begin{bmatrix} x_{b1} \\ x_{b2} \end{bmatrix} + \begin{bmatrix} 2 \\ 0 \end{bmatrix} f_2(t)$，$y_2(t) = \begin{bmatrix} 0 & -1 \end{bmatrix} \begin{bmatrix} x_{b1} \\ x_{b2} \end{bmatrix}$

（1）写出复合系统的状态方程和输出方程的矩阵形式；

（2）写出复合系统的信号流图，标出状态变量 x_{a1}，x_{a2}，x_{b1}，x_{b2}；并求复合系统的系统函数 $H(s)$。

9. 已知离散因果系统的状态方程和输出方程为

$$\begin{bmatrix} x_1(k+1) \\ x_2(k+1) \end{bmatrix} = \begin{bmatrix} -1 & 2 \\ -1 & -4 \end{bmatrix} \begin{bmatrix} x_1(k) \\ x_2(k) \end{bmatrix} + \begin{bmatrix} 1 \\ 1 \end{bmatrix} f(k)，\quad y(k) = \begin{bmatrix} 1 & -1 \end{bmatrix} \begin{bmatrix} x_1(k) \\ x_2(k) \end{bmatrix} + f(k)$$

（1）求系统的差分方程，并画出系统的信号流图；

（2）判断系统的稳定性，并说明理由。

10. 有一离散系统如图 9.22 所示，设 $k \geq 0$ 时，$f_1(k) = f_2(k) = 0$，系统的输出为

$$y(k) = \frac{6}{5}\left(\frac{1}{2}\right)^k - \frac{6}{5}\left(\frac{1}{3}\right)^k$$

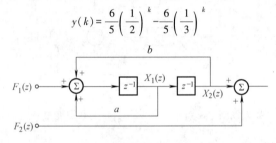

图 9.22　综合题 10 图

（1）确定常数 a、b；

（2）求该系统的差分方程。

自　测　题

9-1　电路如图 9.23 所示，试列写状态方程。

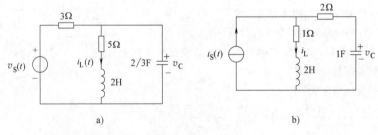

图 9.23　自测题 9-1 图

9-2　电路如图 9.24 所示，试列写状态方程。

9-3　电路如图 9.25 所示，试列写状态方程和输出方程。

9-4　描述连续系统的微分方程如下，试列写系统的状态方程和输出方程。

（1）$y''(t) + 2y'(t) + 4y(t) = f(t)$

（2）$y'''(t) + 4y''(t) + y'(t) + 3y(t) = f''(t) + 2f'(t) + 5f(t)$

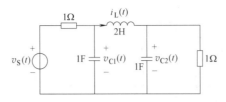

图 9.24　自测题 9-2 图

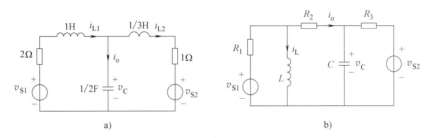

图 9.25　自测题 9-3 图

9-5　描述连续系统的微分方程为

（1）$y''_1(t) + 2y'_1(t) + 3y_1(t) = f_1(t) + 2f_2(t)$

（2）$y''_2(t) + 4y'_2(t) + 5y_2(t) = 3f_1(t) - f_2(t)$

试列写系统的状态方程和输出方程。

9-6　设连续系统的系统函数 $H(s)$ 为

（1）$\dfrac{5s+10}{s^2+7s+12}$　　　　　　　　　　（2）$\dfrac{2s^2+9s}{s^2+4s+29}$

（3）$\dfrac{s^2+2s+1}{s^3+4s^2+3s+2}$　　　　　　　（4）$\dfrac{4s}{(s+1)(s+2)^2}$

试写出该系统的状态方程和输出方程。

9-7　试写出图 9.26 所示系统的状态方程和输出方程。

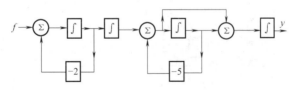

图 9.26　自测题 9-7 图

9-8　试写出图 9.27 所示系统的状态方程和输出方程。

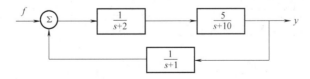

图 9.27　自测题 9-8 图

9-9　试写出图 9.28 所示系统的状态方程和输出方程。

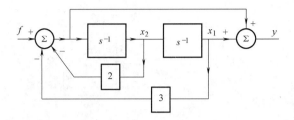

图 9.28　自测题 9-9 图

9-10　试写出图 9.29 所示信号流图描述的各连续系统的状态方程和输出方程。

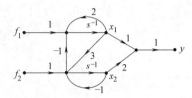

图 9.29　自测题 9-10 图

9-11　建立由下列差分方程所描述的离散系统的状态方程和输出方程。

（1）$y(n+2)+3y(n+1)+y(n)=f(n)$

（2）$y(n+4)+4y(n+3)+2y(n+2)+7y(n+1)+3y(n)=f(n+1)+f(n)$

（3）$y(n+2)+2y(n+1)+y(n)=f(n+2)$

9-12　已知离散系统的系统函数 $H(z)$ 为

（1）$\dfrac{z+2}{z^2+z+0.16}$　　　　　（2）$\dfrac{1}{1-z^{-1}-0.11z^{-2}}$

试写出该系统的状态方程和输出方程。

9-13　试写出图 9.30 所示离散系统的状态方程和输出方程。

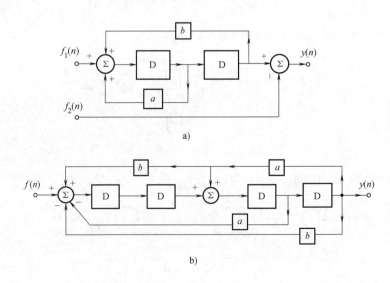

a)

b)

图 9.30　自测题 9-13 图

9-14　试写出图 9.31 所示信号流图描述的离散系统的状态方程和输出方程。

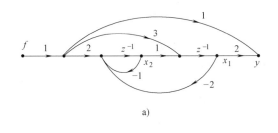

a)

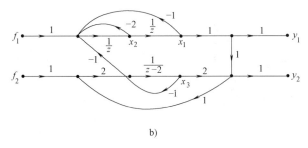

b)

图 9.31　自测题 9-14 图

9-15　已知状态方程为 $\dot{\boldsymbol{x}} = \boldsymbol{A}\boldsymbol{x} + \boldsymbol{B}f$，其中

（1）$\boldsymbol{A} = \begin{bmatrix} -1 & 2 \\ -1 & -3 \end{bmatrix}$，$\boldsymbol{B} = \begin{bmatrix} 0 \\ 1 \end{bmatrix}$，$\boldsymbol{x}(0^-) = \begin{bmatrix} 2 \\ 1 \end{bmatrix}$，$f = \varepsilon(t)$

（2）$\boldsymbol{A} = \begin{bmatrix} -5 & -6 \\ 1 & 0 \end{bmatrix}$，$\boldsymbol{B} = \begin{bmatrix} 1 \\ 0 \end{bmatrix}$，$\boldsymbol{x}(0^-) = \begin{bmatrix} 5 \\ 4 \end{bmatrix}$，$f = \sin100t\varepsilon(t)$

（3）$\boldsymbol{A} = \begin{bmatrix} -1 & 1 \\ 0 & -2 \end{bmatrix}$，$\boldsymbol{B} = \begin{bmatrix} 1 & 1 \\ 0 & 1 \end{bmatrix}$，$\boldsymbol{x}(0^-) = \begin{bmatrix} 1 \\ 2 \end{bmatrix}$，$f = \varepsilon(t)$

试用复频域法求状态矢量 $x(t)$，并标出零输入响应分量和零状态响应分量。

9-16　求下列系统状态方程的解

（1）$\begin{bmatrix} \dot{x}_1 \\ \dot{x}_2 \end{bmatrix} = \begin{bmatrix} -3 & -1 \\ 2 & 0 \end{bmatrix} \begin{bmatrix} x_1 \\ x_2 \end{bmatrix} + \begin{bmatrix} 2 \\ 0 \end{bmatrix} [f]$

系统的初始状态 $\begin{bmatrix} x_1(0^-) \\ x_2(0^-) \end{bmatrix} = \begin{bmatrix} 0 \\ 5 \end{bmatrix}$，输入 $f(t) = \varepsilon(t)$；

（2）$\begin{bmatrix} \dot{x}_1 \\ \dot{x}_2 \end{bmatrix} = \begin{bmatrix} -1 & 1 \\ 0 & -2 \end{bmatrix} \begin{bmatrix} x_1 \\ x_2 \end{bmatrix} + \begin{bmatrix} 1 & 1 \\ 0 & 1 \end{bmatrix} \begin{bmatrix} f_1 \\ f_2 \end{bmatrix}$

系统的初始状态 $\begin{bmatrix} x_1(0^-) \\ x_2(0^-) \end{bmatrix} = \begin{bmatrix} 1 \\ 2 \end{bmatrix}$，输入 $\begin{bmatrix} f_1(t) \\ f_2(t) \end{bmatrix} = \begin{bmatrix} \varepsilon(t) \\ \delta(t) \end{bmatrix}$。

9-17　描述线性时不变系统的状态方程和输出方程为

$$\begin{bmatrix} \dot{x}_1 \\ \dot{x}_2 \end{bmatrix} = \begin{bmatrix} 0 & 1 \\ -2 & -3 \end{bmatrix} \begin{bmatrix} x_1 \\ x_2 \end{bmatrix} + \begin{bmatrix} 0 \\ 1 \end{bmatrix} [f]$$

$$\begin{bmatrix} y_1 \\ y_2 \end{bmatrix} = \begin{bmatrix} 1 & 0 \\ 1 & 1 \end{bmatrix} \begin{bmatrix} x_1 \\ x_2 \end{bmatrix} - \begin{bmatrix} \dfrac{1}{2} \\ \dfrac{1}{2} \end{bmatrix} [f]$$

系统的初始状态 $\begin{bmatrix} x_1 \ (0^-) \\ x_2 \ (0^-) \end{bmatrix} = \begin{bmatrix} 1 \\ 1 \end{bmatrix}$，输入 $f(t) = \varepsilon(t)$；试求：

（1）状态转移矩阵 $\boldsymbol{\varphi}(t)$；（2）冲激响应矩阵 $\boldsymbol{h}(t)$；

（3）状态矢量解 $\boldsymbol{x}(t)$；（4）输出矢量解 $\boldsymbol{y}(t)$。

9-18 求下列系统的系统函数矩阵 $\boldsymbol{H}(s)$ 和冲激响应矩阵 $\boldsymbol{h}(t)$。

$$\dot{\boldsymbol{x}}(t) = \begin{bmatrix} 0 & 3 \\ -1 & -4 \end{bmatrix} \boldsymbol{x}(t) + \begin{bmatrix} 0 & 1 \\ 1 & 0 \end{bmatrix} \boldsymbol{f}(t)$$

$$\boldsymbol{y}(t) = \begin{bmatrix} 1 & 2 \\ -1 & 1 \\ 1 & 1 \end{bmatrix} \boldsymbol{x}(t) + \begin{bmatrix} 0 & 0 \\ 0 & 0 \\ 1 & 1 \end{bmatrix} \boldsymbol{f}(t)$$

9-19 描述线性时不变系统的状态方程为

$$\begin{bmatrix} x_1(n+1) \\ x_2(n+1) \end{bmatrix} = \begin{bmatrix} \dfrac{1}{2} & \dfrac{1}{6} \\ 0 & \dfrac{1}{3} \end{bmatrix} \begin{bmatrix} x_1(n) \\ x_2(n) \end{bmatrix} + \begin{bmatrix} 0 \\ 1 \end{bmatrix} [f(n)]$$

求下列条件下的状态方程的解。

（1）初始状态 $\begin{bmatrix} x_1(0) \\ x_2(0) \end{bmatrix} = \begin{bmatrix} 1 \\ 1 \end{bmatrix}$，输入 $f(t) = 0$；

（2）初始状态 $\begin{bmatrix} x_1(0) \\ x_2(0) \end{bmatrix} = \begin{bmatrix} 1 \\ -1 \end{bmatrix}$，输入 $f(t) = \varepsilon(t)$。

9-20 某离散系统的状态方程和输出方程分别为

$$\begin{bmatrix} x_1(n+1) \\ x_2(n+1) \end{bmatrix} = \begin{bmatrix} 0 & -\dfrac{1}{2} \\ \dfrac{1}{2} & 0 \end{bmatrix} \begin{bmatrix} x_1(n) \\ x_2(n) \end{bmatrix} + \begin{bmatrix} 1 & 0 \\ 0 & -1 \end{bmatrix} \begin{bmatrix} f_1(n) \\ f_2(n) \end{bmatrix}$$

$$\begin{bmatrix} y_1(n) \\ y_2(n) \\ y_3(n) \end{bmatrix} = \begin{bmatrix} 1 & 0 \\ 1 & -1 \\ 2 & -1 \end{bmatrix} \begin{bmatrix} x_1(n) \\ x_2(n) \end{bmatrix}$$

求该系统的系统函数矩阵 $\boldsymbol{H}(z)$。

9-21 某离散系统的状态方程和输出方程分别为

$$\boldsymbol{x}(n+1) = \begin{bmatrix} 0 & 1 \\ -6 & 5 \end{bmatrix} \boldsymbol{x}(n) + \begin{bmatrix} 0 \\ 1 \end{bmatrix} \boldsymbol{f}(n)$$

$$\boldsymbol{y}(n) = \begin{bmatrix} 1 & 1 \\ 2 & -1 \end{bmatrix} \boldsymbol{x}(n) + \begin{bmatrix} 0 \\ 0 \end{bmatrix} \boldsymbol{f}(n)$$

试求该系统的状态转移矩阵 $\boldsymbol{\varphi}(n)$ 和单位函数响应矩阵 $\boldsymbol{h}(n)$。

MATLAB 练习

M-1 用 MATLAB 验证自测题 9-4 和 9-5 的结论。

M-2 用 MATLAB 验证自测题 9-6 的结论。

M-3 用 MATLAB 计算自测题 9-16 的数值解。

M-4 用 MATLAB 计算自测题 9-19 的数值解。

附　　录

附录 A　序列的 Z 变换表

序号	序列	单边 Z 变换	收敛域
	$x(n)$	$X(z) = \sum\limits_{n=0}^{\infty} x(n)z^{-n}$	$\lvert z \rvert > R$
1	$\delta(n)$	1	$\lvert z \rvert \geqslant 0$
2	$\delta(n-m)\,(m>0)$	z^{-m}	$\lvert z \rvert > 0$
3	$u(n)$	$\dfrac{z}{z-1}$	$\lvert z \rvert > 1$
4	n	$\dfrac{z}{(z-1)^2}$	$\lvert z \rvert > 1$
5	n^2	$\dfrac{z(z+1)}{(z-1)^3}$	$\lvert z \rvert > 1$
6	n^3	$\dfrac{z(z^2+4z+1)}{(z-1)^4}$	$\lvert z \rvert > 1$
7	n^4	$\dfrac{z(z^3+11z^2+11z+1)}{(z-1)^5}$	$\lvert z \rvert > 1$
8	n^5	$\dfrac{z(z^4+26z^3+66z^2+26z+1)}{(z-1)^6}$	$\lvert z \rvert > 1$
9	a^n	$\dfrac{z}{z-a}$	$\lvert z \rvert > \lvert a \rvert$
10	na^n	$\dfrac{az}{(z-a)^2}$	$\lvert z \rvert > \lvert a \rvert$
11	$n^2 a^n$	$\dfrac{az(z+a)}{(z-a)^3}$	$\lvert z \rvert > \lvert a \rvert$
12	$n^3 a^n$	$\dfrac{az(z^2+4az+a^2)}{(z-a)^4}$	$\lvert z \rvert > \lvert a \rvert$
13	$n^4 a^n$	$\dfrac{az(z^3+11az^2+11a^2z+a^3)}{(z-a)^5}$	$\lvert z \rvert > \lvert a \rvert$
14	$n^5 a^n$	$\dfrac{az(z^4+26az^3+66a^2z^2+26a^3z+a^4)}{(z-a)^6}$	$\lvert z \rvert > \lvert a \rvert$
15	$(n+1)a^n$	$\dfrac{z^2}{(z-a)^2}$	$\lvert z \rvert > \lvert a \rvert$
16	$\dfrac{(n+1)\cdots(n+m)a^n}{m!}$ $(m \geqslant 1)$	$\dfrac{z^{m+1}}{(z-a)^{m+1}}$	$\lvert z \rvert > \lvert a \rvert$

（续）

序号	序列	单边 Z 变换	收敛域
17	e^{bn}	$\dfrac{z}{z-e^{b}}$	$\lvert z \rvert > \lvert e^{b} \rvert$
18	$e^{jn\omega_0}$	$\dfrac{z}{z-e^{j\omega_0}}$	$\lvert z \rvert > 1$
19	$\sin(n\omega_0)$	$\dfrac{z\sin\omega_0}{z^2-2z\cos\omega_0+1}$	$\lvert z \rvert > 1$
20	$\cos(n\omega_0)$	$\dfrac{z(z-\cos\omega_0)}{z^2-2z\cos\omega_0+1}$	$\lvert z \rvert > 1$
21	$\beta^n\sin(n\omega_0)$	$\dfrac{\beta z\sin\omega_0}{z^2-2\beta z\cos\omega_0+\beta^2}$	$\lvert z \rvert > \lvert \beta \rvert$
22	$\beta^n\cos(n\omega_0)$	$\dfrac{z(z-\beta\cos\omega_0)}{z^2-2\beta z\cos\omega_0+\beta^2}$	$\lvert z \rvert > \lvert \beta \rvert$
23	$\sin(n\omega_0+\theta)$	$\dfrac{z[z\sin\theta+\sin(\omega_0-\theta)]}{z^2-2z\cos\omega_0+1}$	$\lvert z \rvert > 1$
24	$\cos(n\omega_0+\theta)$	$\dfrac{z[z\cos\theta+\cos(\omega_0-\theta)]}{z^2-2z\cos\omega_0+1}$	$\lvert z \rvert > 1$
25	$na^n\sin(n\omega_0)$	$\dfrac{z(z-a)(z+a)a\sin\omega_0}{(z^2-2az\cos\omega_0+a^2)^2}$	
26	$na^n\cos(n\omega_0)$	$\dfrac{az[z^2\cos\omega_0-2az+a^2\cos\omega_0]}{(z^2-2az\cos\omega_0+a^2)^2}$	
27	$\sinh(n\omega_0)$	$\dfrac{z\sinh\omega_0}{z^2-2z\cosh\omega_0+1}$	
28	$\cosh(n\omega_0)$	$\dfrac{z(z-\cosh\omega_0)}{z^2-2z\cosh\omega_0+1}$	
29	$\dfrac{a^n}{n!}$	$e^{\frac{a}{z}}$	
30	$\dfrac{1}{(2n)!}$	$\cosh\left(z^{-\frac{1}{2}}\right)$	
31	$\dfrac{(\ln a)^n}{n!}$	$a^{\frac{1}{z}}$	
32	$\dfrac{1}{n}\ (n=1,2,\cdots)$	$\ln\left(\dfrac{z}{z-1}\right)$	
33	$\dfrac{n(n-1)}{2!}$	$\dfrac{z}{(z-1)^3}$	
34	$\dfrac{n(n-1)\cdots(n-m+1)}{m!}$	$\dfrac{z}{(z-1)^{m+1}}$	

附录 B　MATLAB 部分命令名称

表 B-1　波形产生

函数名	功　能
sawtooth	产生锯齿波或三角波
square	产生方波
sinc	产生 sinc 或 $\sin(\pi t)/\pi t$ 函数
diric	产生 Dirichlet 或周期 sinc 函数

表 B-2　滤波器分析和实现

函数名	功　能
abs	求绝对值(幅值)
angle	求相角
conv	求卷积
fftfilt	重叠相加法 FFT 滤波器实现
filter	直接滤波器实现
filtfilt	零相位数字滤波
filtie	filter 函数初始条件选择
freqs	模拟滤波器频率响应
freqspace	频率响应中的频率间隔
freqz	数字滤波器频率响应
grpdelay	平均滤波器延迟(群延迟)
impz	数字滤波器的冲激响应
zplane	离散系统零极点图

表 B-3　线性系统变换

函数名	功　能
convmtx	卷积矩阵
poly2rc	从多项式系数中计算反射系数
rc2poly	从反射系数中计算多项式系数
residuez	Z 变换部分分式展开或留数计算
sos2ss	变系统二阶分割形式为状态空间形式
sos2ff	变系统二阶分割形式为传递函数形式
sos2zp	变系统二阶分割形式为零极点增益形式
ss2sos	变系统状态空间形式为二阶分割形式
ss2ff	变系统状态空间形式为传递函数形式
ss2zp	变系统状态空间形式为零极点增益形式
tf2ss	变系统传递函数形式为状态空间形式
tf2zp	变系统传递函数形式为零极点增益形式
zp2sos	变系统零极点增益形式为二阶分割形式
zp2ss	变系统零极点增益形式为状态空间形式
zp2tf	变系统零极点增益形式为传递函数形式

表 B-4　11R 滤波器设计

函数名	功　能
besself	Bessel(贝塞尔)模拟滤波器设计
butter	Butterworth(比特沃思)滤波器设计
cheby1	Chebyshev(切比雪夫)Ⅰ型滤波器设计
cheby2	Chebyshev(切比雪夫)Ⅱ型滤波器设计
ellip	椭圆滤波器设计
yulewalk	递归数字滤波器设计

表 B-5　11R 滤波器阶的选择

函数名	功　能
buttord	Butterworth 滤波器阶的选择
cheblord	Chebyshev Ⅰ型滤波器阶的选择
cheb2ord	Chebyshev Ⅱ型滤波器阶的选择
ellipord	椭圆滤波器阶的选择

表 B-6　FIR 滤波器设计

函数名	功　能
fir1	基于窗函数的 FIR 滤波器设计——标准响应
fir2	基于窗函数的 FIR 滤波器设计——任意响应
firls	最小二乘 FIR 滤波器设计
intfilt	内插 FIR 滤波器设计
remez	Parks-McCellan 最优 FIR 滤波器设计
remezord	Parks-McCellan 最优 FIR 滤波器阶估计

表 B-7　变换

函数名	功　能
czt	线性调频 Z 变换
dct	离散余弦变换(DCT)
idct	逆离散余弦变换
dftmtx	离散傅里叶变换矩阵
fft	一维快速傅里叶变换
ifft	一维逆快速傅里叶变换
fftshift	重新排列 FFT 的输出
hilbert	Hilbert(希尔伯特)变换

表 B-8　统计信号处理

函数名	功　能
cov	协方差矩阵
xcov	互协方差函数估计
corrcoef	相关系数矩阵
xcorr	互相关函数估计
cohere	相关函数平方幅值估计
csd	互谱密度(CSD)估计
psd	信号功率谱密度(PSD)估计

表 B-9　窗函数

函数名	功　　能
boxcar	矩形窗
tnang	三角窗
bartlett	Bartlett（巴特利特）窗
hamming	Hamming（汉明）窗
hanning	Hanning（汉宁）窗
blackman	Blackman（布莱克曼）窗
chebwin	Chebyshev（切比雪夫）窗
kaiser	Kaiser（凯泽）窗

表 B-10　参数化建模

函数名	功　　能
invfreqs	模拟滤波器拟合频率响应
invfreqz	离散滤波器拟合频率响应
prony	利用 Prony 法的离散滤波器拟合时间响应
stmcb	利用 Steiglitz-McBride 迭代方法求线性模型
levinson	Levinson-Durbin 递归算法
ipc	线性预测系数

表 B-11　特殊操作

函数名	功　　能
rceps	实倒谱和最小相位重构
cceps	倒谱分析和最小相位重构
decimate	降低序列的取样速率
mterp	提高取样速率（内插）
resample	改变取样速率
medifiltl	一维中值滤波
deconv	反卷积和多项式除法
modulate	通信仿真中的调制
demod	通信仿真中的解调
vco	电压控制振荡器
specgram	频谱分析

表 B-12　模拟原型滤波器设计

函数名	功　　能
besselap	Bessel 模拟低通滤波器原型
buttap	Butterworth 模拟低通滤波器原型
cheblap	Chebyshev Ⅰ 型模拟低通滤波器原型
cheb2ap	Chebyshev Ⅱ 型模拟低通滤波器原型
ellipap	椭圆模拟低通滤波器原型

表 B-13　频率变换

函数名	功　　能
1p2bp	低通到带通模拟滤波器变换
lp2hp	低通到高通模拟滤波器变换
1p2bs	低通到带阻模拟滤波器变换
1p21p	低通到低通模拟滤波器变换

表 B-14　滤波器离散化

函数名	功　　能
hlinear	双线性变换
lmplnvar	冲激响应不变法实现模拟到数字的滤波器变换

表 B-15　其他

函数名	功　　能
conv2	二维卷积
cplxpair	将复数归成复共轭对
detrend	删除线性趋势
fft2	二维快速傅里叶变换（FFT）
ifft2	二维逆 FFT 变换
filter2	二维数字滤波器
polystab	稳定多项式
strtps	带状图
xcorr2	二维互相关系数

参 考 文 献

[1] 陈后金, 胡健, 薛健. 信号与系统 [M]. 3 版. 北京: 清华大学出版社, 2017.

[2] 郑君里, 应启珩, 杨为理. 信号与系统 [M]. 3 版. 北京: 高等教育出版社, 2011.

[3] 段哲民, 范世贵. 信号与系统 [M]. 3 版. 西安: 西北工业大学出版社, 2008.

[4] 吴新余, 周井泉, 沈元隆. 信号与系统: 时域、频域分析及 MATLAB 软件的应用 [M]. 北京: 电子工业出版社, 1999.

[5] 沈元隆, 周井泉. 信号与系统 [M]. 2 版. 北京: 人民邮电出版社, 2009.

[6] 王宝祥. 信号与系统 [M]. 4 版. 北京: 高等教育出版社, 2015.

[7] 王应生, 徐亚宁. 信号与系统 [M]. 北京: 电子工业出版社, 2004.

[8] 于慧敏. 信号与系统 [M]. 2 版. 北京: 化学工业出版社, 2008.

[9] 陈生潭, 郭宝龙, 李学武, 等. 信号与系统 [M]. 3 版. 西安: 西安电子科技大学出版社, 2012.

[10] 管致中, 夏恭恪, 孟桥. 信号与线性系统 [M]. 6 版. 北京: 高等教育出版社, 2016.

[11] 梁虹, 梁洁, 陈跃斌. 信号与系统分析及 MATLAB 实现 [M]. 北京: 电子工业出版社, 2002.

[12] 邱天爽. 信号与系统学习辅导及典型题解 [M]. 北京: 电子工业出版社, 2003.

[13] 刘益成. 数字信号处理 [M]. 2 版. 北京: 电子工业出版社, 2009.

[14] 吴大正, 杨林耀, 张永瑞. 信号与线性系统分析 [M]. 5 版. 北京: 高等教育出版社, 2019.

[15] 王嘉梅, 吴庆畅, 等. 信号与系统习题解析与考研辅导 [M]. 北京: 国防工业出版社, 2015.

[16] 海欣. 信号与系统学习及考研辅导 [M]. 北京: 国防工业出版社, 2008.

[17] 吴湘淇. 信号、系统与信号处理: 上册 [M]. 北京: 电子工业出版社, 1996.

[18] 应启珩. 离散时间信号分析和处理 [M]. 北京: 清华大学出版社, 2001.

[19] 郑大钟. 线性系统理论 [M]. 2 版. 北京: 清华大学出版社, 2019.

[20] 张小虹. 信号与系统 [M]. 4 版. 西安: 西安电子科技大学出版社, 2018.

[21] 徐天成, 谷亚林, 钱铃. 信号与系统 [M]. 4 版. 北京: 电子工业出版社, 2016.

[22] OPPENHEIM A V, WILLSKY A S. 信号与系统: 第 2 版 [M]. 刘树棠, 译. 西安: 西安交通大学出版社, 2016.

[23] SIEBERT W M. 电路、信号与系统 [M]. 朱钟霖, 周宝珀, 译. 北京: 科学出版社, 1991.

[24] 张永瑞. 电路、信号与系统考试辅导 [M]. 2 版. 西安: 西安电子科技大学出版社, 2006.

[25] 王文光, 魏少明, 任欣. 信号处理与系统分析的 MATLAB 实现 [M]. 北京: 电子工业出版社, 2018.

[26] 吴湘淇. 信号、系统与信号处理: 下册 [M]. 北京: 电子工业出版社, 1996.